中国气田开发丛书

多层疏松砂岩气田开发

万玉金　李江涛　杨炳秀　等编著

石油工业出版社

内 容 提 要

本书以青海柴达木盆地东部三湖地区涩北气田为例，系统地介绍了多层疏松砂岩气田的地质特征和开发特点，阐述了多层疏松砂岩气田开发的气藏工程方案设计方法与理念，介绍了小层对比、气水层识别、物理模拟实验、地质建模等相关气藏描述技术，以及适合于该类气藏的钻采工程、动态监测与动态描述技术。

本书可供从事气田开发的科研人员、工程技术人员及管理人员使用，也可供高等院校相关专业师生参考。

图书在版编目（CIP）数据

多层疏松砂岩气田开发／万玉金等编著．

北京：石油工业出版社，2016.1

（中国气田开发丛书）

ISBN 978-7-5183-0836-1

Ⅰ．多…

Ⅱ．万…

Ⅲ．疏松地层－砂岩油气田－气田开发－研究

Ⅳ．TE37

中国版本图书馆 CIP 数据核字（2015）第 199090 号

出版发行：石油工业出版社

（北京安定门外安华里 2 区 1 号楼　100011）

网　　址：www.petropub.com

编辑部：(010) 64523535　图书营销中心：(010) 64523633

经　　销：全国新华书店

印　　刷：北京中石油彩色印刷有限责任公司

2016 年 1 月第 1 版　2016 年 1 月第 1 次印刷

889×1194 毫米　开本：1/16　印张：19

字数：530 千字

定价：150.00 元

《中国气田开发丛书》
编 委 会

《中国气田开发丛书》
专 家 组

《中国气田开发丛书·多层疏松砂岩气田开发》
编 写 组

组　长：万玉金

副组长：李江涛　杨炳秀

成　员：王小鲁　钟世敏　李　清　朱华银

　　　　王晓冬　郭　辉　刘　华　张　英

　　　　胡　勇　罗瑞兰

序

中国常规天然气开发建设发展迅速，主要气田的开发均有新进展，非常规气田开发取得新突破，产量持续增加。全国天然气产量由2000年的$272 \times 10^8 m^3$增长到2015年的$1346 \times 10^8 m^3$，年均增速11.25%。目前，塔里木盆地库车山前带克深和大北气田，鄂尔多斯盆地的苏里格气田和大牛地气田，四川盆地的磨溪—高石梯气田、普光气田和罗家寨气田等一批大中型气田正处于前期评价或产能建设阶段，未来几年天然气产量将持续保持快速增长。

近年来，中国气田开发进入新的发展阶段。经济发展和环境保护推动了中国气田开发的发展进程；特别是为了满足治理雾霾天气的迫切需要，中国气田开发建设还将进一步加快发展。因此，认真总结以往的经验和技术，站在更高的起点上把中国的气田开发事业带入更高的水平，是一件非常有意义的工作，《中国气田开发丛书》的编写实现了这一愿望。

《中国气田开发丛书》是一套按不同气藏类型编写的丛书，系统总结了国内气田开发的经验和成就，形成了有针对性的气田开发理论和对策。该套丛书分八个分册，包括《总论》《火山岩气田开发》《低渗透致密砂岩气田开发》《多层疏松砂岩气田开发》《凝析气田开发》《酸性气田开发》《碳酸盐岩气田开发》及《异常高压气田开发》。编著者大多是多年从事现场生产和科学研究且有丰富经验的专家、学者，代表了中国气田开发的先进水平。因此，该丛书是一套信息量大、科学实用、可操作性强、有一定理论深度的科技论著。

《中国气田开发丛书》的问世，为进一步发展我国的气田开发事业、提高气田开发效果将起到重要的指导和推动作用，同时也为石油院校师生提供学习和借鉴的样本。因此，我对该丛书的出版发行表示热烈的祝贺，并向在该丛书的编写与出版过程中给予了大力支持与帮助的各界人士，致以衷心的感谢！

中国工程院院士

前　　言

柴达木盆地东部三湖地区第四系的涩北气田是国内独一无二的、最为典型的多层疏松砂岩气田，也是目前已发现的世界上规模较大的生物成因气田。

多层疏松砂岩气田的地质特征主要表现为气藏埋深浅、储层岩石疏松；纵向上含气井段长、含气层数多；平面上各小层均被边水包围，层间含气面积差异大；钻井过程中需解决易漏、易喷、易缩径、易卡的技术难题，致力于发展低成本的快速钻井技术；渗流特征表现为层间非均质引起的层间矛盾突出，以及地层压力下降引起的储层应力敏感性较强；生产过程中表现为气井易出砂，边部气井层间非均匀水侵；采气工程需要针对性地实施分层开采、防砂和排水采气等工艺技术。因此，对于这类气田，需要通过气藏精细描述准确认识地质与开发特征，通过开发优化设计，合理地解决提高单井产量与防水防砂、少井高产与安全生产之间的矛盾。

涩北气田自1995年开始试采，经过长期的探索与实践，逐步形成了细分开发层系，直井多层合采与水平井部署相结合，控制压差生产与先期防砂相结合，以及高低压分输等开发配套技术，实现了多层疏松砂岩气田的高效开发，成为青海、甘肃和西藏等地区的主供气田。

本书以涩北气田为对象，较为系统地介绍了多层疏松砂岩气田的地质与开发特征，以及气藏工程方案优化设计的方法与理念，并简要介绍了气藏描述与钻采工程技术。全书共分九章，第一章由万玉金、李江涛编写；第二章由王小鲁、张英编写；第三章由王小鲁、钟世敏和李清编写；第四章由万玉金、朱华银和王晓冬编写；第五章由万玉金、李江涛、王小鲁和钟世敏编写；第六章和第七章由李江涛和杨炳秀编写；第八章由朱华银编写；第九章第一节和第二节由李江涛编写，第三节由刘华编写；附录A由王晓冬编写，附录B、附录C、附录D由朱华银、胡勇和罗瑞兰编写，附录E由万玉金编写。全书由万玉金、李江涛和杨炳秀统稿。

在编写过程中，孟慕尧、马新华、马力宁、孙凌云等对本书提出了许多指导意见，袁愈久教授对全书进行了认真审阅并提出宝贵的修改建议，中国石油勘探开发研究院廊坊分院和中国石油青海油田公司各级领导给予了大力支持与帮助，江鲁生、贾英兰、陆家亮、陈朝晖、张启汉、饶鹏、杨生炳、许吉瑞、张立会、汪天游、沈生福、魏炳奎、谢光辉、徐正祥、冯胜利、姜义权、刘建成、高清峰、张洪良、田会民等对多层疏松砂岩气田的开发提出过许多好的技术性意见和建议，在此一并表示感谢！另外，本书的出版，也是十几年来从事多层疏松砂岩气田开发相关领域技术人员共同实践的结果，书中部分图表引用了他们的成果，对此表示感谢！

鉴于编写者水平所限，书中难免有疏漏和不当之处，恳请读者不吝赐教，批评指正。

本书编写组

2015年8月

目 录

第一章 绪 论

多层疏松砂岩气田是指储层由疏松砂岩组成，纵向上由多个层状或透镜状气藏叠置而形成的气田。

多层疏松砂岩气田与常规砂岩气田的差异主要体现在两个方面：一是多层疏松砂岩气田储层为疏松砂岩，气藏埋藏深度浅，一般在1500m以内，储层成岩程度弱，处于早成岩阶段，岩石疏松；而常规砂岩气藏埋藏相对较深，胶结程度好，处于晚成岩阶段，岩石坚硬。二是多层疏松砂岩气田在纵向上由多个气藏叠置而成，单个气藏可以是层状气藏，也可能是透镜状气藏；而常规砂岩气藏一般层数较少，或者为块状气藏。

第一节 多层疏松砂岩气田的分布

柴达木盆地三湖地区第四系的涩北气田属于典型的多层疏松砂岩气田。浙江沿海第四系、滇黔桂粤地区第四系和渤海湾盆地新近系浅层气藏也属于这一类型的气田。

涩北气田位于柴达木盆地中东部三湖地区，包括涩北一号、涩北二号和台南等三大气田，气藏埋藏深度主要在400～1800m，储层岩性疏松，含气井段超过千米，含气层数超过50层[1]。

浙江沿海杭州湾地区面积达12600km²，第四系厚度一般70～100m，个别地区超过200m。储层为松散未胶结的砂层、贝壳砂层和贝壳层，单层厚度由不足1m至10m不等。储层在平面上变化很大，有的含气砂体很小，仅几十米即尖灭；也有的规模较大，单个砂体延伸可达数千米，特别是多个砂体在平面上错叠连片，可形成宽数千米、长十余千米的砂体群。砂层由于未胶结，平均孔隙度为34.3%，平均渗透率为603mD。目前勘探的主要对象是埋深30～50m的气层。气藏主要分布于古河谷内，为透镜状的岩性气藏。一般气层的有效厚度由不足1m至超过2m，个别地段达3～5m。总体来看，该区气藏具有分布广、规模小、埋藏浅、气层薄、压力低、气水同层、储层松散等特点[2]。

渤海湾盆地济阳坳陷的孤岛、孤东等新近系浅层气田，也属于透镜状多层疏松砂岩气田。含气层主要集中在明化镇组及馆陶组一段、二段，地层厚度460m左右；Nm_3砂组至Ng_{1+2}砂组，共在45个小层发现气砂体。砂体呈"条带状"和"透镜状"分布，平面不连续。

第二节 多层疏松砂岩气田的特点

多层疏松砂岩气田具有疏松砂岩气藏、边底水气藏和多层气藏所具有的特征，是一种非常复杂而类型特殊的气田。三种类型气藏的特点在同一个气田中得到体现，更增加了气田认识的难度和气田开发的复杂性。

一、疏松砂岩气藏

疏松砂岩是指处于早成岩阶段、岩石呈弱固结到半固结状态的砂岩。以疏松砂岩为储层的气藏称为疏松砂岩气藏。

典型的疏松砂岩气藏包括渤海湾盆地新近系孤岛气田、孤东气田，柴达木盆地第四系涩北气田等。

1. 地质特征

1）埋藏深度浅、储层成岩作用弱

气藏埋藏深度一般小于1500m，在成藏过程中，埋藏深度较浅，或者深埋期比较短，压实作用相对较弱，处于早成岩阶段。

碎屑颗粒呈松散状堆积，颗粒接触关系以点式接触为主，其次为点—漂浮式接触。胶结类型主要为孔隙胶结，其次为孔隙—基底型胶结。胶结物一般以泥质为主，其次为钙质。

渤海湾盆地孤岛、孤东浅层气田主要为新近系馆陶组、明化镇组的疏松砂岩气田，埋藏深度800～1500m。青海涩北气田含气层段主要为第四系下更新统涩北组，埋藏深度为416～1750m。

2）以原生孔隙为主、储层物性好

疏松砂岩储集空间总体以原生孔隙为主，仅有少量的次生孔隙。原生孔隙以原生粒间孔为主，其次为杂基内微孔；次生孔隙包括少许溶孔和微裂缝。

原生孔隙的发育程度主要受碎屑粒级和泥质含量的影响，颗粒粗、分选好，便于形成大孔隙、粗喉道的原生孔隙。反之，颗粒细、泥质含量高，原生孔隙被充填堵塞，孔隙变小，连通性也随之变差。

柴达木盆地涩北气田第四系储层以粉砂岩和泥质粉砂岩为主，岩心分析孔隙度为20%～40%，主要分布在25%～35%之间，渗透率为1.3～331.4mD，主要分布在10～100mD之间，属于高孔隙度、中渗透率储层[3]。渤海湾盆地疏松砂岩气藏平均孔隙度为20%～30%，渗透率为300～900mD，属于高孔隙度、高渗透率储层[4]。

3）储层敏感性强、易受伤害

疏松砂岩储层由于胶结作用弱、孔隙度高、孔喉半径大，储层胶结物以泥质和钙质为主，相对一般储层而言更容易受到伤害[5]，主要伤害包含以下几个方面：

（1）储层中含有一定量的具有敏感性的黏土矿物，水敏性和速敏性一般都较强。由于处于早成岩阶段，黏土矿物中蒙皂石、伊利石/蒙皂石间层矿物含量高，遇水易膨胀或分散、脱落，水敏性强。岩石胶结弱，开发过程中受高速流体的拖拽作用，易发生颗粒运移并堵塞渗流通道，速敏性强。

（2）在高正向压差作用下，液相侵入不可能完全避免，液相侵入以及与储层不配伍会引起储层伤害。在钻井、完井、固井及措施作业中，水泥浆与完井液滤液中游离的Ca^{2+}、Mg^{2+}、SO_4^{2-}等以及钻井滤液中的含羧酸根聚合物等与地层水配伍性差时，就会形成$CaCO_3$、$CaSO_4$、羧酸钙等沉淀，造成储层伤害。

（3）由于疏松砂岩储层孔隙度高、孔喉半径大，固相侵入也会造成严重的储层伤害。

（4）成藏过程中储层压实作用弱，在开发过程中，随着气藏压力的下降，储层受到的净上覆地层压力将不断增加，岩石孔隙会受压实作用而收缩，导致储层孔隙度和渗透率降低，即疏松砂岩储层的应力敏感性也较强。

4）岩石强度低、易出砂

疏松砂岩储层岩石杨氏模量小、岩石强度低。

涩北气田S3-2-4井岩石力学性质与实验分析结果表明：砂岩储层的杨氏模量仅为120～440MPa，平均值为296.7MPa；而一般砂岩储层的杨氏模量为20000～30000MPa。两者相差两个数量级。疏松砂岩的单轴抗压强度为2.78～5.4MPa，平均仅为3.71MPa；模量比为43.17～111.86，平均为78.84[6]，表明岩石强度极低。在气田开发过程中，极其疏松的砂岩储层很容易遭受破坏而导致地层出砂。

2. 疏松砂岩气藏的开发特征

（1）储层敏感性强，需加强储层保护。

疏松砂岩储层物性好，容易受到液相、固相侵入伤害；含黏土矿物导致储层水敏、速敏性强；岩石强度低，导致储层容易出砂等。储层敏感性强，需要加强储层保护工作，主要包括以下几个方面：

①清楚地认识疏松砂岩储层特征，了解储层伤害的内在与外在因素，搞清伤害机理，有针对性地实施储层保护。

②做好入井液与储层流体配伍性实验研究与分析评价，选择合适的液体体系，减少钻完井过程中的储层伤害。如尽可能地降低钻井液和水泥浆的固相比例，适度调整塑性黏度，以便降低进入储层的固相和液相；选择配伍性的流体组成，提高钻井液与储层流体的配伍性。

③研究有效的暂堵技术。在钻井液中加入合适的暂堵剂，既可改善滤饼质量，减少滤失量，抑制黏土水化膨胀，又可有效抑制固相颗粒侵入气层。

④优化射孔。负压射孔时选择合理的负压值，避免地层出砂对储层造成伤害。

（2）储层易出砂，影响气井产能发挥。

出砂是疏松砂岩气藏开发面临的主要挑战之一。气井具有潜在的出砂风险，需要采取有效措施防止或减少气井出砂，以便充分发挥气井的潜能。主要措施包括控制生产压差生产和实施防砂工艺两种措施：

①选择合理的生产压差。在疏松砂岩气藏生产实践中，一方面要放大生产压差，以便提高单井产量，另一方面，过大的生产压差易引起储层出砂，为防止出砂又需要控制生产压差。要克服这一矛盾，需要在实践中不断探索，选择一个合理的生产压差，既要充分发挥气井潜力，又要防止气井出砂。

②采用防砂工艺措施进行防砂。对于疏松砂岩气藏，一般实施先期防砂效果较好[7]，即在气井投产前即采取防砂工艺措施。

孤东气田与孤岛气田具有相同的地质特征，均为透镜状疏松砂岩气藏。孤东气田第一批投产的30口井全部应用了以绕丝筛管砾石充填为主要方法的防砂工艺，开发效果良好[8, 9]，与未利用先期防砂的孤岛气田和孤东气田其他区块相比，采收率明显提高。对比已开发完毕现已废弃的气藏，未进行防砂或后期防砂的气藏采收率为58.1%（孤东）～65.5%（孤岛），孤东气田进行先期防砂工艺的气藏采收率高达89.2%（表1-1）。另外，气井的利用率也得到明显提高（图1-1）。

表1-1　孤东与孤岛气田防砂效果对比表[8]

气田名称	含气砂体个	地质储量 10⁸m³	累计产气 10⁸m³	采收率 %	防砂工艺	目前状况
孤岛	72	6.16	3.70	60.1	未防砂	已废弃
	18	1.42	0.93	65.5	后期防砂	因出砂而废弃
孤东	49	3.20	1.86	58.1	未防砂	已废弃
	16	1.2	1.07	89.2	先期防砂	已废弃
	14	3.91	2.58	66.0		正常生产

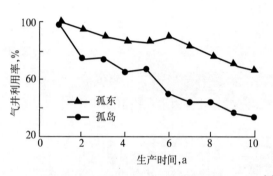

图1-1　孤东与孤岛气田气井利用率对比曲线[9]

二、边水气藏

大部分气藏含气边界以外局部或全部被同层的地层水所包围，水体分布于气水界面外围的气藏称为边水气藏[10]。

层状气藏是指储层呈层状分布，天然气聚集受固定层位限制，上下被不渗透岩层分隔，并具有边水分布的气藏。层状气藏储层厚度与气藏高度之比小于1，属于边水气藏。

从上述定义可知：边水气藏主要为层状气藏，层状气藏一般都具有边水（断块气藏例外）。一般条件下，边水气藏和层状气藏具有相同的内涵。

典型的边水气藏有中坝须二气藏、川东石炭系气藏和榆林山2气藏等。

一般储层厚度较大，或者圈闭内天然气充满程度较小，储层厚度与气藏高度之比大于1，水体整体分布于气藏气水界面之下的气藏称为底水气藏[10]，典型气藏如威远气田震旦系灯影组气藏，部分透镜状气藏也具有底水。

1. 边水气藏的地质特征

1）气藏具有气水过渡带

气水过渡带是指气藏含气内边界至含气外边界之间的地带。边水气藏均具有气水过渡带，气水过渡带的宽度与储层厚度、地层倾角和气水过渡带高度有关（图1-2）：

$$L = H/\sin\theta + H_{gw}/\tan\theta \tag{1-1}$$

式中　L——气水过渡带宽度，m；

　　　H——气层厚度，m；

　　　H_{gw}——气水过渡带高度，m；

　　　θ——气水界面处地层倾角，（°）。

储层厚度越大、地层倾角越小，则气水过渡带越宽。储层物性差，气水过渡带厚，则气水过渡带越宽；对于储层物性好的中高渗透气藏，气水过渡带很薄，则式（1-1）中第二项可以省略。

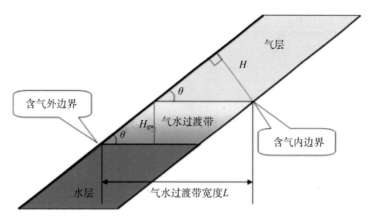

图1-2　边水气藏气水过渡带示意图

2）气藏的水体范围与能量

气藏的水体范围受构造特征、储层岩性和储层物性等多种因素影响。如果气藏外围存在不渗透的断层或岩性边界，则以此作为气藏水体的边界。如果外围没有明显的边界，一般以圈闭线作为水体估算的参考边界；否则，气藏具有无限大水体。

气藏水体能量受水体大小、储层物性、储层非均质性等因素影响。水体体积越大，则水体能量越大；储层物性越好，水体侵入越容易，对开发影响也大；均质储层较非均质储层受水侵危害的影响要小。

2. 气藏的开发特征

1）水侵特征

在开发过程中，气藏水侵与储层的渗流特征密切相关，且随着渗流通道类型的不同而不同。对于均质或网状微细裂缝均匀发育的似均质地层，边水沿产层均匀推进，水侵主要表现为舌进侵入方式，底水则在井底附近产生锥进，如果开发生产控制较好，一般对气田开发影响较小；对于裂缝性（或断层发育）的非均质地层，地层水沿裂缝（或断层）窜入，水侵方式多为窜进侵入方式[10]，对气藏开发影响较大，甚至会非常严重。

水驱气藏的出水特征表现为：（1）存在无水产气期；（2）气井出水时生产水气比高于凝析水的水气比；（3）气井一旦出水，生产水气比逐渐上升。

气井或气藏无水采气期的长短和水气比上升速度主要受两方面因素影响：一方面取决于地质条件，主要包括水体能量大小、储层物性条件和气井距边水的距离等；另一方面受控于开采条件，主要包括气藏的采气速度、气井采气强度、水体与气藏间的压差等。

水气比上升速度随水侵方式的不同而不同，在舌进侵入方式下水气比上升速度相对较慢，在窜进侵入方式下水气比上升速度相对较快。

2）水侵对于气田开发的影响

气井出水的主要影响表现在三个方面：一是由于出现气水两相流动，增加了气体流动的渗流阻力，使气井产量下降；二是由于水的非均匀侵入，封闭部分气体，甚至形成气井水淹；三是气井出水增加了井筒套管损失，提高了废弃压力，从而降低气藏的采收率。

水侵的影响程度取决于储层特征与水侵方式：均质地层或似均质地层边水均匀推进，水侵对于气井产能及气藏采收率影响较小。储层非均质性严重的边水气藏，例如高渗透层或裂缝（断层）的渗透率与基质渗透率的比值超过5～10倍以上，则边水会沿着高渗透通道或裂缝（断层）窜入，严重影响气井的产能；如果边水能量大，还会大幅度降低气藏的采收率。

3）气藏开发早期水侵预测

在边水气藏的开发中，由于边水的侵入而造成的气井出水不仅会增加气藏的开发开采难度，而且会造成气井产能的损失、气藏采收率的降低，影响气藏开发效果和开发效益。因此，水侵动态的准确判断，特别是早期水侵的准确识别与预测，有利于提前做好防水治水措施，有利于实现气藏的高效开发。

气藏早期水侵预报识别主要有综合地质评价法、气井生产动态分析法、物质平衡压降曲线识别法和试井监测识别等方法。综合地质评价方法需要结合构造特征、储层展布及气井所处位置对气井出水的可能性进行初步判断，在开发方案设计及动态监测中要给予高度重视。气井生产动态分析主要包括油管套管压差变化、水气比异常、水性和出水量变化等。物质平衡压降曲线识别是依据p/Z与累计产气量G_p关系曲线的形态，如果中后期曲线出现上翘，则可能存在水驱特征。试井监测是利用边水推进，在邻近边水的气井试井压力导数曲线上后期上翘的动态特征反应进行水侵监测，边水离气井越近，则压力导数曲线上翘时间越早；依据多次压力恢复试井导数曲线上翘时间的变化，即可监测边水的侵入。另外，采用Blasingame、NPI等产量不稳定分析方法也可以识别水侵特征。

4）气藏开发管理

边水气藏开发需要通过地质评价与动态分析确定边水体积与边水能量，通过开发优化设计和开发过程中精细管理，尽可能延长无水采气期，降低水侵对于气藏开发的影响。

（1）依据地质条件进行优化布井、优化射孔。对于边水气藏，应尽可能远离边水布井；对于底水气藏则气井要有一定的避射高度，通过开发优化设计降低水侵风险。

（2）对于似均质的边水、底水气藏，确定气藏的合理采气速度、单井的合理生产压差，采取控气控水或控气排水的技术策略。对于非均质有水气藏，早期低部位大量排水是提高沿裂缝水窜边水气藏开发效果和气藏采收率的主要途径，一是要充分利用气藏能量进行早期排水，二是在低部位水侵路径上排水，降低水侵对气藏的伤害。

（3）对于出水气井实施"压力、产气、产水"三稳定的生产管理，尽量避免频繁开关井。

（4）对于受出水影响的气藏，依据动态监测与动态分析成果，及时进行开发调整，综合采取排水采气、找堵水等工艺技术措施。

三、多层气藏

一般而言，多层气藏是指纵向上各层相互距离较近、三个以上层状气藏叠置形成的气藏。典型多层气田有麻柳场气田（图1-3）和靖边气田等。

1. 多层气藏的地质特征

（1）单层厚度薄，但分布稳定。

层状气藏储层厚度一般几米至十几米，层内岩性较均一。平面上储层呈席状连续分布，具有较好的平面连通性。

（2）每个小层均为独立的气藏。

由于纵向上有稳定分布的隔层，因此各小层互不连通，每个小层为一个独立的压力系统。在开发过程中，除井筒外一般不发生层间窜流。

由于成藏条件的差异，每个小层均具有各自独立的气水边界，且各含气小层的含气范围存在差异。

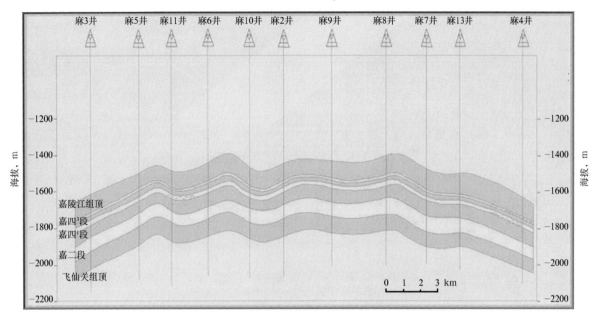

图1-3　麻柳场气田剖面图

（3）层与层存在差异，表现出层间非均质性。

由于受沉积和成岩等地质条件的差异影响，层间往往表现出一定的非均质性。

一般采用渗透率的变异系数、突进系数和渗透率级差描述储层非均质性。有关砂岩储层非均质性评价标准见表1-2，渗透率的变异系数、突进系数或级差越大，则储层非均质性越严重。

表1-2　砂岩储层非均质性评价标准

非均质性	渗透率变异系数	渗透率单层突进系数
均质	<0.5	<2
非均质	0.5~0.7	2~3
严重非均质	>0.7	>3

2.多层气藏的开发特征

（1）多层渗流特征受层间非均质影响严重。

层状或块状气藏中流体均是在同一渗流单元内流动，而多层气藏的流体来自多个互不连通的气藏，因此渗流特征受层间差异的影响严重。

分层产能受分层渗流能力大小影响，分层产量与流动系数成正比，高渗透层产量高，低渗透层产量低；渗透率级差越高，产量差异越大，甚至导致低渗透层无产量。

气井的稳产能力与分层储量规模配置关系及其储量品质有关，如果高渗透层储量比例高，则稳产能力强；否则，气井的稳产能力差，单井产量递减快。

在多层合采的气井中，由于存在层间非均质性，导致分层储量动用的差异性，以及分层压力的差异性，因此纵向上会形成十分复杂的压力剖面，给后期钻井带来困难。

（2）开采过程中部分层易于出水。

由于每个小层均具有独立的气水边界，多个小层叠置，在平面上形成多个气水边界，纵向上构造低部位气水层交互。靠近气水边界的气层，或是物性条件较好的气层，容易形成边水单层突进，影响气井的生产。

要充分发挥各个气层的潜力，有效提高储量动用程度，并防止边水突进的影响，需要做好井网部署、射孔和配产等开发优化设计工作。

（3）开采与稳产接替方式。

由于单层厚度薄，储量丰度低，对于单井而言一般采用多层合采的方式开采。但由于存在层间非均质性，含气层过多，又会产生层间干扰，因此对于层数多的气田，需要划分层系开发。层系划分需要综合考虑流体特征、储层物性、隔层特征、压力特征和储量规模等因素，将流体、压力、物性条件等相近、具有较好封隔条件且具有一定储量规模的层进行组合，作为一套开发层系。对于多层气藏稳产接替，一般采用层系接替方式保持气田稳产。

第三节   多层疏松砂岩气田的勘探开发历程

埋藏深度仅几十米至百余米的第四系浅层生物气藏广泛分布于我国东南沿海及长江流域各省（市）的冲积平原区，如江苏、浙江、安徽、上海、福建、广东、湖北、湖南等省市。从20世纪50年代起，人们就曾打井试图对其加以利用，总井数达万口以上，但大多以失败而告终。主要原因是天然气资源分散、气层薄、压力低、产量小、气井易被水淹，而对此又没有相应的对策。自1992年起，浙江石油勘探处重新在杭州湾地区开展浅层天然气勘探开发工作。通过不断实践，摸索出了一套简便易行的找气、打井、成井方法，逐步形成了技术系列，并开辟了新的应用途径。至1997年，已发现6个浅层气田及一些小块的含气面积，获控制储量$3.43 \times 10^8 m^3$。用6mm油嘴测试，单井日产气量一般为1000～2000$m^{3[2]}$。

1964年8月，通过地震勘探发现一个完整的潜山披覆构造——孤岛构造，同年钻探渤2井在馆陶组发现气层2层5.2m；1969年3月对渤6井和渤19井试油，在馆陶组分别获日产气$5.4 \times 10^4 m^3$和$2.1 \times 10^4 m^3$工业气流，从而发现了孤岛浅层气藏。该气藏于1976年4月投入开发，1978年达到高峰年产量$1.77 \times 10^8 m^3$，由于单砂体规模小、井控地质储量有限，单井产量很快递减。由于部分气井出水出砂，更加剧了产量递减。通过加强气井管理和井下作业，1985年以后产量递减速率减慢。1984年发现孤东油气田浅层气藏，于1988年11月投入试采。依据储层岩性特征，气井全部采用绕丝管砾石充填先期防砂工艺，防砂效果良好，为浅层气藏低速稳定开发创造了基本条件［《中国天然气开发图集》（第二册），王乃举，中国石油天然气总公司，1992］。

涩北气田位于柴达木盆地三湖坳陷（新生代晚期大型沉积坳陷）北斜坡台南—涩北背斜构造带（图1-4）。台南气田位于东台吉乃尔湖西南，向东30km为涩北一号气田，涩北一号东部与涩北二号气田相连。

涩北一号气田于1964年被发现，为一完整的短轴背斜构造，长轴轴向NWW—SEE向，方位约117°，长轴约10km，短轴约5km，长短轴比约2：1，地层顶缓翼陡、北翼缓南翼陡。涩北二号构造发现于1975年。1988年3月，首钻台南中1井发现台南气田。三大气田均属于第四系生物成因的疏松砂岩气藏，均为完整无断层背斜构造，滨、浅湖滩坝砂和泥滩沉积微相，含泥细砂岩、粉砂岩，成岩胶结松散，含气井段长、气层多而薄、气水层间互、气水界面复杂，在国内外类似气田罕见。

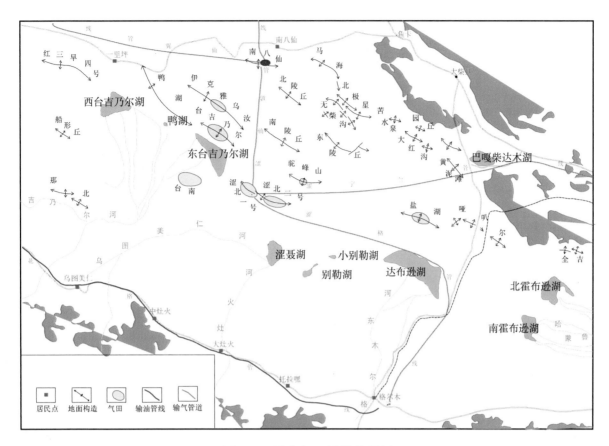

图1-4 涩北气田区域位置图

涩北一号气田于1995年投入试采生产，2003年规模建产；涩北二号气田于1998年4月进入试采评价，2005年规模建产；台南气田2005年正式试采开发。

从全国含油气盆地范围内多层疏松砂岩气田已探明天然气地质储量和产能规模分析，涩北气田地质储量和产能远大于其他气田，因此，本书主要以柴达木盆地涩北气田为例进行地质、开发特征及其相关开发技术的介绍，在典型气田中简要介绍了孤岛浅层气藏。

参考文献

[1] 马力宁，王小鲁，朱玉洁，等. 柴达木盆地天然气开发技术进展[J]. 天然气工业，2007，27（2）：77-80.

[2] 蒋维三，叶舟，郑华平，勇振明. 杭州湾地区第四系浅层天然气的特征及勘探方法[J]. 天然气工业，1997，17（3）：20-23.

[3] 李熙喆，万玉金，陆家亮. 复杂气藏开发技术[M]. 北京：石油工业出版社，2010：37-105.

[4] 覃峰. 天然气开采工艺技术手册[M]. 北京：石油工业出版社，2008：358-380.

[5] 谢玉洪，苏崇华，等. 疏松砂岩储层伤害机理及应用[M]. 北京：石油工业出版社，2008：3-22.

[6] 朱华银，陈建军，胡勇. 疏松砂岩气藏出砂机理与实验研究[J]. 天然气工业，2006，13（4）：89-91.

[7] 生如岩，张伟伟，丁良成. 胜利油气区浅层气藏的开采规律研究[J]. 天然气工业，1998，18（2）：30-32.

[8] 李振泉，生如岩，孟阳. 胜利油田浅层气藏的地质特征与开发对策[J]. 天然气工业，2001，21（5）：23-26.

[9] 生如岩. 两个浅层气藏开发实践及开发效果的对比[J]. 天然气工业，2001，21（2）：27-31.

[10] 李世伦，王鸣华，何江川. 气田及凝析气田开发[M]. 北京：石油工业出版社，2004：104-129.

第二章 多层疏松砂岩气田地质特征

多层疏松砂岩气田最显著的地质特征可以概括为：一是储层岩石疏松，由于埋藏浅、压实作用弱，表现为储层以发育原生孔隙为主，孔隙度高，颗粒胶结程度弱，岩石强度低；二是多层，气藏在纵向上含气小层多，含气井段长，无论是在层内还是层间，均表现出一定的非均质性；三是气水关系复杂，各小层均具有各自的气水界面，成为独立的气藏，且含气面积大小不一，表现为气田高部位气层集中分布，构造翼部气水层频繁交互。另外，受区域水动力及储层物性差异的影响，涩北气田还存在部分小层气水界面南高北低的现象。

第一节 钻遇地层

柴达木盆地位于青藏高原北部，被阿尔金山、祁连山和昆仑山所环绕，盆地面积$12.1 \times 10^4 km^2$，是中国的四大盆地之一。盆地西部以山区为主，东部地势平坦，为盐碱地和戈壁滩，盆地海拔$2400 \sim 3100m$。

涩北气田主要包括涩北一号、涩北二号和台南三个整装大型气田，位于柴达木盆地中东部的三湖地区。所谓三湖地区，是指由台吉乃尔湖、涩聂湖和达布逊湖三个沉积中心构成的一个（$4 \sim 4.5$）$\times 10^4 km^2$的现代第四系沉积区。

三湖地区自上而下，钻遇的地层层序依次为第四系全新统盐桥组、上更新统达布逊组、中更新统察尔汗组、下更新统涩北组和新近系上新统狮子沟组（表2-1）。

表2-1 柴达木盆地三湖地区地层层序表

地层层序				视厚度 m	地质标准层	主要岩性特征
系	统	组	号			
第四系	全新统	盐桥组	Q_4	317（最大）	地面—K_1	上部多为盐岩覆盖层，水溶盐含量高达5%～9.38%，中下部以浅灰色和棕灰色泥岩为主，夹有少量粉砂层和未炭化的植物碎屑
	上更新统	达布逊组	Q_3			
	中更新统	察尔汗组	Q_2			
	下更新统	涩北组中上段	Q_1^2	1427	K_1—K_{10}	以灰色、深灰色泥岩为主，粉砂岩、泥质粉砂岩为次，呈频繁间互的不等厚互层，夹有细砂岩和钙质泥岩，偶见以石英、长石为核心的鲕粒砂岩
		涩北组下段	Q_1^1	225	K_{10}—K_{13}	以浅灰、棕灰色砂质泥岩、泥岩及浅灰色细砂岩、粉砂岩、泥质粉砂岩为主，中部夹有黑灰色、褐灰色碳质泥岩和含碳泥岩
新近系	上新统（上部）	狮子沟组	N_2^3	未见底	K_{13}以下	以棕灰、浅灰、灰色泥质岩为主，夹有粉细砂层

狮子沟组：位于涩北气田电性标志层K_{13}以下，岩性以棕灰、浅灰、灰色泥质岩为主，夹有少量粉细砂层，未发现油气，目前钻井未见底。

涩北组：地层厚度约1700m，根据岩性、含气性特征和差异，可将其划分为中上段和下段两部分。下段相当于电性标志层K_{10}—K_{13}之间，以浅灰、棕灰色砂质泥岩、泥岩及浅灰色细砂岩、粉砂岩、泥质粉砂岩为主，中部夹有黑灰色、褐灰色碳质泥岩和含碳泥岩。中上段相当于电性标志层K_1—K_{10}之间，以灰色、深灰色泥岩为主，粉砂岩、泥质粉砂岩次之，呈频繁间互的不等厚互层，夹有细砂岩和钙质泥岩，偶见以石英、长石为核心的鲕粒砂岩。

察尔汗组—达布逊组—盐桥组：位于第四系上部，地层厚度约310m。其中下段以浅灰色、棕灰色淤泥沉积为主，夹少量粉砂层及未炭化的植物碎屑层，成岩性差，以高含盐为主要特征；上部的局部地区有盐岩覆盖。

第四系下更新统涩北组中上段是涩北气田的主力含气层段，气层多、含气井段长。如涩北一号气田，共划分为5个气层组19个砂层组93个小层（表2-2）。小层按气层组—砂层组—小层进行编号，如1-2-1表示第一气层组第二砂层组内第一个小层。涩北一号气田共有气层79层，埋藏深度429~1599m。

表2-2　涩北一号气田气层组与砂层组划分表

气层组			砂层组		小层个数	K标志
层组	地层厚度，m	埋深，m	砂层组	平均厚度，m		
组外	—	427.5	—	—	—	K_1
零	203	429.1~631.9	0-1	38.5	8	K_2
			0-2	85.5	5	K_3
			0-3	78.8	5	
一	276	631.9~908.3	1-1	59.2	5	
			1-2	43.8	4	K_4
			1-3	62.0	4	
			1-4	111.4	7	K_5
二	225	908.3~1133.5	2-1	50.1	5	
			2-2	52.5	4	K_6
			2-3	57.0	4	
			2-4	65.6	5	K_7
三	160	1133.5~1293.9	3-1	52.5	5	K_8
			3-2	52.6	3	K_9
			3-3	55.3	4	
四	299	1293.9~1599.0	4-1	59.1	4	K_{10}
			4-2	63.1	6	K_{11}
			4-3	40.3	3	
			4-4	59.6	6	K_{12}
			4-5	76.5	6	
合计	1163	—	19	—	93	

注：埋藏深度为气田地层对比标准井（SS2井）数据。

第二节　构造特征

一、区域构造特征

　　柴达木盆地共划分为西部坳陷、北缘块断带和三湖坳陷三个一级构造单元（图2-1），其中三湖坳陷又可细分为北斜坡、中央凹陷和南斜坡三个亚一级构造单元（图2-2）。

　　三湖坳陷北斜坡区：北斜坡区位于三湖坳陷北部，北以陵间断裂与柴达木北缘断块带分界，南以船东—台南—台东—涩北—涩东弧形隆起带南缘为界，西到落雁山、那北构造，东接霍布逊湖凹陷。

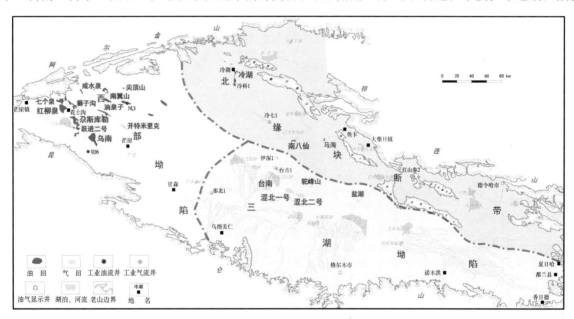

图2-1　柴达木盆地构造单元划分图

　　三湖坳陷中央凹陷区：中央凹陷区位于三湖坳陷中部，北以船东—台南—台东—涩北—涩东弧形隆起带南缘为界，南以那北、乌图美仁构造北缘为界，包含有涩聂湖和达布逊湖凹陷。为三湖坳陷区内新近系—第四系最大沉降、沉积中心，是三湖地区生物气源岩主要聚集区，也是生气强度最大的区域。

　　三湖坳陷南斜坡区：位于三湖坳陷南部，北以那北、乌图美仁构造北缘为界，南至东昆仑断褶带斜坡区，东西向展布，受刚性基底发育的影响及沉积体系岩性等因素制约，表现为较为稳定的构造斜坡，仅在边缘断裂带附近发育有个别鼻状构造。

　　三湖地区的第四系构造圈闭同时存在差异压实和挤压应力两大成因机制（沉积古地貌和早期天然气聚集只是导致和强化差异压实作用的两大关键因素）。目前发现的构造圈闭，凡远离物源且靠近边界断层的（如北斜坡外带），应以构造挤压应力为主要成因机制；凡靠近物源且远离边界断层的（如北斜坡内带），应以差异压实为主要成因机制。

　　涩北三大气田中，台南潜伏构造的形成机制应该以差异压实作用为主导（靠近物源、远离边界断层且与断层方向不一致），涩北一号和涩北二号地面构造的形成则可能以构造挤压应力为主要成因机制（远离物源、靠近边界断层且与断层方向一致）。

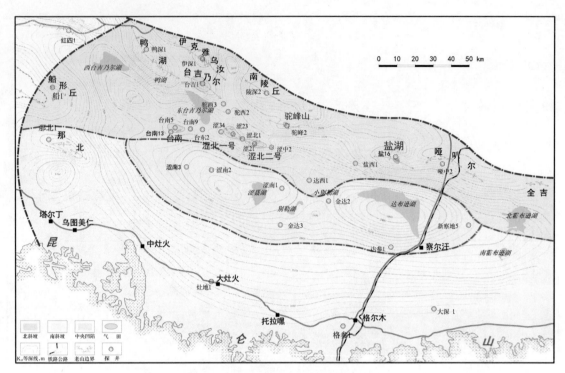

图2-2 三湖地区构造单元划分图

二、气田构造特征

涩北一号、涩北二号、台南背斜构造位于柴达木盆地东部三湖凹陷北斜坡区，为第四纪形成的同沉积背斜，构造简单完整、隆起幅度小且两翼宽大平缓，构造要素见表2-3。

表2-3 涩北气田构造要素表（K_7）

气田	长轴走向	长轴，km	短轴，km	两翼倾角，（°）		闭合面积，km²	闭合高度，m	高点埋深，m
				南	北			
涩北一号	近东西向	10.0	5.0	2.0	1.5	49.8	50.0	1170.0
涩北二号	近东西向	14.5	4.3	2.8	2.2	59.4	60.0	1177.0
台　南	近东西向	11.4	4.9	1.8	1.4	33.6	49.0	1169.0

以涩北一号构造为例，其构造演化史（图2-3）表明：1-3砂层组沉积前，下面已经形成了背斜构造。

当拉平0-2砂层组顶面时，发现现今处于海拔2000m埋深位置的0-2砂层组在S31—S3-1南北向剖面上相对于北端的S3-1井下落幅度不一[（图2-4（a）]，2000m线下拉的幅度正好相当于构造幅度，最大下落幅度在S19井，即今构造高点，表明涩北一号0-1砂层组沉积后期，是重要的构造活动期，涩北一号构造定型期晚于0-2砂组沉积末。

然而位于其下的第一层系第二砂层组1-2[（图2-4（b）]，显示在其顶部层面拉平时，处于现今构造的埋深为海拔1890m线位置，同样具有南侧井相对北端S3-1井下落幅度不一。表明后期也存在构造抬升，但幅度比上层[图2-4（a）]稍小，抬升最大幅度向南移至S4-1井。

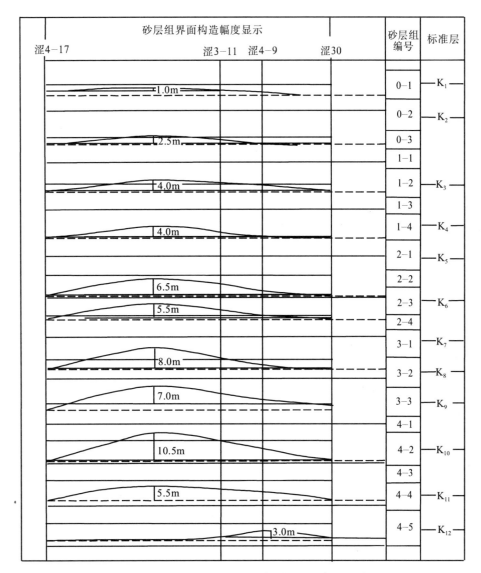

图2-3　涩北一号气田分层构造发育情况示意图

综上所述，图2-3表明在0-1砂层组沉积前，涩北一号构造就有同沉积构造显示；图2-4表明后期构造运动又加剧了构造幅度，由于上部抬升幅度大、下部抬升幅度小，使现今涩北一号构造处于缓倾斜的均衡短轴背斜状态。气田构造特征如下：

（1）气田构造为完整的短轴背斜构造。

以涩北一号气田为例，构造为一完整的背斜构造，形状为一斜下放置的鸭蛋形（图2-5）。背斜长轴轴向NWW—SEE向，方位约117°，自下而上，轴向方位基本未发生变化。

背斜长轴长度约10.5km，短轴长约5km，长短轴比约2：1，为短轴背斜。由深到浅，构造长轴和短轴长度逐渐减小，长短轴比有逐渐增加的特征。如下部的4-5-1小层顶面，背斜长轴11.06km，短轴6.12km，长短轴比1.8：1；而中部的2-1-1小层，背斜长、短轴缩小为10.53km、5.29km，长短轴比2.0：1；到上部的0-1-1小层，背斜长、短轴分别为9.19km和3.95km，长短轴比增加到2.3：1。

（2）地层平缓，各翼倾角略有不同。

从地层倾角看，背斜属平缓背斜。背斜具有顶部缓、翼部陡的特点。而从数值上看，背斜各翼的倾角均较小，并存在北翼缓、南翼陡的特点，北翼地层倾角1.41°～2.05°，南翼地层倾角

1.79°~3.28°。从深到浅，背斜南翼和北翼的倾角均逐渐减小，显示气田沉积的地层顶部薄、翼部加厚，呈现较为典型的同沉积背斜的构造特征。

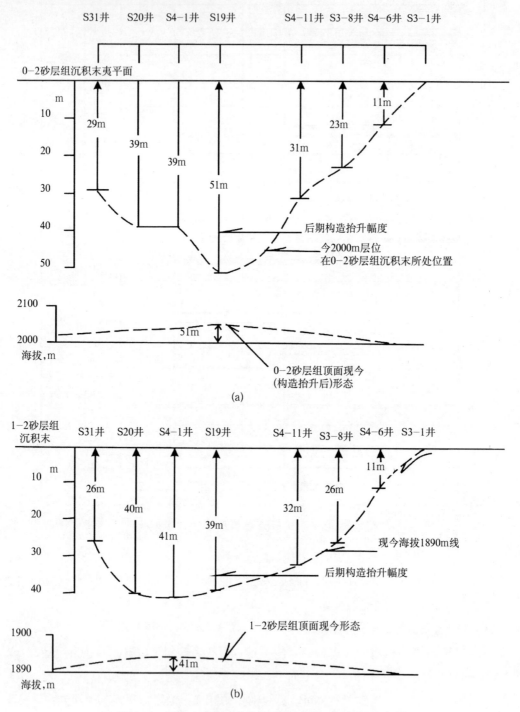

图2-4　S31—S3-1连井剖面后期构造抬升示意图

（3）各小层构造高点位置基本一致。

背斜构造高点位于S3-16井—XS4-3井附近，自下而上，各小层构造高点基本上没有发生变化，始终在该井区。

（4）自上而下，气田构造闭合高度逐渐增大。

0-1-1小层顶面构造，气田闭合高度为29m，闭合面积25.09km²，随着层位变深，闭合高度逐渐增大，闭合面积也有逐渐增大的趋势，到4-5-1小层顶面，闭合高度达98m，闭合幅度是0-1-1小层的3.2倍，闭合面积47.26 km²，是0-1-1小层的1.9倍。

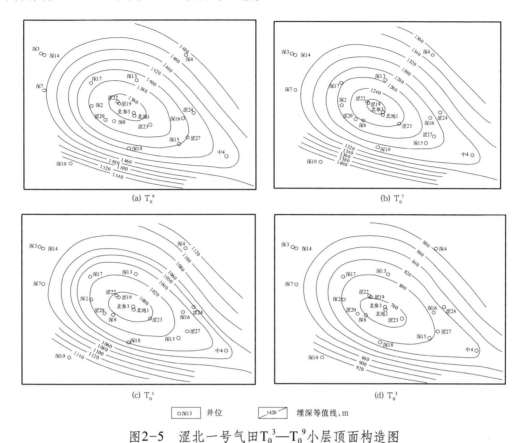

(a) T_0^9　　(b) T_0^7

(c) T_0^5　　(d) T_0^3

○深13 井位　　1420 埋深等值线，m

图2-5　涩北一号气田T_0^3—T_0^9小层顶面构造图

第三节　沉积与成岩特征

一、沉积特征

第四系沉积时始终处于湖泊沉积相带，主要沉积物为湖盆碎屑物质。沉积环境与沉积类型的变化决定了地层岩石组成、岩性特征在纵向分布的差异性和旋回性。古气候、古地理环境影响着水平面反复的升降，形成规律性的水进水退，从而导致沉积亚相和微相的变化和多元化，以及砂泥岩交互多层的特点。

柴达木盆地东部三湖地区第四系湖盆演化经历了三阶段：坳陷湖盆产生阶段（K_{13}—K_{10}）、湖盆扩张阶段（K_{10}—K_1）和湖盆收缩阶段（K_1—K_0）。

在坳陷湖盆产生阶段（气组外），湖区水体相对较浅，物源供应相对充足，岩性较粗，多发育细砂岩，砂岩厚度较大，通常为泥岩厚度2～3倍；构造高点相对不稳定。

在坳陷湖盆鼎盛期，水体逐步变深，物源供应相对均衡，但碎屑岩粒级相对变细，以粉砂岩为主，且砂岩厚度逐渐变薄、泥岩厚度逐步变厚，两者之比接近1:1；水体较深；构造高点相对稳定。

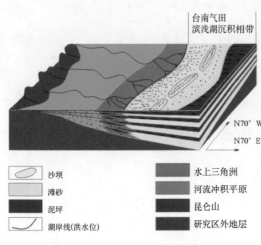

图2-6 中的图例：
- 沙坝
- 滩砂
- 泥坪
- 湖岸线(洪水位)
- 水上三角洲
- 河流冲积平原
- 昆仑山
- 研究区外地层

N70°W
N70°E

台南气田
滨浅湖沉积相带

图2-6 台南气田沉积相模式图

在坳陷湖盆稳定期，湖泊水体持续较深，物源供应相对减少，除总体岩性变细外，砂岩厚度小于泥岩厚度。

在坳陷湖盆收缩期（气组外），水体变浅，并咸化，构造定型，并形成现今格局。

涩北气田含气层段位于涩北组中、上段（K_{10}—K_2），属于湖盆扩张阶段，盆地充填特征（图2-6）表现为：

（1）湖泊边缘发育环状滨湖、水进退积；

（2）湖泊北缘主要为泥质湖岸和部分滨湖沼泽，而南缘以砂质湖岸为主，在昆仑山前和锡铁山、埃姆尼克山前发育冲积扇、辫状河及三角洲；

（3）昆仑山为湖泊水体和物源的主要供给区。

二、成岩特征

疏松砂岩储层是颗粒胶结松散的弱成岩储层，其形成的主要原因是埋藏浅、压实弱，颗粒胶结程度差、成岩性差，处于早成岩A期，还没有经过交代作用、重结晶作用、压溶作用等，具有松散易碎的特点。

1. 压实作用

压实作用是指碎屑沉积物在上覆沉积的重荷压力下，发生的水分排出、孔隙度降低和体积缩小的作用。在压实过程中，随着沉积物的被压缩和孔隙度的降低，将相应地引起沉积层渗透率的降低、沉积层强度的增加和抗侵蚀能力的增强。对于不同粒度的砂岩，压实作用存在明显差异，一般而言，细砂较易被压实，其孔隙度有较大幅度的降低，而粗砂的孔隙度降低幅度则相对较少。

压实作用在微观上表现为碎屑颗粒的转动、位移、重排等，其矿物颗粒在排列方式上，由分散状向半定向、定向、定向变形过渡。随着埋藏深度的增加，碎屑颗粒逐渐由点接触向点—线、线接触关系过渡。

沉积物随埋藏深度的继续增加而增加，当上覆层的压应力超过孔隙水所能承受的静水压力时，将引起颗粒接触点位置上的晶格变形和溶解，砂质沉积物进入化学压实和压溶作用的阶段。

疏松砂岩的形成主要是由于埋藏浅，地层的压实作用主要处于以机械压实为主的阶段，颗粒接触关系主要呈点接触或点—线接触，化学压实和压溶作用一般很弱。

以涩北一号气田为例，第四系沉积速度快，埋藏深度浅，地层压实作用主要为机械压实，宏观上表现为随埋藏深度的增加，其孔隙度略有减少的趋势（图2-7）。

埋深小于1100m，砂、泥岩孔隙度差异很小，一般大于30%，颗粒接触关系以点接触为主，矿物排列方式呈分散状。1100m以下不同岩性的孔隙度具有一定的差异，泥岩孔隙度随地层埋深的增加，其孔隙度递减较快，下降到25%左右，而粉砂岩孔隙度仍然保持在25%～30%左右（图2-7）。颗粒接触关系以点—线、线接触关系为主，矿物排列方式出现定向排列，碎屑颗粒如长石，定向性趋于明显。

总体上，压实作用不强，是疏松砂岩储层的主要成因之一。

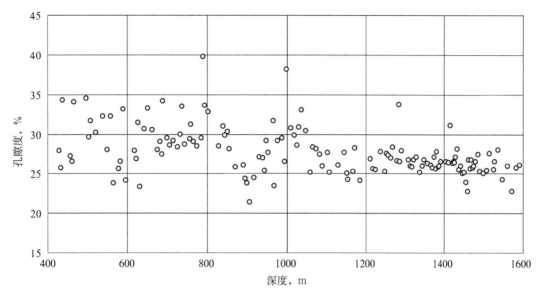

图2-7　SS2井孔隙度与深度关系图

2. 胶结作用

压实作用只能引起碎屑沉积物孔隙度的降低和岩石强度的增加，但不能使碎屑颗粒固结成岩，只有借助沉淀在孔隙内胶结物的胶结作用，才能使碎屑物质固结在一起。可以说，胶结作用是由碎屑沉积物转变为固结的碎屑岩的主要作用，是沉积物在沉积后由于自生矿物在孔隙中沉淀而导致沉积物固结，并使储层物性降低的作用。胶结物主要包含泥质胶结物和碳酸盐胶结物两种类型。

1）泥质胶结

第四系长期处于内陆封闭湖相沉积环境中，储层岩石颗粒细、黏土含量高。

涩北一号气田黏土矿物成分有伊利石、绿泥石、高岭石、蒙皂石、伊/蒙混层矿物等5种黏土矿物类型。其中，伊利石为主要的黏土矿物，发丝状分布，其相对含量达36%～70%，平均为51%；其次为绿泥石，相对含量10%～31%，平均19%，呈片状或板状；高岭石相对含量6%～16%，平均10.3%，呈板状或块状；蒙皂石和伊/蒙混层含量变化大，分布范围2%～48%，呈絮状或片状分布（图2-8）。

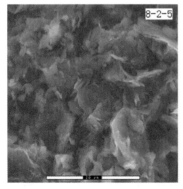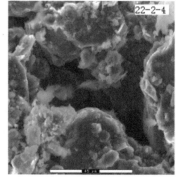

（a）絮状和片状伊/蒙混层黏土　　（b）发丝状伊利石及伊/蒙混层　　（c）附在颗粒表面的黏土

图2-8　涩北一号气田黏土矿物及其产状

涩北一号气田黏土矿物成分及含量在各层系基本无明显的变化，不同层组间、同一层组的不同砂组之间各种黏土矿物成分、矿物含量的分布范围都基本相当（表2-4）。如S23井零、一、三气层组，伊利石含量变化范围基本都在49.9%～55.7%之间，平均含量53.1%，相差不大。

表2-4　涩北一号气田黏土矿物含量表

项目 气层组	黏土矿物相对含量，%					样品数	资料来源
	蒙皂石	伊/蒙混层	伊利石	高岭石	绿泥石		
零		11.6	55.7	15.0	17.7	7	
一		11.0	51.0	16.0	22.0	1	S23
三	31.4	12.0	49.9	13.0	17.5	10	
	20.8		53.1	10.3	15.8	54	SS2
四		12.0	56.0	14.0	18.0	2	S23
平均	26.1	11.7	53.1	13.7	18.2		

注：二气层组无黏土矿物含量资料。

2）碳酸盐胶结

碳酸盐胶结物主要成分为方解石和白云石，以方解石为主，方解石以泥晶分散状分布于泥质之中，形成碳酸盐泥，而纯的碳酸盐胶结物，多呈粒状星点状分散于颗粒之中。

涩北一号气田储层内自生胶结物主要为碳酸盐，即方解石、白云石、菱铁矿及少量黄铁矿（表2-5），其中方解石含量2%～15%；SS2井薄片中菱铁矿含量较高，达2%～9%；受弱还原沉积环境影响，黄铁矿分布较普遍，但含量很低，最高为2%；白云石主要发育在三、四气层组，含量介于2%～8.7%之间。

表2-5　涩北一号气田粉砂岩中胶结物及胶结类型一览表

气组	井号	井深，m	样品数	杂基含量，%	胶结物含量，%				胶结类型	接触关系
					方解石	白云石	黄铁矿	菱铁矿		
零	S23	537.00～542.66	2	$\frac{26\sim28}{27}$	$\frac{2\sim4}{3}$	—	—	—	孔隙式	点
		558.86～567.85	2	$\frac{5\sim25}{15}$	4	—	—	—	孔隙式、接触式	点
三	SS2	1143.13～1154.45	2	$\frac{25\sim35}{30}$	$\frac{5\sim15}{10}$	—	$\frac{1\sim2}{1.5}$	$\frac{2\sim6}{4}$	孔隙式	点—线、点
		1165.95～1165.99	1	34	10	—	1	4	孔隙式	点
		1184.65～1185.60	3	$\frac{27\sim34}{31.7}$	$\frac{8\sim15}{11}$	$\frac{2\sim4}{3}$	—	$\frac{3\sim9}{6}$	孔隙式	点—线
		1213.79～1215.60	3	$\frac{31\sim38}{35.7}$	8	8.7	1	$\frac{2\sim8}{4.1}$	孔隙式	点—线、点
	S23	1225.22～1233.77	2	35*	5	—	少量	—	孔隙式	点
		1289.54～1298.74	3	$\frac{4\sim35*}{16}$	$\frac{2\sim5}{3}$	—	2	—	孔隙式	点—线
	S4-15	1155.44	1	26	11	2	1	—	孔隙式	点
		1321.70	1	25	2	5	—	—	孔隙式	点
四	S23	1473.20～1490.00	2	$\frac{4\sim14}{9}$	$\frac{1\sim10}{5.5}$	$\frac{1\sim6}{3.5}$	—	—	孔隙式、接触式	点、线
平均值				25.9	6.6	4.4	1.3	4.5	—	

* 表示碳酸盐泥，即碳酸盐胶结物与泥质混杂而无法分清；一、二气层组无薄片资料。

其他胶结物主要有方沸石等，分布较为普遍，但含量较少，多呈零散状分布，部分呈草莓状集合体局部富集。

粉砂岩胶结类型有孔隙式、接触式及基底式三类，涩北气田储层以孔隙式为主，高达85%，接触式次之，占11%，基底式胶结类型很少。

3．溶蚀作用

溶蚀作用主要是胶结物中以碳酸盐溶蚀为主，这种溶蚀作用比较普遍，但溶蚀量较小，并且局限在胶结物中。

4．成岩阶段划分

涩北气田第四系总体属于早成岩A亚期，根据泥岩压实程度及碳酸盐矿物序列、矿物排列方式以及颗粒接触关系等，纵向上划分为两个阶段：即弱压实阶段和强压实阶段（图2-9）。

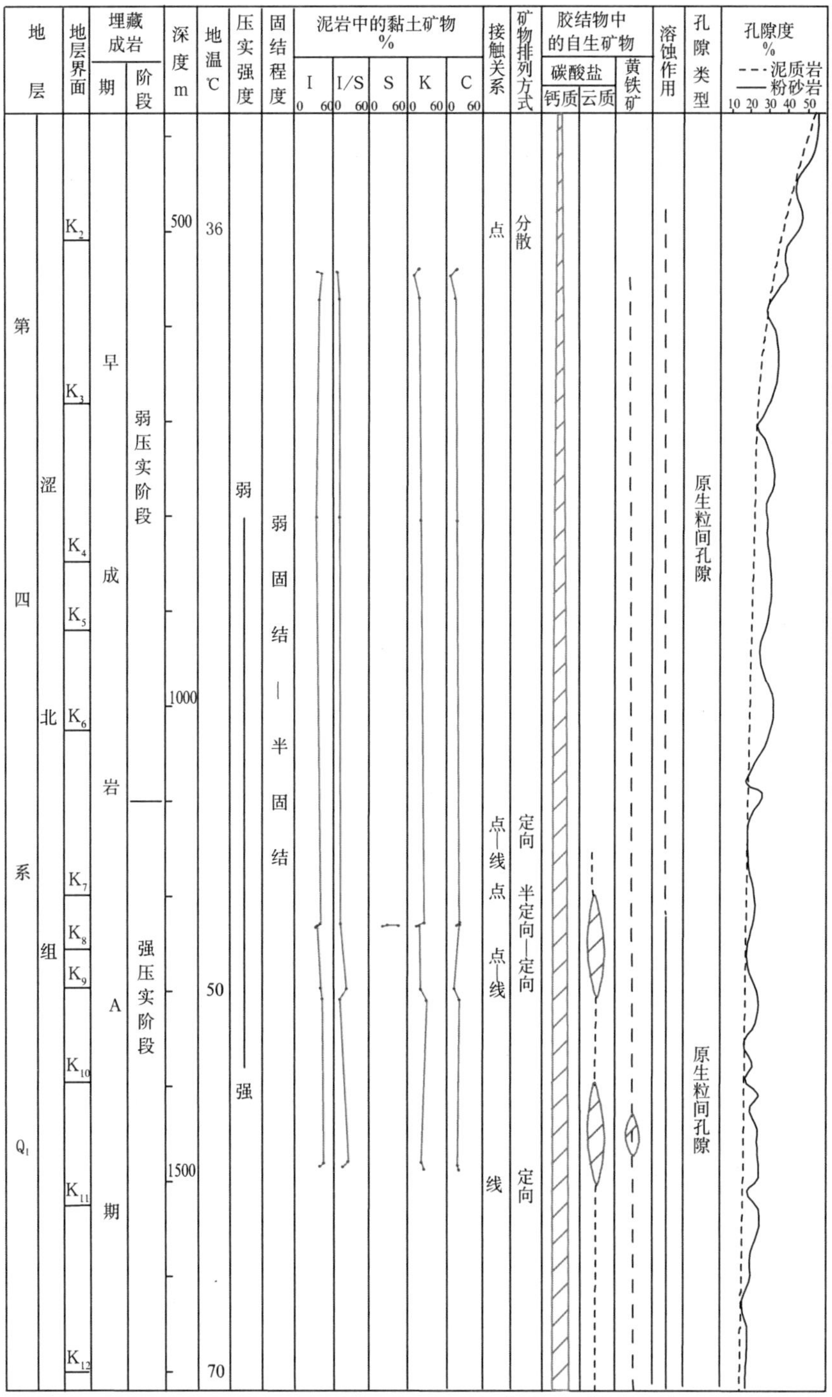

图2-9　涩北一号气田涩北组成岩作用阶段划分图

弱压实阶段：地层埋深在400~1100m，地层压实作用较弱，岩石固结程度极低，岩心松散易破碎。泥岩、砂岩孔隙度均较大，普遍高于30%。碎屑颗粒以点接触为主，矿物排列方式呈分散状，孔隙类型以原生孔为主，次生孔隙不发育，自生碳酸盐含量较低，植物根茎局部碳化。

强压实阶段：地层埋深在1100~1700m，地层压实作用较强，泥岩压实程度较高，孔隙度相对较低。而砂岩仍然比较疏松，孔隙度较高，碎屑颗粒以点—线接触为主，逐渐向线接触过渡，矿物排列方式出现半定向、半定向—定向，长石颗粒定向性趋于明显，自生碳酸盐含量相对较高，大于10%。有部分次生孔隙发育，植物根茎炭化明显。

第四节　成藏特征

涩北气田属于浅层气藏，由于埋藏浅，岩石成岩性差、有机质成熟度低，在成烃条件、储盖组合和成藏条件等方面均与常规气藏不同。一是天然气属于生物成因气；二是储盖层只是一个相对概念，盖层只是由于物性相对储层而言较差，从而具有一定的封盖能力；三是动态成藏，目前仍然处于成藏过程之中。

一、天然气的成藏

1. 天然气的组分

柴达木盆地第四系天然气组分的主要特征是甲烷含量高，乙烷及其以上重烃气含量低，干燥系数大（表2—6）。甲烷含量几乎都在95%以上；部分样品中检出了乙烷及以上的重烃，其中大部分重烃气含量在0.2%以下。

表2—6　柴达木盆地三湖地区天然气地球化学数据[1]

井号	取样深度，m	天然气组成，%					同位素，‰				
		N_2	CO_2	CH_4	C_2H_6	C_3H_8	$\delta^{13}C_1$	$\delta^{13}C_2$	$\delta^{13}C_3$	$\delta^{13}C_{CO_2}$	δD_1
S22	780.4~797.4			99.940	0.06		−66.2	−43.8	−32.9		
S24	1081.2~1084.8		0.031	99.969			−66.7	−43.8	−31.8		
S27	1256.2~1265.2		0.030	99.929		0.041	−60.5				
S19	1026.2~1031.2		0.005	99.995			−66.3	−43.6	−32.2		−227
SS16	1346.4~1374.4		0.065	99.935			−66.1				
S3—4	1310.6~1355.0		0.135	99.772	0.07	0.023	−66.2	−44.5	−32.4		
S4—12	1476.0~1486.5			99.960	0.04		−66.1				−230
S4—18	1351.0~1391.0		0.028	99.972			−65.7				
S4—15	1447.8~1456.4	0.04	0.120	99.710	0.09	0.03	−67.8	−46.4	−33.7		−228
S3—23	1360.7~1362.7	0.02		99.900	0.06	0.01	−67.6	−44.8	−33.8		−231
XS4—3	1422.6~1453.3	0.21	0.160	99.460	0.11	0.04	−68.4	−47.8	−34.2		−230
S3—21	1225.0~1245.5	0.11	0.260	99.510	0.08	0.03	−66.6	−45.8	−33.1		−234
SS15	1356.2~1369.8	0.08	0.040	99.750	0.11	0.02	−68.0	−47.4	−33.3		−230
SS13	1048.0~1082.0	0.06	0.040	99.790	0.09	0.02	−69.6	−44.7	−33.7		−228
S23	1030.5~1061.3						−65.0			−7.5	
S4—1	1156.9~1158.3						−64.9			−17.0	

续表

井号	取样深度，m	天然气组成，%					同位素，‰				
		N_2	CO_2	CH_4	C_2H_6	C_3H_8	$\delta^{13}C_1$	$\delta^{13}C_2$	$\delta^{13}C_3$	$\delta^{13}C_{CO_2}$	δD_1
S20	1276.0~1308.6						−64.9				
SS17	1341.4~1355.8						−65.1			−3.2	
S4−14	1373.8~1394.6	0.38	0.017	98.220	$C_2$0.10		−62.8				
S4−7	1468.3~1481.2						−65.1				
S4−2−4	1310.2~1330.5						−64.4	−48.4	−33.2		
S21	1479.2~1482.0		0.440	99.210	0.25	0.06	−64.9	−37.7	−23.6	−20.0	
SX1	1132.2~1135.6	2.17	0.680	96.950	0.07	0.03	−67.0	−37.6		−21.5	
S28	616.0~618.0						−65.4				
SZ6	782.0~791.6	3.00	0.010	95.410	$C_2$0.09		−63.5				
S26	790.4~794.8	0.42	0.015	98.080	$C_2$0.09		−66.7	−49.8	−23.3		
S25	1041.3~1051.5	0.32	0.090	98.100	$C_2$0.19		−61.8				
L1	65.0~210.0	3.44		95.170	0.28	0.03	−65.0				
T5		5.72		94.270			−69.9				−234
T4	1717.8~1721.2			99.930	0.06	0.01	−68.5	−46.5	−32.6		−232
T6	1599.0~1602.0	1.05	0.590	98.240	0.05	0.03	−68.3	−36.3	−23.9	−13.3	−210
Ts4	1608.5~1623.3	0.13	0.060	99.640	0.15	0.02	−67.7	−45.0	−32.5		
Z1	622.6~627.0	1.11		98.440	0.14	0.01	−68.5				

2．天然气的碳、氢同位素

甲烷碳同位素偏轻是涩北气田天然气的典型特征。甲烷碳同位素值分布区间为−69.9‰～−60.5‰，主频分布在−68‰～−64‰之间。乙烷和丙烷碳同位素也偏轻，乙烷碳同位素值分布区间为−49.8‰～−36.3‰，只有个别样品的乙烷碳同位素值重于−40‰；丙烷碳同位素值分布区间为−34.2‰～−23.3‰。甲烷氢同位素值分布区间为−234‰～−210‰，主频分布在−240‰～−220‰。

二氧化碳碳同位素也是一项重要的天然气地球化学参数，表2−6中列出的6个二氧化碳碳同位素数据，二氧化碳碳同位素分布范围为−21.5‰～−3.2‰，平均值为−15.4‰。其中$\delta^{13}C_{CO_2}$最重的为涩北一号气田SS17井的天然气，二氧化碳碳同位素值仅−3.2‰[1]。

3．天然气的成因

天然气的地球化学特征是判识其来源的重要依据。Whiticar等[2, 3]分析了世界上产自多种环境的几百个生物气样品，提出了利用甲烷碳、氢同位素鉴别不同类型生物气的图版（图2−10），并被广泛引用。图版中考虑到不同生成机理条件下生成的生物气的区别，认为细菌CO_2还原型生物气的甲烷碳同位素组成约为−110‰～−60‰，甲烷氢同位素组成约为−250‰～−110‰；细菌甲基发酵型生物气的甲烷碳同位素组成约为−65‰～−50‰，甲烷氢同位素组成约为−390‰～−280‰；而甲烷氢同位素组成为−280‰～−250‰范围内是混合带。

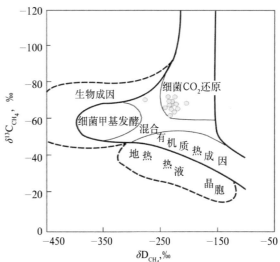

图2−10　柴达木盆地东部三湖地区天然气
$\delta^{13}C_1$与δD_1关系[2, 3]

将表2-6中分析数据投入图版（图2-10）中，绝大部分天然气属于细菌CO_2还原型生物气，表明细菌CO_2还原是柴达木盆地三湖地区生物气的主要生成模式。

戴金星等[4]也建立了天然气成因判识图版（图2-11），主要依据甲烷碳同位素和天然气中烃类含量的轻重比区分不同成因的天然气。柴达木盆地三湖地区天然气以甲烷碳同位素组成轻、干燥系数高为显著特点。将表2-6中的分析数据投在戴金星建立的天然气成因判识图版（图2-11）上，发现柴达木盆地三湖地区天然气属生物气和亚生物气，生物气特征明显，与采用Whiticar的图版获得的成因判识结果一致。

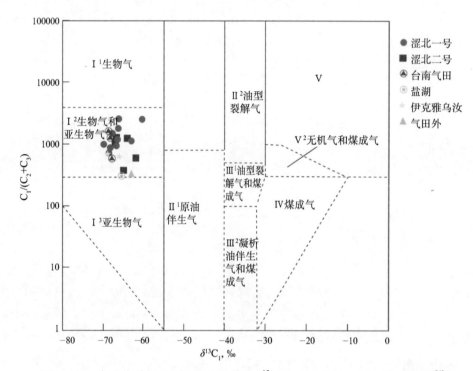

图2-11　柴达木盆地三湖地区天然气$\delta^{13}C_1$与$C_1/(C_2+C_3)$关系图版[4]

二、生物气的成藏

1. 气源岩特征

从古近纪到第四纪，柴达木盆地的气候由温暖潮湿变为寒冷干燥。由于地表温度低，沉积速率快，烃源岩中的有机质得以较好地保存，避免在浅表层时的变质损失。沉积达到一定深度后，可以在适宜产甲烷菌生活的条件下大量生成生物甲烷。

柴达木盆地东部地区沉积了巨厚的暗色湖相泥岩，第四系最大沉积厚度约3400m，一般有1600～2000m，为大气田的形成提供了丰富的气源基础。按常规测定方法，三湖地区暗色泥岩平均有机碳含量仅为0.3%左右[5]，但最近的研究[1]发现，暗色泥岩中含有大量可溶有机质，包含可溶有机质的总有机碳含量均值超过0.8%，有机质丰度整体已经达到中等烃源岩的标准，其中20%为优质烃源岩。地层中暗色泥岩厚度约占地层厚度的70%，在靠近湖盆中央的地区，厚度可能超过1000m。大面积分布、厚度大、有机质丰度较高的生物气源岩，为在合适的构造或地层条件下生物气的聚集成藏提供了丰富的气源基础。碳质泥岩由于有机质集中堆积，有机碳、氯仿沥青"A"、总烃含量都较高，但由于受沉积环境的影响，厚度较薄（厚度介于0～15m之间，平均10.8m），对生物气资源的贡献非常有限。

干酪根镜检、干酪根元素、氯仿沥青族组分、红外、气相色谱等指标显示，三湖地区第四系有机质主要是以陆源生物为主的腐殖型和含腐泥腐殖型，含少量的腐泥型和混合型，有机母质主要为草本植物、水生植物和藻类。全岩有机岩石学的鉴定结果显示，矿物沥青基质是三湖地区气源岩有机显微组分的主要成分。矿物沥青基质内含有极其丰富的类脂物质，主要由微生物分解浮游藻类而形成。岩石抽提物饱和烃质量色谱图上，大部分样品显示出前峰型特征，显示低等水生生物、菌藻类等的输入占有较大比重，有机质类型较好。部分样品有明显的混合型的烃源岩特征，既有低等水生生物、细菌等的输入，又有高等植物的输入。这表明，烃源岩中存在的藻类等类型较好的有机质，可能为生物气的生成做出了较大贡献。

2000m以浅，泥质岩镜质组反射率为0.2%～0.47%，未达到生烃门限；氯仿抽提物族组分中非烃和沥青质含量很高，平均在70%以上，说明烃源岩热降解程度极低。取样获得的岩心成岩程度低，泥岩和碳质泥岩中普遍见到未石化的螺、蚌和植物残体，进一步说明第四系仍处于早期成岩阶段，有机质仍未成熟。未成熟、未固结的烃源岩，为甲烷菌等菌群的生存提供了必要的生存空间和大量有机质，为生物气的大量生成提供了必要条件。

2. 生物气的生成过程

生物气是指有机质在埋藏早期阶段经微生物生化作用产生的以甲烷为主要成分的天然气。在厌氧环境中，生物甲烷产气是在种类繁多的微生物作用下使有机质分子量逐渐降低的过程（图2-12）。首先蛋白质、多糖、脂肪、核酸等多聚体被水解为单体和聚体，包括多肽、氨基酸、糖类、有机酸等分子量较小的物质，并进一步水解为醇类、丙酸、丁酸等产物，这些中间产物再被进一步降解为乙酸、甲酸、二氧化碳和氢，最后产甲烷菌利用这些小分子产物来制造生物甲烷[6]。甲烷生成菌不具有直接分解有机质的能力，主要依赖发酵菌和硫酸盐还原菌分解有机质而产生的CO_2、H_2、乙酸取得碳源和能源得以生存。自然界生物气的形成途径主要有两种，即CO_2的还原和乙酸的发酵。

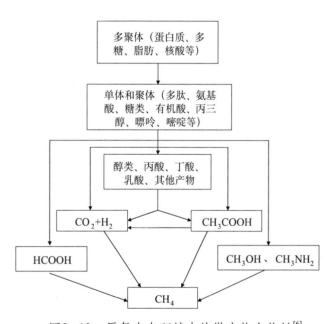

图2-12　厌氧生态环境中的微生物食物链[6]

CO_2还原：

$$CO_2 + 8H^+ + 8e \rightarrow CH_4 + 2H_2O \qquad (2-1)$$

CH_3COOH氧化：

$$*CH_3COOH \rightarrow *CH_4 + CO_2 \qquad (2-2)$$

生物气生成受氧化还原环境、温度、盐度、pH值等多种条件的制约。柴达木盆地东部第四系在

---

* 表示碳原子的转移位置。

埋深1700m（地温约62℃）及以浅的岩心中普遍检测到产甲烷菌等与生物甲烷生成有关的微生物菌群（表2-7[5]），表明仍处于生物甲烷生成阶段，适宜生物气的生成。

表2-7　柴达木盆地第四系细菌调查表[5]

地区井号	深度，m	发酵性细菌，个/g	厌氧纤维素分解菌，个/g	产甲烷菌	产甲烷菌属名
达布逊湖底	0.05	400	200	+	杆菌、短杆菌
TZ1	113.76~123.38	450~2.5×10^7	40~900	+	杆菌
TZ1	311.41~315.11	450~2.5×10^7	40~900	+	
SZ6	528	5000	40	+	杆菌
S25	536~543	3.0×10^7	25	+	杆菌
S23	545.66~552.85	750	—	+	杆菌
S23	760.20~769.20	225	400	+	杆菌
S25	1037.20~1046.20	750	—	+	八叠球菌
SZ6	1056	7500	1400	+	八叠球菌、球菌
SS1	1206	350		+	八叠球菌
S23	1232.27~1240.8	1.25×10^5			
SS1	1422	700	40		
S23	1464.23~1473.20	475	—	+	杆菌
T4	1697.50~1697.60	2.25×10^8		+	杆菌
T5	1705	550	450	+	杆菌
NS1	1971	125	300		

在针对涩北地区两口井——涩北一号气田XS3-4井（开发井）和涩南构造带SN2井（预探井）的罐顶气样品研究[5]中，检测到了高浓度的H_2和丙烯，分析认为是沉积物自身有机质微生物降解过程所形成。研究结果证实，本区微生物目前仍处于强烈活动阶段，为产甲烷作用正在进行提供了有力证据。

3. 生物气的成藏过程

柴达木盆地第四系背斜构造发育于早更新世末期。从早更新世末期开始，主要烃源岩处于生气高峰阶段，构造的形成与生物气的生排高峰匹配关系良好，储层可以适时捕集生成的生物气。如果背斜构造的形成时间过早，可能造成上覆区域盖层的减薄或盖层的开放性破坏；形成得过晚，捕获的气量少，均不利于形成大规模的气田。

涩北气田还具有动态成藏的特征。生物气在有构造背景的砂岩层中聚集成为小气藏，即气层。砂岩上覆的泥岩即成为气层的盖层。这样的泥—砂—泥的搭配，形成微型的生储盖组合。每一层的泥岩，既是上部生物气的气源岩，又是下部生物气的盖层。一层层叠置的砂泥岩组合，就是多套叠置的生储盖组合。

由于泥岩的成岩作用弱，不能很好地封闭下面的生物气。在下伏砂岩中生物气压力不高时，生物气以扩散的形式进入上层砂岩中。当下面砂岩中聚集的生物气达到一定压力后，就可以突破泥岩的限制，进入临近的储层中。在地质历史过程中，生物气不断产生，不断重新分配，呈现出动平衡的特征。多个小气藏、气层，组成了具有典型动态成藏特色的柴达木盆地第四系大型生物气田。

4. 生物气藏的保存条件

柴达木盆地东部地区具备较好的生物气保存条件。物性封闭（毛细管封闭）是本区天然气得以保存的主要封闭机理。只要盖层岩石物性比储层物性差，就可以在一定程度上形成对下伏天然气的封闭。作为生物气盖层的泥岩与作为主要储层的粉砂岩之间渗透率可以相差上百倍。只要形成合适的生储盖配置，就具有较好的封盖能力。

泥岩中高矿化度地层水的存在对天然气的保存具有重要意义。柴达木盆地三湖地区第四系地层水的矿化度很高，大部分在100000mg/L以上。泥岩的含水饱和度一般达到80%以上。泥岩盖层饱含高盐度地层水，可以大幅度提高突破压力（表2-8），增加了浅层泥岩封盖性，为气藏的保存提供了条件。

柴达木盆地第四系气田存在两套盖层：厚度超过500m（指靠近盆地中心的台南、涩北一号、涩北二号地区）的区域盖层和厚度为几米至几十米多层分布的直接盖层。目前已发现的气田，区域盖层越厚，形成的气田规模越大，如台南、涩北一号、涩北二号气田的探明储量远远大于盐湖和驼峰山气田。在区域盖层和直接盖层的共同控制下，大中型生物气田得以较好地保存下来。

表2-8　泥岩封盖性能评价[7]

井号	井深，m	层号	岩性	渗透率，mD	孔隙度，%	密度，g/cm³	突破压力，MPa
SZ6	760	K₄	泥岩	2.22	33.6	1.81	3.0
SZ6	832	K₄	泥岩	0.059	37.3	1.72	4.0
SZ6	1058	K₆	泥岩	0.059	29.5	1.93	4.0
T5	1436	K₆	泥岩	0.260	28.5	1.95	2.0

注：饱和盐水为标准盐水，矿化度为80000mg/L。

第五节　储层特征

涩北气田疏松砂岩储层，岩石粒度细，泥质含量高，储集空间主要以原生孔隙为主，储层具有高孔隙度、中低渗透率、岩石强度低的特点。

一、岩石特征

涩北气田储层岩性主要为浅灰色、灰色的泥质粉砂岩和粉砂岩。储层岩石粒度细，泥质含量高。砂岩类型主要为岩屑质长石砂岩和长石质岩屑砂岩，还存在长石岩屑质石英砂岩，黏土矿物成分中伊利石含量高。

1. 岩石矿物成分

粉砂成分以石英为主，绝对含量21%~32%，相对含量27.8%~57.1%，平均46%；其次为长石，包含斜长石和钾长石，绝对含量10%~28%，相对含量18.1%~40%，平均26.5%。其中，斜长石含量相对较多，绝对含量7%~23%；钾长石含量相对较少，绝对含量仅2%~6%（表2-9）。从岩石成分看，长石等不稳定矿物含量较高，显示出岩石成分成熟度低。

碳酸盐成分主要为方解石及菱铁矿，含少量白云石（表2-10）。方解石呈泥晶结构，含量一般为5%~20%，最高为32%；菱铁矿分布较广，大多沿微裂缝和砂质条带分布，呈花朵状，含量一般为

2%～10%，最高可达30%。白云石含量2%～50%，一般小于15%，分布不均匀，部分样品未见。黄铁矿呈团块状分布，其含量比菱铁矿少得多，普遍为0.5%～5.0%。此外，岩石中还含有少量炭屑，含量一般0.5%～2%，最大可达4%。

表2-9　岩石矿物成分全分析结果表

序号	井深，m	岩性	非黏土矿物含量，%						黏土矿物总量，%
			石英	斜长石	钾长石	方解石	白云石	铁白云石	
1	777.77	浅灰色泥质粉砂岩	27	10	6	10	3	3	41
2	798.14	灰色泥质粉砂岩	32	7	5	12	—		44
3	823.48	浅灰色粉砂岩	31	23	5	5	6		30
4	828.58	浅灰色粉砂岩	32	15	3	7	3	—	40
5	1284.9	浅灰色泥质粉砂岩	20	9	4	2	—	37	28
6	1311.5	灰色泥质粉砂岩	21	8	2	13	—		56

表2-10　岩石中碳酸盐成分统计结果表　　　　　　　　　（单位：%）

样号	方解石		白云石		菱铁矿		黄铁矿		炭屑	
	范围	平均	范围	平均	范围	平均	范围	平均	范围	平均
1-17	6～32	14	5～8	6.5	2～30	6.7	1	1	1	1
1-14	5～30	13.29	2～5	3.83	2～5	3.83	—	—	1	1
3-14	3～25	10.71	5～50	16.9	2.5～10	5.88	0.5～2	1	0.5～1	0.6
4-11	8～25	13.73	—	—	2～10	5.06	0.2～2	0.8	0.3～2	0.91
2-5	5～16	10.6	—	—	5～15	10.2	1～2	1.3	1	1
3-18	5～20	10.5	3～15	9	2～12	6.3	1～5	1.7	1～4	1.6
3-13	5～18	7.9	4～4	4	2～13	7.1	0.5～4	1.3	0.5～1	0.9
3-32	5～20	9.4	3～15	7.33	2～13	6.65	0.5～5	1.46	0.5～4	1.09
1-13	4～25	10.9	—	—	1～8	4	0.5～1	0.95	0.5～2	1.17
2-12	4～14	8.45	—	—	2～8	4.08	0.5～2	1.13	0.5～3	2.07

　　粉砂岩储层杂基主要为泥质，S23井、SS2井薄片资料分析表明，杂基含量较高，介于4%～38%之间。

　　粉砂岩储层颗粒磨圆度均为次棱角—次圆状，分选系数普遍大于1.5，其结构成熟度属次成熟至不成熟（表2-11）。

表2-11　涩北气田粉砂岩碎屑组分表

井号	井深，m	样品数	碎屑颗粒，%			碎屑总量，%	成分成熟度
			石英	长石	岩屑		
S23	537.00～542.66	2	—	—	—	70	—
	558.86～567.85	1	30	60	7	91	0.45
	1225.22～1233.77	2	—	—	—	60	—
	1289.54～1398.74	2	35	43.5	11.5	87	0.64
S4-15	1155.44	1	—	—	—	60	—
	1321.7	1	—	—	—	67	—
S23	1473.20～1490.00	3	39.3	40.6	14.6	94.5	0.71
平均值			34.8	48	11	75.6	0.6

2．储层砂岩类型

砂岩类型主要为岩屑质长石砂岩和长石质岩屑砂岩（图2-13），还存在长石岩屑质石英砂岩。

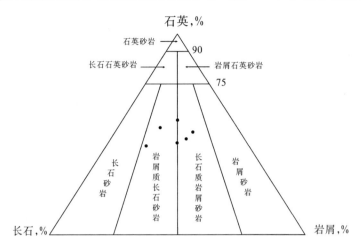

图2-13　砂岩成分分类图

3．粒度

砂岩粒度普遍很小，全部在粉砂粒级以下。粒度均值范围为5.08～28.47μm，平均11.32μm；粒度中值范围为3.36～21.63μm，平均为8.05μm；粒度峰值平均13.36μm，分布于2.78μm和61.33μm左右（图2-14）。

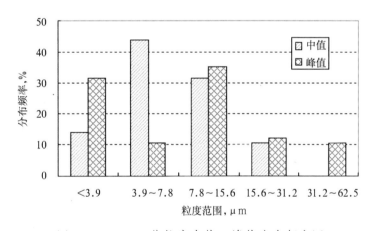

图2-14　S3-15井粒度中值、峰值分布频率图

综上所述，涩北气田储层岩石类型以长石细粉砂岩为主，杂基含量高，成分成熟度和结构成熟度均很低。

二、岩石力学特征

为定量评价疏松砂岩的岩石力学特征，选取代表性的岩心进行应力—应变实验，实验结果详见表2-12及图2-15，具体特征表现为：储层破坏为典型的塑性破坏，没有明显的塑性屈服破坏点，岩石屈服后仍能承受一定的载荷。产生剪切破坏主要是由于其应变量过大使颗粒之间的黏结逐渐减弱，导致最终岩石颗粒产生分离而破坏。

表2-12 岩石力学参数测试结果统计表

序号	深度，m	岩性	围压，MPa	杨氏模量，MPa	泊松比	抗压强度，MPa	内聚力与内摩擦角
1	521.85	灰色泥质粉砂岩	单轴	330	0.25	2.95	
2	531.72～531.97	深灰色砂质泥岩	2	65	0.14	4.4	
3			5	120	0.11	10.4	C_0=1.25MPa
4	554.88	深灰色泥岩	10	390	0.13	19.5	ϕ=11.3°
5	531.72～531.97	深灰色砂质泥岩	20	760	0.21	31	
6			30	1350	0.23	52.8	
7			单轴	440	0.19	5.4	
8			2	850	0.21	16.3	
9	1074.47～1074.55	浅灰色泥质粉砂岩	5	1690	0.29	31.6	C_0=8.3MPa
10			10	1620	0.28	38.65	ϕ=16.9°
11			20	2240	0.24	64.1	
12			30	2240	0.24	77.1	
13			单轴	120	0.26	2.78	
14			2	450	0.3	13.7	
15	1333.70～1333.75	灰褐色泥质粉砂岩	5	600	0.18	25	C_0=5.3MPa
16			10	930	0.2	35	ϕ=19.5°
17			20	1490	0.19	48.8	
18			30	1910	0.17	75.2	

表2-13 不同类型岩石的泊松比和弹性模量

岩石类型	泊松比	弹性模量，MPa	岩石类型	泊松比	弹性模量，MPa
硬砂岩	0.15	4.4×10^4	硬灰岩	0.25	7.4×10^4
中硬砂岩	0.17	2.1×10^4	中硬灰岩	0.27	—
软砂岩	0.20	0.3×10^4	软灰岩	0.30	0.8×10^4

粉砂岩及泥质粉砂岩单轴抗压强度为2.78～5.4MPa，杨氏模量为120～440MPa，泊松比为0.19～0.26，内聚力为1.25～8.3MPa，内摩擦角为11.30°～19.50°。

不同类型储层岩石力学参数见表2-13，对比疏松砂岩气藏储层岩样的岩石力学参数测试结果可以看出：涩北气田砂岩储层表现为软砂岩的基本特征，岩石强度低。

总之，疏松砂岩杨氏模量和抗压强度都很低，极易遭到破坏，如果没有预先的防砂措施，当流体流动产生的拖曳力大于地层内聚力时，容易使地层产生张性破坏而引起储层出砂，且随着进一步出砂造成地层剪切破坏，进而造成地层大量出砂。

三、储层孔隙结构特征

涩北气田主要孔隙类型有粒间孔、晶间孔、溶孔及微裂缝。原生粒间孔广泛分布，是最主要的有效孔隙；由于泥质含量高，晶间孔也十分发育，有效地提高了储层的孔隙度；溶蚀孔隙在气藏中深部较发育，扩大了原生储集空间；微裂缝和溶缝局部发育，与原生粒间孔、溶蚀孔等孔隙有效沟通，提高了储层的渗流能力。

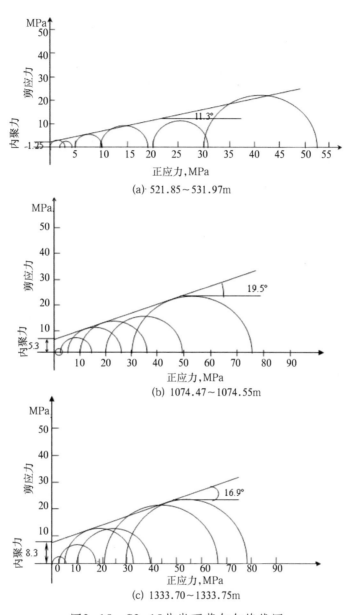

(a) 521.85~531.97m

(b) 1074.47~1074.55m

(c) 1333.70~1333.75m

图2-15　S3-15井岩石莫尔包络线图

1. 孔隙类型

通过岩心铸体薄片、图像和环境扫描电镜观察分析，涩北气田储层有效孔隙类型丰富，主要的孔隙类型有粒间孔、晶间孔、溶孔、溶缝及微裂缝（图2-16）。

原生粒间孔在疏松砂岩气田储层内非常发育，在孔隙结构分析样品中出现频率达81.1%。由于储层机械压实作用较弱，原生粒间孔隙保存良好，主要存在于粉砂岩、泥质粉砂岩以及砂质条带中，多为沉积过程的泄水通道，连通性好，大多被菱铁矿等化学沉积物支撑呈张开状态，孔隙直径3~60μm，多处于10~50μm的分布范围内，岩样统计面孔率为0.5%~22%，平均4.55%。这类孔隙由于孔径大、连通性好，在各小层内广泛分布，是最主要的有效孔隙。

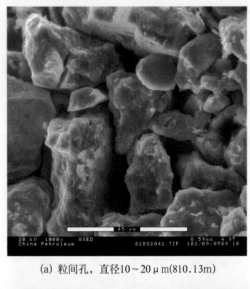

(a) 粒间孔,直径10~20μm(810.13m)

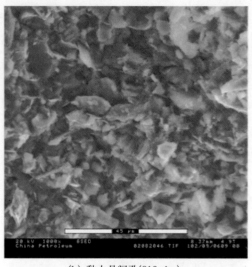

(b) 黏土晶间孔(810.4m)

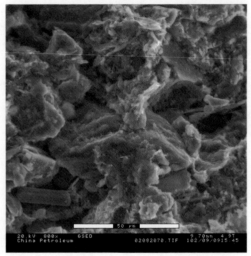

(c) 溶孔,直径30μm(1278.88m)

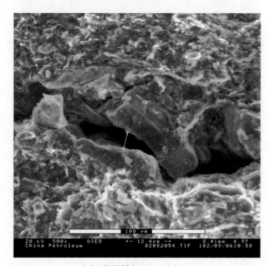

(d) 微裂缝(822.62m)

图2-16 S3-15井典型孔隙类型电镜照片

晶间孔主要存在于泥质层中,常见的为伊/蒙混层内和伊利石晶体间孔隙,在白云石等碳酸盐晶体间也见此类孔隙。晶间孔隙直径一般较小,为1~10μm,在气田储层中分布频率远低于粒间孔。

溶孔、溶缝为不稳定矿物在成岩演化中被溶蚀而形成,孔隙直径普遍较大,但数量少于原生粒间孔隙。孔隙直径最大可达1mm,多为50~500μm,岩样统计表明溶孔面孔率最大5%。溶孔、溶缝主要由后生的溶蚀作用形成,从电镜观察上看,这类孔隙主要在埋深大于900m的井段发育,小于900m的层组发育程度低。溶蚀孔隙尽管数量略少,但孔隙直径大,在这类孔隙发育区内极大地改善了多层疏松砂岩气田的储集空间。溶蚀成分主要为碳酸盐,出现溶孔的样品数仅占样品总数的13%。

微裂缝主要存在于一些粉砂质泥岩和具有砂质条带的泥岩中,微裂缝的最大可见缝宽为20~40μm,延伸长度可达1mm,与砂质条带沟通,提供了很好的渗流通道。这种缝多为成岩缝,其形成与沉积特征有关,由于沉积速度快,沉积物颗粒较细,压实过程中孔隙中的水排泄不畅,如果是大段的泥岩,就容易形成异常高压,而砂泥薄层交互或泥岩中存在一些砂质条带时,泥岩孔隙中的水就可通过砂层向外排泄,形成一些排水通道。水的流动产生一些碳酸盐、菱铁矿等化学沉淀物,对缝隙起支撑作用,在储层没有进一步压实的条件下,这些作为排水通道的裂缝大多呈张开状态,因此可以成为很好的渗流空间。约三分之二的微裂缝发育在粉砂质泥岩层中，泥质粉砂岩中微裂缝不发育。

2. 孔隙结构特征

储层岩样毛细管压力与孔隙结构实验结果如下：排驱压力中等—较低，为0.07～7.6MPa，平均2.65MPa；中值压力为1.0～20.94MPa，平均为11.33MPa；孔喉半径为0.10～10.21μm，平均1.34μm；孔喉中值半径为0.03～0.72μm，平均中值半径0.11μm（图2-17）；分选系数为1.45～3.22，平均2.03；偏态为-0.41～-6.22，平均为-2.79，为负偏态；峰态为2.16～26.81，平均为12.95。

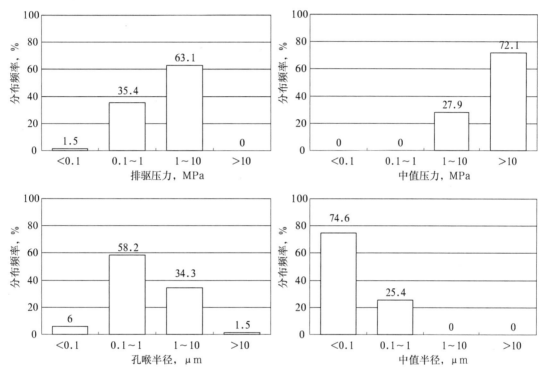

图2-17　岩心毛细管压力与孔隙结构参数分布直方图

四、储层物性特征

1. 物性分布特征

统计取心井样品孔隙度、渗透率分析数据，孔隙度分布范围为8.3%～38.6%，平均为30.95%；渗透率分布范围为0.01～387mD，平均为24.32mD。

粉砂岩和泥质粉砂岩中，孔隙度主要分布在28%～34%之间，占分析岩样的72.2%，孔隙度小于26%的样品仅5.0%。渗透率主要分布于1.0～10mD之间，占69.9%，其次分布于10～100mD之间，占26.8%，属于中、低渗透率（图2-18）。

2. 物性与埋深关系

涩北气田为第四系滨、浅湖沉积，埋藏浅，储层胶结弱，粒度细。受压实作用的影响，孔隙度和渗透率随埋藏深度增大而减小。

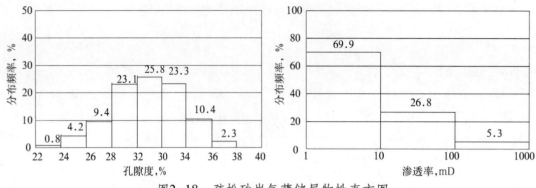

图2-18 疏松砂岩气藏储层物性直方图

以涩北二号气田为例，测井解释各层孔隙度为24.3%～37.3%，平均为29.6%。零—三气层组平均孔隙度分别为33%，30%，29%和26%，随深度增加孔隙度变小。

测井解释各层渗透率为2.87～55.5mD，平均为16.0mD。零—三气层组平均渗透率分别为29.39mD，14.95 mD，8.87 mD和5.47 mD，随深度增加渗透率变小。

第六节　非均质特征

柴达木盆地第四纪中前期，中东部地区稳定沉降，发育面积约为$4×10^4km^2$的大型沉积湖盆。到第四纪中后期，由于没有发生大规模的地质构造运动，地层沉积持续而稳定。在宽泛的沉积湖盆演化过程中，由于冰期与间冰期的交替出现，受多期较大规模的湖水进退的作用，沉积面积和水体深度的交替变化，便形成了涩北气田第四系以薄层砂、泥岩频繁间互为主的大面积稳定分布的砂泥岩层。

一、隔层分布特征

涩北气田隔层主要有泥岩、粉砂质泥岩、灰质泥岩和碳质泥岩等四种类型。纯泥岩是最好的隔层；由于涩北气田砂岩、泥岩频繁交互，以泥质粉砂岩、粉砂岩和粉砂质泥岩为绝对优势岩性，纵向上纯泥岩较少，纯泥岩往往是两个砂体间隔层的一部分，包围在粉砂质泥岩中间；粉砂质泥岩是涩北气田气层间隔层的主要岩石类型，多为含灰粉砂质泥岩和碳酸盐粉砂质泥岩；灰质泥岩与碳质泥岩含量较少。

涩北气田各小层间均有较为稳定的隔层分布。涩北一号气田各小层间平均隔层厚度1.8～18.1m，多在10m以下。其中，隔层厚度小于5m的有35层，占总隔层数的37.6%；厚度5～10m的隔层有46层，占总层数的49.5%；厚度10～15m的隔层有8层，占总层数的8.6%。厚度大于15m的隔层共有4层，占总数的4.3；厚度大于5m的隔层58层，占总数的62.4%，在气田各气层间能起到良好的遮挡作用（图2-19）。

二、储层分布特征

涩北气田的储层岩性主要以粉砂岩和泥质粉砂岩为主，分布井段长、层数多，单层厚度小，平面分布稳定。

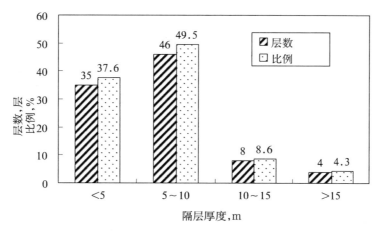

图2-19　涩北一号气田隔层分布频率图

1. 纵向分布井段长、层数多

涩北气田埋藏深度在2000m以内，含气井段超过1000m，含气小层达50层以上（表2-14），属于典型的多层气田。

涩北一号气田，共划分为5个气层组19个砂层组93个小层，埋藏深度429.0～1599.0m。涩北二号气田纵向上共划分为4个气层组27个砂层组82个小层，埋藏深度408.0～1419.3m。台南气田共划分为5个气层组27个砂层组61个小层，埋藏深度833.0～1740.7m（表2-14）。

表2-14　涩北气田储层分布统计表

气田名称	小层数，个	含气小层，个	含气井段，m	跨度，m
涩北一号	93	79	429.0～1599.0	1170.0
涩北二号	82	64	408.0～1419.3	1011.3
台　　南	61	54	833.0～1740.7	907.7

2. 储层平面分布稳定

涩北气田纵向上储层发育稳定，各气层组之间及各井之间砂地比均变化不大，为32%～38%之间，全井段砂地比为34.9%。

储层砂体平面发育也很稳定，连续性较好，横向变化较小，砂岩平面展布的非均质性不强。通过钻井证实，储层钻遇率高，横向连通性好。

统计涩北一号气田105口井的测井解释结果，各小层砂岩发育程度均较高，砂岩钻遇率绝大多数在90%以上，93个小层中有61个小层砂岩钻遇率为100%，占总小层数的65.6%，只有4个小层砂岩钻遇率小于50%，仅占小层总数的4.3%。

3. 有效储层单层厚度小

涩北气田储层单层平均厚度较薄。以涩北一号气田为例，气层的有效厚度范围在0.7～7m之间，多数为2～4m。对各小层有效厚度进行面积加权，各含气小层平均有效厚度为1.4～5.5m。其中平均有效厚度主要在2～4m之间的共51个小层，占含气小层总数的64.56%，厚度大于5m的仅有3个小层，占含气小层总数的3.80%，厚度小于2m的有12个小层，占含气小层总数的15.19%（图2-20）。

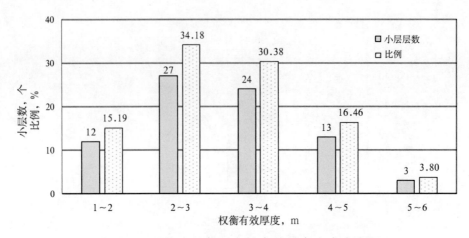

图2-20　涩北一号气田小层有效厚度分布直方图

平面上砂层发育稳定，有效厚度高值区呈带状、土豆状分布，大体延展方向NWW—SEE，与构造长轴方向相近。构造中心厚度较大，往两翼逐渐减薄，但北翼有效厚度大于南翼（图2-21）。

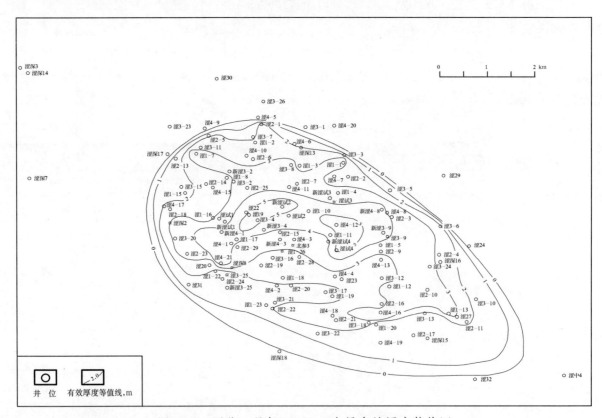

图2-21　涩北一号气田0-3-1小层有效厚度等值图

三、储层非均质特征

涩北气田总体表现为较强的储层非均质特征。层内非均质性较严重，部分小层岩心渗透率级差超过1000；层间非均质程度总体呈中等水平，局部非均质性较强，且具有由浅至深渗透率非均质性逐渐增强的趋势；平面上，砂岩展布连续，有效储层连通性好，同一小层中各井的渗透率相差也较大，平面非均质程度为中等—强。

1. 层内非均质性

层内非均质性主要指气层内部垂向上渗透率的差异，根据SS2、S30、S3-15等3口井351块岩心渗透率分析数据，采用渗透率级差、突进系数、变异系数对气田储层层内非均质性开展研究。

从岩心分析统计结果（表2-15）看，在有限分析样品的条件下，渗透率级差为12.09~7740，变异系数为0.87~4.35，突进系数为2.01~28.1，说明小层层内非均质性较严重，这与岩心观察到的砂泥岩混杂、纯砂岩少、储层中水平—微波状层理十分发育是一致的。

表2-15　涩北气田取心井层内渗透率非均质性参数计算结果表

井号	气层组	小层号	样品数	K_{max} mD	K_{min} mD	$K_{平均}$ mD	渗透率级差	变异系数	突进系数
SS2	二	2-4-4	8	13.30	1.10	6.63	12.09	0.88	2.01
	三	3-1-2	16	387.00	0.05	32.46	7740.00	2.86	11.92
		3-1-3	37	28.30	0.04	7.53	707.50	1.18	3.76
		3-1-4	23	46.80	0.02	9.62	2340.00	1.39	4.86
		3-2-1	48	65.90	0.22	7.54	299.55	1.73	8.74
		3-2-3	10	88.30	0.20	11.82	441.50	2.19	7.47
S30	一	2-1-7	30	8.85	0.24	3.16	37.66	0.87	2.80
	二	2-1-1	40	392.00	0.18	13.95	2202.25	4.35	28.10
		2-1-2	43	21.60	0.14	3.88	151.05	1.20	5.57
		2-1-4	8	142.00	1.11	20.71	127.93	2.22	6.86
		2-1-5	14	24.80	1.39	6.45	17.84	0.91	3.84
S3-15	一	1-3-3	16	229.00	6.08	51.24	37.65	1.18	4.47
		2-1-1	13	222.00	1.36	51.54	163.24	1.24	4.31
	三	3-3-2	12	246.00	0.03	46.20	7321.43	1.67	5.32
		3-3-4	4	209.00	7.22	64.04	28.95	1.45	3.26

2. 层间非均质性

层间非均质性是指各小层之间渗透率的差异性，即各种沉积条件和环境下的储层在剖面上变化的规律性。

1）岩心分析结果

采用小层平均值进行层间渗透率统计表明：层间渗透率具有一定的非均质性，各层组内小层的渗透率级差最大可达10.59，变异系数为0.33~0.74，突进系数为1.40~2.21，属于中等较强的层间非均质性（表2-16）。

2）测井解释结果统计

利用涩北一号气田105口井的测井解释结果，统计气田各砂层组内小层层间渗透率的非均质性，见表2-17。

（1）渗透率级差。

从表2-17中可以看出，层间非均质性较强，各砂层组内小层渗透率级差平均为5.7，其中4-5砂层组非均质性最强，平均小层渗透率级差达9.0。单井小层层间1-1砂层组渗透率级差最大，达到144.8。

纵向上，渗透率级差有随层位加深而逐渐增大的趋势，零气层组内各砂组平均渗透率级差为

3.6~4.4，一气层组各砂层组平均渗透率级差为3.1~5.7，二气层组内各砂层组平均渗透率级差为4.1~8.4，三气层组各砂层组平均渗透率级差为6.1~8.8，四气层组为5.0~9.0。这说明气田储层由浅至深，渗透率层间非均质性逐渐增强。

表2-16　涩北一号气田取心井层间渗透率非均质性分析结果表

井号	气层组	砂层组	层数	K_{max} mD	K_{min} mD	渗透率级差	变异系数	突进系数
涩试2	三	3-1	3	32.46	7.53	4.31	0.68	1.96
		3-2	3	11.82	4.92	2.40	0.60	1.46
S30	二	2-1	5	20.71	1.96	10.59	0.74	2.21
S3-15	一	1-3	3	51.24	17.99	2.85	0.40	1.50
	三	3-3	3	64.04	26.90	2.38	0.33	1.40

表2-17　涩北一号气田测井解释渗透率层间非均质参数统计表

气层组	砂层组	统计井数口	渗透率级差			突进系数			变异系数		
			最大	最小	平均	最大	最小	平均	最大	最小	平均
零	0-1	105	32.9	1.1	4.4	9.54	1.06	1.77	3.25	0.06	0.52
	0-2	105	19.6	1.4	3.8	7.89	1.12	1.71	2.62	0.10	0.48
	0-3	105	17.7	1.2	3.6	4.38	1.10	1.76	1.38	0.07	0.44
一	1-1	105	144.8	1.3	4.4	47.13	1.16	1.58	17.44	0.09	0.53
	1-2	105	18.9	1.2	3.1	4.37	1.06	1.69	1.62	0.07	0.43
	1-3	105	32.5	1.6	5.7	10.49	1.27	2.08	3.02	0.20	0.63
	1-4	105	58.8	2.2	4.9	15.59	1.33	1.94	4.66	0.20	0.50
二	2-1	105	21.6	1.5	4.2	5.15	1.14	1.85	1.75	0.12	0.53
	2-2	87	29.2	1.0	4.1	10.87	1.01	1.79	4.05	0.01	0.54
	2-3	87	54.7	2.2	8.4	14.87	1.36	2.59	4.94	0.28	0.94
	2-4	87	17.7	1.3	4.3	5.02	1.12	1.92	1.83	0.10	0.57
三	3-1	77	120.2	2.1	8.8	41.97	1.42	2.66	15.49	0.27	1.20
	3-2	62	34.3	1.1	6.1	11.38	1.05	1.89	5.21	0.03	0.78
	3-3	62	22.6	2.4	7.0	4.98	1.39	2.28	1.50	0.33	0.74
四	4-1	62	28.8	2.2	6.6	6.21	1.48	2.40	2.14	0.30	0.76
	4-2	62	21.1	1.7	7.5	8.75	1.28	2.64	2.39	0.26	0.81
	4-3	54	25.1	1.2	5.0	6.10	1.08	1.96	2.60	0.08	0.60
	4-4	48	27.4	1.9	6.9	8.57	1.29	2.41	2.57	0.27	0.77
	4-5	30	61.8	1.4	9.0	12.72	1.17	2.46	4.05	0.16	0.88
平均					5.7			2.07			0.67

（2）渗透率突进系数。

各砂层组内小层平均渗透率突进系数为1.58～2.66，平均为2.07。单井小层渗透率突进系数最大可达47.13，各砂层组内渗透率突进系数最大值为4.37～47.13，各砂层组渗透率突进系数最小值1.01～1.48。纵向上，0-3、1-2、2-1、2-4和3-3砂层组均质程度较好，最大渗透率突进系数小于6，而1-1、1-4、2-3和3-1等砂层组非均质性相对较强，此外，与渗透率级差类似，纵向上也存在由浅至深，非均质性逐渐增强的趋势。

（3）渗透率变异系数。

各砂层组小层平均渗透率变异系数为0.43～1.20。渗透率变异系数表现出极明显的非均质性，即由浅至深逐渐增强的趋势。

总体上看，层间呈中等非均质程度，但局部非均质性强，如2-3、3-1和4-5砂层组内层间非均质程度高。在同一单元中，平面上不同部位的层间非均质性有较大差异；纵向上，不同单元中存在由浅至深层间非均质性逐渐增强的特点。

3．平面非均质性

各小层平面上渗透率级差最小为6.17，最大达348.22，突进系数分布范围为2.19～22.98，变异系数分布范围为0.40～10.37。从平面非均质性参数统计上看，平面非均质程度为中等—强。

由于沉积时物源供给物质的差异及水动力条件的强弱差异，气田中各小层平面非均质程度也存在明显的差异。统计变异系数小于0.5的有9层，占总数的9.6%，变异系数为0.38～0.49，非均质程度弱；变异系数处于0.5～0.7的有26层，占总数的27.7%，为中等非均质程度；变异系数大于0.7的有59层，处于强非均质程度，占总数的62.7%。

统计渗透率级差、突进系数也有类似的分布特点，这说明平面渗透率非均质程度主要为中等—强，少数层为较均质。

第七节　气水分布特征

涩北气田属于自生自储的大型生物气田，其特殊的成藏地质条件与成藏过程，形成了涩北气田特殊的气水关系。气水分布主要受构造控制，高部位含气，低部位含水；同时还受岩性、物性以及水动力等因素的影响，部分小层气水界面具南高北低的现象。

一、含气主要受构造控制

涩北气田气水分布主要受构造控制，在同沉积背斜中，天然气主要分布在背斜构造的高部位，边部被水体环绕，形成典型的层状边水气藏。

由于构造幅度低、地层倾角小，含气外边界和含气内边界之间形成较宽的气水过渡带（图2-22）。

纵向上受稳定分布的泥岩隔层的遮挡，每个小层形成各自独立的压力系统，各含气小层均有独立的气水界面（图2-23）。

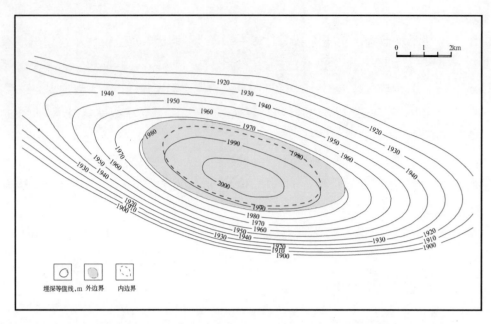

图2-22　涩北某气田1-3-10小层气水内外边界图

二、气水界面南高北低

涩北气田气层分布不仅受构造控制，同时也受岩性、物性及区域水动力等因素的综合影响，导致南、北两翼含气边界高度不一致，气田构造南翼气水界面比北翼气水界面高，南翼含气范围小于构造北翼（图2-22、图2-24）。

台南气田不存在"南高北低"现象，涩北一号和涩北二号气田均存在气水界面"南高北低"现象，但涩北二号气水界面倾斜程度比涩北一号小。

涩北一号气田存在气水界面倾斜的气层有60个，占气总层数的75.9%，南翼气水界面比北翼高1.4~30.7m，多在10~25m之间，平均高差16.0m。超过30m的小层有2个，最大为3-3-1小层，南北翼气水界面差值达30.7m。南北气水界面基本一致的小层分布在二、四气层组，共有7个小层，占含气小层总数的8.9%（图2-25）。

涩北二号气田在64个含气小层中，气水界面倾斜的有59个，占总层数的92.2%，均是南翼高于北翼，高度差为1.0~21.5m，平均为11.9m。气水界面倾斜的含气小层主要集中在零—二气层组，48个含气小层中有47个气水界面倾斜。其中，南北气水界面差别在3m以上的约有35个气层，南北气水界面相差10m以上的气层有15个。

三、层间差异较大

受生储盖等成藏条件差异的影响，纵向上各含气小层之间含气性差异较大，主要表现在含气面积、气柱高度、含气饱和度和叠合有效厚度分布等方面。

1. 含气面积差异大

涩北气田各含气小层含气面积相差很大（表2-18）。以涩北二号气田为例，含气面积最小为

1.3km²，最大为35.8km²。气田构造高部位气层层数多，气层厚度大，构造翼部气水边界犬牙交错。S21井位于构造高点，有气层64层，气层累计厚度高达278.2m；S7-2-3井位于构造边部，有气层8层，累计厚度仅为17.6m。

表2-18　涩北气田含气小层分布统计表

气田名称	含气小层，个	含气面积，km²	累计厚度，m	平均气层厚度，m
涩北一号	79	0.3~37.8	101.9	2.89
涩北二号	64	1.3~35.8	90.1	3.5
台　南	54	1.2~33.3	94.4	4.2

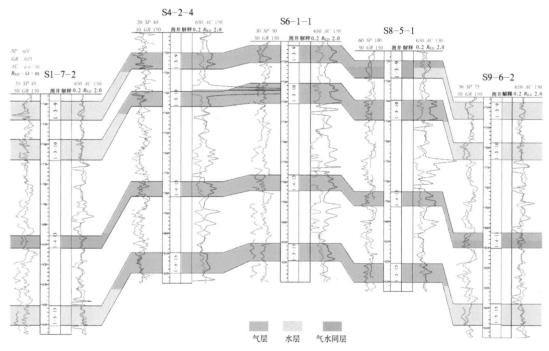

(a) S1-7-2井—S9-6-2井气水关系剖面图

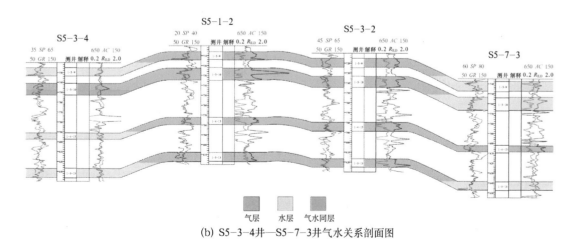

(b) S5-3-4井—S5-7-3井气水关系剖面图

图2-23　涩北二号气田 I-1、I-2-1开发层组剖面图

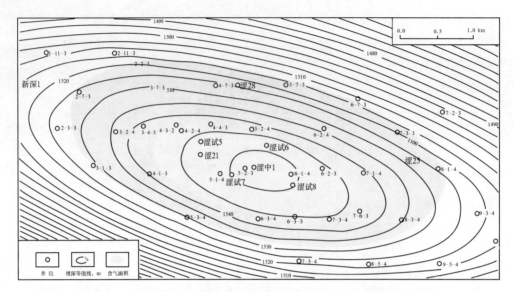

图2-24 涩北某气田3-2-1小层含气面积与构造等值线叠合图

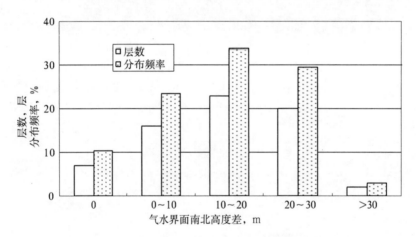

图2-25 涩北一号气田小层南北气水界面差值统计图

2. 气柱高度相差较大

受含气面积和地层倾角差异的影响，各小层气柱高度相差较大。涩北一号气田最小含气高度仅为3.0m，最大含气高度达到87.1m（图2-26），含气高度相差超过20倍。

据统计分析，气柱高度小于20m的有12个小层，主要分布在浅部零气层组和深部第四气层组的下部；气柱高度在20~40m的有25个小层，主要分布在零、一、三、四气层组；气柱高度在40~60m的有23个小层，在各层组均有分布；气柱高度大于60m的有7个小层，主要分布在深部的二、三、四气层组。

从小层含气高度直方图（图2-26）上可看出，由浅至深，从零气层组到三气层组，气柱高度逐渐增加，而从四气层组起，气柱高度逐渐减小。主要是受气源条件、圈闭幅度和盖层条件等成藏因素影响，纵向上含气性出现差异；中部气源丰富、圈闭幅度大而盖层条件优越，则含气范围广、气柱高度大。

3. 含气饱和度差异

含气饱和度有随气层埋藏深度的增加而递增的趋势。以涩北二号气田为例，各含气小层测井解释含气饱和度为42.4%~68.1%（图2-27），充满程度有较大差异。第二、三气层组含气饱和度明显高于第零、一气层组。一气层组内各含气小层含气饱和度差异最大。

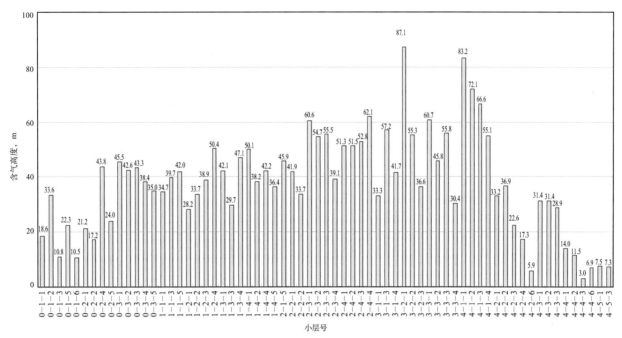

图2-26 涩北一号气田小层含气高度直方图

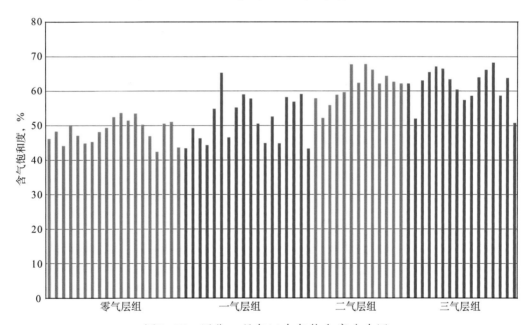

图2-27 涩北二号气田含气饱和度分布图

参考文献

[1] 张英，李志生，王东良，等. 柴达木盆地东部天然气地球化学特征与勘探方向[J].石油勘探与开发，2009，36（6）：693-700.

[2] Whiticar M J，Faber E，Schoell M. Biogenic Methane Formation in Marine and Fresh-water Environments: CO_2 Reduction vs Acetate Fermentation Isotope Evidence[J]. Geochimica et Cosmochimica Acta，1986，50（5）：693-709.

[3] Whiticar M J. Carbon and Hydrogen Isotope Systematics of Bacterial Formation and Oxidation of Methane[J]. Chemical Geology，1999，161（1-3）：291-314.

[4] 戴金星. 天然气碳氢同位素特征和各类天然气鉴别[J]. 天然气地球科学，1993，4（2-3）：1-40.

[5] 戚厚发，关德师，钱贻伯，等. 中国生物气成藏条件[M]. 北京: 石油工业出版社，1997.

[6] 赵一章. 产甲烷细菌及研究方法[M]. 成都：成都科技大学出版社，1997.

[7] 李本亮，王明明，魏国齐，等. 柴达木盆地三湖地区生物气横向运聚成藏研究[J]. 地质论评，2003，49（1）：93-100.

第三章　气藏精细描述

针对多层疏松砂岩气田，气藏描述的主要任务是准确刻画长井段、多层、疏松砂岩气藏的地质特征，准确认识气藏的砂体分布规律、储层物性条件、气水分布关系和储量分布特点，应用的主要技术包括小层精细对比技术、气层识别技术和三维地质建模技术。通过气藏精细描述，准确认识多层疏松砂岩气田的地质与开发特征，为开发技术政策制定和工艺技术选择奠定基础。

第一节　小层精细对比

涩北气田含气层段涩北组中上段纵向上沉积厚度大，砂泥岩层频繁间互，根据岩心描述成果和砂泥岩剖面沉积韵律，即地层旋回特征明显的特点，主要应用自然伽马和自然电位测井曲线，进行地层划分与小层对比。储层从大到小依次划分为气层组、砂层组、小层和单砂体。

一、气层组的划分

涩北气田钻遇的气层主要为第四系的涩北组，地层厚度达1700m，总体表现为一正旋回，其中发育多个百米厚的大韵律。根据湖相席状砂泥岩层横向延续好、稳定性强、可对比性好、易于追踪的特点，在多井电性特征对比的基础上，在涩北组进一步划分了13个岩性、电性标准层K_1—K_{13}（图3-1），其中：K_1—K_{10}为涩北组中上段，视厚度约1450m，岩性整体偏细；K_{10}—K_{13}为涩北组下段，视厚度约300m，岩性相对较粗。

在对砂泥岩剖面中沉积韵律和旋回层分布特征的研究认识基础上，进行标准层之间的储层和泥岩层的划分。

气层组的划分一般以沉积旋回为依据，主要遵循以下原则：

（1）二级旋回中沉积环境、储层分布状况、岩石性质、物性以及流体性质接近的含气层段划分为一个气层组；

（2）气层组间应有相对较厚且稳定分布的隔层分隔开，其分界线应尽量与沉积旋回分界线一致；

（3）划分的气层组能作为气田开发初期的开发层系组合的基本单元。

依据以上划分原则将涩北气田划分为五个气层组。由于涩北二号气田第四气层组仅发育一个单气层，且含气面积和地质储量小，不作为一个单独的气层组，因此，含气井段主要分布于零、一、二、三气层组（图3-1）。

零气层组：厚度214.7～236.1m，岩性以灰色泥岩、泥质粉砂岩以及砂质泥岩为主，多为中厚层状结构，水平纹层不太发育，底部和中部发育波状纹层；下部粒度大，以粉砂质泥岩为主，向上变细，泥岩中可见透镜状层理。测井曲线特征整体平缓，由于埋深浅以及含气，造成声波曲线大幅度严重跳跃。

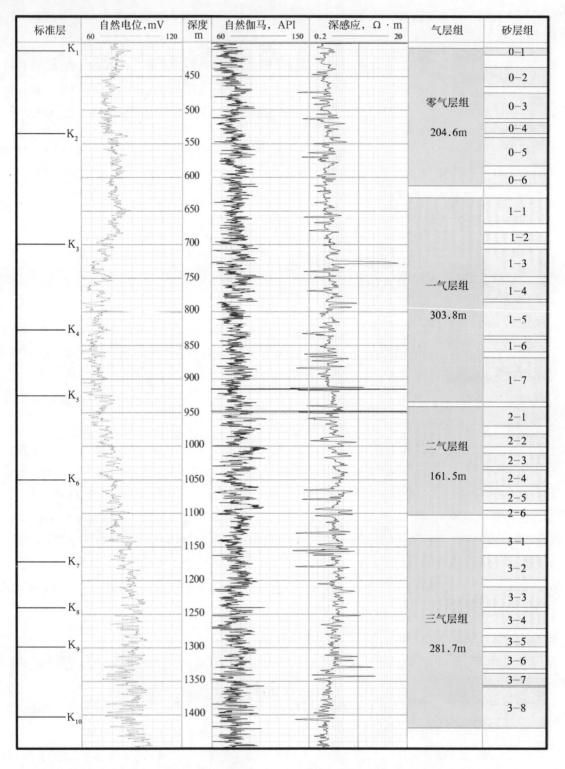

图3-1 涩北二号气田标准井气层组和砂层组划分剖面图（S3-2-4井）

一气层组：厚度305~328.1m，测井曲线特征较零气层组有一定幅度的提高，岩性曲线多呈漏斗形、箱形，声波曲线依然严重跳跃。岩性以灰色泥质粉砂岩以及砂质泥岩居多，灰色泥岩相对较少。

岩心观察发现水平纹层发育，见小型断续波状纹层与钙质揉皱和钙质结核，炭屑纹层不发育。

二气层组：厚度161.5～178.5m，岩性曲线幅度较大，多呈漏斗形，声波曲线略有跳跃，但远不及零气层组与一气层组严重；整段电性曲线多见尖刀状下落，下部尤其明显；区域分析认为是含黄铁矿与菱铁矿影响所致。岩性以灰色泥质粉砂岩以及砂质泥岩居多，灰色泥岩相对较少。岩心观察发现水平纹层和炭屑纹层发育，见波状纹层，含生物介屑。

三气层组：厚度314.6～329.4m，岩性曲线呈齿状变化，电性曲线在气层组上部见尖刀状下落，而中下部却几乎没有发现；由于埋深较深，岩石基本压实，含水层增加，声波曲线不再跳跃。岩性则以灰色泥岩、砂质泥岩与泥质粉砂岩互层变化。岩心观察显示颗粒相对较粗，多为粉砂质泥岩和泥质粉砂岩，波状纹层和炭屑纹层发育，水平纹层不太发育，底部生物介屑和生物虫孔发育。

二、砂层组的划分

砂层组是气层组内的次一级地层单元，在气层组内，以沉积相、砂泥发育的旋回韵律特征为依据，在气层岩性、岩相变化、旋回性特征及电测曲线组合特征的基础上，参考标志层确定砂层组的层位界线，在气层组内进一步划分出若干砂层组。

砂层组划分主要遵循下列原则：

（1）以气层组内相邻近的气层集中段进行划分，划分界限尽量与三级沉积旋回的层位相一致；

（2）各砂层组有一定的地层厚度，砂层组间地层总体相差不大；

（3）砂层组间具有稳定的隔层分隔。

根据隔层厚度、气层分布、井段跨度、储量规模等因素在各气层组内部进一步划分了气层单元。将涩北一号气田5个气层组划分为19个砂层组，将涩北二号气田在4个气层组内划分为27个砂层组（图3-1），将台南气田5个气层组划分为27个砂层组。

三、小层细分对比

在砂岩组内，上下被较薄泥岩隔层所隔开的储层称为小层，若小层含气，称之为含气小层或气层。

气田小层划分对比是在一个气田的范围内，在地层对比已确定的含气层系中的气层之间进行对比和划分。小层对比实际上是地层对比在含气层系内部的延续和深入。

涩北气田含气层段为湖泊相沉积，由于湖盆范围较大，其沉积环境和水动力条件与海盆有较多相似之处，平面上，岩性和气层厚度分布稳定。

1. 小层对比方法

涩北气田含气井段长，沉积过程中冰期与间冰期交替出现及湖水的周期性进退形成了纵向上砂泥频繁交互的分布特点，纵向上沉积韵律明显，气层多，具有数量较多、特征明显的标志层。因此，利用沉积旋回对比是小层对比的最有效的方法。

小层对比以四级沉积旋回划分沉积单元，在砂层组内采用岩石地层学方法进行对比，充分应用标准层、旋回性、岩性组合及岩电变化规律等，以标志层、辅助标志层控制旋回界限，采用"旋回对比、分级控制"的原则和多井对比分析方法进行小层划分，注重小层内砂岩体的发育情况。以完整的四级或五级旋回为单元，将小层底界划分在水退开始时期，顶界划分在水进结束时期，即小层的上、下界限划分在两个小层砂体间的泥岩处。

2．小层对比步骤

小层划分中必须首先选取标准井。标准井应是系统取心井，以保证小层韵律与岩性对应的相关性和准确性，地层齐全，即位于构造高部位、钻遇的气层多，具有较全的录井资料和测井资料，岩性、电性特征突出。由该井建立综合柱状剖面，用以确定对比标志，建立岩性电性关系图。建立通过标准井的骨架剖面，然后从骨架剖面向两侧建立辅助剖面，向四周井扩散，直到全气田。

纵向上，按沉积单元的级次，由大到小逐级对比，由小到大逐级验证；横向上，由井到剖面，再由剖面到全区对比；反过来再由全区到剖面，由剖面到井验证，多次反复，使得各井地层界限与标准层的平面闭合，确保对比精度。

砂体即为小层内沉积粒度最粗，物性、储集条件最好的粉砂岩、泥质粉砂岩储层部分，是储气的基本单元。气砂体是四级旋回内具有含气性能的部分，其岩性、储气物性基本一致，且具有一定的厚度，上下为隔层分开、平面上具有一定分布范围。

气砂体的划分主要是在小层划分的基础上，根据岩心分析与自然伽马、自然电位、井径、微电位等测井响应特征，首先划分标准井，再建立横向对比"井"字形剖面，最后逐井进行划分[1]。

3．小层对比结果

通过精细对比，将涩北一号气田划分为5个气层组19个砂层组94个小层，其中79个气层；将涩北二号气田4个气层组划分为27个砂层组（图3-1）82个小层，其中64个气层；将台南气田5个气层组划分为27个砂层组61个小层，其中54个气层。

涩北二号气田S5-1-4井位于构造高部位，测井系列为3700，钻遇第四系厚度1715m。根据沉积韵律，将零气层组6个砂层组划分为20个小层，共发育39个砂体、25个气砂体；将一气层组7个砂层组划分为25个小层，共发育56个砂体、34个气砂体；将二气层组6个砂层组划分为13个小层，共发育28个砂体、24个气砂体（表3-1）；将三气层组8个砂层组划分为25个小层（图3-2），共发育61个砂体、30个气砂体。

表3-1 涩北二号气田二气层组小层划分表

气层组	砂层组	小层		气砂体	
		个数	厚度，m	个数	厚度，m
二	2-1	3	10.2~14.2	5	2.2~4.3
	2-2	2	14.3~14.6	4	2.0~3.8
	2-3	3	5.2~15.4	4	2.2~3.1
	2-4	2	12.1~19.3	5	2.6~2.9
	2-5	2	11.2~16.7	3	2.3~4.3
	2-6	1	15.3	3	2.2~2.5
	合 计	13	5.2~19.3	24	2.0~4.3

注：表中厚度为S5-1-4井统计结果。

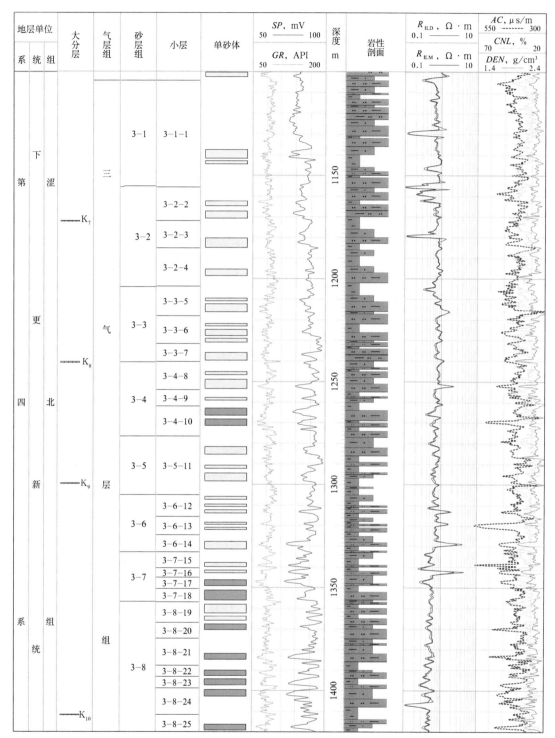

图3-2　S5-1-4井三气层组小层划分图

四、典型层组划分

以涩北二号气田第二气层组为例，气层组分布在936.35～1104.05m井段内，跨度（厚度）为167.7m。岩性曲线幅度较大，多呈漏斗形，声波曲线略有跳跃（图3-3）；岩性以灰色泥质粉砂岩以及砂质泥岩居多，灰色泥岩相对较少；岩心观察发现水平纹层和炭屑纹层发育，见波状纹层，含生物介屑。

以沉积相、砂泥发育的旋回韵律特征为依据，分析气层岩性及其变化。在旋回特征及电测曲线组合特征的基础上，参考标志层确定砂层组层位界线，采用"旋回对比、分级控制"的原则和多井对比分析方法，在气田范围内将二气层组内划分出6个砂层组13个小层、28个砂体、24个气砂体（表3-1）。

图3-3展示了S5-1-4井细分层划分情况，在二气层组钻遇13个小层、22个砂体（部分砂体进行了合并）。从各小层地层厚度和砂体厚度上看，气田范围内钻遇各井没有明显变化，在平面上发育都较稳定（图3-4）。

地层单位			大分层	气层组	砂层组	小层	单砂体	SP, mV 50 ——— 100 GR, API 50 ——— 200	深度 m	岩性剖面	R_{ILD}, $\Omega \cdot m$ 0.1 ——— 10 R_{ILM}, $\Omega \cdot m$ 0.1 ——— 10	AC, $\mu s/m$ 550 --- 300 CNL, % 70 ——— 20 DEN, g/cm^3 1.4 ——— 2.4	资料来源
系	统	组											
第四系统	下更新统	涩北组		二气层组	二气层组	2-1	2-1-1		950				涩 5 — 1 — 4
							2-1-2						
							2-1-3						
					2-2	2-2-4		1000				
						2-2-5						
					2-3	2-3-6						
						2-3-7						
						2-3-8						
			K_6			2-4	2-4-9		1050				
						2-4-10						
					2-5	2-5-11						
						2-5-12						4
					2-6	2-6-13						

图3-3 涩北二号气田S5-1-4井二气层组小层与砂体划分图

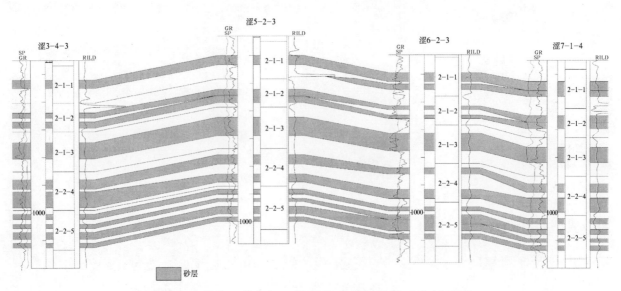

图3-4 涩北二号气田二气层组小层与砂层对比剖面图

第二节 气层识别

气层识别技术就是利用测井曲线响应特征，通过数据处理，建立解释模板，形成一套天然气储层测井定性、定量评价系统，从而对储层流体的性质进行识别的一种技术。

储层中含有一定数量的天然气，就必然对声波、密度、中子等测井响应产生一定的影响[2]。当储层物性好、含气饱和度较高时，典型气层的电性特征表现为低密度、低中子、高声波时差及高电阻率。对于多层疏松砂岩气田，由于储层中泥质含量高、地层水矿化度高，并含有分布不均的金属矿物，再加上钻井液侵入等影响，致使部分储层的电阻率大幅降低，形成一些难以识别的低阻气层；另外，由于储层中发育一定数量的钙质，导致部分水层的电阻率升高，形成高阻水层。因此，低阻气层与高阻水层的存在对于气水层的准确识别影响很大，这是涩北气田气水层识别的关键。

一、典型储层测井响应特征

涩北气田储层的电性特征具有"三高、四低"的特点。"三高"即感应电阻率高、声波时差高、中子孔隙度高；"四低"即自然伽马低、自然电位低、密度值低和井径值低（缩径）。

1. 典型气层测井响应特征

典型气层的电性特征：电阻率特别高（一般大于0.8Ω·m，部分层达到20Ω·m），声波、密度孔隙度大，中子—密度测井曲线呈明显的"镜像"特征，自然伽马值低，自然电位明显负异常。这类层是涩北气田最好的、最典型的气层，JD581系列和3700系列测井能较容易地识别这类气层。如S5-2-1井1-11小层，电阻率4Ω·m，中子—密度测井曲线出现典型的"镜像"特征（图3-5）。

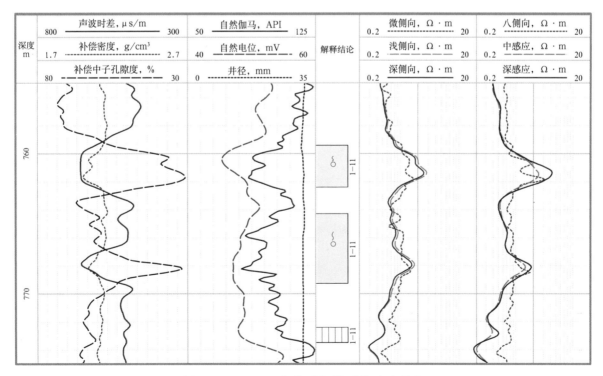

图3-5 S5-2-1井典型气层测井响应特征

2．水层测井响应特征

典型水层三孔隙度测井曲线均显示出具有较高的孔隙度，中子—密度测井曲线镜像特征不明显，自然电位负异常最大、自然伽马值低，深感应电阻率多低于0.2Ω·m，且多表现为深感应电阻率低于浅感应电阻率的特征（图3-6）。

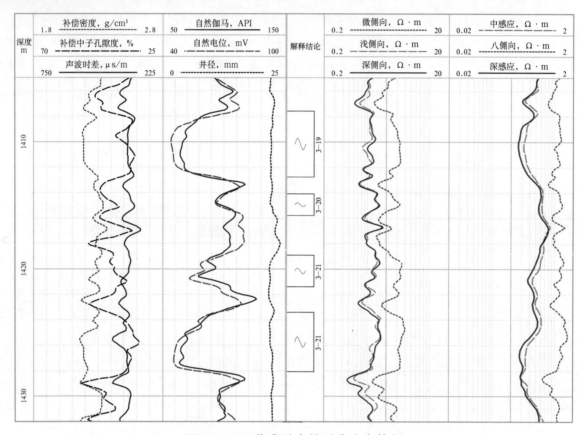

图3-6　S28井典型水层测井响应特征

3．气水层测井响应特征

气水层的沉积环境与气层较一致，其自然电位、自然伽马的测井特征也与气层相同，在其三孔隙度测井曲线中，可能呈现与气层相同的特征，也可能会出现三孔隙度均高的特征；其电阻率测井值也有两种形式：一是上气下水，感应电阻率由高到低，中子测井值也由低值到高值渐变；另一种情况是感应电阻率较气层低但比水层高的层，即电阻率多在0.3～0.5Ω·m之间。

如SS4井0-2-3a号小层，测井电阻率高值0.43Ω·m，下部降至0.32Ω·m，总体上低于一般气层电阻率0.5Ω·m的界限，含水特征明显，储层泥质含量高。本层测试日产气2416m³，日产水2.16 m³（图3-7）。

4．干层测井响应特征

干层是指岩性为泥质含量较高的泥质粉砂岩或粉砂质泥岩储层。干层在电性上表现为：

（1）自然伽马、自然电位有显示，但电阻率与围岩无差异，三孔隙度测井曲线基本重合。

（2）中子—密度测井曲线有"镜像"特征，且电阻率也有一定程度显示，但泥质含量特高，自然伽马测井曲线最低值高于100API（图3-8）。

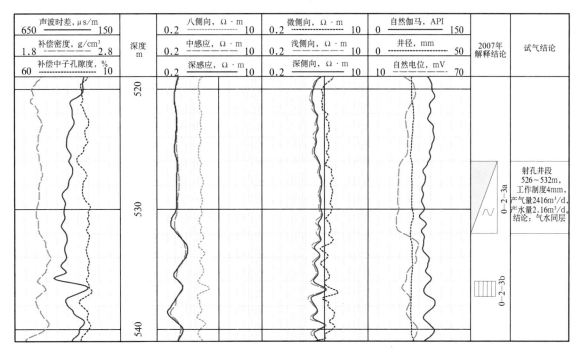

图3-7 SS4井典型气水层测井响应特征

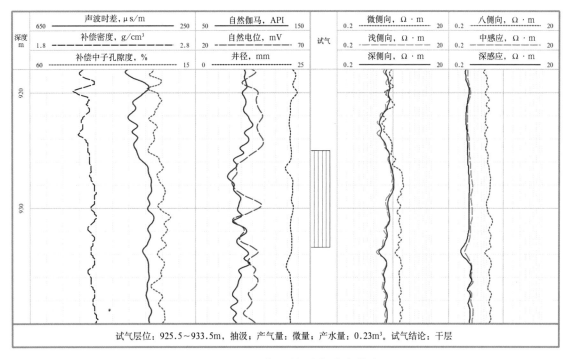

图3-8 SS4井干层测井响应特征

二、低阻气层与高阻水层的成因

除典型气层、水层、气水层和干层外，还存在一些电阻率为0.3~0.8Ω·m的疑似气层，属于低阻气层。另外，部分水层还出现较高的电阻率。

低阻气层与高阻水层的存在给气水层识别带来很大的挑战，要准确进行气水层识别，首先要搞清其成因。涩北气田勘探开发实践和大量生产资料表明，造成涩北气田低阻气层与高阻水层的原因主要有以下六点。

1．储层中泥质含量高

涩北气田砂泥岩频繁交互，砂岩储层中泥质含量高，一般高达20%～50%，泥质中大量的晶间微孔吸附了高矿化度的地层水，在地层条件下形成良好的导电体，造成储层电阻率降低[3]。

通过72次实验研究表明，束缚水饱和度与储层中泥质含量和孔隙度有关，建立经验公式（3-1），相关系数为0.8731。

$$S_w = 1.17 + 1.07 \times \ln V_{sh} - 0.40876 \times \phi \tag{3-1}$$

式中　S_w——含水饱和度，%；

　　　V_{sh}——泥质含量，%；

　　　ϕ——孔隙度，%。

从公式（3-1）来看，泥质含量高则含水饱和度高。

2．储层中泥岩夹层的影响

由于涩北气田储层中多为砂泥岩薄互层，纯净的砂岩较少，所以一般采用层状泥质饱和度计算模型来计算储层含水饱和度，该模型假设岩石是由纯砂岩与层状泥质组成，且层状泥质与邻近泥岩具有相同的电阻率。

根据电阻并联概念，层状泥质粉砂岩可以用体积模型来表示（图3-9）。

图3-9　层状泥质粉砂岩等效电路图

计算公式为：

$$C_t = (1 - V_{sh}) C_{sd} + V_{sh} C_{sh} \tag{3-2}$$

式中　C_t——地层真电导率，mS/m；

　　　V_{sh}——泥质含量，%；

　　　C_{sd}——纯砂岩电导率，mS/m；

　　　C_{sh}——泥岩电导率，mS/m。

变形得到：

$$C_{sd} = \frac{C_t - V_{sh}C_{sh}}{1 - V_{sh}} \tag{3-3}$$

对于纯砂岩部分，应用Archie公式得到公式：

$$S_w = \left(\frac{abC_{sd}}{\phi^m C_w}\right)^n (100 - V_{sh}) \tag{3-4}$$

式中 S_w——储层含水饱和度，%；

φ——孔隙度；

a，b——与岩性有关的系数；

m——胶结指数；

n——饱和度指数。

由于地层水电阻率与埋藏深度相关性好，利用涩北气田四性关系研究中地层水的电阻率计算方法，采用深度与地层水电阻率建立经验公式，然后进行计算：

$$R_w = -0.0000185 \times D + 0.0543 \tag{3-5}$$

式中 R_w——地层水电阻率，$\Omega \cdot m$；

D——井深，m。

a，b，m及n参数的选取与涩北气田四性关系研究中的选取方法基本一致。按储层岩性选取岩电参数，以储层中黏土（泥质）、碳酸盐岩成分作为基本的控制因素：

以泥质粉砂岩为主的储层，$m=1.45$；

当泥质含量小于24%，钙质含量大于10%，$m=1.63$；

结合SS2、S25井岩电实验数据，选取$n=1.75$，$b=1.0$。

3. 高矿化度地层水的影响

涩北气田的地层水矿化度较高，最高达295165 mg/L（涩北一号气田），高矿化度的地层水是良好的导电体，大量赋存的高矿化度地层水导致地层电阻率降低。

以台南气田为例，地层水的水型为$CaCl_2$型。根据有代表性的15个水样分析资料统计，总矿化度为150906~264343mg/L，平均为172369mg/L（表3-2）。地层水酸碱度为中等偏弱酸性，pH值为5~6，平均为5.7；地层水密度为1.116~1.172g/cm^3，平均为1.134g/cm^3；地层水电阻率为0.023~0.032$\Omega \cdot m$，平均为0.029$\Omega \cdot m$。

表3-2 台南气田地层水分析及地层水电阻率一览表

气层组	样品数	地层水分析										地层水密度 g/cm³	地层水电阻率 Ω·m
		水型	pH值	阳离子，mg/L			阴离子，mg/L			总矿化度，mg/L			
				K⁺+Na⁺	Mg²⁺	Ca²⁺	Cl⁻	SO₄²⁻	HCO₃⁻	校正前	校正后		
一	7	CaCl₂	5.7	59064	1927	3623	224995	543	688	167747	165357	1.130	0.029
二	2	CaCl₂	5.0	53231	1418	3692	92079	421	602	151441	150343	1.116	0.032
三	6	CaCl₂	6.0	68515	2153	3987	108957	246	1449	198963	187893	1.144	0.028
平均	15	CaCl₂	5.7	62066	1949	3778	160858	408	981	178059	172369	1.134	0.029

4. 金属矿物的影响

通过岩心薄片分析，已证实个别层段含有菱铁矿、黄铁矿成分，因此对储层电性特征构成影响。

由于涩北气田储层岩性以粉砂岩、泥质粉砂岩为主，粒度细，在沉积压实过程中排水不畅，超压后形成一些微裂隙成为排水通道。S3—15井岩心铸体薄片显示，地层水沿微裂隙排水过程中沉淀形成硫酸盐、菱铁矿等化学物质。这些金属矿物的存在，与地层水一起形成良好的电导体，进一步降低了储层的电阻率。

以SS2井为例，在井深1178m和1180m附近，由于金属矿物的存在，深感应测井曲线出现明显的畸变，侧向电阻率明显降低（图3—10）。

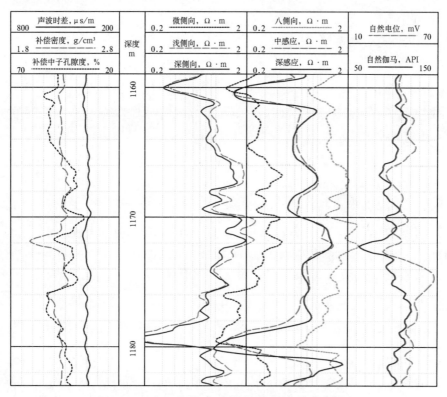

图3—10　SS2井特殊矿物层段测井响应特征

5. 钻井液侵入的影响

第四系储层埋藏浅、压实作用弱、成岩强度低、储层物性条件较好，属于高孔隙度、中低渗透率储层。在钻井过程中，当钻井液密度较大时，极易侵入到气层中。钻井液的侵入不仅造成储层伤害，也改变了储层中的流体组成，影响电性特征，往往造成测井、录井和测试资料的失真，气层中的感应电阻率会随着钻井液密度的增大而减少，随钻井液黏度和电阻率的降低而降低。因此，钻井液侵入也是造成气层低阻的一个重要因素。

6. 钙质胶结或含钙的影响

相对于粉砂岩和泥质粉砂岩水层，电阻率突然升高，且大于0.5Ω·m的水层统称为高阻水层。高阻水层形成的主要原因是由于碳酸盐含量的存在。

碳酸盐本身是高阻岩性，其含量的增大必将导致电阻率的升高；另外，碳酸盐以胶结物的形式出现，改变了储层的孔隙结构，充填了部分孔隙，使得整体岩性变得更加致密，进一步影响了岩石的导电性，从而使电阻率增大。

涩北气田储层中碳酸盐岩普遍存在，但分布不均。一些钙质砂岩水层，电阻率明显升高，除孔隙度变小原因外，岩石胶结程度增强也是重要影响因素。通过岩石—电性实验已经证明，涩北地区一般泥质粉细砂岩胶结指数在 1.45左右，而钙质含量高的样品胶结指数在1.6甚至更高。因而，在测井解释中应分岩性类型进行计算和评价。

SS2井碳酸盐岩含量为0.5%～32.5%，平均为19.2%（薄片分析结果）。图3-11中1165.5～1171m处碳酸盐含量相对较高，测井曲线为相对低自然伽马、高电阻率，低声波、低中子以及高密度。

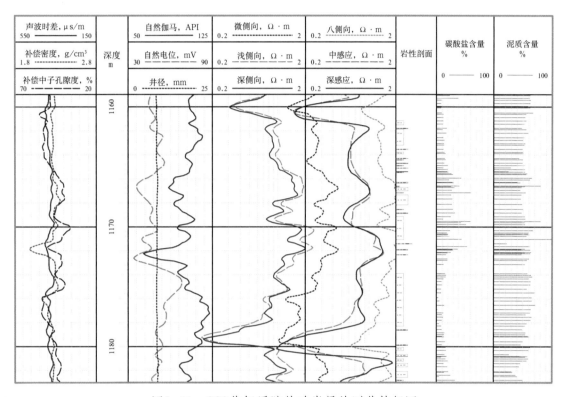

图3-11　SS2井钙质胶结砂岩层的测井特征图

三、测井储层参数研究

涩北气田低阻气层和高阻水层的存在影响了气水层的准确识别。为了提高识别精度，需要准确描述影响其成因的主要参数，包括储层泥质含量、孔隙度、碳酸盐岩含量和流体饱和度等参数。

1．泥质含量

岩心分析表明泥质含量与自然电位相对值、自然伽马相对值具有较好的相关性，建立关系图版如图3-12所示。

2．孔隙度

通过岩心分析结果与测井响应特征对比，发现与储层孔隙度相关性好的是三孔隙度曲线。岩心分析孔隙度与中子孔隙度正相关[图3-13（a）]，与密度测井值负相关[图3-13（b）]。中子和密度测井曲线能较好地反映储层的孔隙度，因此采用中子和密度测井交会曲线确定孔隙度[图3-13（c）]。

中子—密度测井解释孔隙度与实测孔隙度，其数据点基本落在45°线附近（图3-14），说明解释结果与实际资料相符。

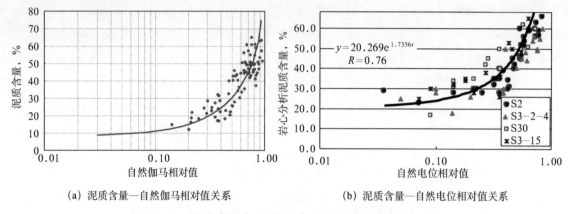

(a) 泥质含量—自然伽马相对值关系　　　　(b) 泥质含量—自然电位相对值关系

图3-12　泥质含量与自然电位和自然伽马相对关系图

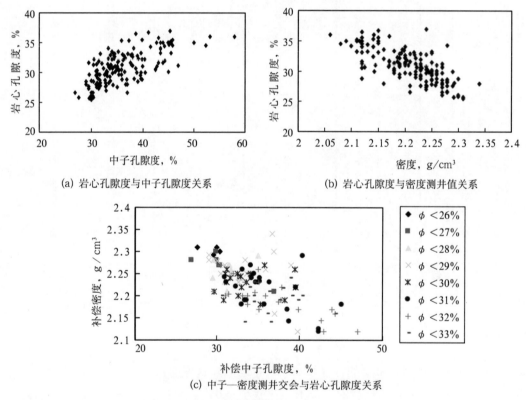

(a) 岩心孔隙度与中子孔隙度关系　　　　(b) 岩心孔隙度与密度测井值关系

(c) 中子—密度测井交会与岩心孔隙度关系

图3-13　岩心孔隙度与电性关系图

3. 碳酸盐含量

从S3-2-4井薄片分析、常规物性来看，碳酸盐含量为2.0%～34.0%（图3-15），平均为15.5%（骨架含量）；从岩石薄片观察，泥岩中，方解石多以泥晶结构与泥质相混，而在灰质粉砂岩中，碳酸盐岩胶结成分增多。

从S3-2-4井岩心及测井响应分析来看，储层中碳酸盐含量与电阻率浅探测（如微侧向测井）上有较好的响应，这是由于储层岩性疏松，钻井液侵入明显，井壁附近残余烃成分影响很小，微侧向测井能较好反映出岩性变化。

为了减小浅探测电阻率受井间钻井液变化、测量系统误差的影响，建立图版时采用微侧向（R_{MLL}）与同井标准层的微侧向电阻率（R_{MLLB}）比值$R_b=R_{MLL}/R_{MLLB}$（图3-16）。

同时，通过对碳酸盐含量—自然伽马关系曲线的分析，可看到储层碳酸盐含量增加的层段，自然伽马测井明显出现较低值（图3-17）。

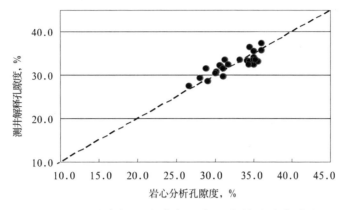

图3-14　测井解释孔隙度—岩心分析孔隙度对比

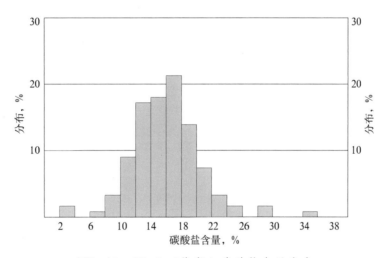

图3-15　S3-2-4井岩心碳酸盐含量分布

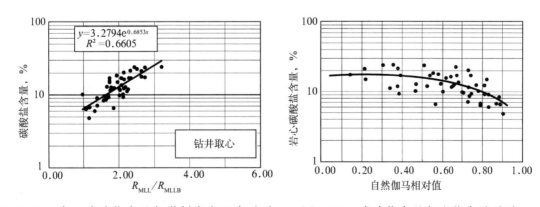

图3-16　岩心碳酸盐含量与微侧向电阻率关系　　图3-17　碳酸盐含量与自然伽马关系

通过上述分析，建立岩心分析碳酸盐含量与测井响应R_{MLL}/R_{MLLB}—ΔGR的关系，是可行的。利用微侧向电阻率（R_{MLL}）与本井标准层的微侧向电阻率（R_{MLLB}）比值、自然伽马相对值（ΔGR）计算碳酸盐含量：

$$V_{ca}=5.767 \times R_b^{1.19} \times \Delta GR^{-0.027} \tag{3-6}$$

测井计算的碳酸盐含量与岩心分析的碳酸盐含量的对比关系图见图3-18，相关系数 0.81，图版平均绝对误差±2.6，图版平均相对误差±20.2%。对比表明，计算结果基本上是可靠的。

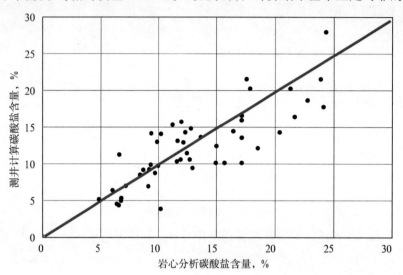

图3-18 测井计算碳酸盐含量与岩心分析碳酸盐含量刈比图

四、常规储层中流体性质识别方法

结合四性研究和参数模型计算结果，在测试资料的基础上提出了适合于涩北气田常规储层流体性质识别的三种方法。

1. 流体性质定性识别方法

1）储层流体性质定性识别原则

在不考虑高阻水层和低阻气层的情况下，以自然电位负异常划分渗透层段，以声波、密度以及中子孔隙度的大小、自然伽马测井值的高低、自然电位相对值的大小确定储层的有效性，以电阻率的高低和中子—密度测井曲线的镜像特征判断储层的流体性质。

2）具体划分方法

气层：深感应电阻率值大于0.5Ω·m，自然电位负异常明显，声波测井值高（多高于400μs/m）、密度测井值低（低于2.36g/cm³）、中子测井值低（低于35%），三孔隙度曲线有明显的镜像特征。

水层：三孔隙度测井显示较高孔隙度，中子密度镜像特征不明显，自然电位负异常最大、自然伽马低值，深感应电阻率多低于0.2Ω·m，且多表现为深感应电阻率低于浅感应电阻率的特征。

气水层：三孔隙度测井显示较高孔隙度，中子密度镜像特征明显，自然电位负异常较大、自然伽马低值，深感应电阻率上高下低，介于0.2~0.5Ω·m，且多表现为深感应电阻率低于浅感应电阻率的特征。

干层：三孔隙度测井显示较低孔隙度，中子密度镜像特征不明显，自然电位负异常较小、自然伽马中低值，深感应电阻率曲线平直或无变化，且与围岩电阻率相当。

气层、水层的识别中不仅要考虑高阻水层这一特例，还应充分注意储层电阻率与相邻泥岩层电阻率的对比，以及中子测井值的变化情况。

2．深感应电阻率—自然电位相对值识别方法

通常采用补偿密度和（或）中子孔隙度与电阻率交会图来确定储层流体性质，主要基于补偿密度和中子测井值来计算储层的孔隙度。但对于涩北气田，孔隙度曲线不同程度受到气的影响，加上储层埋藏深度浅，受到欠压实及井身质量的影响，导致中子—密度测井曲线出现镜像特征以及时差值增大。更为重要的是本区孔隙度变化范围小，储层与非储层的孔隙度几乎难以区分，而储层好坏主要取决于储层的渗透能力。现有测井曲线中，较直接反映渗透能力的，自然电位相对较好（自然电位对渗透性的反映最好），但自然电位受到的影响因素也较多，在使用时只能采用相对值。

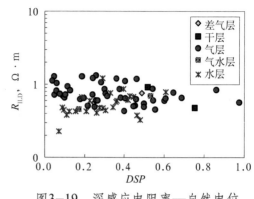

图3-19　深感应电阻率—自然电位
相对值交会图

采用16口井85个层的试气资料确定的自然电位相对值（DSP）和深感应电阻率（R_{ILD}）交会图（图3-19），图中气水界面在0.5Ω·m，储层相对集中在DSP较小的区域（0.6以内）。图中有大量的水层混入气层区，说明有高阻水层的存在，直接采用电阻率曲线划分流体性质受到限制，解释时应予以考虑。

3．饱和度交会图判断方法

根据岩石体积模型可知，储层孔隙空间为天然气、可动水和束缚水三部分所饱和，所有储层中都包含束缚水部分；它的多少受储层的岩性、物性、润湿性等因素的影响；纯水层不含天然气体积部分，纯气层不含可动水体积部分，其完全被天然气所取代；气水层含有一定的可动水和气，可动水的多少也反映了气的多少，这是判别储层性质的重要参数。

驱替效率公式为：

$$E_D = (S_w - S_{wi}) / (100 - S_{wi}) \tag{3-7}$$

式中　E_D——驱替效率；

　　　S_w——含水饱和度，%；

　　　S_{wi}——束缚水饱和度，%。

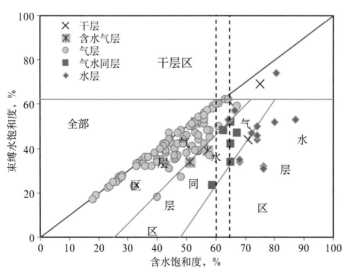

图3-20　涩北一号气田储层识别图版

根据储层参数解释模型及试气和投产井的生产情况分析，利用上述方法，分别计算出各层的孔隙度、含水饱和度和束缚水饱和度，综合绘制出含水饱和度与束缚水饱和度的交会图，根据交会点的分布规律，确定驱替效率的分区线，并绘制出储层识别图版（图3-20）。

图中可以看出，气层、气水同层、水层三者分区清晰，具有以下特点：

（1）气层：含气饱和度通常大于40%；

（2）气水同层：含气饱和度通常大于35%；

（3）干层：含气饱和度通常小于35%，孔隙中缺乏可动流体。

对于物性较好的储层，不同类别的储层含水饱和度相差较大，储层流体性质比较容易识别；对于物性较差的储层，各类储层间的含水饱和度相差较小，这与实际情况是相符的。

五、两类特殊储层的测井识别方法

涩北气田储层测井解释中低阻气层和高阻水层的识别是提高测井解释符合率的关键。

1. 高阻水层的测井识别方法

1）常规曲线评价方法

高阻水层与常规砂岩储层具有相同的自然电位和自然伽马变化，电阻率曲线呈块状，电阻率普遍比较高，区别主要在三孔隙度曲线。通常在碳酸盐含量较高的储层，声波时差相对低，尤其是密度值高（砂岩层密度通常较低），一般与中子孔隙度测井曲线同向变化，对于这类储层一般解释为高阻水层。

涩6-3-3井969.0～974.0m含钙质砂岩自然电位和自然伽马显示具有明显的储层特征（图3-21），对应于自然电位负异常和自然伽马低值处电阻率高于该区气层的下限值（0.5Ω·m），但对应三孔隙度曲线显示孔隙度较低，声波时差低，密度高值，对该段进行单层测试，日产水8.66m³，证实为区域高阻水层。

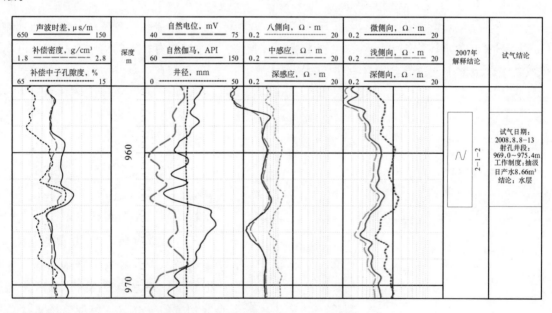

图3-21 涩6-3-3井高阻水层测井响应特征图

图3-22为涩0-3-3井高阻水层测井响应特征图，井段1131.1～1142.3m，对应于自然电位负异常和自然伽马低值处电阻率高于1.0Ω·m，声波时差在低时差背景下略有增大，但密度值显著增大，表明碳酸盐含量较大，该段单层测试产微量气，日产水1.5 m³。

2）含气饱和度与孔隙度交会法

在含气饱和度计算中，m值选取已经考虑碳酸盐含量的变化因素，在图3-23所示的含气饱和度—孔隙度关系图上，气水得到较好区分，由于含钙而出现的高阻水层大多落入水区，利用计算的含气饱和度可以进行有效地识别。

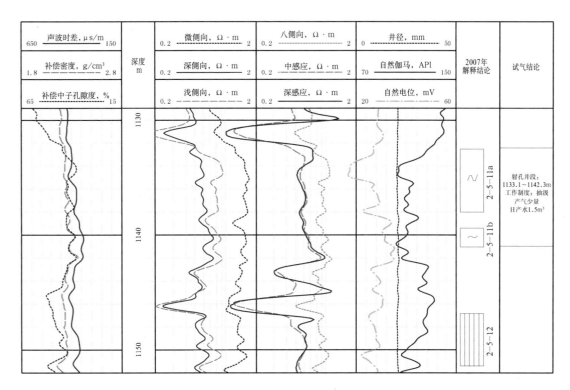

图3-22　S0-3-3井高阻水层测井响应特征图

图3-24是S4-8井两射孔井段测井曲线图，图中射孔井段的自然电位、自然伽马异常幅度相当，感应电阻率较大，在0.8～1Ω·m之间，根据模型计算的含气饱和度在40%左右，泥质含量为10%～15%，711～713m井段射孔后仅产气125～147m³/d，产水达到9.45m³/d，说明采用定量计算后有助于高阻水层的识别。

3）多井对比方法

根据沉积相研究结果，碳酸盐分布具有较强的稳定性，解释过程中要加强多井对比解释。

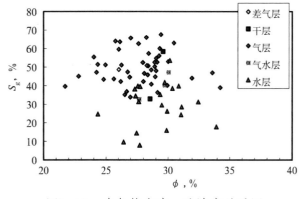

图3-23　含气饱和度—孔隙度关系图

图3-25是S6-3-3、S7-0-1、S6-2-2、S6-3-1、S5-4-2等5口井2-1-2和2-1-3小层曲线对比图，自然电位有一定的负异常，感应电阻率较高（0.6Ω·m），三孔隙度曲线表明孔隙度较低，从测井曲线组合特征来看，该层为碳酸盐含量较高且具有一定渗透性的储层。2002年8月8日至13日对S6-3-3井2-1-3小层井段969～975.4m进行射孔求产，日产水8.66m³，无气，为高阻出水的典型例子。选取的S7-0-1井位于S6-3-3井的南东方向，S6-2-2井位于北东方向，S5-4-2井位于正北方向，对应层位均有类似的测井特征，说明该层在区域上沉积稳定。

2．低阻气层解释方法

常规的解释方法在典型气层具有比较好的应用效果，但对低阻气层等其他特殊气层的解释符合率较低，低阻气层的解释需要特殊处理。

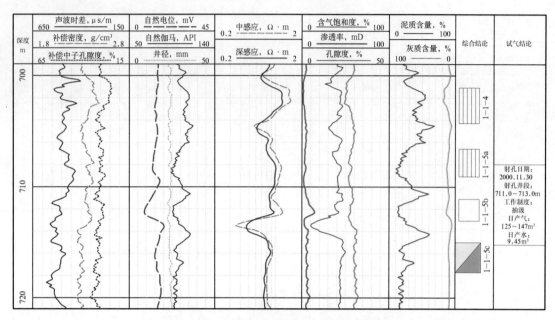

图3-24 S4-8井试气井段测井曲线图

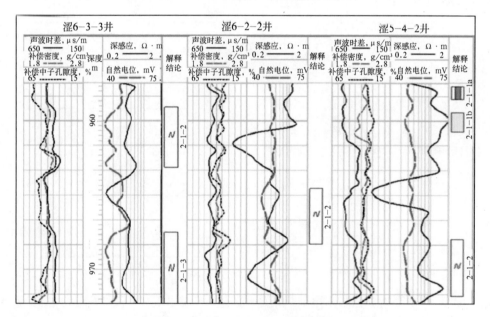

图3-25 高阻水层测井曲线特征

1）通过试气资料认识低阻气层特征

由于三湖地区的第四系束缚水含量高、地层水矿化度高，地层电阻率普遍很低，非渗透层的电阻率一般都在0.5Ω·m以下。通过验证的气水层测井曲线对比发现，绝大多数情况下，只要渗透层部位的感应电阻率高于围岩，无论地层绝对电阻率高低，试井结果都是以产气为主。同样，如果渗透层部位的感应电阻率低于围岩，试气结果便以产水为主。而气水产能的高低则主要取决于储层的泥质含量，泥质含量高则气水产能低，泥质含量低则气水产能高[4]。可采用曲线定性识别方法来评价该类储层的流体性质。

在组合测井曲线中，自然伽马曲线和自然电位曲线是反映地层岩性物性的主要曲线，视电阻率曲线和感应曲线则是反映地层含气性的主要曲线。因此，在第四系气层的定性识别过程中，采用自然电位和自然伽马曲线联合划分储层，采用感应和电阻率曲线联合识别气水层。

识别原则是，在负偏自然电位，自然伽马降低的砂岩储层部位，凡相对围岩呈高电阻率低电导率的解释为气层[5]；相对围岩呈低电阻率的则解释为水层（图3-26）。

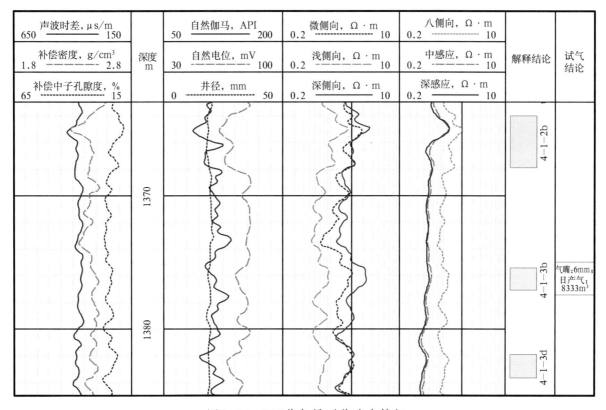

图3-26　S27井气层测井响应特征

2）通过薄层校正突出测井曲线的纵向分辨能力

使用现代数学处理技术，提高各种常规测井曲线的垂向分辨率，保证测井曲线既具有好的探测深度又具有较高的纵向分辨率，尽可能消除围岩的影响，通过与高分辨率阵列感应测井对比，0.5m厚度薄层的测井特征能够很好地识别。

在图3-27中，SS4井校正前自然电位曲线在437~442m处平直无明显变化，无法肯定储层的存在。经过薄层校正处理后测井曲线的分辨率得到了提高，在437~442m处有自然电位的异常，可以看出自然电位的变化趋势与相对较高分辨率的自然伽马曲线具有良好的对应关系，夹层条带明显，对437~442m试气，用4mm气嘴日产气0.6941×10⁴m³，不产水。

3）三孔隙度的测井识别方法

（1）三孔隙度差比值法：众所周知，天然气含氢指数低并具有"挖掘效应"，气层中子孔隙度值比水层和油层低；天然气密度低，气层密度值比水层和油层低；天然气纵波速度低，地层含气后，岩石纵波时差增大，甚至出现"周波跳跃"，天然气层的纵波时差高于其完全含水时的纵波时差。利用气层在三孔隙度测井曲线上的这些特征，建立孔隙度差比值解释标准。

首先应用常规解释标准研究中的孔隙度解释模型，分别确定三孔隙度测井曲线计算的孔隙度值。

其次，分别确定孔隙度差值和比值。

三孔隙度差值定义为：

$$\varphi_d = \varphi_a + \varphi_d - 2\varphi_c \qquad (3-8)$$

三孔隙度比值定义为：

$$\varphi_r = (\varphi_a \times \varphi_d) / (\varphi_c \times \varphi_c) \qquad (3-9)$$

式中　φ_d——三孔隙度差值；

　　　φ_a——声波孔隙度；

　　　φ_d——密度孔隙度；

　　　φ_c——中子孔隙度；

　　　φ_r——三孔隙度比值。

最后，以试气资料为依据，制作孔隙度差、比值交会图，建立定量解释图版。

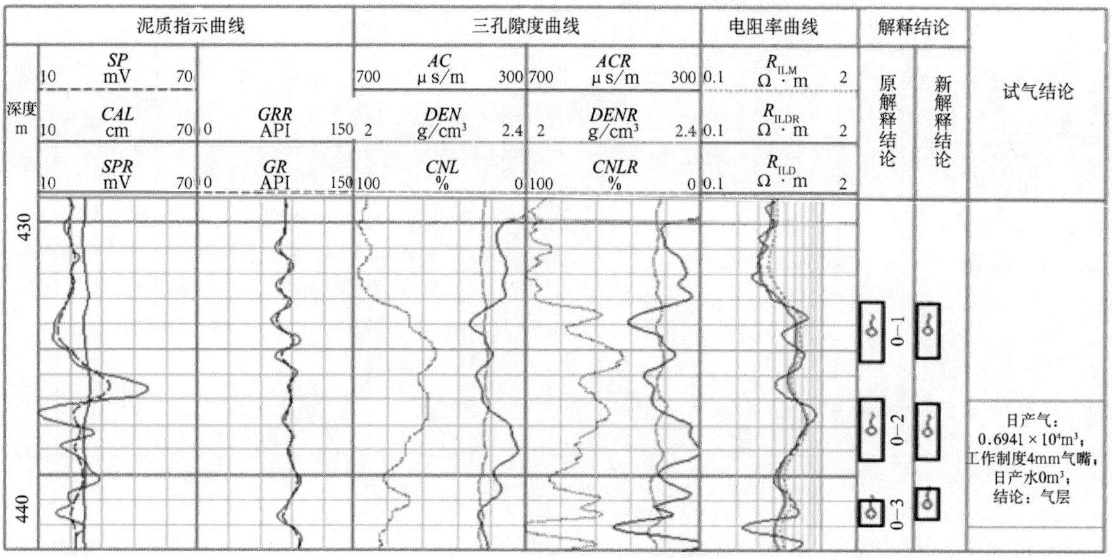

图3-27　SS4井测井综合成果图

（2）含气比值法：对含气的储层来说，储层可以看成是由具有不同性质的组分组成的，这些组分包括可动水、天然气、泥质以及岩石的各种骨架矿物。

根据地层组分分析模型，可以写出各种测井仪器的响应方程的一般形式：

$$\sum_{j=1}^{n} A_{ij}x_j = B_i \qquad (i = 1, 2, \cdots, m) \qquad (3-10)$$

式中　n——组成地层的组分个数；

　　　x_j——第j种组分的相对含量；

　　　A_{ij}——第j种组分对第i个测井仪器的测井响应值；

　　　m——测井仪器的个数；

　　　B——地层对测井仪器的响应值。

应用三孔隙度测井资料计算的含气比值能够定量区分气层、气水同层，在三湖地区也有很好的应用效果。

定量解释标准为：水层含气比值小于450；气水同层含气比值450～900；气层含气比值大于900。

第三节　三维地质建模

地质模型是油气田地质研究成果的具体体现，是油气田外部形态、内部特征、规模大小、储层特性、流体性质及其分布特征等诸多信息的高度概括[6]。

在气田开发过程中应该针对具体情况建立适合于本地区的地质模型，并通过地质模型来解决实际问题，以提高开发的预见性。实践证明，气田开发工作成败的关键在于对气藏的认识是否准确，即建立的地质模型是否符合地下的真实情况。因此，建立完善、准确的三维地质模型是气藏描述的核心内容之一。

一、地质建模技术简介

随着地质新技术、新理论及计算机软、硬件技术的不断发展，使地质模型的建立已实现了由定性到定量、由二维描述到三维可视化描述的飞跃[6]，并由单一确定性建模发展到众多实现随机建模的飞跃。

随机模拟是指具有一定概率分布理论、能表征研究对象的随机特征的统计模拟，是以已知的信息为基础，以随机函数为理论，应用随机模拟方法，产生可选的、等概率的储层模型的方法。这种方法承认控制点以外的储层参数具有一定的不确定性，即具有一定的随机性。

随机地质建模技术是在油气田地质研究的基础上，以沉积学、构造地质学、储层地质学和石油地质学理论为指导，综合油气田的各项地质信息，最大限度地利用先进的计算机大规模运算和三维可视化技术，在三维空间中建立能够真实展现油气田地下地质特征的计算机模型。

采用随机建模方法所建立的储层模型不是一个，而是多个，即一定范围内的多种可能实现（即所谓可选的储层模型），以满足油气田开发决策在一定风险范围的正确性的需要，这是与确定性建模方法的重要差别。对于每一种实现（即模型），所模拟参数的统计学理论分布特征与控制点参数值统计分布是一致的。各个实现之间的差别则是储层不确定性的直接反映。如果所有实现都相同或相差很小，说明模型中的不确定性因素少；如果各实现之间相差较大，则说明不确定性大。

由此可见，随机建模的重要目的之一便是对储层的不确定性进行评价。随机建模技术可有效结合地质、沉积等学科的现有知识和岩心分析、测井解释、地震勘探、生产动态及露头观察等多来源的信息，反映出的不确定性信息则是对未知信息的等概率预测，各个模拟实现之间的差别则是储层不确定性的直接反映。另外，随机模拟可以"超越"地震分辨率，提供井间岩石参数米级或十米级的变化，因此，随机建模可对储层非均质性进行高分辨率的表征。在实际应用中，利用多个等概率随机储层模型进行油气藏数值模拟，可以得到一簇动态预测结果，据此可对油气藏开发动态预测的不确定性进行综合分析，从而提高动态预测的可靠性。

二、多层气藏建模难点

涩北气田作为第四系湖泊相平缓背斜层状气田，地质建模有其特殊而显著的技术难点，主要表现在：

（1）含气层数多且单层厚度薄。

涩北三大气田均为典型的多层、薄层状气田，纵向上，含气井段跨度超过1000m，若选取过小的网格步长，将导致网格数目过大而使后期数值模拟困难。

含气砂体厚度一般为1~4m，平面延伸范围广，东西向13~16km，南北向8~9km，纵横比小于0.001，建模时极易出现上下层交叉现象。

（2）构造边部位控制井点少。

由于气田为构造气藏，开发井均部署在背斜高部位，钻井分布不均，构造高部位井密，控制程度较好。背斜构造低部位、翼部井少，数据点稀，对构造和砂体展布控制程度低，给建模带来了一定的困难。

三、建模方法与步骤

涩北气田处于开发早期，建模工作的重点是建立反映气藏复杂地质特征的属性模型，其建模流程如图3-28。基本步骤主要包括：前期地质研究、数据准备、构造建模、储层建模、图形显示，以及验证和优选随机模拟实现等。

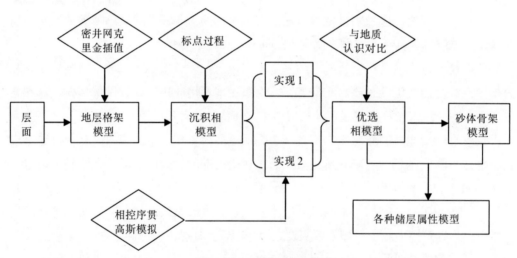

图3-28　随机建模流程图

（1）确定性建模和随机建模相结合。对于构造采用确定性建模；对于饱和度采用确定性建模与随机建模相结合的方法；对于孔隙度、渗透率等属性模型进行随机模拟。

（2）两步法建模策略：先建立构造模型，以此为框架，再建立气田属性模型。

（3）多信息协同模拟，如在构造建模中，以小层顶面的构造等值线数据为依据，以井点处小层分层数据为校正数据，共同运算出砂层的构造顶面。

完备的地质数据库是气田地质建模的基础，根据地质建模的要求，结合气藏的地质特点，建模主要依据以下数据：

（1）钻井数据，包括通过钻井取得的原始数据和成果数据，如井位坐标数据、井轨迹数据、补心海拔数据和钻遇层位数据。

（2）构造解释数据，主要指构造研究的构造等值线数据。

（3）小层及气砂体数据，包括小层精细对比划分的小层和气砂体顶、底界数据。

（4）测井数据，包括测井取得的原始测井曲线数据及测井解释的泥质含量、孔隙度、渗透率、含气饱和度等成果数据。

四、地质建模实例

以涩北一号气田为例，简要介绍三维地质模型的建立。

1. 模型范围及网格确定

模型范围的确定需要综合考虑：气田探井及开发井分布情况、各单元含气边界、构造溢出点位置、平面上各油气井驱替边界、水体所能覆盖的边界范围。

涩北一号气田地质模型工区范围为：西以SS7井为边界，南以SZ8井为界，北以SS4井为界，东以SZ4井为界，并保留了相应的外延，模型总范围约110km²。

为了使地质模型能精细地表现气田内部特征及其空间变化，尤其是反映纵向的非均质特征，采用平面网格30m×30m，纵向网格0.5m，总网格数2.98亿个。

2. 构造模型建立

三维构造模型采用确定性建模方法。具体来说，就是以砂层组顶面构造图为依据，建立砂层组构造框架；以小层顶面构造图与分层数据制作层面，运用克里金方法分别算出各小层厚度面；按照层系对多层面进行叠加，生成气田各气层组小层多单元构造模型。由于基础数据多少会存在一些缺陷，而且网格化计算本身也可能引起构造界面的过度平滑，从而偏离原始层面，因此在初步计算结果的基础上，采用三维可视化交互编辑技术对井点数据和地质层位顶面构造进行了反复细致的校正，使构造界面与钻井数据保持很好的对应关系。

应用涩北一号气田的小层分层数据，结合各单元构造图制作厚度图；然后对井点数据和地质层位界面进行反复校正，使构造界面与分层数据相互吻合。在此基础上，对多层面进行叠加，生成气田小层构造模型（图3-29），建立储层的空间格架。

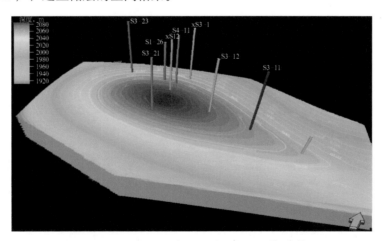

图3-29　涩北一号气田零层系顶面构造模型

3. 沉积微相模型

在建模中，一方面是依据测井解释成果及测井模板所得的孔隙度、渗透率、含气饱和度及地质分层数据；另一方面以沉积微相作为约束条件，对沉积储层地质模式进行约束。相的形状可以用几何图元或数值化相的形状来表征。

4. 储层属性随机建模

属性随机建模是储层建模的核心。涩北气田为陆相储层，沉积环境多变，沉积体系较为复杂，在应用随机建模方法建立地质模型进行储层预测时，需要综合考虑模拟方法的适应性，通过对比模拟，优选出适应储层沉积特征的模拟方法，获得涩北气田储层较为理想的实现结果。

对于单一物源方向沉积的储层，主要采用序贯指示方法预测储层砂体的厚度分布；对于存在多方向物源的储层沉积，则采用序贯指示模拟和序贯高斯模拟相结合的方法，发挥两种方法的优势，协同模拟，综合预测砂体厚度的分布情况。

通过对涩北气田储层物性参数的综合研究，认识到气田储层物性参数的分布受储层砂体展布的影响和控制。因此，在进行储层物性参数预测时，以砂体分布为可类比的精细地质模型，应用多元序贯高斯模拟方法，协同模拟预测储层物性参数的分布情况。统计特征参数是随机模拟所需要的重要输入参数。涩北一号气田建模所需的砂体、孔隙度、渗透率、饱和度变差函数是在地质资料库基础上，利用Pertel综合油藏描述及地质建模软件提供的地质学统计功能求取的。

1）泥质含量

工区内钻井资料丰富，在进行泥质含量模拟时，可直接利用井点资料，在地质认识和地质参数统计分析的基础上，模拟更接近地下的情况。

2）孔隙度和渗透率

孔隙度分布特征与泥质含量呈负相关，因此，孔隙度参数场采用以泥质含量模型为第二协同变量，应用序贯高斯模拟的方法进行求取。一般情况下，渗透率与孔隙度有比较好的相关性，但渗透率具有各向异性等特殊性，因此，在渗透率模拟时采用孔隙度约束对数变换的办法，得到孔隙度和渗透率参数场（图3-30）。

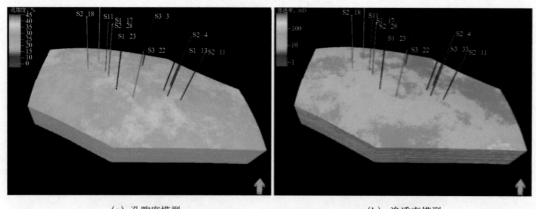

(a) 孔隙度模型　　　　　　　　　　(b) 渗透率模型

图3-30　涩北一号气田零层系孔隙度和渗透率模型

3）饱和度

饱和度场实质上是在一定物性条件下重力与毛细管力相互作用的物质平衡场，因此，不能采用随机算法求取，否则将违背作用力平衡及物质平衡原理。涩北气田为构造气藏，部分层系受岩性控制，而建模方法中的气水界面约束条件仅适用于构造气藏。为了真实反映涩北气田的饱和度分布，采用确定性与随机相结合的方法进行建模，即以测井解释的饱和度作为输入参数，以孔隙度模型为第二协同变量，同时以气水界面（部分层南高北低）作为趋势面进行综合约束，最终得到分布合理的饱和度模型。

5. 模型粗化及后处理

数值模拟技术目前已成为气藏经营管理中非常重要的技术，它是制定气藏开发方案、预测油气藏动态、分析剩余油气分布、进行开发方案调整及提高采收率研究必不可少的手段。而数值模拟结果的准确与否很大程度上取决于粗化后的粗网格模型能否真实反映原模型的地质特征。

考虑到与数值模拟的紧密结合及软件数据流的兼容性问题，采用数值模拟软件Eclipse 2004a的前处理模块Flogrid进行地质建模网格粗化，实现建模数据向数值模拟的无缝过渡。

以涩北一号气田为例，地质建模模型分为零—四气层组等5个模型，考虑气田开发过程中可能出现的合采及上返等措施，5个层系模型在粗化过程中采用同一套角点网格系统，以保证在数值模拟过程中有进行模型组合时的数据能够相互兼容。

网格粗化采用三维角点网格，x方向划分为105个网格，平均步长87.33m；y方向划分为100个网格，平均网格步长85.25m；z方向即纵向上划分为94个模拟层，三维网格总数为98.7万个网格，利用平面粗化网格对地质建模属性模型进行粗化，为气田数值模拟提供可靠的三维模型。

参考文献

[1] 温亮，冷桂芳，孙海涛. 小层划分对比技术方法[J]. 内蒙古石油化工，2010（19）：104–105.

[2] 杨碧松. 低矿化度地层水地层油气水层识别研究[J]. 天然气工业，2000（2）：42–44.

[3] 胡友良，黄鹤雄，黄大琴，等. Algeria某油田低电阻率油气层的机理分析及测井解释[J]. 测井技术，2006（4）：323–326.

[4] 徐子远，姜桂凤，张道伟，等. 柴达木盆地第四系中低产层的测井识别及试气验证[J]. 天然气工业，2001（6）：5–9.

[5] 徐子远，谢丽，张道伟，等. 柴达木盆地第四系生物气的勘探历程与储量现状[J]. 新疆石油地质，2005（4）：437–440.

[6] 王俊芳，惠卓雄，张春林. 三维地质模型在濮城西区沙二上油藏描述中的应用[J]. 重庆石油高等专科学校学报，2004（1）：29–32.

第四章　多层疏松砂岩气田开发特征

储层岩石疏松、纵向上多层和气水交互的地质特征，决定了多层疏松砂岩气田生产过程中的开发特征。一方面，由于气藏埋藏深度浅、压实程度弱、胶结强度低，在开发过程中表现为储层具有应力敏感性和地层出砂特征，即开发过程中随着气藏压力降低，储层有效应力不断增加，导致储层进一步被压实，储层物性不断变差；同时，受应力条件变化和流体拖曳作用的双重影响，近井地带的储层可能会遭受破坏，开采过程中地层易出砂。另一方面，由于含气层数多、气层四周被边水所包围、气水关系复杂，在渗流特征上表现为多层渗流和复杂的出水情况。总之，气井在多层合采过程中，天然气由地层向井筒补给表现为多层渗流特征；受层间非均质和边水能量差异等影响，边水会表现出层间非均匀侵入的动态特征。

第一节　多层合采渗流特征

对于多层气藏，由于纵向上含气层数多，即使细分开发层系，多层合采仍是该类气田开发的主要技术之一。然而，在气井进行多层合采时，合采产量有时远低于单层分采的产量之和，这种现象有悖于人们的直观想象，常常令气藏工程师迷惑不解。通过对多层气藏的不稳定渗流特征的认识，有助于分析和解释多层合采气井生产动态，有助于分析气井真实产能和计算动态储量，有助于确定气井合理生产压差及合理配产，有助于更准确预测未来气井的生产动态，这对多层气藏开发具有重要的指导意义。

一、定产条件下分层产量与压力变化特征

在多层合采气井试井分析发展历程中，Lefkovits[1]首先用解析方法研究了任意层数无层间窜流的合采系统的压力解；Taria[2]在此研究的基础上考虑了井筒储存和表皮效应的影响；Kucuk[3]则提出综合利用井筒压力和流量连通的油气藏试井分析方法，通过多流量测试技术测量井底压力和分层流量，然后用对数卷积法粗略估计分层参数，最后用非线性最小二乘法求解；Bourdet[4]则计算了含井筒储存和表皮效应、有拟稳态窜流的层状油藏的压力和压力导数曲线；张望明等[5]分析了多层油气藏的压力动态，重点研究了层间衰竭差异和关井后层间窜流问题；孙贺东等[6]应用最大有效井径的概念，建立了无限大三层油气藏的最大井径模型，得到了井底压力和分层流量的拉氏空间精确解以及典型曲线计算方法。

以上求解模型计算相对复杂且重点是对各层地层参数的求取，对多层合采气井的产量、压力以及影响因素缺乏深入细致的分析。鉴于此，有必要提出一种新的、更为简便的渗流模型（具体模型详见附录A）。

为清楚地了解多层合采气井在定产条件下生产时，层间非均质性对井底压力及分层产量的影响，以两个小层（不考虑水侵）合采的气井为例进行分析，主要分析两层合采、定产量生产条件下，在稳产阶段压力和产量的变化特征，其中的压力为合采条件下的无因次井底压力（p_{wD}），产量为无因次分层产量（q_{jswD}）。

$$p_{wD}(p) = \frac{(K_g h)_t [p_p(p_{jimax}) - p_{jp}(p_{wf})]}{1.842 q_{sc} \mu_{gi} B_{gi}} \tag{4-1}$$

$$q_{jswD} = \frac{1.842 q_{jsc}(t) \mu_{gi} B_{gi}}{(K_g h)_t (p_{ji} - p_{wf})} \tag{4-2}$$

式中　p_{wD}——无因次井底压力；

$(K_g h)_t$——合层地层系数，mD·m；

p_p——拟压力，MPa；

p_{jimax}——j层原始最大地层压力，MPa；

p_{jp}——p_j条件下的拟压力，MPa；

p_{wf}——井底流压，MPa；

q_{jswD}——j层的无因次产量；

q_{sc}——气井的地面产量，m^3/d；

$q_{jsc}(t)$——j层的地面产量，m^3/d；

μ_{gi}——原始地层压力条件下气体黏度，mPa·s；

B_{gi}——原始地层压力条件下体积系数；

p_{ji}——j层原始地层压力，MPa；

t——时间，d。

多层合采条件下，对分层产量、压力变化的影响因素比较多，此处主要针对储层物性参数（κ，ω）、封闭边界（R_{jeD}）和初始地层压力（p_{jiD}）三个方面进行敏感性分析。

$$\kappa_j = \frac{(K_g h)_j}{(K_g h)_t}, \quad \sum_{j=1}^{n} \kappa_j = 1 \tag{4-3}$$

$$\omega_j = \frac{(\phi c_t h)_j}{(\phi c_t h)_t}, \quad \sum_{j=1}^{n} \omega_j = 1 \tag{4-4}$$

$$r_{jeD} = \frac{r_{ej}}{r_w} \tag{4-5}$$

$$p_{jiD}(p) = \frac{(K_g h)_t [p_p(p_{jimax}) - p_{jp}(p_{ji})]}{1.842 q_{sc} \mu_{gi} B_{gi}} \tag{4-6}$$

式中　κ_j——j层的无因次地层系数；

K_{gj}——j层渗透率，mD；

h_j——j层厚度，m；

ω_j——j层的无因次储容系数；

φ_j——j层孔隙度；

c_{tj}——j层综合压缩系数，MPa^{-1}；

R_{jeD}——j层无因次半径；

r_{ej}——j层的泄流半径，m；

r_w——井筒半径，m。

1. 储容性和渗透性对气井压力和分层产量的影响

两层初始压力相同（$p_{1iD}=p_{2iD}=0$）条件下，一口多层合采的气井在无限大地层中生产时，地层中任意一点的压力响应主要与储层的渗透性κ和储容性ω有关。

（1）储容性相同，渗透性相对变化。

两层泄流半径均为无限延伸，储容性相同（$\omega_1=\omega_2=0.5$），而渗透性（κ_1/κ_2）相对变化。第一层为低渗层，κ_1分别取0.001，0.01，0.1和0.5。

无因次井底压力如图4-1（a）所示，渗透性的差异只对早期压力数据有影响，但影响程度不大。

无因次分层产量如图4-1（b）所示，初期分层产量与（κ_1/κ_2）$^{1/2}$成正比，低渗透层（第一层）贡献小，且随着时间的延续其产量贡献越来越小，稳产期结束时分层产量与（κ_1/κ_2）成正比。如当$\kappa_1/\kappa_2=$ 0.1：0.9时，初期分层产量比为0.25：0.75，后期为0.1：0.9。当两层渗透率及各项参数相等时，两个小层的产量始终相同，即两层合采的产量与单层开采产量之和没有区别。

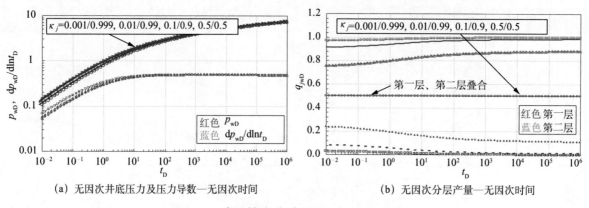

(a) 无因次井底压力及压力导数—无因次时间　　　　(b) 无因次分层产量—无因次时间

图4-1　渗透性变化的影响（$\omega_1=\omega_2=0.5$）

（2）储容性不同，渗透性相对变化。

两层泄流半径均为无限延伸，储容性不同，第一层储容性低（$\omega_1=0.3$）、渗透性也差，且渗透性相对变化，κ_1分别取0.001，0.01，0.1和0.5。

无因次井底压力如图4-2（a）所示，由于低渗透层所占的储量比例小，因此对于压力变化影响更小。

无因次分层产量如图4-2（b）所示，渗透性差的第一层初期产量较低，但由于κ_j/ω_j的不同，后期产量变化趋势不同：对于$\kappa_1/\kappa_2=0.1/0.9$的情形，由于$\kappa_1/\omega_1$小于$\kappa_2/\omega_2$，第一层产量逐渐降低，相对比例由0.18降低到0.10；而对于$\kappa_1/\kappa_2=0.5/0.5$情形，由于$\kappa_1/\omega_1$大于$\kappa_2/\omega_2$，则第一层产量逐渐增加，相对比例由0.40上升到0.50。最终分层产量与κ_1/κ_2成正比。

（3）渗透性相同，储容性相对变化。

两层泄流半径均为无限延伸，渗透性相同（$\kappa_1=\kappa_2=0.5$），而储容性（ω_1/ω_2）相对变化。第一层储容性较低，ω_1分别取0.001，0.01，0.1和0.5。

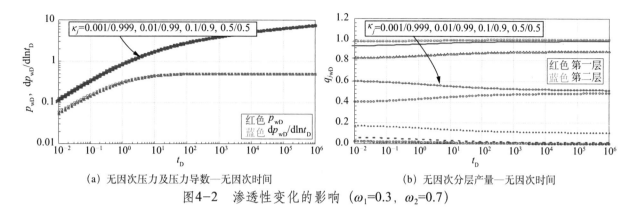

(a) 无因次压力及压力导数—无因次时间　　　　　　(b) 无因次分层产量—无因次时间

图4-2　渗透性变化的影响（$\omega_1=0.3$，$\omega_2=0.7$）

无因次井底压力如图4-3（a）所示，影响也主要在早期，但影响不大。

无因次分层产量如图4-3（b）所示，初期各层产量与$\sqrt{\omega_1/\omega_2}$成正比，后期产量由于κ_1/ω_1大于κ_2/ω_2，低储容系数的第一层产量逐渐增大，最终为0.5。

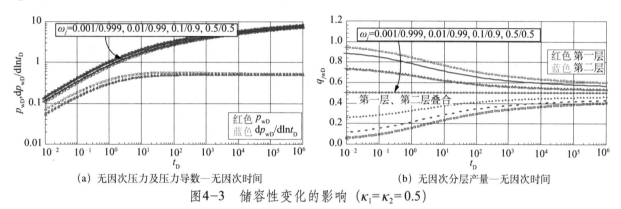

(a) 无因次压力及压力导数—无因次时间　　　　　　(b) 无因次分层产量—无因次时间

图4-3　储容性变化的影响（$\kappa_1=\kappa_2=0.5$）

（4）渗透性不同，储容性相对变化。

两层泄流半径均为无限延伸，渗透性不同（$\kappa_1=0.3$，$\kappa_2=0.7$），储容性（ω_1/ω_2）相对变化。ω_1分别取0.001，0.01，0.1和0.5，即第一层储容性小、渗透性差。

无因次井底压力如图4-4（a）所示，结果基本上没有影响。

无因次分层产量如图4-4（b）所示，初期产量与$\sqrt{\kappa_1\omega_1/\kappa_2\omega_2}$成正比。后期产量如果$\kappa_1/\omega_1$大于$\kappa_2/\omega_2$，则第一层产量逐渐上升；如果$\kappa_1/\omega_1$小于$\kappa_2/\omega_2$，则第一层产量逐渐下降。稳产期末第一层无因次产量为0.3，第二层为0.7。

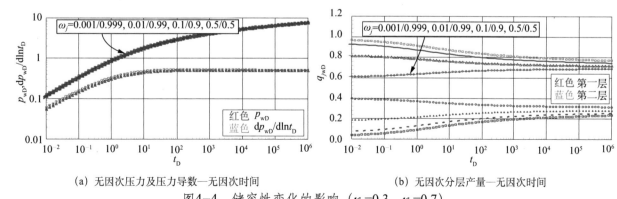

(a) 无因次压力及压力导数—无因次时间　　　　　　(b) 无因次分层产量—无因次时间

图4-4　储容性变化的影响（$\kappa_1=0.3$，$\kappa_2=0.7$）

总之，当两层均为无限大地层时，储层非均质性对压力影响不大，而分层产量始终在变化。初期

分层产量与 $\sqrt{\kappa_1\omega_1/\kappa_2\omega_2}$ 成正比；分层产量变化与两层物性的比值有关，如果 κ_1/ω_1 小于 κ_2/ω_2，则第一层产量逐渐下降，反之，则第二层产量逐渐下降；最终分层产量与 κ_1/κ_2 成正比。

2. 封闭边界对气井压力和分层产量的影响

在两层初始压力相同（$p_{1iD}=p_{2iD}=0$）、定产条件下进行多层合采时，各层封闭边界的远近将直接影响压力和分层产量的变化。

（1）储容性和渗透性相同，泄流半径不同，其中一层为无穷延伸。

两层的储容性和渗透性均相同（$\omega_1=\omega_2=0.5$，$\kappa_1=\kappa_2=0.5$）；而两层泄流半径不同，其中第一层为无穷延伸（$R_{1eD}=\infty$），第二层泄流半径相对变化（$R_{2eD}=10$，30，100，∞）。

因为储层物性相同，合采时两层内压力扰动传播速度相同，而在各层压力扰动均未到达各自圆形边界之前，两层产量贡献率始终相同[图4-5（b）]，各为50%。当压力波到达第二层边界后，第一层（无限大地层）产量逐渐上升并趋于1；第二层产量的变化趋势则与之相反，并逐渐趋于0。

从压力及压力导数图[图4-5（a）]可以看出，当两层均为无限大地层时，无因次压力导数水平段的值为0.5，表现出无限大地层径向流渗流特征。随着第二层泄流半径减小，无因次压力曲线出现上翘（井底压力减小）。第二层泄流半径越小，其井底无因次压力上翘出现的时间越早。随着生产时间的增大，第二层逐渐不产气，压力和压力导数曲线逐渐趋近于稳定，表现出无限大地层的径向流特征。

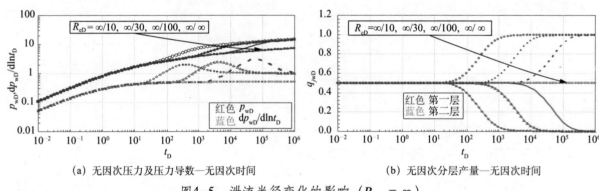

（a）无因次压力及压力导数—无因次时间 （b）无因次分层产量—无因次时间

图4-5　泄流半径变化的影响（$R_{1eD}=\infty$）

（2）储容性和渗透性相同，储层为有限泄流半径，其中一层泄流半径相对较大。

两层储容性和渗透性相同（$\omega_1=\omega_2=0.5$，$\kappa_1=\kappa_2=0.5$）；但两层泄流半径不同，其中第一层相对较大（$R_{1eD}=300$），第二层泄流半径相对变化（$R_{2eD}=10$，30，100，300）。

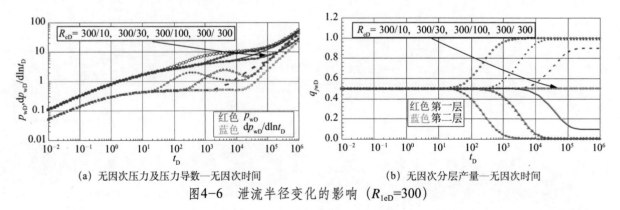

（a）无因次压力及压力导数—无因次时间 （b）无因次分层产量—无因次时间

图4-6　泄流半径变化的影响（$R_{1eD}=300$）

从分层产量图4-6（b）来看，当两层泄流半径相同时，压力波同时到达边界，两层产量始终相等[图4-6（b）中直线]。随着第二层泄流半径的减小，第二层压力波先到达边界，导致第二层产量下降，为了达到恒定产量的要求，与之对应的第一层的产量将增大。同时，无因次压力迅速增大（井底流压减少，生产压差加大），压力导数曲线上翘，表现出边界效应。

（3）储容性不同、泄流半径不同，储容性较小的层泄流半径固定。

两层的渗透性相同（$\kappa_1=\kappa_2=0.5$）而储容性不同（$\omega_1=0.3$，$\omega_2=0.7$）；两层泄流半径不同，其中储容性较小的第一层泄流半径固定（$R_{1eD}=300$），储容性较大的第二层泄流半径相对变化（$R_{2eD}=10$，30，100，300）。

无因次井底压力如图4-7（a）所示，遇到边界后表现为压力导数上翘。

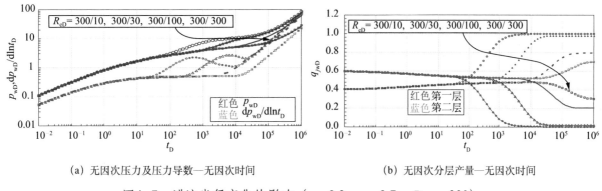

（a）无因次压力及压力导数—无因次时间　　　　　（b）无因次分层产量—无因次时间

图4-7　泄流半径变化的影响（$\omega_1=0.3$，$\omega_2=0.7$，$R_{1eD}=300$）

第一层储容性较小，但泄流面积相对较大，而第二层与第一层相反，即储容性大，泄流面积相对较小。当压力波未达到边界时，影响单层产量的主导因素与无限大地层一致，初期分层产量比约为0.4：0.6，随着压力降低，产量比例逐步趋向于0.5：0.5。

而当压力波到达泄流半径较小的第二层边界后，第二层产量逐渐下降，与之对应的第一层产量上升；第二层泄流半径越大，进入拟稳态的时间越晚，其最终稳定产量越大，对气井产量贡献也越大。生产后期，两层泄流半径比值的大小是决定单层产量高低的主导因素，两层的泄流半径越接近，则分层产量相对变化越小。

（4）储容性不同、泄流半径不同，储容性较大的层泄流半径为常数。

两层的渗透性相同（$\kappa_1=\kappa_2=0.5$）而储容性不同（$\omega_1=0.3$，$\omega_2=0.7$）；两层泄流半径不同，其中储容性较大的第二层泄流半径为常数（$R_{2eD}=300$），另一储容性较小的第一层泄流半径相对变化（$R_{1eD}=10$，30，100，300）。

无因次井底压力表现如图4-8（a）所示。

由于第二层储容性远大于第一层，整个生产期产量均大于第一层。初期分层产量比为0.40：0.60，并逐渐趋向于0.5：0.5；在波及第一层边界以后，第一层产量下降，第二层产量上升；当$R_{1eD}=30.0$时，两层产量比逐渐趋于0.004：0.996；第一层的泄流面积越大，其后期对气井产量的贡献也相对较大［图4-8（b）］。

（5）渗透性不同，泄流半径不同，高渗层泄流半径变化。

两层的储容性相同（$\omega_1=\omega_2=0.5$）而渗透性不同（$\kappa_1=0.1$，$\kappa_2=0.9$）；两层泄流半径不同，固定渗透性较小的第一层的泄流半径固定（$R_{1eD}=300$），另一渗透性较大的第二层泄流半径相对变化（$R_{2eD}=10$，30，100，300）。

无因次井底压力表现如图4-9（a）所示。

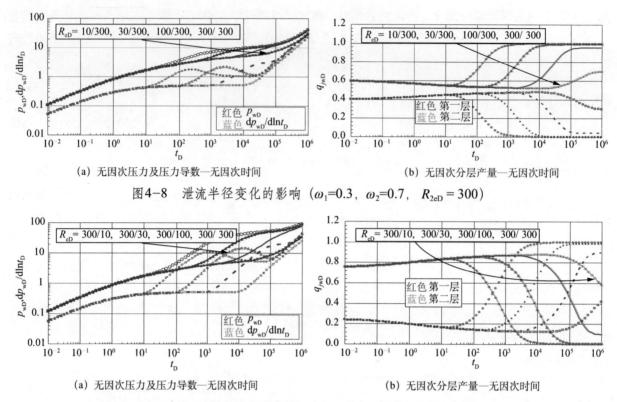

(a) 无因次压力及压力导数—无因次时间　　　　　　(b) 无因次分层产量—无因次时间

图4-8　泄流半径变化的影响（ω_1=0.3，ω_2=0.7，R_{2eD} = 300）

(a) 无因次压力及压力导数—无因次时间　　　　　　(b) 无因次分层产量—无因次时间

图4-9　泄流半径变化的影响（κ_1=0.1，κ_2=0.9，R_{1eD} = 300）

两层最初的产量比由 $(\kappa_1\omega_1/\kappa_2\omega_2)^{1/2}$ 决定，渗透性越大的层初期对产量的贡献越大；当高渗层（第二层）的压力波到达边界后，产量逐渐递减；与之对应的低渗层（第一层）产量逐渐增大；后期分层产量比由 $\omega_1 R_{1eD}^2/\omega_2 R_{2eD}^2$ 决定，与渗透率无关。

（6）渗透性不同，两层泄流半径不同，低渗层泄流半径变化。

两层的储容性相同（$\omega_1=\omega_2=0.5$）而渗透性不同（κ_1=0.1，κ_2=0.9）；两层泄流半径不同，固定渗透性较大的第二层的泄流半径固定（R_{2eD} =300），另一渗透性较小的第一层泄流半径相对变化（R_{1eD}=10，30，100，300）。

无因次井底压力表现如图4-10（a）所示，压力和压力导数曲线表现如前。

前期分层产量由 $(\kappa_1\omega_1/\kappa_2\omega_2)^{1/2}$ 决定；低渗层无因次泄流半径小于等于100时，压力波率先到达低渗层边界，低渗层产量开始递减，相对应的高渗层产量逐渐增大，低渗层无因次泄流半径大于100时，压力波率先到达高渗层边界，高渗层产量开始递减，相对应的低渗层产量逐渐增大；后期产量比由 $\omega_1 R_{1eD}^2/\omega_2 R_{2eD}^2$ 决定，而与渗透率无关。

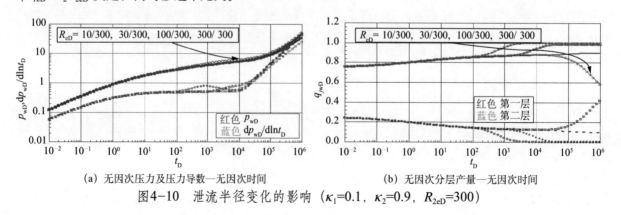

(a) 无因次压力及压力导数—无因次时间　　　　　　(b) 无因次分层产量—无因次时间

图4-10　泄流半径变化的影响（κ_1=0.1，κ_2=0.9，R_{2eD}=300）

　　总之，与无限大地层不同，由于封闭边界的存在，地层压力和压力导数表现出封闭边界特征曲线形态。分层产量也不尽相同，在遇到边界前，初期分层产量比是由 $(\kappa_1\omega_1/\kappa_2\omega_2)^{1/2}$ 决定，并逐步趋向于 κ_1/κ_2；当压力波到达某一层（泄气半径小）边界时，则该层产量开始下降，相对应的另一层产量逐渐上升。后期分层产量是由 $\omega_1 R_{1eD}^2/\omega_2 R_{2eD}^2$ 决定，而与渗透率无关。

3. 初始压力的影响

　　（1）泄流半径不同，其中一层为无穷延伸。

　　两层的储容性和渗透性相同（$\omega_1=\omega_2=0.5$，$\kappa_1=\kappa_2=0.5$）；两层初始压力不同（$p_{1iD}=0$，$p_{2iD}=0.5$）；两层泄流半径不同，第一层为无穷延伸（$R_{1eD}=\infty$），第二层泄流半径相对变化（$R_{2eD}=10$，30，100，300）。

　　无因次井底压力表现如图4-11（a）所示。

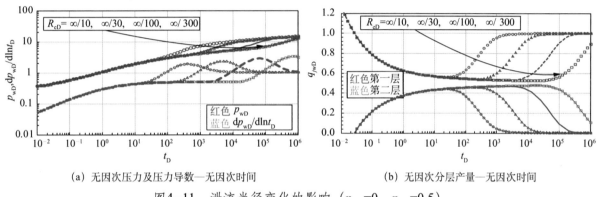

（a）无因次压力及压力导数—无因次时间　　　　（b）无因次分层产量—无因次时间

图4-11　泄流半径变化的影响（$p_{1iD}=0$，$p_{2iD}=0.5$）

　　无因次压力前期表现为高值，中期表现为拟稳态流状态，但随着第二层产量逐渐降低，第一层径向流段又显示出来［图4-11(a)］。

　　由于初始压力不相等，在前期较短的一段时间内发生了倒灌［图4-11（b）］；随着压力的逐渐平衡，两层产量逐渐趋于接近（由于 $\kappa_1=\kappa_2=0.5$）；当压力波传导到第二层边界后，第二层产量逐渐下降，并最终趋于0（$\omega_1 R_{1eD}^2/\omega_2 R_{2eD}^2=\infty$）。

　　（2）泄流半径不同，其中一层相对较大。

　　两层的储容性和渗透性相同（$\omega_1=\omega_2=0.5$，$\kappa_1=\kappa_2=0.5$）；两层初始压力不同（$p_{1iD}=0$，$p_{2iD}=0.5$）；两层泄流半径不同，第一层相对较大（$R_{1eD}=300$），第二层泄流半径相对变化（$R_{2eD}=10$，30，100，300）。

　　无因次井底压力表现如图4-12（a）所示。

　　图4-12（b）表明，与情形（1）相比只是第一层的泄流半径设置为有限的300，其晚期井壁压力表现也随之从无限径向流变为边界拟稳态流。产量早期与中期与情形（1）相同，晚期分层产量比由 $\omega_1 R_{1eD}^2/\omega_2 R_{2eD}^2$ 决定。

　　（3）储容性相同，渗透性不同，高渗层泄流半径变化。

　　两层的储容性相同（$\omega_1=\omega_2=0.5$）而渗透性不同（$\kappa_1=0.1$，$\kappa_2=0.9$）；两层初始压力不相等（$p_{1iD}=0$，$p_{2iD}=0.5$）；两层泄流半径不同，固定第一层的泄流半径（$R_{1eD}=300$），第二层泄流半径相对变化（$R_{2eD}=10$，30，100，300）。

　　无因次井底压力表现如图4-13（a）所示。

由于第一层初始压力较高，投产初期第二层（高渗层）的产量受到抑制；随着第一产层不断产出，其地层压力降低，第二层产能逐渐恢复，并成为主力产层；当压力波到达第二层边界后，第二层产量逐渐下降，第一产层产量逐渐上升。

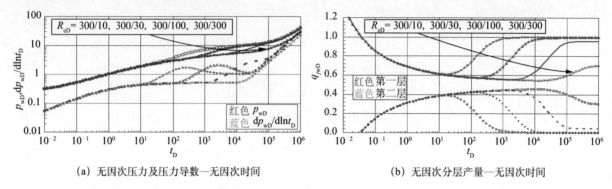

(a) 无因次压力及压力导数—无因次时间　　　　(b) 无因次分层产量—无因次时间

图4-12　泄流半径变化的影响（R_{1eD}=300）

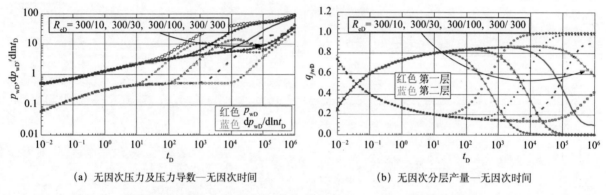

(a) 无因次压力及压力导数—无因次时间　　　　(b) 无因次分层产量—无因次时间

图4-13　泄流半径变化的影响（κ_1=0.1，κ_2=0.9，R_{1eD} = 300）

（4）渗透性相同，储容性不同，高储容性产层泄流半径变化。

两层的渗透性相同（$\kappa_1=\kappa_2=0.5$）而储容性不同（ω_1=0.3，ω_2=0.7）；两层初始压力不同（p_{1iD}=0，p_{2iD}=0.5）；两层泄流半径不同，第一层泄流半径固定（R_{1eD} = 300），第二层泄流半径相对变化（R_{2eD}=10，30，100，300）。

无因次井底压力表现如图4-14（a）所示。

通过与4-13对比可以看出，储容性对产量的影响不如渗透性那么明显，其总体变化趋势与情形（3）相同。

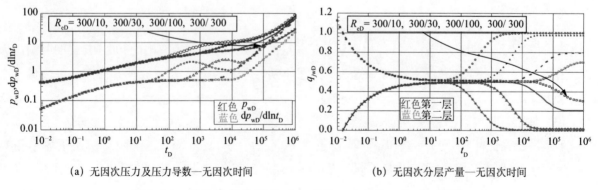

(a) 无因次压力及压力导数—无因次时间　　　　(b) 无因次分层产量—无因次时间

图4-14　泄流半径的影响（ω_1=0.3，ω_2=0.7，R_{1eD} = 300）

（5）渗透性相同，储容性不同，低储容性产层泄流半径变化。

两层的渗透性相同（$\kappa_1=\kappa_2=0.5$）而储容性不同（$\omega_1=0.3$，$\omega_2=0.7$）；两层初始压力不同（$p_{1iD}=0$，$p_{2iD}=0.5$）；两层泄流半径不同，第二层泄流半径固定（$R_{2eD}=300$），第一层泄流半径相对变化（$R_{1eD}=10$，30，100，300）。

其无因次井底压力表现如图4-15（a）所示。

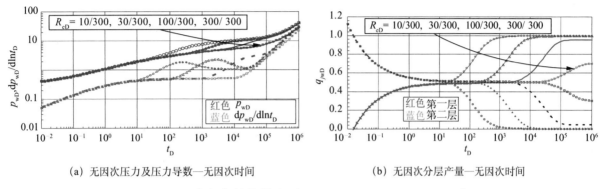

（a）无因次压力及压力导数—无因次时间 　　　　　（b）无因次分层产量—无因次时间

图4-15　泄流半径的影响（$\omega_1=0.3$，$\omega_2=0.7$，$R_{2eD}=300$）

第一层虽然储容性低，但由于初始压力高而产量贡献大，甚至向第二层倒灌；但随着压力的降低，产量迅速下降。当压力波达到第二层边界时，第二层产量再次快速下降；泄流半径越大，第二径向流持续时间越长。

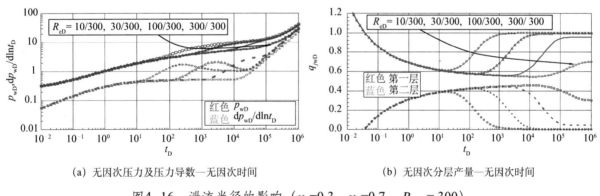

（a）无因次压力及压力导数—无因次时间 　　　　　（b）无因次分层产量—无因次时间

图4-16　泄流半径的影响（$\omega_1=0.3$，$\omega_2=0.7$，$R_{2eD}=300$）

（6）渗透性相同而储容性不同。

两层的渗透性相同（$\kappa_1=\kappa_2=0.5$）而储容性不同（$\omega_1=0.3$，$\omega_2=0.7$）；两层初始压力不同（$p_{1iD}=0.5$，$p_{2iD}=0.0$）；两层泄流半径不同，其中第二层泄流半径固定（$R_{2eD}=300$），第一层泄流半径相对变化（$R_{1eD}=10$，30，100，300）。

无因次井底压力表现如图4-16（a）所示。

总体特征与情形（2）、（3）相似，但第一层泄流半径的相对变化明显影响第二径向流的持续时间，不会明显影响晚期拟稳态流动的出现时间。

总之，在定产条件下，初始压力是影响早期产量的主要因素，当单层初始压差较大时，甚至会产生倒灌。随着生产的进行，两层均开始产气，储层渗透性、储容性影响单层产量贡献。总体来讲，渗透性对单层产量的影响较储容性大。边界条件是影响后期单层产量的主要因素，泄流半径越小，出现拟稳态的时间越早，产量递减也越早。

二、定压条件产量特征分析

Fetkovich[7]认为：在多层合采过程中，当层间无窜流、井底流压小于各层的最小初始压力且气井以定压生产时，单层的生产能力将不受其他层的影响。如果各层初始压力不等，则有可能引起各层生产能力相互干扰。

当井底压力为某一确定值时，气井表现为定压生产特征，初期单井以最大的产量生产，随着地层压力的降低，产量不断递减，特别是当压力传播遇到边界、进入拟稳态后，产量快速递减，直至达到废弃条件。

储层的储容性、渗透性和边界条件是定压生产条件下产量变化的三个主要影响因素，下面对其影响程度进行分析论述。

（1）物性条件相同，一层有边界。

两层的储容性和渗透性相同（$\omega_1=\omega_2=0.5$，$\kappa_1=\kappa_2=0.5$）；两层初始压力相等（$p_{1iD}=p_{2iD}=0$）；其中第一层为无穷延伸（$R_{1eD}=\infty$），第二层泄流半径相对变化（$R_{2eD}=10$，30，100，300）。如图4-17所示。

（2）物性参数相同，两层均有边界。

两层的储容性和渗透性相同（$\omega_1=\omega_2=0.5$，$\kappa_1=\kappa_2=0.5$）；两层初始压力相等（$p_{1iD}=p_{2iD}=0$）；其中第一层泄流半径固定（$R_{1eD}=300$），第二层泄流半径相对变化（$R_{2eD}=10$，30，100，300）。

两层生产互不干扰如图4-18，前期很短的一段时间内产量快速下降，之后产量下降变得平缓，但随着压力传导至边界，产量急剧下降。

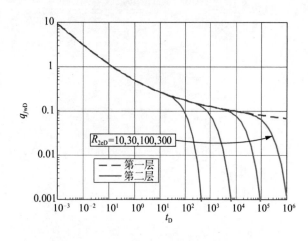

图4-17　泄流半径对各层产量的影响
（$R_{1eD}=\infty$）

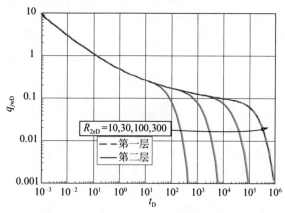

图4-18　泄流半径对各层产量的影响
（$R_{1eD}=300$）

定井底压力生产的情形，两层的生产互不干扰。前期很短的一段时间内产量快速下降，之后产量下降变得平缓，但随着压力传导至第二层边界，第二层产量急剧下降，而第一层产量则基本稳定。

（3）储容性不同，两层均有边界，高储容层边界固定。

两层的储容性不同和渗透性相同（$\omega_1=0.3$，$\omega_2=0.7$，$\kappa_1=\kappa_2=0.5$）；两层初始压力相等（$p_{1iD}=p_{2iD}=0$）；其中第一层泄流半径相对变化（$R_{1eD}=10$，30，100，300），第二层泄流半径固定（$R_{2eD}=300$）。

分层产量如图4-19所示。

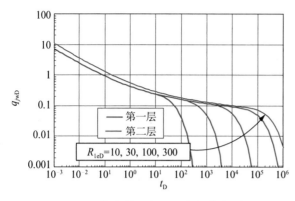

图4-19 储容性不同，泄流半径对
各层产量的影响（R_{2eD}=300）

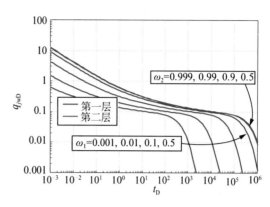

图4-20 储容性对各层产量的影响
（$R_{1eD} = R_{2eD}$=300）

（4）储容性相对变化，两层均有相同的边界。

两层的渗透性相同（$\kappa_1=\kappa_2=0.5$），储容比相对变化；两层初始压力相等（$p_{1iD}=p_{2iD}=0$）；其中第一层、第二层泄流半径固定（$R_{1eD}=R_{2eD}=300$）。

其分层产量如图4-20所示。

储容性较小的第一层，初期产量也较小，而且由于压力传导快，首先进入快速递减阶段；而储容性较大的层快速递减期来得较晚。

（5）渗透性不同，两层均有边界，低渗层边界固定不变。

两层的储容性相同和渗透性不相同（$\omega_1=\omega_2=0.5$，$\kappa_1=0.1$，$\kappa_2=0.9$）；两层初始压力相等（$p_{1iD}=p_{2iD}=0$）；其中第一层半径固定（$R_{1eD}=300$），第二层泄流半径相对变化（$R_{2eD}=10$，30，100，300）。

分层产量如图4-21所示。

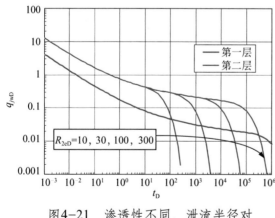

图4-21 渗透性不同，泄流半径对
各层产量的影响（$R_{1eD} = 300$）

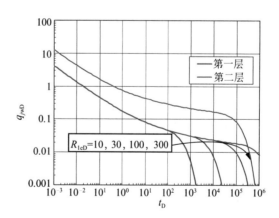

图4-22 渗透性不同，泄流半径对
各层产量的影响（$R_{2eD} = 300$）

投产初期，渗透性是影响单层相对产能的主导因素；压力波到达边界后，泄流半径是影响产量递减的主导因素。

（6）渗透性不同，两层均有边界，高渗层边界固定不变。

两层初始压力相等（$p_{1iD}=p_{2iD}=0$）；两层的储容性相同（$\omega_1=\omega_2=0.5$），渗透性不同（$\kappa_1/\kappa_2=0.1/0.9$）；其中第二层半径固定（$R_{2eD} = 300$），第一层泄流半径相对变化（$R_{1eD}=10$，30，100，

300）。

其分层产量表现如图4-22所示，其变化趋势与图4-21类似，不同之处在于后期低渗透层压力波因遇到边界致产量递减。

总之，当工作制度为定压生产、井底流压小于各层初始压力时，不会产生倒灌现象。随生产进行，产量总体呈现递减趋势，单层渗透性差异和储容性差异会影响其相对产量的变化；压力波波及边界后，单层产量递减加快。

三、多层合采气井产能分析

对于多层气藏，当层间存在渗透率差异时，多层合采过程中就会表现出明显的多层渗流的特征。由于高渗层的渗流阻力小，因此高渗层产量贡献大，合采气井测试得到的产能很大程度上取决于高渗层的潜能。

涩北气田生产气井射孔层数一般3~6层，射孔最多的气井达到10层，由于层间非均质性较强，分层产量差异很大。

在研究多层合采气井的产能时，为降低由于层数多而带来的不必要的复杂性，采用简化的两层模型进行机理分析。依据涩北气田地质条件，选取有代表性的气藏参数，储层基本参数见表4-1，单层厚度3m，孔隙度为30%，地层压力12MPa，供气半径为600m，单层地质储量0.73×10^{8}m^3。

表4-1　两层合采气井基础参数数据表

序号	参数	数值	序号	参数	数值
1	气体相对密度	0.56	5	含气饱和度，%	60
2	地层压力，MPa	12.0	6	供气半径，m	600
3	地层温度，C	52	7	有效厚度，m	3
4	孔隙度，%	30	8	地质储量，10^{8}m^3	0.73

高渗层的渗透率K_2设定为10mD，按渗透率级差J_k（$J_k = K_2/K_1$）2，5，10和20设定，低渗储层的渗透率K_1分别为5mD，2mD，1mD和0.5mD。

产能分析采用Welltest试井软件，设定由小到大的四个产量序列的系统试井，开井24h、关井24h，获得不同生产条件下的压力分布。依据不同产量生产和关井条件下的压力，利用产能评价方法计算气井的绝对无阻流量。两层合采时选用试井设计中的多层模型，单层开采时选用常规模型。

表4-2　两层等厚模型不同渗透率级差条件无阻流量对比表

组别	第一组	第二组	第三组	第四组	第五组
低渗层渗透率K_1，mD	10	5	2	1	0.5
渗透率级差J_k	1	2	5	10	20
低渗层无阻流量，10^{4}m^3/d	12.06	6.37	2.72	1.42	0.80
合采无阻流量，10^{4}m^3/d	24.10	18.38	14.77	13.49	12.82
低渗层贡献率，%	50.0	34.66	18.42	10.53	6.24

表4-2为高渗层和低渗层单层厚度均为3m时的低渗层和两层合采条件下气井的无阻流量。随着渗透率级差的增加，低渗层对于产能的贡献越来越小。当渗透率级差为2时，低渗层产能贡献率为

34.66%；当渗透率级差为5时，低渗层产能贡献率为18.42%；当渗透率级差为20时，低渗层产能贡献率仅为6.24%。

多层合采气井的无阻流量主要反映的是高渗层的产能，特别是当渗透率级差超过5时，低渗层的产能贡献率不足20%。

表4-3是当高渗层储层厚度为2m、低渗层厚度均为4m时的低渗层和两层合采条件下的无阻流量对比。由于高渗层有效厚度减少，因此合采气井的产能减少，但低渗层的产能贡献率相对增加。当渗透率级差为2时，合层气井的无阻流量为16.48×10⁴m³/d，比两层等厚气井产能低10.3%，低渗层产能贡献率为50.67%；当渗透率级差为5时，合采气井的产能比两层等厚产能低21%，低渗层产能贡献率为30.85%；当渗透率级差为20时，合采气井的产能比两层等厚产能低29.3%，低渗层产能贡献率为11.15%。

表4-3 两层不等厚模型不同渗透率级差条件无阻流量对比表

组别	第一组	第二组	第三组	第四组	第五组
低渗层渗透率K_1，mD	10	5	2	1	0.5
渗透率级差J_k	1	2	5	10	20
低渗层无阻流量，10⁴m³/d	15.86	8.35	3.6	1.89	1.01
合采无阻流量，10⁴m³/d	24.1	16.48	11.67	9.98	9.06
低渗层贡献率，%	65.81	50.67	30.85	18.94	11.15

合层开采气井的无阻流量主要反映高渗层的产能，但是气井的稳产能力是由井控储量决定的，既包含高渗层的储量，也包含低渗层的储量。如果按经验方法配产，气井初期产量主要由高渗储层供给，但是由于高渗层的储量有限，因此难以保障气井的长期稳产。

以两层等厚模型为例，当渗透率级差为5时，合采气井的无阻流量为14.77×10⁴m³/d（表4-2），采用经验配产方法，按气井无阻流量的1/5进行单井配产，单井产量为3×10⁴m³/d，如果稳产期末采出程度为60%，一年生产330d，则气井的稳产时间应为8.9a。由于低渗层的无阻流量只有2.72×10⁴m³/d，根本无法满足单井配产3×10⁴m³/d的产量要求；此外，高渗层的储量只占一半，因此无法达到单井产量3×10⁴m³/d、预期稳产8.9a的目标。而要达到预期的稳产要求，单井配产必须与低渗层的产能相匹配，如低渗层按1/3配产，则单井产量为0.9×10⁴m³/d。因此，采用初期产量3×10⁴m³/d，具有一定的稳产能力，随着高渗层储量的减少，产量会递减；从长期稳产的角度来看，合采气井的最终合理产量应在1.0×10⁴m³/d左右。

在气嘴不变条件下，涩北气田绝大多数气井均表现出不同程度的产量递减（图4-23）。S25井2000年11月投产，初期配产（5.0~5.5）×10⁴m³/d，产量十分稳定。随着气田投入规模开发，井网不断完善，单井泄气面积减少，稳产能力自然下降；而在2004年11月，该井产量提高到9.0×10⁴m³/d以上，稳产约一年，随后产量开始快速递减；到2010年低，气井产量下降到3.5×10⁴m³/d。S6-3-4井于2004年10月投产，2005年9月单井产量超过7.0×10⁴m³/d，到2010年底，产量下降到4.5×10⁴m³/d。S7-1-4井采用套管生产，2007年9月产量约3.5×10⁴m³/d，到2010年底，产量下降到2.0×10⁴m³/d。

在产量递减的同时压力也在递减，初始油压大约为13MPa，目前油压为8~9MPa，远高于外输压力。由此可见，目前表现出来的产量递减并不是由于地层能量不足引起的。分析其主要原因：一是由于层间非均质，高渗层中储量有限，低渗层中储量补给难以满足高配产要求；二是井距较小，存在井间干扰；三是采气速度过快，储层渗流能力难以满足高速开采要求。

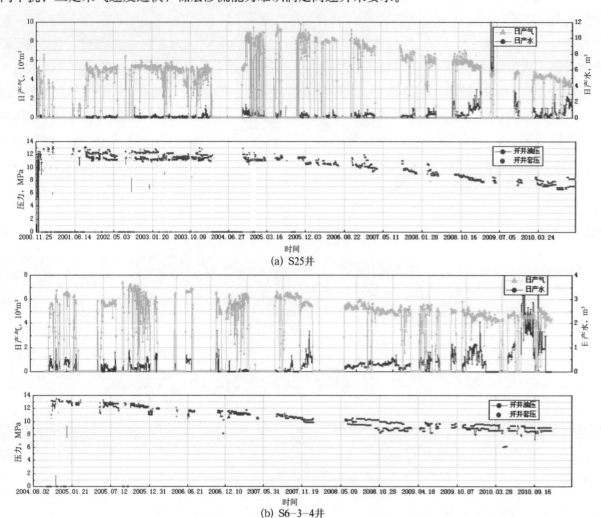

(a) S25井

(b) S6-3-4井

图4-23　典型井生产曲线

四、合采气井动态储量分析

利用物质平衡法进行井控动态储量计算，最主要的影响因素是平均地层压力。在达到一定累计采气量时，关井一段时间，测定地层静压，或依据压力恢复曲线进行外推得到外推地层压力，作为平均地层压力。由于测试时间短、井底存在积液等，测定的地层静压往往具有一定的误差，影响动态储量的准确评价。对于多层合采气井，由于层间非均质影响，地层静压测试更是难以准确获得平均地层压力，因此对动态储量评价影响较大。

1. 实测地层压力

多层合采气井，由于层间储层物性差异，导致分层产量的差异，由此引发分层储量动用的差异，在不同层间形成不同的压降剖面。生产一段时间以后，短期关井测定的地层静压主要反映是高渗层的压力恢复特征（图4-24中F点），随着关井时间的延长，地层压力将继续恢复，实际平均地层压力可以达到H点。

对于多层合采气井，达到拟稳态的时间相当长，Cobb，Ramey和Millar给出两层无窜流模型拟稳态的时间为：

$$(t_{DA})_{pss} = 2.13 (K_2/K_1)^{0.87} \tag{4-7}$$

式中，$K_2 > K_1$。

对于单层封闭圆形气藏，达到拟稳态的时间 $(t_{DA})_{pss}$ 约为0.1；对于两层模型，当渗透率级差为10时，达到拟稳态的时间要比单层的时间长200倍，因此，多层合采气井在实际生产过程中很难准确测定实际平均地层压力。

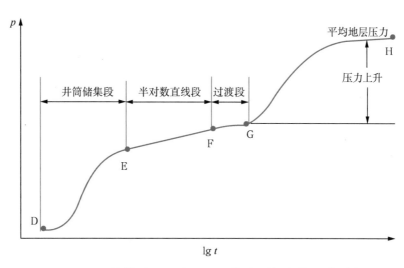

图4-24 两层模型无因次Horner曲线（据文献[1]修改）

以两层等厚模型为例，地质参数见表4-1，单层厚度均为3m，高渗层渗透率为10mD，低渗层渗透率为2mD，渗透率级差为5。以 $3.5 \times 10^4 m^3/d$ 产量连续生产5年，然后关井测压。利用Ecrin两层模型进行模拟，分层产量变化（地层条件下）如图4-25（a）所示，随着开采时间的进行（压力波及边界以后），高渗层产量逐渐降低，而低渗层的产量持续上升。当气井关井后，两个产层内始终存在层间窜流，即仍然有一定的产量由低渗层向高渗层中流动。由于两层半径（$R = 600m$）较大，关井20年还没有达到完全平衡，仍存在一定的续流。

关井压力恢复曲线[图4-25（b）]表现出明显的双台阶特征。关井100h，地层压力恢复到7.66MPa；关井1000h（约42d），地层压力恢复到7.94MPa；关井10000h（约420d），地层压力恢复到8.16MPa；关井172000h（约20a），地层压力恢复到9.01MPa，而且还在继续恢复。由此可见，对于渗透率级差为5、泄气半径为600m的两层合采气井，生产5年后开始关井，压力恢复20a还没用达到完全平衡。对比关井100h和关井20a的恢复地层压力，其比值仅为85%。由此可见，对于多层合采气井，根据短期压力恢复曲线很难准确获得实际的平均地层压力。

一般情况下，由于关井测试时间有限，得到的地层静压主要反映高渗层的压力恢复特征，以此为基础进行物质平衡法动态储量计算，得到的动态储量也主要是高渗层的储量。因此，对于多层气藏，应用地层静压测试计算的动态储量，不能准确反映气藏的总体动态储量，而是主要反映高渗层所具有的优质储量部分。

2．两层模型动态储量模拟

以两层等厚模型为例，地质参数见表4-1，单层厚度均为3m，分层储量为 $0.73 \times 10^8 m^3$，高渗透率为10mD。按绝对无阻流量的1/5配产，单井产量为 $3 \times 10^4 m^3/d$，每年生产330d，然后关井30d使地层压力恢复，以每次获得的最终恢复压力作为实测地层静压值。利用Welltest软件两层模型，模拟生产5a，获得分年度的恢复地层压力，依据累计采气量和模拟恢复压力值进行物质平衡分析，计算不同渗透率级差条件下的动态储量（图4-26）。

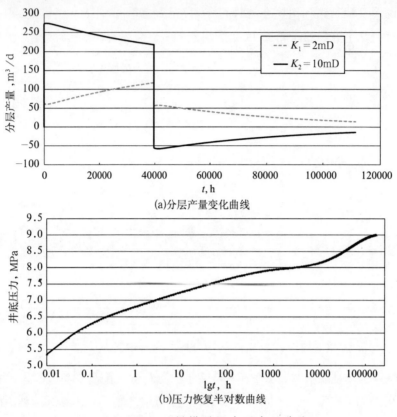

(a)分层产量变化曲线

(b)压力恢复半对数曲线

图4-25　两层模型压力及产量曲线

应用短期压力恢复曲线得到的地层静压进行物质平衡分析，随着渗透率级差的增加，两层合采气井的动态储量越来越小（图4-26）。当渗透率级差为2时，合采气井的动态储量为$1.41 \times 10^8 m^3$，比实际地质储量低3.6%，总体影响不大；当渗透率级差为5时，合采气井的动态储量为$1.15 \times 10^8 m^3$，比实际地质储量低21.7%，即低渗层储量贡献率为28.3%（假设高渗层储量得到全部动用，减少的只是低渗层的储量）；当渗透率级差为10时，合采气井的动态储量为$0.92 \times 10^8 m^3$，比实际地质储量低37.1%，此时低渗层储量贡献率下降到12.9%；当渗透率级差为20时，合采气井的动态储量为$0.76 \times 10^8 m^3$，比实际地质储量低47.9%，即低渗层基本对动态储量没有贡献。

动态储量小于地质储量的主要原因是：早期生产动态主要反映的是高渗层的特征，渗透率级差越大，低渗层的储量贡献越小。如果要提高低渗层的储量动用程度，一是对于低渗层实施增产改造，降低其表皮系数，提高低渗层的渗流能力；二是降低单井配产，使单井产量与低渗层的产能相匹配。

以两层等厚模型为例，探讨降低单井配产提高合采气井储量动用的可行性。高渗层的渗透率为10mD，低渗层渗透率为2mD，即渗透率级差为5。分别以$1.0 \times 10^4 m^3/d$，$2.0 \times 10^4 m^3/d$，$3.0 \times 10^4 m^3/d$和$3.5 \times 10^4 m^3/d$产量生产，开井330d，关井30d，生产5a。不同产量条件下$p/Z-G_p$曲线如图4-27所示，合采气井计算的动态储量为$1.13 \times 10^8 \sim 1.19 \times 10^8 m^3$，为地质储量的77.0%~81.5%，可见单井初期产量（1.0~3.5）$\times 10^4 m^3/d$对于动态储量计算影响不大。主要原因是：在开采初期，高渗层是供气的主体，其产能（合层产能为$14.77 \times 10^4 m^3/d$，表4-2）可以满足较高产量（$3.5 \times 10^4 m^3/d$）的稳产要求，压力响应特征主要反映的是高渗层的压力特征，低渗层产量贡献很少，因此单井初期配产高低对于动态储量计算影响不大。为充分发挥气井产能，开发早期应依据高渗层的产能进行配产，生产过程中，随着高渗层储量的衰竭，产量自然递减。

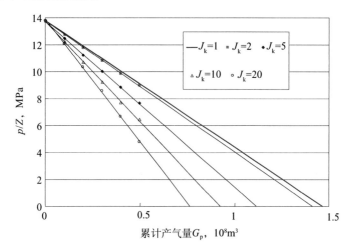

图4-26　不同渗透率级差条件下p/Z—G_p关系图

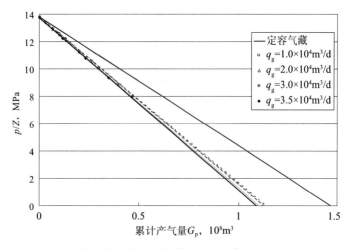

图4-27　渗透率级差为5条件下不同产量p/Z—G_p关系图

随着高渗储层能量的衰竭，低渗层在中后期将逐渐发挥作用。以上述两层模型为例，单井产量为$3 \times 10^4 m^3/d$，开井330d，关井30d，生产5a，模拟计算得到两层合采气井的动态储量为$1.15 \times 10^8 m^3$，比实际地质储量低21.7%（图4-27）。为了提高低渗层的储量动用，从第六年开始降低单井配产，单井产量降为$1 \times 10^4 m^3/d$（低渗层的无阻流量为$2.72 \times 10^4 m^3/d$），生产690d，关井30d，生产8a。依据在较低产量条件下模拟得到的地层压力进行动态储量计算，如图4-28，低产条件下压降趋势明显减缓，折算压力曲线出现上翘，表现为第二直线段。依据第二直线段外推到地层压力为零值时，估算的累计产气量与实际地质储量相同，表明在降低配产条件下低渗层储量得到了有效动用。

通过上述分析可知：对于存在层间非均质的多层合采气井，早期生产动态主要反映的是高渗层的开发特征，随着开采的进行，高渗层地层能量不断衰减，低渗层才能逐渐发挥作用，中后期主要反映低渗层的特征。在开发早期，气井产能相对较高，初期产量也较高，但依据早期生产动态数据计算得到的动态储量相对较少；如配产过高，会表现出产量递减较快。到开发中后期，低渗层逐渐开始发挥作用，产量递减速度将会降低，动态储量呈增加趋势。产量的递减速度和动态储量增加的幅度，取决于渗透率的级差和高渗层中的地质储量的比例。

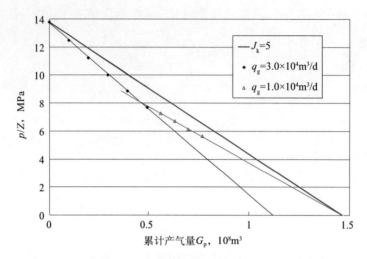

图4-28　渗透率级差为5条件下变产量p/Z—G_p关系图

气井高产稳产是气田开发追求的目标，气井高产需要储层具有较高的地层系数，即需要有较高的渗透率；气井稳产需要具有充分的物质基础，即单井控制储量。对于多层气藏，气井的高产稳产问题要比单层气藏开采复杂，如果高、低渗透储层的渗透率级差与储量比例差异较大，将严重影响气井的稳产能力和动态储量评估的准确性。

第二节　储层应力敏感特征

储层应力敏感是指在油气田开发过程中，随着流体不断被采出，孔隙压力逐渐降低，导致储层岩石所承受的净上覆有效应力增加而产生变形，致使岩石的孔隙度和渗透率等物性参数发生变化的现象。储层应力敏感的理论基础是Terzaghi[8]的有效应力理论（详见附录C），Hall[9]、Jose[10]、刘建军[11]等探索了储层应力敏感在油气开发中的应用（详见附录B），Jones[10]、张琭[12]、罗瑞兰[13]等对储层应力敏感性的表征进行了系统的研究（详见附录D）。

由于压实作用弱、成岩程度低，疏松砂岩存在较强的应力敏感性，对疏松砂岩气田的开发可能产生较大的影响，因此需要特别重视疏松砂岩储层的应力敏感性。

一、疏松砂岩应力敏感性评价方法选择

按岩性和物性条件，涩北气田疏松砂岩储层可以划分为三类，即含泥粉砂岩、泥质粉砂岩和粉砂质泥岩。由于岩石矿物组成和孔隙结构特征的差异，应力敏感特征也存在较大的差异。通过覆压孔隙度与渗透率实验分析，测得不同类型岩心的孔隙度和渗透率随有效应力变化数据，以此实验结果对储层进行应力敏感性评价。

1．覆压孔隙度与渗透率测试结果

实验测得不同类型岩样比孔隙度随净上覆压力变化如图4-29所示。按含泥粉砂岩、泥质粉砂岩和粉砂质泥岩对样品进行分类，得到三类岩样的比孔隙度变化规律基本一致（图4-30），分析数据表

明：当净上覆压力由0增大至27.6MPa时，比孔隙度下降到初始值的0.75~0.79，即比孔隙度相对减小了21%~25%（表4-4）。

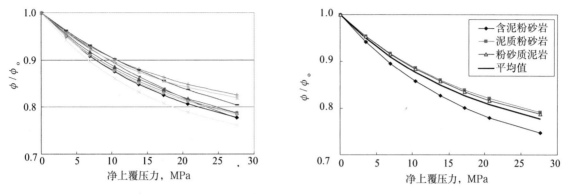

图4-29　不同类型岩样比孔隙度与净上覆压力关系图　图4-30　三类岩样比孔隙度与净上覆压力关系图

涩北气田疏松砂岩的无因次渗透率随净上覆压力的变化非常剧烈（图4-31），尤其是在低压阶段，随着净上覆压力的增大，渗透率急剧下降。主要原因是储层压实程度低，低压时存在塑性变形，结构形变比较强，随着净上覆压力的增大，逐渐以弹性变形为主。当净上覆压力超过10MPa以后，渗透率下降速率减缓。

表4-4　涩北疏松砂岩不同岩类比孔隙度随有效压力的变化

岩性	净上覆压力，MPa							
	0	3.4	6.9	10.3	13.8	17.2	20.7	27.6
	不同净上覆压力条件下的比孔隙度							
粉砂质泥岩	1.0	0.953	0.915	0.884	0.857	0.835	0.817	0.787
泥质粉砂岩	1.0	0.954	0.917	0.886	0.860	0.839	0.820	0.792
含泥粉砂岩	1.0	0.942	0.896	0.858	0.827	0.801	0.780	0.747
平均值	1.0	0.95	0.91	0.88	0.85	0.83	0.81	0.78

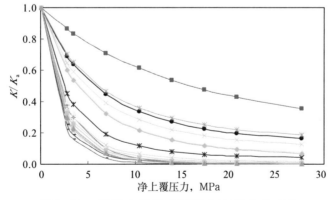

图4-31　无因次渗透率随净上覆压力的变化

不同类型的岩样在同一上覆压力条件下渗透率的下降幅度是不同的。随着泥质含量的增大，渗透率下降幅度增大。三类岩样中粉砂质泥岩下降幅度最大，含泥粉砂岩下降幅度相对较小（表4-5）。

2．评价方法的确定

运用Jones等多种评价方法（附录D）对实验数据进行分析，可评价储层的应力敏感程度。依据涩北气田三类岩样实验结果进行应力敏感评价，所有方法的评价结果（表4-6）均表明：涩北疏松砂岩具有强应力敏感特征。

表4-5　不同岩类渗透率随有效压力的变化

岩性	净上覆压力，MPa							
	2.8	3.4	6.9	10.3	13.8	17.2	20.7	27.6
	不同净上覆压力条件下的渗透率变化率							
粉砂质泥岩	1.0	0.761	0.236	0.095	0.048	0.028	0.019	0.011
泥质粉砂岩	1.0	0.903	0.387	0.223	0.153	0.116	0.089	0.062
含泥粉砂岩	1.0	0.921	0.647	0.492	0.396	0.333	0.290	0.236

表4-6　涩北一号气田疏松砂岩应力敏感性评价结果表

评价方法	评价参数*	评价参数值			适用范围
		含泥粉砂岩	泥质粉砂岩	粉砂质泥岩	
Jones方法	S	1.54	1.63	1.65	对常规孔隙度和渗透率进行覆压校正，确定地层条件下的孔隙度和渗透率参数
张琰方法	R	86.5%	98.4%	99.6%	
行业标准	D_{k2}	87.9%	98.7%	99.7%	
渗透率模量法	α_k	0.0554	0.0968	0.1820	开发过程中应力敏感影响评价
罗瑞兰方法	S_p	0.928	1.963	2.512	

* 表中评价参数含义详见附录 D。

通过对实验结果分析，比孔隙度（φ_D）与净上覆压力（p_e）的关系利用多项式拟合效果较好，而无因次渗透率（K_D）与净上覆压力（p_e）则更符合分段的指数函数和幂函数。

$$p_e = p_{OB} - p_r \tag{4-8}$$

式中　p_e——净上覆压力，MPa；

p_{OB}——上覆地层压力，MPa；

p_r——气藏压力，MPa。

$$p_{OB} = 9.80665 \times 10^{-3} \rho \times H \tag{4-9}$$

式中　ρ——上覆地层平均岩石密度，g/cm^3；

H——气藏深度，m。

将实验测试结果比孔隙度（φ_D）与净上覆压力（p_e）建立函数关系，三种岩石类型相差不大，平均比孔隙度与净上覆压力拟合函数为：

$$\varphi_D = 0.0002p_e^2 - 0.0135p_e + 0.9967 \tag{4-10}$$

以常规渗透率（K_a）为基数计算无因次渗透率（$K_D = K/K_a$），当净上覆压力增大到10MPa时，含泥粉砂岩的渗透率下降到初始值的一半以下（即$K/K_a < 0.5$）；而粉砂质泥岩的无因次渗透率更是下降到初始值的10%以下（即$K/K_a < 0.1$）（图4-31、表4-5）。

以净上覆压力10MPa为分界点，由于低压段（$p_e < 10$MPa）与高压段（$p_e > 10$MPa）渗透率的下降规律不同，可用分段函数对实验曲线进行拟合，得到三类岩样在不同压力条件下无因次渗透率与有效压力的关系式（图4-32和表4-7）。

表4-7　无因次渗透率随净上覆压力的变化关系

岩石类型	$p_e<10MPa$		$p_e\geq10MPa$		公式号
	关系式	R^2	关系式	R^2	
含泥粉砂岩	$K_D=1.2745e^{-0.0938p_e}$	0.9951	$K_D=2.8480p_e^{-0.7524}$	0.9998	(4-11)
泥质粉砂岩	$K_D=1.7455e^{-0.2040p_e}$	0.9905	$K_D=4.7632p_e^{-1.310}$	0.9996	(4-12)
粉砂质泥岩	$K_D=2.2331e^{-0.3105p_e}$	0.9950	$K_D=14.751p_e^{-2.1798}$	0.9952	(4-13)

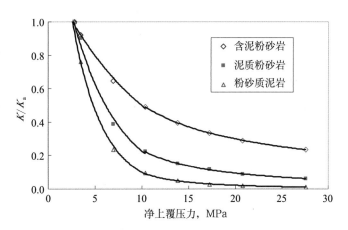

图4-32　不同岩类无因次渗透率随净上覆压力的变化关系

二、涩北气田储层应力敏感性评价

储层应力敏感性研究成果在开发中主要用于孔隙度和渗透率的覆压校正，以及开采过程中对于动态指标的影响评价。

1. 覆压校正

涩北一号气田疏松砂岩属于高孔隙度，中、低渗透率储层，地层压力梯度为1.14MPa/100m。按储层上中下三个深度点（500m，1000m，1500m）进行分析，气层的净上覆有效压力分别为3.55MPa，6.60MPa及9.65MPa，对三类岩石储层进行覆压校正，计算渗透率校正系数K_D[原始地层条件下的渗透率（K）与地面常规渗透率（K_a）的比值（表4-8）]，即可将地面常规渗透率校正为原始地层条件下的渗透率。

以含泥粉砂岩为例，当埋藏深度为1000m时，原始地层压力为11.40MPa，上覆岩层压力为18MPa（上覆岩石平均密度为1.8g/cm³），则净上覆有效压力p_e为6.60MPa（18MPa-11.4MPa），按式（4-11）计算K_D为0.686，即在地层压力条件下，储层的渗透率是常规空气渗透率的0.686倍（表4-8）。如常规渗透率测定值为10mD，则在1000m地层条件下渗透率为6.86mD。

2. 开发过程中的储层物性变化及其对气田开发的影响

气藏投入开发后，地层压力逐渐降低，储层岩石承受的上覆有效压力增大，致使储层物性产生变化。根据实验得到的孔隙度和渗透率随有效压力的变化关系，当地层压力下降到不同值时，可计算任意压力条件下的储层孔隙度和渗透率。

以涩北一号气田1000m深度的泥质粉砂岩储层为例，假设其原始孔隙度和渗透率分别为30%和10mD（已经校正到地层条件），计算气藏在开发过程中不同孔隙压力时的储层孔隙度和渗透率，结果如图4-33所示。当地层压力下降5MPa时，孔隙度和渗透率分别下降到28.4%和3.6mD；当地层压力下降10MPa，即由11.4MPa下降到1.4MPa时，孔隙度和渗透率分别下降到27.1%和2.64mD。可见在开发过程中随着地层压力的下降，疏松砂岩储层的孔隙度和渗透率下降相当严重，尤其是渗透率的急剧下降，对气藏的生产将会产生较大的影响。

表4-8　涩北一号气田开采至衰竭时的渗透率变化

深度 m	上覆岩层压力 MPa	原始地层压力 MPa	上覆有效压力 MPa	渗透率校正系数 K_i/K_a	岩石类型
500	9	5.45	3.55	0.913	含泥粉砂岩
				0.846	泥质粉砂岩
				0.741	粉砂质泥岩
1000	18	11.40	6.60	0.686	含泥粉砂岩
				0.454	泥质粉砂岩
				0.287	粉砂质泥岩
1500	27	17.35	9.65	0.515	含泥粉砂岩
				0.244	泥质粉砂岩
				0.111	粉砂质泥岩

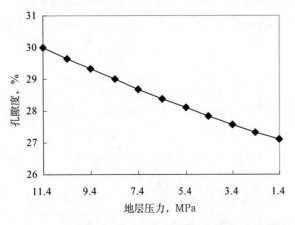 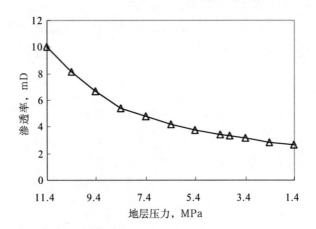

图4-33　开发过程中的储层孔隙度和渗透率变化（泥质粉砂岩，深度1000m）

掌握了气田开发过程中的储层物性变化规律以后，就可运用不同的方法来计算评价储层应力敏感性对气田开发的影响。仍以涩北一号气田为例，利用岩心实验数据，求得渗透率随地层压力的变化关系式（渗透率模量法），建立单井数值模型。

通过设计常规模型和岩石变形模型两个方案对涩北一号气田的开发指标进行对比分析（表4-9），可以看出，考虑岩石变形计算的气田稳产年限和稳产期采出程度比不考虑岩石变形分别减少了3年和6.45%，因此在疏松砂岩气田的开发中，必须加强储层应力敏感性的研究，在气田的开发部署和开发指标预测中加以考虑。

表4-9　涩北一号气田常规模型与岩石变形模型主要开发指标对比

模型	稳产时间 a	采出程度，%	
		稳产期末	30年末
不考虑岩石变形	16	42.84	64.08
考虑岩石变形	13	36.39	58.61
变化值	3	6.45	5.47

第三节　出水动态特征

对于边水气藏，水侵是影响气藏开发效果的重要因素之一。对于涩北多层疏松砂岩气田，由于构造幅度低、边水范围大、纵向层数多、构造翼部气水层交互、气水边界难以准确识别等特殊的地质条件，使得气井具有潜在的出水风险，而防砂、冲砂和各种措施作业也会加剧气井出水的复杂性。

本节从地质条件与开发特征出发，分析了多层疏松砂岩气田气井的出水类型；依据气井出水类型的组合方式，总结出了气井出水模式；在此基础上，进一步分析了气井和气藏的出水规律；最后阐述了气井出水对于开发生产的影响。

一、气井出水类型分析

由于多层疏松砂岩气田特定的地质条件，导致气井产出水有多种类型：一是储层孔隙发育，物性条件较好，在钻完井或措施作业中会有工作液侵入，气井投产后会返排；二是地层条件下，气体中均含有一定量的水蒸气，采出到地面条件后析出，即凝析水；三是从成藏地质条件上看，由于涩北气田属于第四系的浅层生物气藏，成藏时间短，成藏不充分，此外，构造幅度低，气水过渡带大，含气高度小的气层中含水饱和度较高，存在一定的可动水；四是由于岩性疏松，地层水矿化度高，固井质量难以保证，层间水窜也会造成气井产水；另外，压裂防砂等工艺措施也有可能压窜水层，或是由于气层出水导致隔夹层遭到破坏，也会沟通邻近水层；五是各小层天然气均被边水所环绕，边水侵入也是产出水的重要来源。

由于上述原因，气井普遍产水。出水类型包括：工作液、凝析水、层内可动水、层间水和边水等五种类型，各种类型的出水特征、出水规律均有较大差异。

1. 出水类型

1）工作液

在钻、完井或各种措施作业过程中，钻井液滤液、压井液、冲砂液或压裂液等各类工作液会侵入地层中。气井投产后，随着井底压力的降低，侵入地层中的工作液会随气体流出地层，进入井筒而被采出。此时气井产出水不是来自地层中的水，而是入井工作流体，因此产出水类型可归结为工作液。

侵入地层中工作液量的大小，主要与井底压力和气藏压力间的压差、滤饼渗透率、储层渗透率和作用时间有关。

从生产特征分析，对于新投产气井，或者是经过措施作业的气井，开井后初始产水量较大，一段时间后产水量由大变小，甚至完全不产水，则产出水可能为工作液。通过水质分析进一步确认产出水类型，由于工作液与地层水在水型、离子含量、pH值和矿化度等方面一般都有明显差异，产出水的水质指标如果与工作液相同或相近，则为工作液。工作液水型一般为Na_2SO_4或$NaHCO_3$。

由于工作液侵入地层，因此可能造成近井地带的地层伤害。生产过程中，随着工作液的返排，伤害程度逐渐降低，有时表现出明显的清井现象，气产量增加，或是油管、套管压力升高。

例如SS15井，在1997年7月防砂作业后5天内累计产水38.6m³，其后10个月内累计采出水量不足5.0m³；S26井2002年9月调层生产，开井后累计月产水18.2 m³，到2003年11—12月开井月产水仅2.19~3.67 m³，因此可以认为措施作业之后，开井初期产出水均为工作液。

2）凝析水

在地层条件下以水蒸气形式存在，由井筒采出到地面条件后，由于温度、压力下降而析出的水称之为凝析水。凝析水在气藏条件下呈气态，而在地面条件下呈液态。

在地层条件下，气体中的水蒸气含量与地层压力、温度有关，Bukachek给出表达式：

$$W=1.10419 \times 10^{-7}A(T)/p+1.60188 \times 10^{-5}B(T) \tag{4-14}$$

其中

$$\lg A(T)=10.9351+1638.36T^{-1}-98.162T^{-2} \tag{4-15}$$

$$\lg B(T)=6.69499-173.26T^{-1} \tag{4-16}$$

式中　W——水蒸气含量，kg/m³；

　　　A，B——与温度有关的系数；

　　　p——地层压力，MPa；

　　　T——地层温度，K。

式（4-14）中不包含矿化度和气体相对密度的修正，水蒸气含量随着矿化度和气体相对密度的增加而减少。

根据涩北二号气田地层温度、压力、天然气密度以及地层水矿化度等资料，计算了地层条件下天然气中的水蒸气含量（表4-10），水蒸气含量为0.98~1.77g/m³（标准），折算成生产水气比为0.90~1.64 m³/10⁶m³，就目前产层深度来说，产出凝析水的水气比理论值大约为1.0~2.0m³/10⁶m³。

表4-10　涩北二号气田天然气中凝析水含量计算表

气层组	气层中深 m	压力 MPa	温度 K	相对密度	地层水矿化度 mg/L	水蒸气含量 g/m³	水气比 m³/10⁶m³
零	521	5.66	304.47	0.5568	116017	0.98	0.90
一	788	8.90	314.83	0.5575	116678	1.02	0.93
二	1055	11.87	324.46	0.5605	104879	1.40	1.30
三	1244	14.54	332.81	0.5594	109358	1.77	1.64

以产凝析水为主体的气井，在开采过程中水气比一般比较稳定，产水量较小，且产水量随着产气量的变化而变化。

对于涩北气田，产凝析水气井的水气比很低。根据定量计算，以产凝析水为主气井的水气比低于2m³/10⁶m³；水产量与气产量同步变化；凝析水矿化度一般远远低于地层水矿化度，一般小于3000mg/L，水型主要以$MgCl_2$型为主。

例如S13井，平均日产气约7×10⁴m³，相对稳定，日产水小于0.15m³，水气比基本稳定在

$2m^3/10^6m^3$以内（图4-34），表明产出水主要为凝析水。

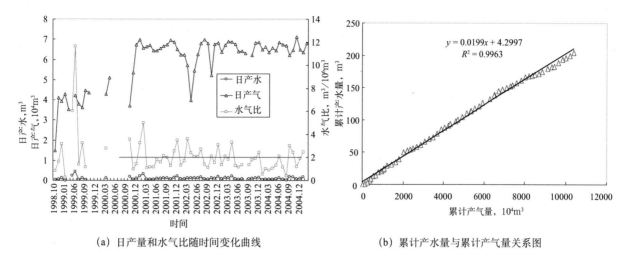

<table>
<tr><td>（a）日产量和水气比随时间变化曲线</td><td>（b）累计产水量与累计产气量关系图</td></tr>
</table>

图4-34　S13井生产曲线

3）层内可动水

当气藏中实际含水饱和度大于束缚水饱和度时，有部分水在一定的生产压差驱动下可以流动，这部分水称之为可动水（图4-35）；由于水源自气层本身，可动水亦被称为层内水，或者层内可动水。按可动水的成因分类，又可分为原生可动水和次生可动水两种。

原生可动水是由于在成藏过程中天然气充注不充分，在气藏原始条件下，含水饱和度未达到束缚状态，以原生层内可动水的形式聚集在储层中。当气藏投入开采后，受生产压差的驱动，层内原生可动水与气同时产出。

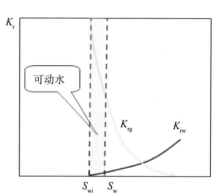

图4-35　气水相对渗透率曲线与可动水饱和度示意图

对于成藏充分的气藏，地层水处于束缚状态，则不存在原生可动水。但对于应力敏感性较强的疏松砂岩气藏，当气藏开发到一定阶段时则会形成次生可动水，一是由于受逐渐增加的净上覆应力的作用，储层孔隙度逐渐变小；二是由于气藏压力降低而使地层水不断膨胀。受上述双重作用的影响，储层内含水饱和度呈增加趋势，当气藏压力下降到一定程度之后，则会超过束缚水饱和度，孔隙内部分地层水就会成为层内次生可动水，并随气一起产出。

原生可动水出水特征：气井开井即见水，但水产量不大，水气比稳定。

次生可动水出水特征：初始不产水，随气藏开采到一定阶段后见水，水量渐增但不大，水气比保持低值，出水有轻微波动。

水气比高于凝析水的水气比，但相对较低，水气比缓慢上升；产水量不大；产出水的各项水质参数与地层水一致。

例如XS3-9（o）井，生产过程中日产气相对稳定，日产水小于$1m^3$，气井一投产水气比基本上大于$2m^3/10^6m^3$，水气比基本在$2\sim12m^3/10^6m^3$范围内，平均水气比$6.34\ m^3/10^6m^3$，产出水主要为层内原生可动水（图4-36）。

4）层间水

层间水是指在纵向上邻近水层的地层水侵入到井底而导致气井出水的现象。多层气藏在构造翼部纵向上气水层交互，层间水的产出原因主要有以下三种情况：

（1）由于固井质量不好，一口井中从上到下射开多个小层，因后来封堵失效或未成功而导致气水层互窜，压力系统紊乱，造成气井产水。

（2）工艺问题导致气水层互窜，如压裂防砂时压窜水层。

（3）虽然层间有隔层存在，但随着开采的进行，气层压力逐渐降低，水层（或气水层）与气层的压差逐渐变大，当压差大到一定程度后，水从层间封隔能力相对薄弱处窜入气层，造成气井出水。

层间窜层水属于地层水，水质与地层水一致，部分表现为突然见水，出水量较大，水气比高。

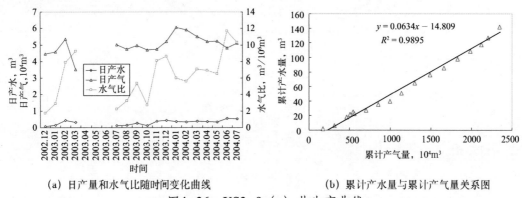

(a) 日产量和水气比随时间变化曲线　　(b) 累计产水量与累计产气量关系图

图4-36　XS3-9（o）井生产曲线

5）边水

气藏投入开发生产，由于气藏能量被释放，边水与气藏之间就会形成一定的压差，在此压差驱动下，边水沿着渗流通道侵入到井底而产出，产出水称之为边水。

边水侵入方式有两种：均匀推进和指进。当储层相对较均质，平面上开采较均衡，且采气速度不是很大时，则边水沿产层均匀推进；如果在储层中存在高渗透通道或发育裂缝，或者是局部气井采气速度过大、气藏压降过快，则边水呈指进方式侵入到井底。

涩北气田疏松砂岩储层以原生孔隙为主体，相对较为均质，边水侵入主要表现为均匀推进方式。

在各种出水类型中，相对而言，边水对气井生产的危害最大，表现为产水量上升，产量下降，甚至会导致气井完全水淹而关井。

边水的侵入发生在气藏生产的中、后期，其出水往往带有区域性，通常伴随有邻井的出水；由于水源充足，出水波动不明显，水量稳定持续上升，最后达到较为稳定的出水量。

如S3-23井，气井投产初期水气比小于2 m³/10⁶m³，以产凝析水为主，2004年1月后，水气比急剧上升，达到150~300 m³/10⁶m³，日产水2~8m³（图4-37），表现为边水侵入特征。

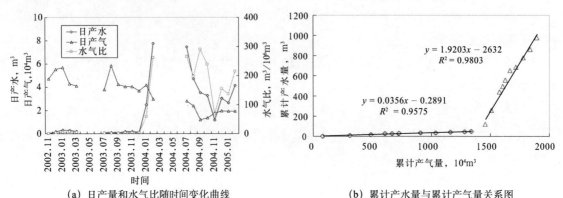

(a) 日产量和水气比随时间变化曲线　　(b) 累计产水量与累计产气量关系图

图4-37　S3-23井生产曲线

2. 出水类型识别模式

气井的出水类型判别以生产动态资料和生产测井解释成果为依据，首先以水气比（*WGR*）为主要判别指标，结合水质分析结果（如水型、矿化度、pH值、离子含量等）判识产出水为凝析水、可动水，还是工作液，然后依据是否邻近水层、是否压开水层，以及固井质量和隔层质量识别出水类型是层间水还是边水，最后依据生产测井成果，结合综合地质条件分析确定出水层位，具体判识过程如图4-38所示。

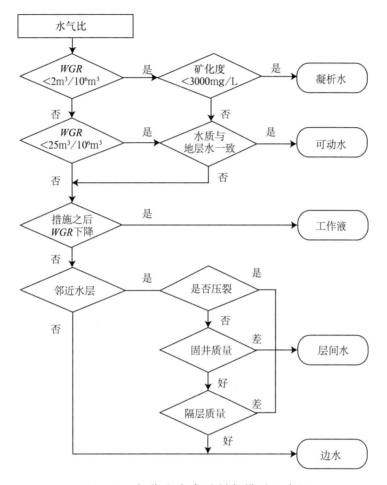

图4-38　气井出水类型判断模型示意图

在分析多层气藏气井产水类型时，要考虑以下特殊情况：

（1）由于气井携液问题，水气比会有一定的波动，采用水气比作为识别参数时应采用一段时间内的平均值，即采用累计产水量与累计产气量关系确定平均水气比。

（2）生产测井成果也是分析出水类型的重要手段之一。对于凝析水，因为在井底条件下呈气态，生产测井中检测不到水，而井口却有水产出；应用生产测井可以判识多层合采气井具体出水层位，不同时间的生产测井还可用以判识出水层位的变化规律。

（3）气井出水与气井所处的构造位置、采气强度和生产时间等因素有密切的关系，需要进行综合考虑。多层合采气井，并非全部产层都产水，而是在平面上靠近气水边界的气层，或距气水边界稍远但储层物性较好的气层是边水侵入的主要层位。

二、气井出水模式

气井出水类型分析表明：不同的出水类型具有不同的出水特征。对于单一的出水类型，依据出水特征就可以定性地确定其出水的来源；但在多层疏松砂岩气田开发过程中，由于在纵向上层间渗透性和含气性的差异很大，在平面上射孔层距气水边界的距离也不同，再加上各类措施的影响，气井的出水是极其复杂的。产出水是多种条件共同作用的结果，而在不同的生产阶段，表现为出水类型的不断变化。

按出水类型的组合关系划分，气井出水主要可以归结为三类模式：产凝析水模式、产可动水模式和边水侵入模式。

1. 产凝析水模式

气井产出水主要为凝析水。这类气井产水量低，一个月只产几立方米水，水气比基本稳定，一般在2 $m^3/10^6 m^3$以内。产凝析水的气井，出水对气井生产基本没有影响，日产气相对稳定。

如S13井（图4-34），日产气（6~7）×$10^4 m^3$，日产水小于0.2m^3，水气比基本稳定在2 $m^3/10^6 m^3$，产出水为凝析水。

2. 产可动水模式

气井产出水以可动水为主。这类气井的特征是生产层位储层中含有一定可动水，或是生产过程中出现可动水。根据出水类型组合方式，又可分成两种情况：

（1）初期产凝析水，随后可动水开始流动。

气井投产初期水气比小于2 $m^3/10^6 m^3$，主要为凝析水。生产一段时间后，出水逐渐上升，但水气比基本小于25 $m^3/10^6 m^3$。这类气井，由于出水量相对较小，一般产出水对于日产气量影响较小。

如S24井（图4-39），1996年11月投产后，日产气（3~6）×$10^4 m^3$，日产水小于0.1m^3，水气比平均为1.74$m^3/10^6 m^3$，产出水主要为凝析水。2002年9月以后，水气比上升，平均水气比为5.68 $m^3/10^6 m^3$，产出水属于可动水。

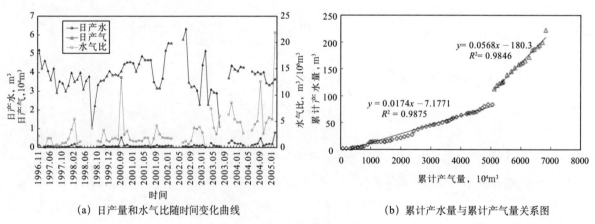

(a) 日产量和水气比随时间变化曲线　　　　　(b) 累计产水量与累计产气量关系图

图4-39　S24井生产曲线

（2）气井投产即产可动水。

气井一投产水气比就大于2$m^3/10^6 m^3$，一般日产水小于1m^3，水气比基本在2~25$m^3/10^6 m^3$范围内，属于可动水。此类气井生产过程中产水对生产影响不大，日产气相对稳定或稍有下降。

如XS3-9（o）井（图4-36），日产气（5~6）×$10^4 m^3$，日产水小于0.4m^3，水气比为2~

$12\,m^3/10^6m^3$，平均水气比为$6.34\,m^3/10^6m^3$，产出水为可动水。

3．边水侵入模式

这类气井的生产层位离气水边界相对较近，造成边水侵入，水气比上升较快。由于出水量相对较大，气井出水后，日产气量往往下降很快，影响气井生产，严重的甚至导致气井水淹关井。

为保障该类气井的正常生产，需要采取有效的排水采气措施，降低出水对于气井开采的影响。

根据出水类型组合方式，边水侵入模式又可分成三种情况：

（1）初期主要为凝析水，随着气藏开采，边水侵入气井。

气井投产初期水气比小于$2\,m^3/10^6m^3$，主要为凝析水。生产一段时间后水气比急剧上升，水气比一般大于$30\,m^3/10^6m^3$，日产水量大于$1\,m^3$，表明有边水侵入。

如S4-7（t）井（图4-40），2003年11月投产，日产气$7\times10^4m^3$，水气比较低，相对比较稳定，主要为凝析水。气井10个月后见水，日产水量$8\sim11m^3$，2004年9月水气比快速上升到$100\,m^3/10^6m^3$以上，日产气明显下降，产出水为边水。

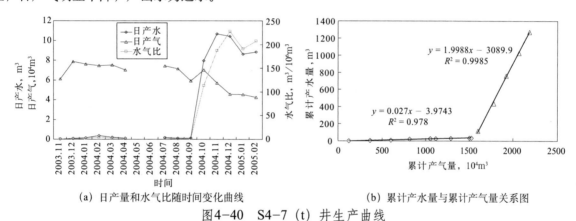

（a）日产量和水气比随时间变化曲线　　（b）累计产水量与累计产气量关系图

图4-40　S4-7（t）井生产曲线

（2）投产初期即产可动水，随着气藏开采，边水逐步侵入。

气井投产初期水气比大于$2\,m^3/10^6m^3$，生产一段时间后水气比逐渐上升，气井的生产层段含有可动水，水气比继续上升，大于$30m^3/10^6m^3$。

如S3-6（o）井（图4-41），2002年2月投产，11月日产气约$7\times10^4m^3$，水气比早期平均$4.3m^3/10^6m^3$，随后上升到$20.3m^3/10^6m^3$，主要为可动水。2004年3月，水气比快速上升，达到$50m^3/10^6m^3$以上，平均水气比达到$100\,m^3/10^6m^3$，日产气明显下降，由2003年12月的$7\times10^4m^3/d$降低到

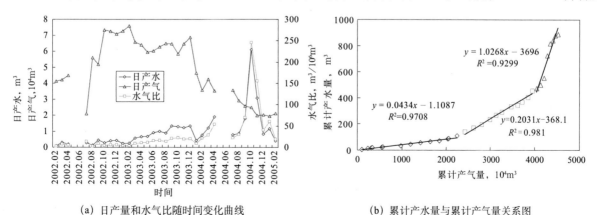

（a）日产量和水气比随时间变化曲线　　（b）累计产水量与累计产气量关系图

图4-41　S3-6（o）井生产曲线

2005年2月的$2 \times 10^4 m^3 / d$，可见边水侵入严重影响气井产量。

（3）初期主要为凝析水，然后可动水逐渐开始流动，随着气藏开采，边水侵入。

气井投产初期水气比小于$2\ m^3 / 10^6 m^3$，主要为凝析水；生产一段时间后水气比逐渐上升，出现可动水；最后边水侵入气井，水气比大于$30\ m^3 / 10^6 m^3$。

如S29井（见图4-42），2001年7月投产，日产气$3.5 \times 10^4 m^3$，水气比平均$1.23\ m^3 / 10^6 m^3$，为凝析水。随后产出可动水，水气比达到$14\ m^3 / 10^6 m^3$。2003年10月，边水侵入，导致水气比继续上升，平均水气比达到$34\ m^3 / 10^6 m^3$，日产气由2003年1月的$3 \times 10^4 m^3 / d$降低到2005年2月的$2 \times 10^4 m^3 / d$。

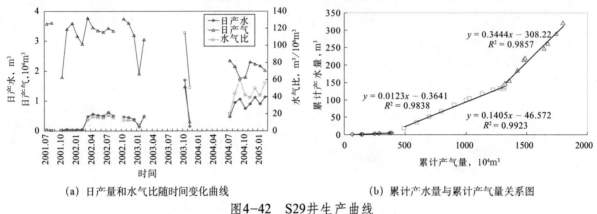

（a）日产量和水气比随时间变化曲线　　　（b）累计产水量与累计产气量关系图

图4-42　S29井生产曲线

三、出水规律分析

与层状气藏和块状气藏不同，多层气藏出水有其特殊的规律。为准确认识出水规律，采用逐步递进的原则，首先从单井出水分析开始，然后分析气藏的出水特征，总结出水规律。

1. 气井出水特征

在进行多层合采时，气井出水规律从总体上遵循上述单井出水模式。此外，对于多层合采井，由于各射孔层储层物性的差异和含气饱和度的不同，以及距气水界面距离差异，导致气井出水的差异，应用产气剖面测试成果可以很清楚地直接观察到这些差异。对于受边水侵入影响的气井，主要表现为部分小层出水，当多层出水时又表现出具有一定的先后顺序。

（1）部分产层出水。

由于存在层间非均质性，纵向上层与层之间渗透率和饱和度存在差异，在相同的生产条件下，各个小层的产液量也差异很大。由于分层采气强度差异，以及距边水距离和边水能量的不同，也导致不同含气小层边水侵入的差异性。

例如S2-6井，于2004年12月投产，初期日产气约$4 \times 10^4 m^3$，2008年3月之前，日产水一般小于0.5 m^3（图4-43），水气比小于$0.2 m^3 / 10^4 m^3$，根据水气比判断，产出水主要属于凝析水或可动水。此后日产水逐渐增大，到2008年12月，日产水超过0.5 m^3，水气比超过$0.4 m^3 / 10^4 m^3$，产出水属于边水侵入。

S2-6井在2-4-1至2-4-4共四个小层射孔，2005年7月1日的产出剖面显示（图4-44），只有2-4-4小层产水，尽管该层有效厚度（2.3m）不大，但采气强度最高，出气量也较大，单层产气达到$1.37 \times 10^4 m^3 / d$，产出水 1 m^3 / d，按单层水气比分析，水气比为73 $m^3 / 10^6 m^3$，属于边水。

从生产曲线分析，按单井水气比判识产出水为凝析水或可动水，但从单层水气比分析，产出水已属于边水范畴。那么产出水究竟属于何种类型？是否还有其他证据？

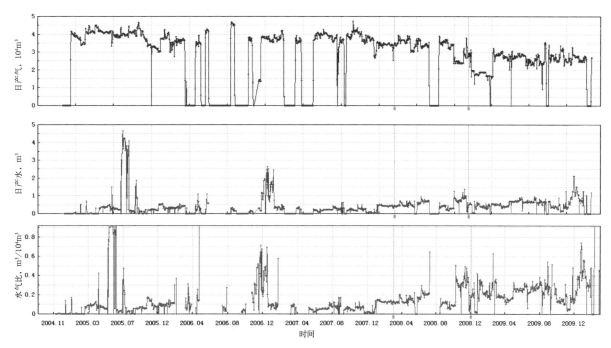

图4-43　S2-6井开采曲线

S2-6井位于背斜构造的低部位，在2-4-4小层距气水边界最近（图4-45），再加上该层物性相对较好，采气强度高，极易发生水侵，由此判断，2005年7月2-4-4层产出水应属于边水侵入。

由于只有2-4-4一个小层产水，其他小层均未产水，相对全井日产气量而言，产水量不大，气井携液能力良好，不会产生井底积液。另外，由于其他各小层含气面积均较大，供气能力较好，因此2-4-4单层产水对于气井稳产影响不大。

从该井出水状况分析可以看出：按单井水气比和单层水气比分析结果判识产出水类型会有明显的差异，具体产出水类型应以单层分析成果更为可靠，因此在进行出水类型判识时应充分应用产气剖面测试成果，以便更加准确地确认出水层位、判识出水类型。

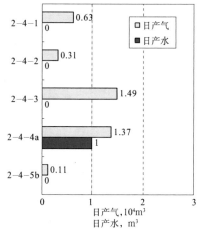

图4-44　S2-6井2005-7-1产出剖面测试成果图

S4-5井于2002年1月投产，初期日产气（5~7）×10^4m^3，出水量很低（图4-46）。2002年10月，将气井产量提高到10×10^4m^3左右，随后产水量逐渐上升；到2004年11月，日产水超过2m^3，日产气下降到5×10^4m^3左右，之后出水量增加幅度不大；到2008年底，日产水4m^3左右，日产气变化不大。

从水气比变化情况分析，2003年底前水气比小于20 $m^3/10^6m^3$，2004年为20~30 $m^3/10^6m^3$，之后上升到50~100 $m^3/10^6m^3$，体现出边水的水侵特点。

S4-5井在4-1-1至4-1-4小层射孔，2002年6月27日产出剖面[图4-47（a）]测试，各小层全部产气，均不产水。日产气3.83×10^4m^3，水气比小于10 $m^3/10^6m^3$，井口产出的少量水属于凝析水。2003年10月25日产出剖面测试[图4-47（b）]，日产气7.79×10^4m^3，日产水3.5m^3。采气强度最大的4-1-3d，日产气2.25×10^4m^3，日产水3m^3，与其相邻的最下面一层日产气0.35×10^4m^3，日产水0.5m^3，两层水气比均超过100 $m^3/10^6m^3$，属于边水侵入。

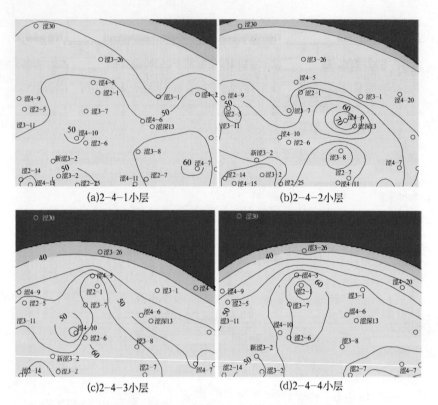

(a)2-4-1小层   (b)2-4-2小层

(c)2-4-3小层   (d)2-4-4小层

图4-45 2-4-1至2-4-4小层气水分布

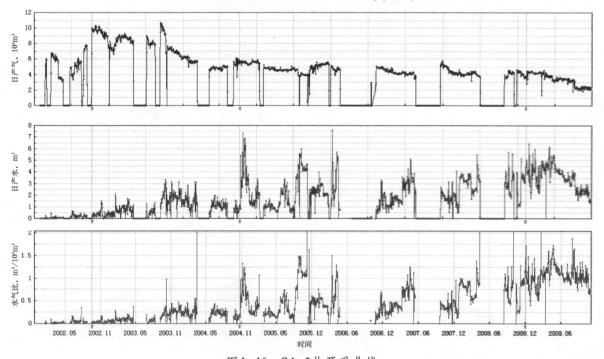

图4-46 S4-5井开采曲线

2004年9月8日［图4-48（a）］和2005年6月14日［图4-48（b）］的产出剖面测试显示，出水的最下面三个小层产气不断降低，分别为$0.86 \times 10^4 m^3/d$和$0.42 \times 10^4 m^3/d$，出水量也降低到$1 m^3/d$；2006年11月27日［图4-48（c）］测试4-1-3d出水为$0.7 m^3/d$，其余层段不出水。

S2-6和S4-5两口井均表现为部分小层出水，出水小层在出水前的日产气量均较高，表明储层物性较好，出水后产气量逐渐减少，影响了气井的产量。

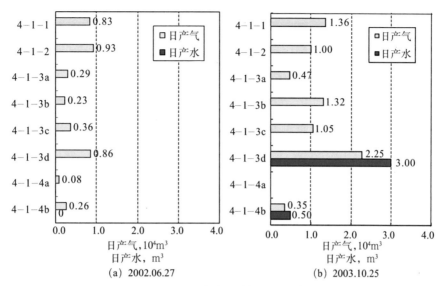

图4-47 S4-5井产出剖面测试成果图

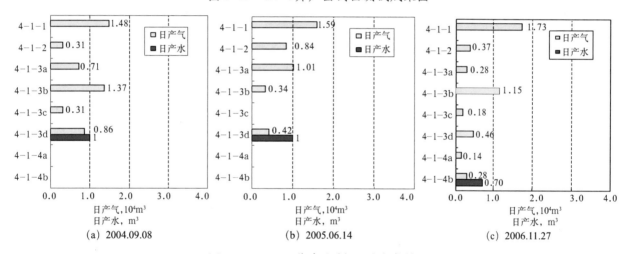

图4-48 S4-5井产出剖面测试成果图

通过上述分析可知，仅仅依靠单井出水量和水气比等生产数据分析气井的出水特征往往具有一定的局限性。对于多层合采气井，要准确判识出水层位，必须充分应用产气剖面测试资料，并结合测井成果与生产动态特征才能更加准确、可靠地做出正确的判断。

（2）边水逐层侵入。

由于层间非均质和开采强度差异，导致各射孔层边水侵入的差异，当多个小层出水时，表现出边水逐层侵入的特征，出水量也随之变化。

XSS2井在4-5-1b、4-5-3a和4-5-3b共三个小层射孔，于2002年12月投产，初期产量高，日产气超过$11 \times 10^4 \mathrm{m}^3$，产水量很低（图4-49）。2004年初产水量增加，产气量降低，到2008年底，产水量上升到24 m^3/d，产气量下降到$3 \times 10^4 \mathrm{m}^3/\mathrm{d}$，从出水量变化总体趋势上体现了边水水侵的特点。

2003年10月23日产出剖面[图4-50（a）]，日产气$8.92 \times 10^4 \mathrm{m}^3$，各小层均未见产水，气井产出水主要为凝析水。

2005年9月3日测试，日产气$5.12 \times 10^4 \mathrm{m}^3$，日产水量10.2$\mathrm{m}^3$[图4-50（b）]。只有4-5-3b小层出水，日产水量10.2 m^3，日产气$0.36 \times 10^4 \mathrm{m}^3$，由于4-5-3b小层井段距气水边界较近，故最先发生边水水侵。

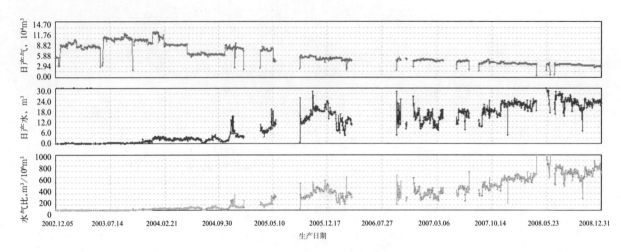

图4-49　XSS2井开采曲线

2007年6月12日测试，日产气4.40×10⁴m³，日产水量17.2m³[图4-50(c)]。其中底部的4-5-3b小层继续出水，日产水12m³，日产气0.34×10⁴m³；另外顶部的4-5-1b小层相继出水，日产水量5.19m³，产气由2005年9月的1.17×10⁴m³/d下降到0.84×10⁴m³/d。4-5-3a始终是主力产气层，2003年10月日产气5.88×10⁴m³，2005年9月日产气3.59×10⁴m³，2007年6月日产气3.23×10⁴m³。

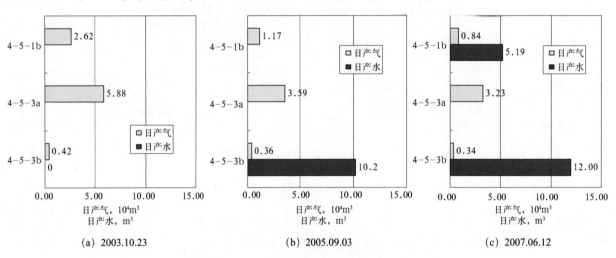

图4-50　XSS2井产出剖面测试成果图

XSS2井共射开三个小层，首先是4-5-3b小层出水，随着生产的进行，4-5-1b小层相继出水，表现为边水逐层侵入，不同小层出水时间存在差异。产出水即降低了出水层的产气量，也影响了全井的产气能力。

2.气藏出水规律

在气井出水规律认识的基础上，将同一开发层系或射孔单元气井的出水情况进行系统分析，从而认识气藏的出水规律。

（1）气井普遍产水，构造高部位以产凝析水为主。

涩北气田的气井普遍产水，即使是处于构造高点的气井，也产少量的水。在构造高部位，由于含气饱和度高，远离边水，因此气井产水量很低且较稳定，水气比一般低于20m³/10⁶m³（图4-51），产出水主要为凝析水和可动水，出水对气井产量影响不大。

（2）构造翼部边水侵入是气藏出水的主要原因。

气藏翼部气井出水的类型包括边水侵入和层间水窜，其中边水侵入是主要出水类型和影响气井生产的主要因素。

气田开发过程中，依据气藏特点和储量分布特征，优化推荐"顶密边疏、远离气水边界"的布井方式，即使如此，也难以避免边水侵入的影响，主要原因包括以下三个方面：一是由于不同小层含气面积差异较大，在层系组合后仍有部分小层含气面积相对较小，部署在构造边部的气井客观上难免距离气水边界较近；二是向构造翼部含气饱和度小，并且气藏具有较宽的气水过渡带，且测井曲线中存在"低阻气层、高阻水层"的电性特征，导致对于准确确定气水边界的位置比较困难，即使采用距气水边界500～800m的方案进行井网部署，也难免由于认识问题导致部分气井距气水边界较近；三是层间非均质及平面非均质性均较强，部分井层虽然远离气水边界，也可能由于储层物性好、采气强度高而导致边水侵入。因此，多层合采条件下，边水侵入难以避免。在开发过程中，需要认真考虑如何将其影响降到最低程度。

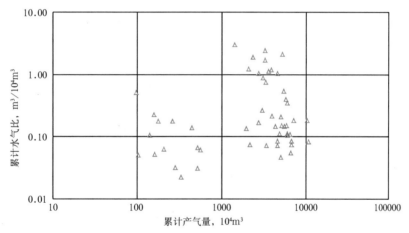

图4-51　涩北二号B层组水气比—累计产气量分布图

图4-52为涩北二号气田B层组截至2010年11月底的累计产水量分布图，累计产水量高的气井主要分布在气藏边部，产出水主要为边部侵入的地层水。相对而言，南部比北部出水量高，西部较东部高。

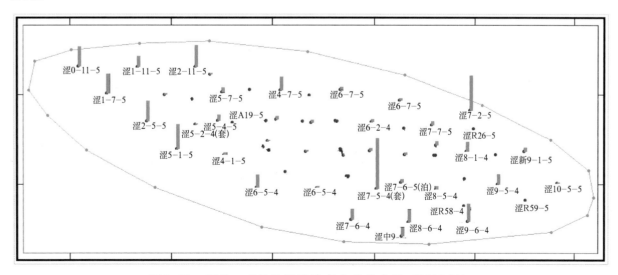

图4-52　涩北二号B层组累计产水量分布图（2010.11）

（3）部分气层水侵是气藏水侵的主要特征。

多层合采是多层气藏开发的主体技术之一。由于涩北气田含气层数多，在细分层系、优化层系组合后，采用气井多层合采是必然选择，即使是应用油套分采或三层分采技术，只是在一定程度上减少了射孔层数，仍然需要多层合采。

多层合采过程中，层间含气面积和储层物性的差异是导致不同小层水侵存在差异的主要原因，开采过程中并非所有的射孔层均产水，而只是部分层产水。主要的出水层可分为两类：一是含气面积小、距气水边界近的层易出水；二是储层物性好、局部开采强度高的井层易出水。

四、气井出水对生产的影响分析

气井出水对于气藏开发是一大危害，既影响气井产能与产量，又影响气藏的采收率。除此之外，对于疏松砂岩气藏，气井出水还在一定程度上加剧了气井出砂。

1. 降低气井产能

出水气井由于增加了水相流动，提高了气体的流动阻力，降低了气相的有效渗透率，从而降低了采气指数和气井的绝对无阻流量。

涩北一号气田有7口井在出水前后进行过产能测试，测试结果（表4-11）显示：初期气井以产凝析水为主，单井出水量为0.03～0.34m^3/d，平均出水量仅为0.14 m^3/d，气井的无阻流量为（24.42～118.30）×10^4m^3/d，平均为61.38×10^4m^3/d；出水后日产水平均为1.53m^3/d，增幅达到12.5倍，导致气井产能大幅下降，无阻流量平均降为26.36×10^4m^3/d，平均下降幅度达到48.6%。

2. 降低气井产量

从地层内天然气流动性和井筒的附加压力损失角度分析，地层出水将导致产量递减，如S3-6（o）（图4-41）、S29（图4-42）、S2-6（图4-49）和XSS2（图4-50）等。

涩北气田的气井通常是多层合采，如果出水层是主力气层，出水对产量降低幅度影响大；只要主力气层没有大量出水，尽管气井产水量增大，气井的整体产量也不会出现大幅递减。

表4-11　涩北一号气田气井出水前后无阻流量对比

序号	低产水阶段		高产水阶段		产能降幅 %
	无阻流量 10^4m^3/d	出水量 m^3/d	无阻流量 10^4m^3/d	出水量 m^3/d	
1	84.94	0.11	25.19	2.10	70.3
2	24.42	0.34	20.51	1.63	16.0
3	70.33	0.16	24.16	2.58	65.6
4	118.3	0.03	29.64	0.64	74.9
5	63.46	0.12	48.64	0.84	23.4
6	38.95	0.07	16.42	1.12	57.8
7	29.27	0.18	19.98	1.82	31.7
平均	61.38	0.14	26.36	1.53	48.6

3. 加剧气井出砂

对于疏松砂岩气藏，气井出水除了影响天然气的产出以外，还加剧了气井出砂。

室内岩心出砂试验，特别是水驱出砂试验表明：水驱气时出砂量较单相气体流动时高得多，且水的流量越大，岩心出砂越严重。结合矿场实践，当气井的水气比大于$30m^3/10^6m^3$时，气井的临界出砂压差会明显降低，一般要降低80%～90%，这也证明了实验室岩心实验结果的正确性。

从涩北二号气田出砂气井的砂面上升速度与日产水量曲线图4-53可以看出：气井出水量越大，砂面上升速度越快，两者成正相关关系。统计表明：当日产水量小于$1m^3$时，气井砂面平均年上升速度为31.4m/a；而当日产水量大于$1m^3$时，气井砂面上升速度明显增大，平均年上升速度为87.5m/a；说明气井出水加剧了气井出砂。

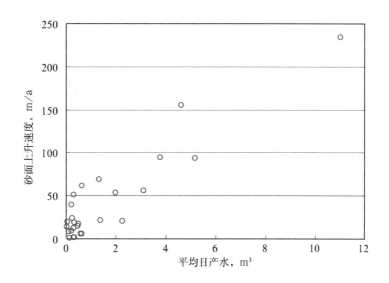

图4-53 出砂气井平均日产水与砂面上升速度关系曲线

S4-2-4井2006—2008年曾三次探砂面，统计砂面上升速度以及气井出水出气情况（表4-12）。S4-2-4井在2006年6月至2007年8月期间，平均日产气$5.91 \times 10^4m^3$，平均日产水量为$0.96m^3$，阶段砂面上升了5m，上升速度为6.5m/a。在2007年8月至2008年2月期间，随着出水量的增加，平均日产水增加到$1.31\ m^3$，阶段砂面位置上升了25m，上升速度达到了68.8m/a。

4. 降低气藏的采收率

随着水量不断增多，井筒内流体密度不断增大，井筒内耗增加，回压上升，生产压差变小。

当井筒回压上升至与地层压力相平衡时，气井水淹而停产，虽然气井仍有较高的地层压力，但气井控制范围的剩余储量靠自然能量已不能采出，而被井筒及井筒周围的水封隔在地下，通常称为"水淹"，这也是天然气产出过程中的一种水封形式，将降低气藏的采收率。

资料统计表明：弹性气驱气藏采收率为70%～95%，而水驱气藏采收率一般为45%～70%。涩北气田由于埋藏浅，原始地层压力相对较低；含气层数多，气水关系复杂，气井出水会影响气田采收率。

但是，涩北气田储层以原生孔隙为主，裂缝不发育，属于均质、孔隙型储层，虽然由于层间及平面渗透率差异导致边水侵入，水侵类型主要为均匀推进，对于采收率的影响有限。

表4-12 S4-2-4井三次探砂情况对比表

探砂面时间	砂面高度 m	砂面上升速度 m/a	阶段平均日出水 m³	阶段平均日产气 10⁴m³
2006.06.07	1467.0			
2007.08.28	1462.0	6.5	0.96	5.91
2008.02.29	1437.0	68.8	1.31	3.47

第四节 出砂动态特征

涩北气田储层为第四系疏松砂岩地层，由于储层胶结程度弱、岩石强度低，疏松砂岩气藏在开发过程中地层出砂是一种普遍现象。地层出砂或被带出地面，或沉到井底，都会不同程度地影响气井生产。带出地面者对井筒造成损害，同时还影响地面集输系统；沉到井底者埋没气层，直接影响生产。

一、岩石破坏机理

地层出砂主要是因为岩石结构受到破坏而打破原始平衡状态而引起的，从力学机制上分析，岩石具有剪切破坏、拉伸破坏和黏结破坏三种破坏类型。

1. 剪切破坏

在天然气开采过程中，随着气藏孔隙压力下降，储层所承受的有效应力不断增加，疏松砂岩储层将产生塑性变形，在压力扰动带将形成塑性变形区，塑性变形到一定程度将会引起剪切破坏，一旦剪切破坏发生，固体颗粒将被剥离，从而引发地层出砂。

2. 拉伸破坏

当压力骤变能超过地层抗张强度时，将形成出砂和射孔通道的扩大。井眼处的有效应力超过地层的抗张强度就会导致出砂。拉伸破坏一般发生在穿透塑性地层的孔眼末端口和射孔井壁上。

3. 黏结破坏

黏结强度是任何裸露表面被侵蚀的一个控制因素。这样的位置可能是：射孔通道、裸眼完井的井筒表面、水力压裂的裂缝表面、剪切面或其他边界表面。当流体流动产生的拖曳力大于地层黏结强度时，地层就会出砂。在弱胶结砂岩地层，储层黏结强度极低，黏结破坏是出砂的主要原因。

总之，剪切破坏、拉伸破坏和黏结破坏等三种破坏机制是疏松砂岩地层出砂的主要原因。剪切破坏主要受储层所承受的有效应力影响，气藏压力越低，有效应力则越大，出现中剪切破坏的可能性越大；拉伸破坏主要与所受应力条件和岩石的抗张强度有关，主要发生在孔眼末端口和射孔井壁上；黏结破坏主要受流体拖曳力和地层黏结强度影响，对于特定的储层，其黏结强度是确定的，生产压差越大，即气井产量越高，则流体形成的拖曳力越大，越易于出砂。

二、出砂影响因素分析

地层出砂受多种因素影响，通过对岩石破坏的力学机制分析可知，主要影响因素包括地层应力条件、地层岩石强度、生产压差和地层出水等四个方面。

1. 地层应力条件

地应力是存在于地壳中的未受工程扰动的天然应力，也称岩体初始应力、绝对应力或原岩应力，广义上也指地球体内的应力。

地应力是决定岩石原始应力状态及变形破坏的重要因素之一。钻井前，岩石在垂向和侧向地应力作用下处于应力平衡状态。钻井过程中，靠近井壁的岩石其原有应力平衡状态首先被破坏，井壁岩石将首先发生变形破坏。

开采过程中随着地层孔隙压力的不断下降，孔隙流体压力降低，导致储层有效应力增大，引起井壁处的应力集中和射孔孔眼的破坏包络线的平移。地层压力的下降虽然可以减轻拉伸破坏对出砂的影响，但在疏松地层中剪切破坏的影响却变得更加严重。因此，气藏的原始地应力状态及孔隙压力状态是影响岩石是否存在剪切破坏而出砂的重要因素。

剪切破坏主要与储层所承受的有效应力有关，在气藏开采过程中，地应力一般保持不变，随着天然气的不断采出，地层压力不断下降，从而导致净上覆有效应力增加，当其超过岩石的抗剪切强度时，就会形成剪切破坏而导致地层出砂。

涩北气田储层埋藏浅，压实作用弱，岩石密度相对低，平均为1.8g/cm³，则上覆地层应力相对同深度正常压实地层要低。而气藏压力稍高于正常静水压力，气藏压力系数约1.14，孔隙流体压力相对较高。因此，净有效上覆应力（上覆地层应力相与孔隙流体压力差）较小，变化范围也相对较小，由此影响相对较小。

2. 地层岩石强度

岩石强度为岩石在外力作用下达到破坏时的极限应力，包括抗张强度和抗剪切强度。

岩石颗粒的胶结性能在一定程度上决定了岩石强度的大小，也是决定地层是否易于出砂的主要因素。胶结性能与地层埋深、胶结物种类、胶结物数量和胶结方式、颗粒尺寸大小等有关。

一般来说，地层埋藏越浅，压实作用越差，地层胶结就越弱，则岩石强度就越低。从胶结物类型看，以泥质胶结的砂岩较疏松，强度较低，碳酸盐岩胶结的砂岩强度相对较好。此外，泥质胶结物的性能不稳定，易于受外界条件干扰而破坏其胶结程度。伊利石吸水后膨胀、分散，速敏和水敏性强，易产生微粒运移；伊/蒙混层属于蒙皂石向伊利石转变的中间产物，极易分散；高岭石晶格结合力较弱，易发生颗粒迁移而产生速敏。因此，主要由泥质胶结的疏松砂岩储层更易于出砂，碳酸盐岩胶结出砂临界条件要相对高些。

涩北气田储层以泥质胶结为主，泥质含量高，伊利石、蒙皂石等易分散型黏土矿物多，岩石强度低，粉砂岩单轴抗压强度在1.7～2.9MPa之间，杨氏模量在21～79MPa之间，内聚力为0.54～0.86MPa。岩石强度很低，易于出砂。

3. 生产压差

在其他条件相同的情况下，生产压差越大，则气体流速越大，在井壁附近流体对岩石的拖拽力就越大，当超过地层的抗张强度时就会形成黏结破坏或拉伸破坏而导致地层出砂。由于流体渗流而产生的对储层岩石的冲刷力和对颗粒的拖拽力是气层出砂的重要原因，因此，生产压差越大，出砂风险越大。另外，在较大的生产压差条件下，还将导致地层出水的加剧，进一步增加气井出砂的风险。为避免或降低地层出砂，对于疏松砂岩气藏的生产井应适当限制生产压差，降低单井配产。

在同样的生产压差下，地层是否出砂还取决于建立压差的方式：快速建立压差时，压力未能迅速传播出去，井壁附近的压力梯度较大，易破坏岩石结构而引起出砂；缓慢建立压差时，压力可以逐渐地传播出去，井壁附近压力梯度比较小，不至影响岩石结构。因此，气井工作制度的突然变化，将使储层岩石的受力状况发生变化，导致或加剧气井出砂。另外，关井阶段井底积水浸泡气层，会降低岩石强度，也会增加出砂的风险；为降低出砂危害，应减少开关井次数，尽可能保持气井平稳生产。

地应力是依靠孔隙内流体压力和岩石本身固有的强度来平衡的。生产压差越大，气层孔隙内的流体压力就越低，将导致作用在岩石颗粒上的有效应力越大，当其超过地层强度时，岩石骨架就会受到剪切破坏。

涩北气田在试气或者生产过程中，若放大气嘴，降低井口压力，则相应地增大了井底的生产压差，将导致气井出砂加剧。从出砂气井平均生产压差与砂面上升速度的关系可以看出，生产压差越大，砂面上升速度就越快。

4．地层出水

出水是加剧气井出砂的另一个最主要的因素。出水使得地层中由单相气流动变为气水两相流动。出水后渗流阻力的增大，导致了气水两相流对孔隙喉道剪切应力的增加，使得砂岩的结构更容易遭到破坏。

在地层出水后，气水两相流动的携砂能力比单相气流的携砂能力更强，地层的临界出砂速度将会降低，地层将更容易出砂。

岩心速敏实验表明，水的临界流速基本都在$0.50cm^3/min$以下，在实验过程中，由于随着流速的增大出砂增强，说明涩北气田储层在有水流动的情况下，更容易出砂。

涩北气田典型出砂井的日产水量与砂面上升速度关系图（图4-53）可以证实，出水量大的井其砂面上升速度也快。

三、出砂特征

气井维护作业及探砂面资料显示，涩北气田的所有气井都或多或少地存在出砂和砂面上升的现象。由于天然气的携砂能力很差，只有极少部分的砂能够被带到地面，因而大部分产出砂都沉在井底，造成砂面上升。

1．出砂时间

根据对涩北气田气井出砂特征分析，出砂有以下五种情况：

（1）仅在试气过程中出砂，在生产过程中不出砂。如涩北一号气田的SS4井、S4-7井，主要原因是试气过程中工作制度频繁改变、激动过大，使储层岩石的受力状况发生变化，导致气井出砂。

（2）试采投产初期出砂，在生产过程中不出砂。如涩北一号气田的SS2井、S4-1井、S4-6等井，主要是钻井过程中破坏了近井区域的应力状态，导致储层变形而出砂，当重新建立平衡后，即停止出砂。

（3）在生产过程中开关井频繁，关井一段时间后再开井生产后气井出砂，出砂原因：一是停产后导致井底积液，降低了地层的临界出砂压差；二是由于开井激动造成的，如涩北二号气田SZ9井、S28井等。

（4）在生产过程中改变工作制度，提高产量后气井出砂，包括放大压差提高单井产量的先导试验，以及稳定试井放大工作制度增加产量。如涩北二号气田S26井，生产气嘴由4mm换到6mm后气井出砂，出砂原因主要是生产压差超过了临界出砂压差。

（5）在生产过程中气井产水量增大时出砂，如涩北二号气田SZ1井在产水量增大时出砂。

生产过程中气井出砂对于开发影响较大，因此需要合理控制生产制度，条件适宜的气井实施防砂工艺措施，并保持气井稳定生产，以便降低气井的出砂风险。

2. 生产压差对于出砂的影响

由于流体渗流而产生的对储层岩石的冲刷力和对颗粒的拖拽力是气层出砂的重要原因，因此，生产压差越大，出砂风险越大。

现场观测到，在试气或者生产过程中，若放大气嘴，降低井口压力，则相应增大了井底生产压差，将会导致气井出砂加剧。从出砂井平均生产压差与砂面上升速度的关系图（图4-54）中可以看出，生产压差越大，砂面上升速度就越快。控制生产压差在地层压力的10%以内时，砂面上升速度较慢，平均为14.5m/a；当生产压差超过地层压力的10%以后，砂面上升速度将急剧上升，平均达到34.2m/a；现场还观测到，防砂作业显著降低了气井砂面的上升速度，起到较好的防砂、控砂效果（图4-54）。

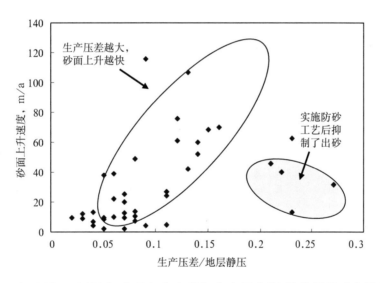

图4-54　2007—2008年砂面上升速度与生产压差/地层静压关系统计数据

3. 出水的影响

出水是加剧气井出砂的最主要因素之一。对于黏土矿物含量高的疏松砂岩，水侵后将打破原有平衡、加剧水化膨胀，砂粒间的附着力减小，地层的强度被大大降低，导致胶结砂变成松散砂；另外，气水两相流对孔隙喉道的剪切应力增加，使得砂岩的胶结更容易遭到破坏；气水两相流动的携砂能力比单相气流的携砂能力强，也使地层更容易出砂。

从涩北一号气田典型出砂井的日产水量与砂面上升速度关系图上（图4-53）可以看出，出水量大的井其砂面上升速度也快。

四、气井出砂预测

气井是否出砂，可以通过多种手段进行预测，包括现场观测法、经验法和理论计算法。

1. 现场观测法

1）岩心观察法

用肉眼观察、手触摸等方式分析岩石的胶结性能，认识岩石强度，评估生产中出砂的可能性。

2）邻井对比法

在同一气藏中，若邻井在生产过程中出砂，则该井出砂的可能性就大，需要做好防砂措施。

3）生产测试法

如果DST测试期间气井出砂，则在生产初期就可能出砂；如果DST测试期间未见出砂，但若发现井下工具在接箍台阶处附有砂粒，或DST测试完毕后发现砂面上升，则表明该井肯定出砂。

4）试井法

对同一口井在不同时期进行试井，绘制渗透率随时间的变化曲线，依据渗透率的变化来判断井是否出砂。

2. 经验法

经验预测法主要根据岩石的物性、弹性参数以及现场经验，对易出砂地层进行出砂预测。目前常用的几种经验方法如下：

（1）声波时差法。

若声波时差大于出砂临界值，即295～395μs/m，就应采取防砂措施。

（2）孔隙度法。

孔隙度反映岩石致密程度，利用测井和岩心试验可求得孔隙度在井段纵向上的分布。当孔隙度大于30%时，表明地层压实程度弱、胶结程度差，出砂可能性大；孔隙度在20%～30%之间时，存在地层出砂的可能性；孔隙度小于20%，则地层一般不会出砂。

（3）组合模量法。

根据声速及密度测井，计算岩石的弹性组合模量E_c：

$$E_c = \frac{9.94 \times 10^8 \rho_r}{\Delta t_c^2} \tag{4-17}$$

式中　E_c——岩石的组合弹性模量，MPa；

　　　ρ_r——地层岩石密度，g/cm³；

　　　Δt_c——纵波声波时差，μs/m。

E_c值越小，地层越易出砂。美国墨西哥湾地区，当E_c值小于20000MPa时，地层易出砂。

（4）出砂指数法。

根据声波时差及密度测井曲线，求得不同部位的岩石强度参数，计算产层段的出砂指数。

（5）地层强度法。

20世纪70年代初Exxon公司发现当生产压差是岩石剪切强度的1.7倍时，岩石开始破坏并出砂。

（6）双参数法。

以声波时差为横轴，生产压差为纵轴，将各井的生产数据点绘制散点图，则出砂数据点形成一个出砂区。用同样方法将预测井的数据绘在同一坐标图上，依据所处的位置判断是否出砂。

3. 出砂预测的新模型

岩石强度是地层出砂的主要决定因素，出砂预测的理论计算方法中，岩石强度取为一个常数。根据前面的分析，岩石强度明显受到岩石矿物成分和地层出水的影响。

对于涩北气田，储层岩石的泥质含量较高，且各产层泥质含量的差异较大；此外，出水将贯穿气田开发的始终，如果不考虑泥质含量差异和出水对强度的影响，将导致临界出砂压差计算的失误，增加气井出砂的风险。

1）岩石抗压强度

岩样含水量的大小将显著影响岩石的抗压强度，含水量越大，强度值越低。水对岩石强度的影响通常以软化系数来表示。软化系数是岩样饱和水状态下的抗压强度与自然风干状态下的抗压强度比值，用小数表示，即：

$$\eta_{c} = \frac{\sigma_{cw}}{\sigma_{c}} \tag{4-18}$$

式中　η_{c}——岩石的软化系数；

　　　σ_{cw}——饱和岩样的抗压强度，MPa；

　　　σ_{c}——自然风干岩样的抗压强度，MPa。

实验测试数据表明，岩石强度的软化系数主要和矿物亲水性有关。岩石中亲水性最大的是黏土矿物，其在浸湿后强度降低达70%，而含亲水矿物少（或不含）的岩石，如花岗岩、石英岩等，浸水后强度变化小得多。

2）岩石抗剪切强度

岩石抗剪切强度主要取决于泥质含量与含水饱和度。根据参考文献发表的实验数据，对单因素进行实验数据分析，样品的抗剪切强度与泥质含量（含水饱和度20%）的回归关系式为：

$$\tau_{s} = 7.16e^{-5.50V_{sh}} \qquad (R^2 = 0.7121) \tag{4-19}$$

式中　τ_{s}——岩样的抗剪切强度，MPa；

　　　V_{sh}——岩样的泥质含量。

实验样品的抗剪切强度与含水饱和度回归关系式为（泥质含量30%）：

$$\tau_{s} = 3.83e^{-2.06S_{w}} \qquad (R^2 = 0.7415) \tag{4-20}$$

式中　S_{w}——岩样的含水饱和度。

实际上，岩石抗剪切强度并非只是某一单参数的函数，而是与多个参数有关。因此，多元回归模型更具有代表性，适用范围更广。根据实验数据回归得到的岩石抗剪切强度计算公式为：

$$\tau_{s} = -0.31 + 1.82e^{-4.78V_{sh}} + 3.28e^{-2.14S_{w}} \tag{4-21}$$

3）改进模型的出砂预测

改进模型出砂临界条件的计算步骤如下：

（1）在每一计算深度，根据自然伽马测井数据估算泥质含量；

（2）根据岩电实验数据和阿尔奇公式估算该深度对应的含水饱和度；

（3）利用取心所进行的岩心分析实验数据，回归当地岩石抗剪切强度与泥质含量和含水饱和度的相关关系；

（4）根据相关关系计算对应的岩石强度；

（5）通过岩心的强度测试和矿物成分分析数据，校正该计算模型；

（6）基于常规的出砂临界压差理论计算方法，估算临界出砂压差，得到生产层段的临界压差剖面；

（7）选择最小值作为生产压差控制的上限。

对常规模型最大的改进在于，当岩石抗剪切强度与泥质含量和含水饱和度的关系比较落实后，利用储层渗流模型估算不同开采阶段的地层含水饱和度，利用改进的模型就可以预测不同开采阶段的出砂临界压差，对于涩北气田出水气井的主动防砂压差控制参数设计，这一特点尤为关键。

4. 出砂预测实例分析

1）未出砂井

S3-5井，人工井底1491.27m，射孔井段1288～1326m。该井2009年3月7日探砂面在1478.00m，砂面高度13.27m，累计生产1159d，折算砂面年上升速度为3.8m/a，属于基本不出砂的范围，探砂面前一年内平均生产压差为0.39MPa，日均产气$4.02 \times 10^4 m^3/d$，日均出水0.20 m^3/d。

生产井段内声波时差为309～466μs/m，中子密度为1.9～2.4g/cm³，自然伽马为54～161API。计算射孔生产段的泥质含量为19%～57%，内聚力强度为0.91～3.33MPa，出砂压差为0.717～4.283MPa，即临界出砂压差为0.717MPa（图4-55）。

该井实际生产压差为0.39MPa，小于临界出砂压差，因此砂面上升很慢，出砂很少，与预测结果一致。

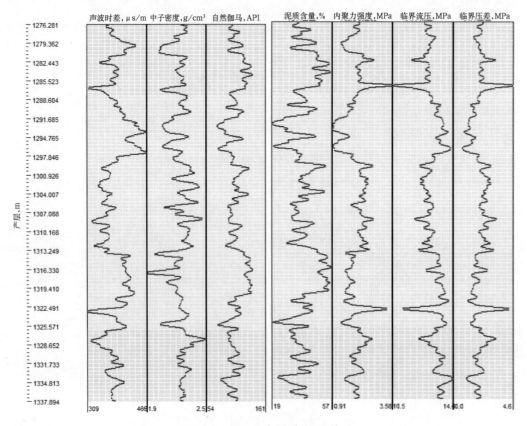

图4-55 S3-5井测井解释曲线

2）大量出砂井

S3-17井，人工井底1525m，射孔井段位于1261.0～1294.6m。2009年3月15日探砂面在1291m，砂面高度234m，累计生产475d，折算砂面年上升速度162.6m/a；探砂面前一年内平均生产压差为1.29MPa，日均产气4.17×10⁴m³/d，日均出水2.63 m³/d。

生产层段声波时差为321～515μs/m，中子密度为2.09～2.5g/cm³，自然伽马值为63～156API。按照理论模型计算泥质含量为13.4%～56%，内聚力强度为0.49～2.494MPa，出砂压差为0.444～2.832MPa，即临界出砂压差为0.444MPa（图4-56）。该井实际生产压差为1.29MPa，大于该井射孔段上43.6%长度的临界出砂压差，因此判断该井出砂严重，这一结论与砂面的快速增长相一致。

在开采过程中由于气井生产条件十分复杂，主要表现在层间非均质性较强，层间差异较大；另外，由于气田承担着调峰的任务，峰谷差很大，导致气井产量变化较大，甚至需要频繁开关井；再加上气井不同小层出水导致层间差异较大。因此，对于多层合采气井临界出砂压差的准确预测还是比较困难的。通过理论计算获得的临界出砂压差只能作为参考值，具体出砂条件还需要在生产过程中不断摸索。

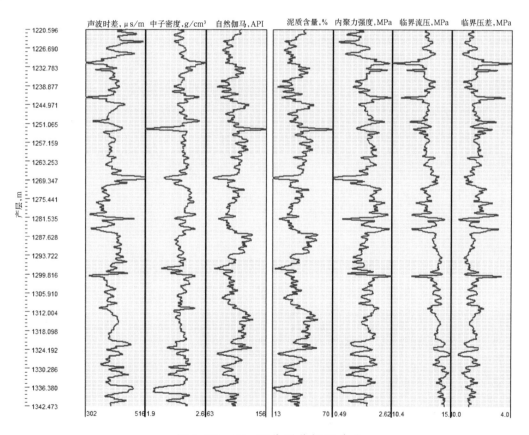

图4-56　S3-17井测井解释曲线

参考文献

[1] Lefkovits H C，et al. A study of the Behavior of Bounded Reservoirs Composed of Stratified Layers，[J]. JPT，March，1961：43-58.

[2] Taria S M，Ramey H J Jr. Drawdown Behavior of a Well with Storage and Effect Communicating with Layers of Different Radii and Other Characteristics [C]. Paper SPE 7453，Oct，1978：1-3.

[3] Kucuk F. Well Analysis of Commingled Zones without Crossflow [C]. Paper SPE 13081, Sep, 1984: 16-19.

[4] Bourdet D. Pressure Behavior of Layered Reservoirs with Crossflow [C]. Paper SPE 13628 presented at the SPE 1985 California Regional Meeting, held in Bakersfield California, March, 1985: 27-29.

[5] 张望明，等. 多层油层试井分析 [J]. 石油学报，2001，28（3）：63-66。

[6] 孙贺东，等. 无限大三层越流油气藏的井底压力的精确解及典型曲线 [J]. 矿物岩石，2003，23（1）：101-105。

[7] Fetkovich M J. Decline-Curve Analysis Using Type Curves [J]. JPT, 1980, 6: 1065-1070.

[8] Terzaghi K. Theoretical Soil Mechanics [M]. New York, Wiley, 1943.

[9] Hall H N. Compressibility of Reservoir Rocks [J]. JPT, 1953, 5 (1) : 16-27.

[10] Jose G, Her-Yuan Chen. Fully Coupled Fluid-Flow/Geomechanics Simulation of Stress-Sensitive Reservoirs [C]. SPE 38023, June, 1997.

[11] 刘建军，刘先贵. 有效压力对低渗透多孔介质孔隙度、渗透率的影响[J]. 地质力学学报，2001，7（1）：41-44.

[12] 张琰，崔迎春. 砂砾性低渗透气藏应力敏感性的试验研究[J]. 石油钻采工程，1999，21（6）：1-6.

[13] 罗瑞兰，程林松，彭建春，等. 低渗岩心确定渗透率随有效覆压变化关系的新方法[J]. 中国石油大学学报，2007，31（2）：87-90.

第五章 气藏工程方案优化设计

储层疏松、气层多并具边水等三个地质特点决定了气田开发的复杂性、开发动态的不确定性和开发优化的重要性。一是气层多、含气井段长，决定了气田开发过程中需要合理划分层系、优化小层组合，既要满足总体产能规模的要求，还要有利于各层均衡动用；二是每个小层均为层状边水气藏，且含气面积差异很大，除了影响层系组合优化之外，还需要优化布井，既要提高气井对储量的控制程度，又要防止边水侵入；三是储层疏松易出砂，需要优化合理配产，既要最大限度地利用地层能量、提高单井产量，又要降低生产压差以防止地层出砂。

除了层系划分、井网部署和合理配产之外，还需要进行整体的、系统的开发优化设计，合理地解决提高单井产量与防水防砂、少井高产与安全生产之间的系统矛盾。

第一节 优化设计概述

开发优化是气田高效开发的基础，针对涩北多层疏松砂岩气田而言，层数多、气水关系复杂、岩石疏松，优化设计尤其重要。通过多年的开发实践，逐步形成了一套多层疏松砂岩气田开发优化设计技术[1-4]，有效地指导了涩北气田的开发。

一、优化设计原则

从多层疏松砂岩气田气层多、含气井段长、层间压力差异大、气水关系复杂、储层疏松易出砂、各气层含气面积差异大等地质特点出发，科学、合理地制定气田开发技术政策，气藏工程方案优化设计的原则是：

（1）合理组合和划分开发层系，充分发挥主力层的作用和各含气小层的潜力。

（2）综合考虑地面与地下地质条件，优化井网部署、优化射孔层位，远离气水边界布井与射孔，最大限度地降低水侵的影响，减少低效井比例。

（3）先期防砂与控制压差生产并重，在地质条件适合的气井投产前即采取防砂工艺措施；分层系、分井区确定合理的生产压差，优化配产，既要防止气井出砂，又要有效地提高单井产量。

（4）由深到浅、一次布井，层系接替进行稳产，开发过程中保持单井稳定生产。

二、优化设计思路

气藏工程方案优化设计的目标：针对多层疏松砂岩气田特定的地质与开发特征，制定合理的开发技术政策，选用适合的工艺技术，有效解决提高单井产量与防水防砂、少井高产与安全、稳定生产之间的主要矛盾，实现气田高效开发。

气田开发优化的总体思路：通过气藏精细描述，分析地质特点，确定主要地质参数，建立精细的三维地质模型；依据驱动类型与天然气性质，确定合理的开采方式；通过地质储量与市场需求的匹配关系分析，确定合理的产能规模；依据气层平面展布和纵向分布特点，合理划分开发层系；依据防水防砂、提高单井产量的双重要求，确定合理的单井产量；依据产能规模与单井产量，确定有效生产井数；针对砂体展布规模和叠置关系，优选井型、确定合理的井网井距；最后通过产能建设步伐与市场消费的要求，进行产能建设安排。

（1）气藏精细描述，建立三维地质模型。

通过地质评价与动态分析相结合的气藏精细描述，准确认识气藏储层疏松、长井段多层和边水的地质特征以及出水、出砂和层间差异的开发特征，建立三维地质模型，为开发优化和技术政策的制定奠定基础。

通过小层精细对比、沉积微相、储层特征、流体特征、温压系统、气水关系、驱动类型和地质储量评价等研究，充分认识储层地质特征和气水分布规律，建立精确的三维地质模型，评价储量的可动用性。

通过产能评价、试井分析、物质平衡分析和产量不稳定分析等技术方法，评价气井分层产能与合采产能，了解储层渗流能力、边界特征与井控储量以及气井出水、出砂状况，确定气藏的水体能量与驱替类型，准确认识气藏动态特征，并依据动态评价结果修正静态地质模型，然后粗化为数值模拟所利用的地质模型。

（2）依据驱动条件，确定合理开采方式。

涩北气田属第四系生物成因、自生自储的干气气藏，边水能量相对较弱，以弹性气驱为主。借鉴同类气藏开发模式，主要采用衰竭式开采方式。

（3）分析资源市场，确定合理产能规模。

依据天然气利用的特点，气田开发需要达到一定的产能规模，以满足市场对天然气的需求，在满足产能规模的同时，还需要具有一定的稳产期。在一定条件下，产能规模与稳产期具有负相关关系，产能规模大，则稳产期短。如果缺乏后备资源，气田开发既要形成一定的产能规模，更需要具有一定的稳产期。

按照中国石油天然气股份有限公司《天然气开发管理纲要》要求，中型气田要求稳产7～10年，大型气田的稳产期要求达到10～15年以上。

涩北气田埋藏深度浅，地层压力低，一般为5～20MPa，储层中低渗透、含气层数多，气水关系复杂，即使水体能量不强，但气藏含气面积小，各层距气水界面距离远近不同，属于浅层中低渗透边水气藏，动态分析表明水侵对于气田开发影响较大，因此采气速度应相对较小，通过综合评价，采气速度为2.5%～3.0%。

（4）针对多层气藏，合理划分开发层系。

合理进行层系划分，以便于充分发挥主力气层的重要作用，有利于井网的部署优化，有利于各种措施的顺利实施，又能有效地降低出水、出砂等风险。

多层疏松砂岩气田开发层系的划分要充分利用气藏的特点，综合考虑隔层条件、主力产层分布特点以及含气井段跨度、层组内的非均质、储量规模等各种影响因素。具体而言，层系间要具有良好的隔层条件，同一层系各小层特征基本相近，层系跨度要满足气田开发要求，并且每个层系要有一定的储量规模。

依据涩北气田主力气层相对集中分布的特点，以主力小层为基础组建开发层系，将纵向上相邻、平面上含气面积相近的主力小层进行组合，形成主力开发层系。对于含气面积小的层单独组建开发层系，用较少的井控制，由此降低对于主力层系的影响。

涩北二号气田将含气面积小于7.5km²的含气小层独立出来，组合为独立的开发层系，依据各小层在纵向的分布，采用不同井组控制，有利于降低边水侵入的影响，取得较好的开发效果。

（5）依据储层特点，确定合理单井产量。

常规气藏通常依据气井产能，应用经验方法进行单井配产，一般按气井绝对无阻流量的1/5～1/3进行单井配产。通常对于高产能气井，按测试无阻流量的1/5配产；中等产能气井，按无阻流量的1/4配产；低产能气井，则按无阻流量的1/3配产。

对于多层疏松砂岩，储层物性较好，测试气井产能相对较高，如果按经验方法配产，容易引起地层出砂。因此，为降低气井出砂风险，需要降低生产压差，以相对较低的单井产量生产。

采用经验法进行单井配产，只考虑了气井产出能力这一影响因素，并没有考虑稳产的要求，如果要保障单井具有一定的稳产期，还需要考虑到井控储量对于单井稳产的影响。对于多层气藏，气井均采用多层合采的方式生产，由于存在层间非均质性，配产时需要充分考虑由此带来的影响。在一井射开多层的条件下，气井测试产能表现出来的主要是高渗透层的产能，当高渗透层的储量有限时，就难以满足按高渗透层渗流能力确定的气井配产，难以达到预期的稳产条件。因此，多层疏松气藏配产时要充分考虑单井控制储量对气井稳产的影响，不能只靠经验法配产。

另外还有出水的影响，在不同小层边部气井距气水界面也不同，产气强度过高，容易导致边水侵入，不宜采用过高的单井配产。

因此，对于多层疏松砂岩气田，单井配产要综合考虑单井防水、防砂以及气田提高储量动用、提高稳产期的要求，应依据本章第五节确定的方法，综合确定各开发层系每口单井的合理配产。

（6）依据产能产量，确定有效生产井数。

对于单井以恒定产量方式进行开发的气田，首先依据地质条件与开发需求确定气田产能规模和单井产量，然后依据产能规模和单井产量确定生产井数。另外，开发设计时，一般还要考虑存在开发风险，给定一个备用系数，因此，井数的确定通常采用下述方法：

$$N = 10^4 \times k \times G_a / (q_g \times 330) \tag{5-1}$$

式中　N——总井数，口；

k——备用系数，一般取1.1；

G_a——气田的产能规模，$10^8 \text{m}^3/\text{a}$；

q_g——平均单井产量，$10^4 \text{m}^3/\text{d}$。

当直井与水平井混合布井时，分别确定直井和水平井的井数，两者之和即为每个开发层系的井数；各层系的井数之和，即为气田的开发总井数。

（7）针对储层特点，优化确定井网井距。

对于多层疏松砂岩气田，针对每个开发层系进行井网优化部署，一是要满足单井的井控储量需求，确保单井具有一定的稳产期；二是要远离边水布井，降低边水侵入风险；三是各层系要统筹部署，优化、简化地面集输系统。

每个层系的井网井距按本章第四节的方法确定初步部署方案，然后在地质建模的基础上，应用数值模拟技术，综合考虑井网井距、射孔方案、单井配产和层系产能规模，以降低出水、出砂风险和提高储量动用为目标，进行调整优化，最终确定合理的井位部署、射孔方案和单井产量。

（8）合理安排接替，确保安全稳定生产。

依据市场需求和产能建设施工要求进行产能建设安排，如果需要分期进行产能建设、接替稳产，需要遵循以下原则：

①产能建设应先建深部层系、后建浅部层系。深部层系地层压力高、单井产能高，可以用较少的井数满足产能规模；如果浅部层系先开发，则在开发层位形成较低的压力，在纵向上形成复杂压力剖面，将给深部层系钻井带来不必要的困难。各开发层系井网部署应一次到位，避免后期加密钻井，主要也是为了避免在复杂压力剖面下的钻井风险。

②优先在主力开发层系进行产能建设。一是可以满足产能要求，二是可以降低非主力层系水侵的影响。

③对于条件适合的气井，在投产前就采用防砂工艺，以便提高单井产量，降低气井出砂。

在气田开发过程中，更要做好气井的生产管理，主要原则如下：

①气井要保持平稳生产，避免频繁开关井，开关井时尽量减少激动。

②出砂气井要适时调整工作制度，发现气井出砂后，应适当降低单井产量，减少地层出砂。

③出水气井要保持"三稳定"生产，即工作制度稳定、气井产量稳定、井口压力稳定。井底积液的气井要及时采取排水采气工艺技术措施使气井恢复生产。

④做好动态监测工作，及时进行动态分析，实时进行开发调整。

第二节　开发方式优化

涩北气田属第四系生物成因、自生自储的干气气藏，天然气品质好，甲烷含量大于98%，不含硫化氢等酸性气体。气藏边水能量相对较弱，以弹性气驱驱动为主。国内外这种气田均采用衰竭式开采方式开发，充分利用气田的天然能量，采用各种有效措施提高气田的开发水平和经济效益。

涩北气田气藏埋深浅，地层压力相对较低，随着气田的开发和压力的递减，井口压力很快就达到管线外输压力，为提高气田采收率、延长稳产期，气田开采中后期应使用压缩机进行增压外输，其优点有两个方面：

（1）对于干气气藏，开发早期采用衰竭方式开采可以充分利用天然能量。

（2）开发中后期增压开采有利于延长稳产期和提高气田的最终采收率。以台南气田为例，井口压力达到6.4MPa（外输压力）后使用压缩机，降低井口压力至2.5MPa，气田采收率将由42.2%增加到67.5%，增加25.3%。

因此，涩北气田采取衰竭式开发、中后期增压的开采方式。

第三节 开发层系优化

层状气藏或块状气藏开发只要部署一套井网就能有效动用气田的天然气地质储量，满足气田开发的需求，不需要划分开发层系。但对于像涩北气田这样的多层疏松砂岩气田，由于含气小层的数量超过50层，含气井段跨度超过千米，采用一套井网难以一次有效动用所有气层，也难以满足产能规模的要求，对于防止气井出水、出砂更是难以操作。因此，需要依据气层的分布特点，优化小层组合，合理划分开发层系，降低由于气层多、井段长给开发带来的不利影响，充分发挥每个小层的潜力，降低开发风险，提高开发效果。

一、层系划分方式

对于长井段、多层气藏，可供选择的开发层系划分与组合方式主要有分层单采、逐层开采、全井段多层合采和划分层系开发等4种形式。

1. 分层单采

即对每一气层，采用一套井网单独开发。涩北气田各气层间分隔性强，每个气层都有独立的水动力系统，原则上具备了单层开采的条件。

单层开采不仅利于防砂堵水和动态监测，而且有利于提高单气层的采收率。但由于气层薄而多，若分层单采，气井射开的有效厚度小，单井产量低；若放大生产压差，则又不利于气井防砂。要达到一定的生产规模，必须采用多套井网，则需要钻大量的生产井，用这种方式开采显然极不经济。

2. 逐层开采

即先开发深部层位气层，待其产量大幅度递减后，再逐步上返浅部的气层生产，优点是每一气层都有足够多的生产井，有利于发挥各类储层的能力。缺点是由于单层厚度薄、每一气层的储量有限，气井要频繁上返作业，同时减小了气井的生产效率，作业过程中易造成井身事故。另外，这种方式也难以满足气田产能规模的要求。

即使采用多层合采，一次射开多个小层，逐段上返接替的方式，由于含气面积有限，不可能大量布井，难以满足整体产能规模的要求。

3. 全井段多层合采

即一次性射开所有的气层合采。这种方式适合于无水气藏或边水能量很小的以弹性气驱为主的砂岩气藏，或底水不活跃的块状气藏；对于含气层如此之多、含气井段长达1000m，且气水边界不统一的多层气藏，出水、出砂两大问题难以解决：

第一，疏松砂岩储层在气藏开发过程中的出砂问题。顶部气层压力与底部气层压力差超过10MPa，若将所有气层同时射开生产，要动用全部气层储量，生产压差至少应大于10MPa，气田地质条件决定了不可能用这样大的生产压差生产。为防止气层出砂，控制生产压差是关键。生产压差过大，气层易出砂，而生产压差小，射孔段顶部气层形不成压差，将造成顶部气层未动用甚至返流，严重时会破坏储层结构，打乱气层原有的平衡，甚至有可能造成储量的损失。

第二，延长气井无水采气期的问题。由于多层疏松砂岩气田每一气层都具有独立的气水系统，大部分气层气水边界不一致，若同时射开生产，即使生产过程中边水呈均匀推进，但各气层见水期相差也会很大。气井一旦有气层出水，必然会影响整体开发效果。

4. 划分层系开发

合理组合和划分开发层系，即全气田划分为多套开发层系、采用多套井网开发。每一开发层系都控制一定的天然气地质储量，具备一定的生产能力，并具有较长的稳产期。

多层气田采用划分层系开发的优点具体表现为：一是有利于井网优化部署，通过层系优化组合，减少了层数，井位部署时只需考虑有限的几个小层，能够充分利用每个层系各小层的组合特点进行井位优化；二是可以降低出水的风险，层系组合可以将含气面积相近的层进行组合，可以降低含气面积较小的层出水对于主力含气层的影响；三是可以实现气田在纵向上的均衡开采，依据气田整体产能规模要求和各层系的地质储量实际，可以合理确定各层系的产能规模，各层系同时开发，降低纵向上出现过大的层间压力差异；四是有利于实施防砂工艺技术措施，射孔井段小，可以方便地进行各种防砂作业；五是便于生产管理，分层系布井，对于出水、出砂的识别更容易，计量管理、措施作业更方便；六是便于地面集输系统部署，可以实现深浅层系气井的高低压分输。

综上所述，对于多层疏松砂岩气田而言，在充分认识储层分布特点以及储量规模条件下，进行合理的层系划分，并选择合适层段实施多层合采，既能提高储量的控制程度，又能提高单井产量，同时确保气井长期、稳定生产，提高气田整体开发水平。通过不同开发方式对比分析可知，对于长井段多层气藏，合理划分开发层系，每个开发层系采用单独一套井网开发是实现气田高效开发的必然选择。

二、层系划分原则

多层气藏的开发需要合理地划分开发层系，层系划分过细，需要井数过多，投资大、成本高，影响开发效益；层系划分过粗，每个层系小层就多，层间干扰严重，出水、出砂难以控制，难以达到划分层系的目的。

开发层系的划分既要充分考虑气藏的地质特点，又要切实满足开发工作的需要。其中地质特点主要包括隔层厚度、含气面积和主力产层分布特点等；开发生产要求包括含气井段跨度、层组内的非均质性和储量规模等。

通过综合考虑开发过程中各种影响因素，合理进行层系划分，以便于充分发挥主力气层的重要作用，有利于井网的部署优化，有利于各种措施的顺利实施，又能有效地降低出水、出砂等风险。

1. 层系间要具有良好的隔层条件

多层气田各气层间被泥岩层分隔，每个气层都有独立的水动力系统，成为独立的气藏，表明泥岩隔层在气藏形成与保存过程中起到较好的封隔作用，但作为开发层系间的隔层，还需要具有良好封隔条件。

由于沉积条件的变化，泥岩隔层的厚度变化很大。作为开发层系间的隔层，一是确保层系间，特别是与邻近水层无窜流，由于气井易出水，可能会导致地层垮塌而影响隔层的稳定性，防止开采过程中的窜层；二是有利于防砂作业的实施，疏松砂岩气藏部分气井要进行压裂充填防砂等工艺技术措施，良好的隔层可以避免措施作业过程中压窜邻近的水层。因此，层系间的泥岩隔层要有较大的厚度，以便降低开发风险。

2. 每套开发层系均要具有一定的储量规模

天然气地质储量是气田产能建设与气田稳产的基础，每套开发层系都要具有一定规模的天然气地质储量，以保证每套开发层系达到一定的产能规模，并保障具有一定的稳产期。

在层系划分中应突出含气面积大、地质储量大的主力气层的作用。在主要开发层系中要依据主力气层的分布特点，以主力层为中心优化层系划分，使主力开发层系以主力层为主体，以便确保具有高产稳产的储量基础。

开发层系划分不追求各层系储量都相同，而是要适应各小层储量的分布特点。不同的开发层系地质储量大小可以不同，而通过设计不同的井数调整单井控制储量，确保各单井具有相对一致的稳产期。

3. 层系跨度要满足气田开发要求

生产层段跨度越小，顶、底气藏的层间压差也越小，多层合采时越有利于发挥顶部气层的生产潜力。此外，射孔跨度越小，射开的气层数就越少，层间干扰也越小。如果射孔井段、射开层数过少，虽然降低了层间干扰，但由于单层厚度薄，分层储量小，则单井产量低。要提高单井产量，必须放大生产压差，由此又将增加气井出砂的风险，因此，每套开发层系需要有足够多的小层组合在一起，具有一定的储量规模。

相反，生产层段跨度越大，射开的气层数越多，则地质储量就越大，越有利于提高单井产量和保持气井具有较长的稳产时间。但是射开层数多，则射孔井段长，一是层间原始地层压力差异增大，二是层间非均质性有可能增加，由此层间干扰也更加严重。层数越多，层间矛盾越突出，低渗透层受到的抑制越强，层间干扰的可能性越大。

依据气田开发实践，射开层数为3～4层，各层潜力能得到较充分地发挥，随着层数的增多，层间干扰越来越严重（图5-1）。

通过对同一开发层系多井测试的产气剖面结果统计（图5-1）分析，射开3～4层时，单层产量大于$2 \times 10^4 m^3/d$的层占50%，而射开5～10层时，大于$2 \times 10^4 m^3/d$的层仅占11.1%～14.3%；与之相反，随着射孔层数的增多，单层产量贡献趋于减少，射开3～4层时，单层产量小于$1 \times 10^4 m^3/d$的层占28.6%，而射开5～10层时，小于$1 \times 10^4 m^3/d$的层占73.8%。

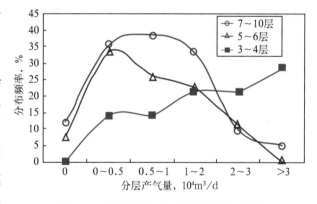

图5-1 分层产量与射孔层数关系图

要保证气田开发效益，需要尽可能提高单井产量，相对于单井产量而言，层间干扰的作用就不是那么重要了。而且，层间干扰具有时间效应，在开发早期低渗透层的产能可能会受到抑制，随着开采的进行，高渗透层能量不断衰竭，低渗透层的作用将逐渐得到发挥。因此，在两者矛盾较大时，优化设计时应以满足单井产量和气井稳产为主进行层系组合优化。

4. 同一层系各小层特征基本相近

涩北气田各含气小层含气面积差异大，最小面积仅$1.3km^2$，最大含气面积近$40 km^2$，由此在层系组合时，要将层位靠近、储层物性相近、含气面积相当的小层组合在一起，以利于井网部署和储量动用。

优化组合时，应突出发挥含气面积大、储量规模大且分布相对集中的主力气层的作用，以主力气层为基础进行层系划分，将邻近的多个主力气层组合形成独立的开发层系，便于井网部署和生产管理，有利于提高开发效果。

层系划分时应尽可能将主力气层与含气面积小、水体大的气层分开，对含气面积小的层采用单独射孔单元，避免边水及独立水层对主力气层开发的影响，降低由于气井出水、出砂引起的开发风险。

含气面积相近，并不等于必须使同一层系内各小层含气面积相同，各小层含气面积可以存在一定差异，以多数小层较大的含气面积作为井网部署的基础，对于含气面积小的层在射孔时适当避射。同一开发层系内的各小层在纵向上越近越好，以便于合理生产压差的确定，降低气井出砂风险。

总之，对于多层疏松砂岩气田，开发层系划分应满足以下原则：

（1）每套开发层系具有一定规模的天然气地质储量，以保证层系的产能规模和一定的稳产期，储量大小不同通过设计不同的井数调整单井控制储量。

（2）层系间的隔层厚度一般应在5m以上，以确保层系间分隔的可靠性，尽可能避免层系间的干扰，有利于生产管理、动态监测和动态分析等。

（3）在满足气田开发指标的同时，尽可能细分层系，减少层间非均质影响，条件适宜的小层可利用水平井开采。

（4）在层系组合时，要将层位相对集中、含气面积相当的小层组合在一起，以利于井网部署和射孔优化组合。

三、层系划分实例

以台南气田为例，进行开发层系与射孔单元的划分。

1．层间隔层条件

台南气田从零气层组到四气层组共有58个隔层，最薄的隔层为1.8m，最厚的隔层为22.5m。如3−8小层和3−9小层的泥岩隔层3~8m，在全气田范围内分布都比较稳定。平均厚度大于5m的隔层共有35层，占60.3%，其中平均厚度大于10m的隔层共有13层，平均厚度大于15m的有4层。

总体来说，台南气田的隔层岩性、物性、厚度等在气田范围内分布稳定，为开发层系、开发层组的划分提供了有利条件。

2．含气面积与储量分布特征

台南气田54个气层含气面积差异大，最小面积仅1.3km²，最大含气面积33.5km²。面积小于5km²的气层13个，占气田储量的4.07%；面积5~10km²的气层14个，占气田储量的12.9%（表5−1）。两者合计27层，占总层数1/2，仅占气田储量的16.97%。且含气面积小的层，边水体积大，边水对于气藏的开发将有较大影响。

台南气田含气面积大的气层，储量所占比例大。面积大于10km²的气层27个，占气田储量的82.7%，是台南气田的主力气层；地质储量大于$10 \times 10^8 m^3$、面积大于10km²的气层19个，占气田储量的76.3%，是台南气田最优质的主力储层。由此可见，台南气田主力气层储量比例高，储量品质优。

表5-1 台南气田含气面积分布统计数据表

含气面积 km²	含气小层		
	小层数	分布频率 %	累计频率 %
<5	13	24.1	24.1
5~10	14	25.9	50.0
10~15	10	18.5	68.5
15~20	7	13.0	81.5
20~25	3	5.5	87.0
25~30	5	9.3	96.3
>30	2	3.7	100.0

3．主力气层分布特征

台南气田含气面积大、储量丰度大的主力气层分布相对集中（图5-2），如1-5至1-13小层、2-12至2-15小层、2-17至3-3小层、3-8至3-11小层和4-1至4-4小层，且这些层中间没有独立水层，对于开发十分有利。

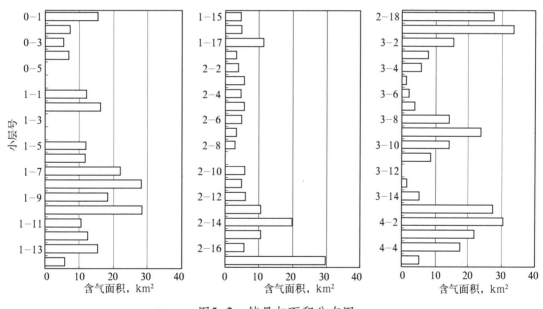

图5-2 储量与面积分布图

在层系划分中突出含气面积大、储量丰度大的主力气层的作用，每个开发层系中要有相当数量的主力气层，使之具有一定的天然气地质储量，以便确保气井具有高产稳产的地质基础；并尽可能将主力气层与面积小、水体大的气层分开，对含气面积小的层采用单独射孔单元，避免边水及独立水层对主力气层开发的影响，以便降低由于气井出水、出砂引起的开发风险。

4．开发层系划分

根据射孔单元划分原则和射孔井段合理跨度要求，如三气层组共划分6个开发层系，划分结果见表5-2，其中2-14小层单独划分为一个开发层系，采用水平井开发。

表5-2　台南气田第三层组开发层系划分表

气层组	开发层系	小层范围	跨度 m	含气面积 km²	隔层厚度 m	备注
三	Ⅲ-1	2-1~2-3	22.9	10.7	6.5	
	Ⅲ-2	2-4~2-6	24.4	8.9	5.3	
	Ⅲ-3	2-7~2-11	52.7	13.0	6.5	
	Ⅲ-4	2-12~2-13	14.6	9.3	11.0	
	Ⅲ-5	2-14	12.8	8.8	6.5	水平井开采
	Ⅲ-6	2-15~2-16	24.2	12.1	10.1	

这样划分的优点：

（1）保证各射孔单元内最上和最下气层之间的原始地层静压压力差不会过大，以利于发挥各单层的潜力，控制合理生产压差和主动防砂。

（2）每个射孔单元内各气层含气面积相差不大，减少了边部气层交错的程度，有利于井位部署和均衡动用，确保边水均匀推进，以保证气井长期高产稳产。

（3）储量规模较大，隔层较厚，含气饱和度较大，厚度大的气层可划分成独立水平井网控制的射孔单元，充分发挥水平井单井产量高的特点。

（4）突出了面积大于10km²、储量大于$10 \times 10^8 m^3$分布相对集中的主力层的作用，有利于实施长井段多层合采或油套分采等提高单井产量工艺，便于生产管理。

第四节　井网部署优化

气井是将天然气从地下采出到地面的唯一通道，气田开发过程中，需要通过部署一定规模的气井来实现，由此井网如何部署成为制定开发技术政策的主要问题之一。由于地质条件的复杂性，对于不同方式的井网部署，开发效果会有很大差异。为实现气田的高效开发，优化布井是其中的关键因素之一。优化布井就是要选用合适的井型，采用科学的布井方式，采取合理的井网井距，利用有限的井数，最大限度地动用天然气地质储量，并达到预期的产能规模和稳产要求。

一、井型选择

涩北气田储层物性相对较好，为高孔隙度、中低渗透率储层，不需要酸化、压裂等增产改造措施，工艺技术较为简单。气田开发可以选用的井型主要包括直井、大斜度井、水平井和复杂结构井。对于多层疏松砂岩气田，气井易于出水、出砂，为简化工艺技术，由此优选直井和水平井两种井型。

多层疏松砂岩气田的主要地质特征：纵向上含气小层多、单层厚度薄、分布相对集中、储层物性较好，采用直井是首要选择。直井开发优点主要表现在：（1）通过合理划分开发层系，可以优化小层组合，利用直井可以进行多层合采，提高单井产量；（2）直井易于采取防砂等工艺技术措施，冲砂也更容易；（3）可以实施两层分采或多层分采；（4）由于各开发层系内气层含气面积相对较小，布井面积受限，直井易于优化部署；（5）直井易于录取资料。

　　水平井具有产量高、生产压差小以及能避免层间矛盾等优点，是实现少井高产、降低层间干扰、提高储量动用的重要手段之一。然而，水平井在技术和经济上也存在诸多局限性，特别是对于多层疏松砂岩气田，气层多而薄，易出水、出砂，水平井技术的应用难度大、风险高，必须从储层地质条件、水平井的钻完井的需求出发，选择有利的目标层部署水平井。

　　多层疏松砂岩气田以优化层系组合、直井多层合采为主，选择部分合适的层段应用水平井。依据该类气藏的地质特征，水平井部署与优化流程如图5-3所示。

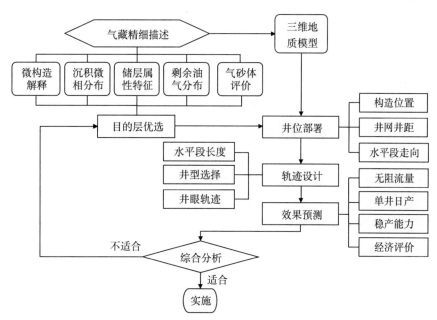

图5-3　涩北气田水平井优化设计流程图

1. 水平井部署层位优选

　　水平井的目的层主要筛选储层分布稳定、物性相对较好和上下无明显水层的小层，有利于井位部署、井眼轨迹优化，提高开发效果。

　　1）储层分布特征

　　储层单层厚度薄，岩性疏松，在一定程度上影响水平井的井眼轨迹控制和有效储层钻遇率。如涩北二号气田，各小层平均有效厚度范围1.4～5.5m，主要分布在2～4m之间，占66.7%；有效厚度大于4m的有17层，占19.1%。为有效实施水平井，需要选择厚度较大、含气面积较大的层，确保水平井的有效储层钻遇率以及具有一定的井控储量。

　　随着开采的进行，各层系、层组间由于采出程度的差异，其层间压力差异逐渐增大，当压差达到一定程度后，水有可能从水层、高含水的泥岩层以及充气不足的气水层沿封隔薄弱处窜入气层，导致层间水窜的发生，由此水平井部署层位上下需要具有一定厚度、分布稳定的隔层。

　　2）储层泥质含量

　　高泥质含量的疏松砂岩储层，岩石力学强度低，开采过程中气层压力不断下降，有效应力不断增加，引起储层岩石结构不同程度的破坏，不仅导致气井出砂，严重的将引起井筒周围泥岩层的坍塌，从而堵塞井眼，导致气井低产。

　　高泥质含量储层的水敏和速敏也比较严重：伊利石吸水后膨胀、分散，易产生速敏和水敏；伊/蒙混层易分散，堵塞孔道；高岭石晶格结合力弱，易发生颗粒迁移而产生速敏。由于水对岩石颗粒间胶结物的溶解作用以及水比气具有更大的携砂能力，当储层中存在可以流动的水时，储层岩石强度会进一步降低。

水平生产段携砂能力较差，气井出砂将很容易导致水平段的堵塞，缩短有效生产段，大幅度减产；对于直井，可以采用冲砂等工艺解除产层的砂堵污染，但对于水平井，工艺措施的难度和成本都将更高，实施的风险也更大。

因此，实施水平井的目的层应具有较低的泥质含量，以便降低由于地层出砂对水平井生产的影响。

3）防止气井出水

涩北气田的气井普遍出水，但出水井的主要水源、出水量的大小以及出水量变化的趋势，在不同的层位、井间以及同井的不同开采阶段之间，具有较大的差异。由于储层地质条件的特殊性，对气水分布、气水边界位置、各层各个方向上边水的水体能量以及气水运动规律的分析、识别和预测难度较大，对气井出水的认识具有一定的不确定性。

与直井相比，水平井的泄流面积更大，波及的储层范围更广，将促使更多的地层水随着地层应力平衡的打破，而转变成为可动水参与流动，导致气井遭受出水危害，尤其是在泥质含量和含水饱和度较高的涩北气田更是如此。

水平井筒的排液难度较直井大，储层出水往往造成水平段的堵塞，致使远处水平段无法产气，出水对气井水平的产量影响更为显著。因此，出水水源和出水规律的不确定性给涩北气田水平井开采的效益带来了风险，目标层应选择含气饱和度高、含气面积大、上下远离水层的含气小层。

从降低出水、出砂危害，降低井眼轨迹控制难度以及降低层间水窜风险的角度，根据对水平井技术的要求，确定涩北气田水平井目标层的选择标准：

(1) 具有一定的厚度，有效厚度大于2m；

(2) 泥质含量低，小于30%；

(3) 含气饱和度较高，一般要大于50%；

(4) 与上、下水层之间的隔层厚度大于5m。

以台南气田3-1层为例，主要属于沙坝、滩砂沉积，岩性为灰色泥质粉砂岩，气层埋深为1419.6~1464.26m，有效厚度为3.72m，孔隙度为27.77%，渗透率为10.94mD，含气饱和度为63.88%，泥质含量为30.09%，含气面积大，地质储量大，综合评价为Ⅰ类储层，设计全部采用水平井开发。

2．水平井部署井位优选

涩北气田属于低幅度背斜气藏，在背斜构造高部位含气饱和度高，低部位含气饱和度低，所以井位选择在背斜构造高部位或中高部位，远离气水边界。

由于储层具有平面非均质性，布井时首先考虑布署在Ⅰ类区，其次为Ⅱ类区。

以台南气田3-1小层为例，6口水平井均部署在构造的中高部位Ⅰ、Ⅱ类区（图5-4）。

台H4-14、台H4-18和台H4-19井设计钻遇3-1-1气砂体，台H4-15和台H4-17井设计钻遇3-1-2气砂体，这5口井为单层开采水平井。台H-16为双台阶水平井，A-B段在3-1-1小层，C-D段在3-1-2小层。

3．水平段长度的优化

以台南2-14小层为例，依据地质资料建立三维地质模型，主要储层参数：气藏中部深度

1327.41m，地层压力16.12MPa，有效厚度8.8m，孔隙度27%，渗透率12.8mD。根据气藏工程方法计算，直井在1.0MPa、1.5MPa、2.0MPa的生产压差下单井产量依次为$8.98 \times 10^4 m^3/d$、$12.5 \times 10^4 m^3/d$、$15.67 \times 10^4 m^3/d$。图5-5是水平井与直井在不同生产压差下的产能对比曲线，不同压差下水平井的产量随着水平段长度的增加而增加，但其增加的趋势在逐步变缓。当水平段长度由50m增加到225m时，其产量增加倍数最大，产量由与直井相当增加至2倍左右；当水平段长度为400m时，产量增加至直井的2.5倍左右；当水平段长度增加到600~800m时，产量增加至直井的3倍左右。水平段长度超过800m以后，其产量增量已经变得较小，增产倍数小于5%。由此分析认为合理水平段长度应介于400~600m之间。

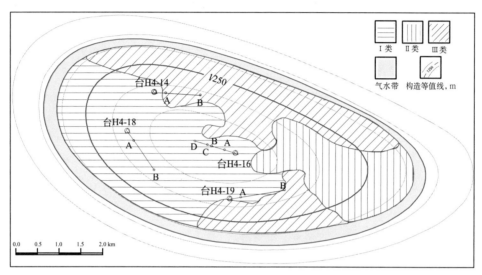

(a) 台南气田3-1-1小层水平井部署图

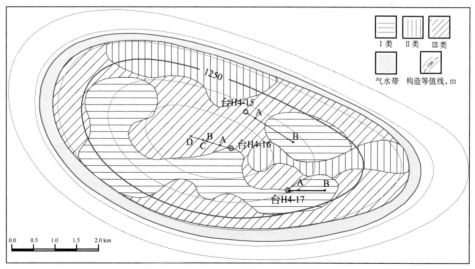

(b) 台南气田3-1-2小层水平井部署图

图5-4　台南气田3-1小层水平井部署图

随着水平段长度的增加，单井的累积采气层均有一定程度的增加，但到一定长度后增加幅度并不是特别明显（图5-6），而且随着水平段长度的增加，产量的增量值也逐步降低。从累计采气量曲线的形态来看，在水平段长度超过600m以后，其曲线形态基本趋于平缓，这也表明水平段长度最好为400~600m。

数值模拟研究结果表明，涩北气田水平井的水平段长度以400～600m为宜。以水平井单独开发的射孔单元水平段的长度控制在600m左右，直井与水平井共同开发射孔单元水平段长度可控制在500m左右。

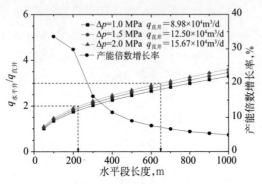

图5-5　水平段长度与产能比值关系图

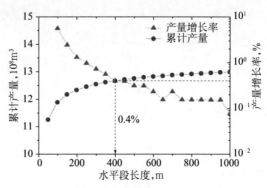

图5-6　水平段长度与累计产量关系图

4. 复杂结构水平井设计

在比较均质的储层，适合用常规水平井。根据涩北气田多储层发育的实际特点，为了提高多个小层储量的动用程度，现场实施部分复杂井型的水平井，主要包括双台阶、双下弯、下压式三种多靶点水平井以及微上翘式水平井（图5-7）。在气层间隔层厚度较小或存在有夹层的小层中适合用多靶点水平井；考虑到易于排水，可采用微上翘式水平井。

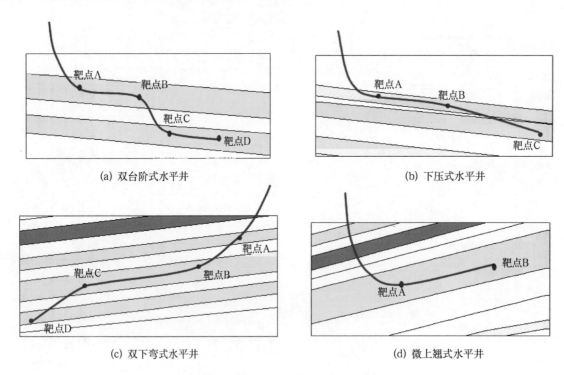

(a) 双台阶式水平井　　　　　　　　　　　　(b) 下压式水平井

(c) 双下弯式水平井　　　　　　　　　　　　(d) 微上翘式水平井

图5-7　复杂结构水平井示意图

从台南气田实施的复杂类型结果看，双下弯式水平井开发效果最好，比采气指数最高为 $0.0744 \times 10^4 m^3 /$（$d \cdot MPa \cdot m$）。主要原因是该井型采用4个靶点将3个含气小层连接起来，是复杂井型中动用小层数最多的水平井，可以动用更多的地质储量。

对于钻穿两层的水平井，其开发效果稍有差异。以2-17小层为例，在气砂体类型和工作制度相同的条件下，双台阶式水平井的单井日产和米采气指数均大于下压式水平井的开发指标，分别高出11.9%和19.8%。

5.水平井井眼轨迹优化

为提高水平井开发效果，充分利用Petrel三维地质建模成果，水平段在目标层内沿有利相带、低泥质含量、高渗透储层钻进，以台H5-1井为例，水平井井眼轨迹见图5-8。

通过水平井现场施工的不断实践总结，形成了具有气田特点的水平井井眼轨迹控制和地质导向新理念，采用地质导向系统，根据地质及LWD测量的地质参数，分析地层情况，及时调整井眼轨迹，达到顺利进入目的层并沿气层的最佳位置钻进。在台南气田，水平井气层钻遇率平均为92.5%。

为控制水平井准确入靶及井眼轨迹，首先必须保证目的层及靶点位置设计准确；其次利用LWD地质导向测井技术指导钻井过程沿设计轨迹钻进；第三，依据钻井、气测和测井等实际情况，跟踪分析，及时调整井眼轨迹。

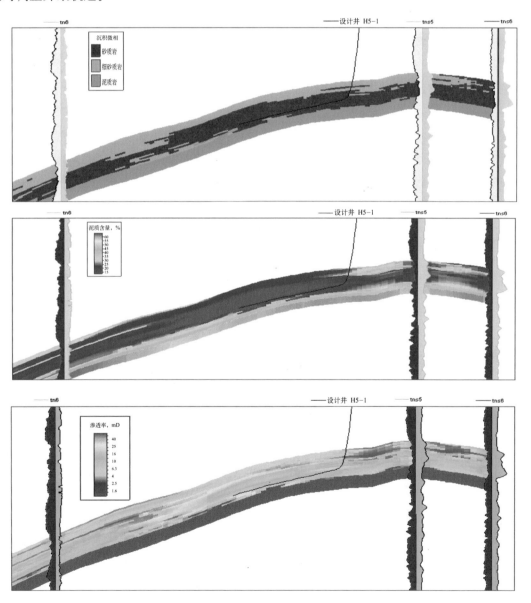

图5-8　台H5-1水平井井眼轨迹优化部署图

台南气田井眼轨迹控制好的水平井有16口，平均日产气量为$12.26 \times 10^4 m^3$，是井眼轨迹控制差的井的1.32倍，而后者平均日出水是前者的4.02倍。由此可见，井眼轨迹质量控制至关重要，是影响水平井开发效果的关键因素。

二、直井布井方式优选

布井方式是气田开发中最关键的技术政策之一，它的合理与否直接影响到气田的开发水平和经济效益。经过长期开发实践证实，气田开发大多采用"高部位井采低部位气，或高渗透部位的井采低渗透区气"的开发技术政策，即生产井应尽量部署在有效厚度大、储层物性好、气井产能高、远离边水的构造高部位，涩北气田的布井方式也遵从这些原则。

1. 距边水距离

对于边水气藏，井网距边水距离的远近对于开发效果影响很大，如果距边水较近，则气井容易受边水侵入的影响；如果距离边水太远，则边部的储量得不到有效动用。

原苏联已开发的36个边水气田的开采实践表明，当气田井网比较完善时，布井面积与含气面积的比值对于边水控制影响很大。当布井面积与含气面积的比值为0.1～0.3时，边水基本没有影响，气藏采收率高达95%以上；如果井位部署距离边水近，将导致边水快速推进，严重影响气田生产。如某气田边部气井距离边水200m，布井面积与含气面积的比值为0.5，气藏过早水淹，天然气采收率仅为46%。

依据水层产量与边水驱动能量分析，涩北气田边水能量有限，选用布井面积与含气面积的比值为0.3～0.4较为合理。依据含气面积大小，开发井距边水距离500～1200m，平均800m左右（表5-3）。

表5-3　涩北气田不同含气面积气井距边水距离分析一览表

含气面积 km²	距边水距离，m		
	$A_{布井}/A_{含气}=0.5$	$A_{布井}/A_{含气}=0.4$	$A_{布井}/A_{含气}=0.3$
5	305.3	376.6	453.0
10	431.8	532.6	640.6
15	528.9	652.4	784.6
20	610.7	753.3	906.0
25	682.8	842.2	1012.9
30	747.9	922.6	1109.6
35	807.8	996.5	1198.5

2. 布井方式

从国内外气田开发的实践来看，气田的布井方式主要有4种：

（1）以正方形或三角形井网等方式进行均匀布井，适用于大型气田；

（2）环状布井或线状布井，适用于边水气田或断块气田等中小型气田；

（3）气藏顶部布井，适用于边水、底水气田；

（4）在含气面积内不均匀布井，适用于储层非均质性强和复杂断块气田。

涩北气田为背斜气藏，含气主要受构造控制，但各小层含气范围差异较大，由此在构造高部位气层多，翼部气水层交互，天然气地质储量主要在构造高部位集中分布，50%的储量分布在构造高部位10km²以内，80%左右的储量分布在15km²范围内（图5-9）。因此，涩北气田适合于构造高部位布井，且在构造高部位的井距应小于边部位井距。

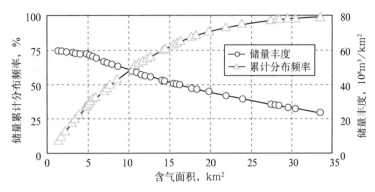

图5-9 储量分布与含气面积关系曲线图

利用数值模拟进行了不同布井方式条件下的开发指标预测（表5-4），顶部密边部稀的布井方式开发指标最好，稳产期为13年，生产30年的采出程度为61.04%；均匀布井方式居中，稳产期为11年，生产30年的采出程度为56.08%；环形布井开发效果最差，稳产期为10年，生产30年的采出程度为53.09%。主要原因是：顶密边稀布井，气井所钻遇的气层数最多，可以射孔的层数和有效厚度大，在井数相同的情况下，对气田储量的控制程度更高，同时还有利于提高单井产量、减小生产压差，起到延长气田稳产年限的效果。气田开发设计中均采用"顶部密边部稀"的布井方式。

表5-4 不同布井方式的主要开发指标对比表

井网部署	井数 口	稳产年限 a	稳产期采出程度 %	30年采出程度 %
顶密边稀	20	13.0	37.35	61.04
环形布井	20	10.0	28.48	53.09
均匀布井	20	11.0	31.37	56.08

综上所述，涩北多层气藏的一个显著特点是天然气赋存受构造控制，集中分布在构造顶部，但由于各小层含气面积差异较大，即使在开发层系优化组合后，同一开发层系各小层含气面积仍然存在一定的差异，即在构造高部位多为纯气层，构造翼部气水层交互，为确保单井具有一定数量的射孔层和足够的控制储量，井位部署应尽可能部署在构造高部位。

为了降低边水影响，有效动用地质储量，针对涩北气田的地质特点，布井原则如下：

（1）在构造高部位布井，采取顶密边稀的布井方式，尽量减少边部低效井；

（2）远离边水布井以降低边水的影响，依据含气面积大小，井位部署距离气水边界500~1200m，平均800m左右。

三、井网井距优化

开发井网对于气田开发的技术经济指标有重要的影响。由于气体在地下的渗流能力远大于液体，所以气田中开发井距一般都比油田井距大。确定合理的井网井距是以气田地质特征（构造形态、储层连通性和储层埋深等）为基础，并考虑气水动力学的因素，如气水渗流规律，通过对各种可能的井网进行技术、经济评价，优选出最佳的布井方案。

井网的密度主要由储层的性质和经济条件决定。井网对气藏地质储量的控制程度，平面上主要取决于井网密度，统计显示，随着井网密度的加大，对储量的控制程度也随之增加。当井网密度达到一定程度后，井间干扰效应逐渐加强，储量控制程度随井网密度增加而增加的幅度逐渐变小。合理的井网密度应最大限度地控制地质储量，而井间干扰相对较弱。

涩北气田储层物性较好，属于高孔隙度、中低渗透率储层，平面连通性较好，单井影响范围较大，原则上可采用较大井距（1000～3500m）布井，但由于储层疏松易出砂，每口井都防砂是不现实的，因此在目前工艺技术条件下，需要限制生产压差、降低单井产量，保持气田长期稳定生产。为实施主动防砂，单井产量受到严格限制，在气田总体产能规模要求下，需要相当数量的井数，因此井距不宜过大。

涩北气田含气主要受构造控制，天然气地质储量主要在构造高部位集中分布，80%左右的储量分布在构造高部位15km²范围内，因此布井范围内储量丰度高，可以采用较小的井距。当然，井距太小，井数就会太多，会增加钻井和地面工程的费用，进而降低开发效益。

通过数值模拟对比分析，随着井距减小、气田生产井数的增多，气田的稳产年限延长，稳产期采出程度和30年末的采出程度等都有所增加。如台南气田某开发层系，当开发井数由16口增加到20口时，稳产年限由9年延长至16年，稳产期采出程度由24.9%提高到40.0%，开发30年的天然气采出程度由61.3%提高到63.7%。这是由于随着生产井数的增多，一方面提高了生产井对气田储量的控制程度；另一方面减少了生产井的平均单井配产，降低了各井的生产压差，从而使得气田的稳产年限延长，气田的其他各项指标也得到改善。但是，由于台南气田的储层物性较好，气井的单井产量普遍较高，生产压差较小，增加生产井数，气井的生产压差并不能得到大幅度的下降。因此，当气井井数增大到一定程度后，继续增加生产井数，气田的开发指标不能够得到更大的改善。预测结果显示，当生产井数由20口增加到32口时，稳产年限仅仅延长了1.5年，30年采出程度只增加0.7%。根据预测分析认为：

（1）多数情况下气田增加生产井数，开发指标将得到改善，但对于储层物性较好的涩北气田，利用较少的生产井就可获得较好的开发效果；

（2）气田的稳产年限与生产井距（单井控制储量）之间有一定的关系，即随着井数的增加而延长，但气田的稳产年限与气田的初始储采比（或采气速度）之间的关系更为密切。

涩北气田开发实践表明储层连通性好，单井控制面积可达1.5～5.3km²，试采表明井距在700m左右，开发过程中虽然存在井间干扰现象，但是在限制生产压差生产条件下能够达到总体产能规模，并具备一定的稳产期，就可以满足开发需求。因此，台南气田的合理生产井距应控制在500～1200m左右。

总之，由研究论证和开发实践，涩北气田的井网部署原则为：

（1）气田开发以直井多层合采为主，优选合适的小层部署水平井；

（2）为减少边水侵入的影响，井位部署依据含气面积大小，距气水边界500～1200m，平均800m左右；

（3）针对构造高部位气层多、低部位气层少的特点，采用"顶密边稀"的布井方式；

（4）通过不同井距的对比优化，构造高部位生产井距应控制在500m左右，边部位井距应控制在800～1000m。

四、典型实例分析

1. 涩北一号气田Ⅲ−1开发层组

该层组共包含4个含气小层，纵向上跨度43.2m，单层平均厚度3.8m，叠合含气面积21.2km²（表5−5）。

表5−5　涩北一号气田Ⅲ−1开发层组小层地质参数

小层	厚度 m	含气面积 km²	孔隙度 %	渗透率 mD	泥质含量 %	含气饱和度 %
3−1−1	3.2	12.2	30.0	28.8	11.0	60.0
3−1−2	3.3	10.9	29.0	5.62	30.6	56.0
3−1−3	4.5	21.2	29.0	13.8	24.7	65.0
3−1−4	4.2	19.8	28.0	8.9	18.0	62.0

采用直井开发，"顶密边稀"布井方式，布井8口，井距800～1000m，排距660m，离边水800m布井，优化井位部署如图5−10所示。

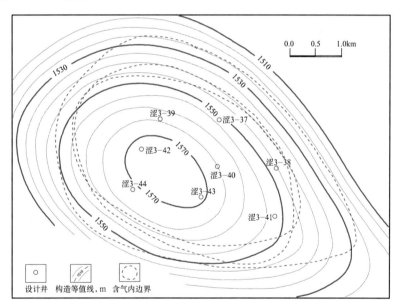

图5−10　涩北一号气田Ⅲ−1开发层井网部署图

依据含气面积大小、储量规模和距边水距离，3−1−1和3−1−2两个小层含气面积小，共有涩3−39、涩3−40、涩3−42和涩3−43四口井射孔，其他井距边水较近，在这两个小层不射孔。在3−1−3和3−1−4两个小层所有8口井均射孔（表5−6）。

表5−6　涩北一号气田Ⅲ−1开发层组射孔层位设计表

小层	涩3−37	涩3−38	涩3−39	涩3−40	涩3−41	涩3−42	涩3−43	涩3−44
3−1−1			射孔	射孔		射孔	射孔	
3−1−2			射孔	射孔		射孔	射孔	
3−1−3	射孔	射孔	射孔	射孔	射孔	射孔	射孔	射孔
3−1−4	射孔	射孔	射孔	射孔	射孔	射孔	射孔	射孔

2. 台南气田Ⅲ-5开发层组

台南气田Ⅲ-5开发层组只含1个含气小层，可分为3个单砂层，纵向上跨度14m，有效厚度8.8m，含气面积18.5km² (表5-7) 。

表5-7 台南气田Ⅲ-5开发层组小层地质参数表

小层	含气面积 km²	厚度 m	泥质含量 %	孔隙度 %	渗透率 mD	含气饱和度 %
2-14	18.5	14.0	19.1	27.0	12.8	65.8

2-14小层符合水平井目标层选择标准，采用水平井开发，包含常规水平井，双台阶、双下弯、下压式等复杂结构水平井，井间距520~720m，排距600m左右，距边水距离680~790m（图5-11）。

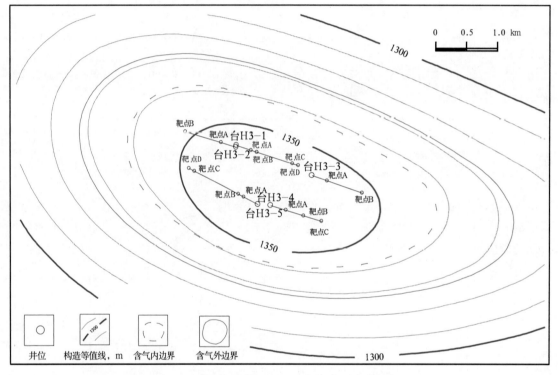

图5-11 台南气田2-14小层井网部署图

第五节 合理配产优化

多层疏松砂岩气田开发与常规砂岩气田开发相比存在较大的差异，前面已经论述，在层系划分和井网部署方面都相差很大，此外，单井配产也与常规砂岩气藏明显不同。单井配产的差异主要是由其特殊的地质条件决定的，一是由于储层岩性疏松，生产压差过大会导致气井出砂，因此需要适当限制生产压差，不能简单地依据无阻流量按经验法配产；二是气井主要采用多层合采的方式，由于各小层存在层间非均质性，测试的气井产能与稳产条件不完全正相关，也不能按常规的经验法进行单井配产；三是气井存在出水风险，配产时需要同时考虑储层物性和距气水界面远近的影响；四是布井方式的影响，采用水平井与直井混合布井，需要综合协调井位部署与单井配产。

一、优化配产的原则

一般情况下，常规气藏气井配产主要考虑以下几方面因素。

1. 气井要具有一定的稳产期

国外在气田开发过程中，为了充分利用地层能量，同时也为了尽快收回投资，均采用定压生产方式开发，开采初期井口压力就控制到外输压力，气井以最大可能的产量生产，通过井间接替的方式保持气田稳产。气井动态表现为初期高产，但产量递减速度快。

国内在气田开发中一般采用定产方式，单井以某一稳定的产量生产，井口压力不断下降维持气井稳产，当井口压力降到外输压力时，气井开始递减。开发初期气田产能建设需要一次布井，单井的稳产期基本等于气田的稳产期，由此需要每口井都要达到预定的稳产期，中后期适当调整或补充少数井以延长稳产期。

在单井控制储量一定的条件下，稳产期与单井产量呈负相关关系，单井配产越高，稳产期越短，要保持气井具有一定的稳产年限，需要进行气井合理配产，才能保证气田向下游长期稳定供气，保证气藏的可持续稳定高效开发。

2. 气井产量应大于最小携液产量

在地层条件下，天然气中都会有水蒸气存在，在气井生产过程中随着压力和温度的降低，水蒸气就会析出变成凝析水。对于边水气藏，生产过程中也会由于边水的侵入而导致气井出水。如果这些水不能及时被带出，则必然在井底形成积液，影响气井的正常生产。因此在制定工作制度时，应考虑在一定的油管直径和生产条件下气井的最小携液产量，单井配产一定要高于最小携液产量，防止井底积液。

3. 合理利用地层能量

为了充分利用地层能量，提高气田开发效益，配产时应尽可能采用较高的产量。但大量的生产数据表明，在产量比较小时，气井生产压差与产量成直线关系；随着产量的增大，由于紊流效应，生产压差不再沿直线增加而是高于直线，气井表现出了明显的非达西效应，为了减小气体的非达西流动能耗，需要将气井产量控制在适当的范围内。

除了需要考虑上述因素外，针对多层疏松砂岩气田易出水、出砂与多层合采等特殊情况，气井配产还应考虑控制生产压差进行生产，实施"主动防砂、防水"的技术策略。

4. 限制压差生产

对于疏松砂岩气藏，气井出砂是制约气田开发的重要因素之一，地层出砂不但会砂埋气层，还会引起地层垮塌，导致层间窜流，此外还会增加管柱磨损，影响地面集输系统的安全。因此，必须采取防砂措施，降低出砂风险与出砂危害。

防砂技术体系主要有两个方向：一是采用工艺技术方法；二是采用控制生产压差方法。

由于涩北气田储层岩性以粉砂岩为主，岩石颗粒细、泥质含量高，常规防砂工艺技术不能满足要求，经过长期探索，优选出纤维复合防砂与压裂充填防砂等工艺技术。工艺技术的要求很高，如气水层交互、隔层条件差、邻近为水层等都限制了工艺技术的实施，因此，很多气井不能实施防砂工艺，需要采取限压差生产方式。

限制生产压差，即降低气井产量，由此降低了气体在多孔介质中的线性流速，也就降低了流体的拖拽力，从而降低了对储层剪切破坏和黏结破坏的可能性，降低了气井出砂风险。因此，在气井优化配产时，需要充分考虑防砂因素，限制气井的生产压差。

5. 多层合采气井配产

对于长井段、多层气藏，即使划分了开发层系，采用细分层系、降低层间干扰的开发技术政策，每套开发层系也有3~5个气层，甚至更多，除了部分应用水平井外，直井开发还是需要采用多层合采的生产方式。因此，气井配产时需要充分考虑多层气藏的渗流特征。

由于含气面积不同、储层物性不同，导致层间非均质特征。在原始条件下，分层储量存在差异；在开发过程中，分层产量贡献存在差异，为了充分发挥每个小层的潜能，需要综合考虑气藏组合特点进行气井配产。

6. 边部气井降低配产

出水不仅降低气井产量、影响产能规模、缩短稳产期，还会降低气田的采收率。因此，对于边水气藏，防止边水侵入是延长气井稳产期、提高开发效益的一项重要内容。

通过优化井网部署、优化射孔，可以降低边水侵入风险。此外，降低边部气井的采气强度也是减缓边水侵入的有效措施之一。在保证层系整体产能规模的同时，边部气井应适当降低配产。

二、多层合采气井配产方法

多层合采气井的优化配产是一项系统工程。首先根据不稳定试井结果确定地层渗透率，然后根据产能试井数据确定无阻流量，并建立无阻流量和渗透率之间的经验关系式，在借鉴长期试采、生产数据的基础上，分析产气剖面分层产出规律，对经验关系式进行修正，并结合相关理论公式，确定单井或区块的产能方程。根据生产动态数据确定单井动态储量，在此基础上，结合产能方程，利用物质平衡法确定单井的合理产量。在此过程中要考虑出砂压差，确定控制压差下的合理产量，最终通过数值模拟评价优化确定每口井的合理产量。

1. 建立无阻流量经验公式

对于具有边界限制的气区，当压力变化波及边界以后，或者说地层压力变化进入拟稳态以后，气井产能可以表示为：

$$q_{AOF} = C \frac{Khp_R^2}{T_R} \tag{5-2}$$

其中：

$$C = \frac{2.714 \times 10^{-5} T_{sc}}{\mu_g Z p_{sc} \left(\ln \frac{0.472 r_e}{r_w} + S \right)}$$

式中　q_{AOF}——气井绝对无阻流量，$10^4 \mathrm{m}^3/\mathrm{d}$；

　　　C——气井的产量系数；

　　　K——有效渗透率，mD；

h——有效厚度，m；

p_R——地层压力，MPa；

T_R——地层温度，K；

T_{sc}——标准状况温度，K；

μ_g——气体黏度，mPa·s；

Z——气体压缩因子；

p_{sc}——标准状况压力，MPa；

r_e——泄气半径，m；

r_w——井筒半径，m；

S——表皮系数。

由式（5-2）可以看出，$q_{AOF}T_R/hp_R^2$与地层有效渗透率K成正比。因此通过气井的产能测试和不稳定压力恢复测试数据，可以得到$q_{AOF}T_R/hp_R^2$和K的相应数据，并建立相应的关系图版，如图5-12所示。

根据涩北气田试井数据，预测气井的无阻流量经验公式如下：

$$q_{AOF} = \frac{1.292hp_R^2 K^{0.71476}}{T_R} \tag{5-3}$$

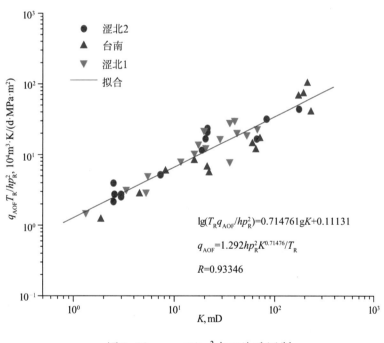

图5-12　$q_{AOF}T/hp_R^2$与K关系图版

2. 建立层系平均产能方程

1）平均储层参数的确定

对于多层合采气藏，由于各层含气面积、储层物性等存在差异，为充分发挥每个小层的产能潜力，需要将储层参数进行归一化处理。主要将各个小层参数按照含气面积最大的层进行折算，确定层系的平均储层参数，折算公式如下：

含气面积 $\qquad\qquad A=A_{\max}$

有效厚度 $\qquad\qquad h=(\Sigma A_i h_i)/A_{\max}$

地质储量 $\qquad\qquad G=\Sigma G_i$ $\qquad\qquad$ (5-4)

地层压力 $\qquad\qquad p=(\Sigma p_i)/n$

渗透率 $\qquad\qquad K=(\Sigma K_i h_i)/(\Sigma h_i)$

式中　i——下标i代表第i个小层；

$\qquad n$——开发层系内含气小层数。

2）产能方程系数的确定

地层压力变化进入拟稳态以后，气井产能方程系数A和B可以表示为：

$$A=\frac{29.22\mu_g ZT_R}{Kh}\left(\lg\frac{0.472r_e}{r_w}+\frac{S}{2.303}\right)$$ (5-5)

$$B=\frac{12.69\mu_g ZT_R}{Kh}D$$ (5-6)

式中　D——湍流系数。

除了PVT和温度之外，A值确定还需要3个参数。地层系数Kh采用测井或试井解释成果，表皮系数S可以通过试井解释统计分析确定，单井控制半径r_e可以通过实际井网部署确定。

针对多层合采情形，还应考虑各个小层的贡献率，可以通过分析产气剖面分层产量变化规律对地层系数进行修正。α为实际产气层厚度与射开有效厚度的比值，通过生产测井解释成果统计获得。在实际开采条件下，由于层间干扰，部分产层受到抑制，产能没有得到充分发挥，实际上α反映了地层系数的利用率，可以作为地层系数Kh修正系数，取值区间0～1。当地层系数Kh采用试井解释成果时，α取1；当地层系数Kh采用测井解释成果时，α依据实测资料统计确定。

在考虑层间干扰后，气井产能方程中系数A表示为：

$$A=\frac{29.22\mu ZT_R}{\alpha Kh}\left(\lg\frac{0.472r_e}{r_w}+\frac{S}{2.303}\right)$$ (5-7)

式中　α——多层合采时贡献率。

如果$p_{wf}\approx0$，二项式产能方程简化为：

$$p_R^2=Aq_{AOF}+Bq_{AOF}^2$$ (5-8)

联合式（5-3）和式（5-8），得：

$$A+Bq_{AOF}=T_R/1.292hK^{0.71476}$$ (5-9)

根据式（5-9）即可确定B值，从而得到单井的产能方程。

$$B=(T_R/1.292hK^{0.71476}-A)/q_{AOF}$$ (5-10)

该方法通过理论公式和经验公式相结合，避开了参数D的求取，可以很方便地确定产能方程系数B值的大小。

3. 优化配产

由于地层易出砂，根据生产实际，首先确定合理的生产压差，在此基础上根据获得的气井产能方程，计算单井的合理产量。

对于边部气井的配产应进一步优化，主要是为了降低边水的影响。因此，确定边部气井的配产原则上在气藏工程方法配产的基础上适当降低10%~30%，以便使边水均衡推进，降低由于突进或指进引起不均匀水侵而影响气田开发效果的风险。

利用气藏工程方法确定的单井配产，作为每套开发层系单井配产的基值。在此基础上，进一步应用数值模拟技术，在井位部署和射孔方案优化的基础上，进行开发层系整体数值模拟，通过分析地层压力和含水饱和度变化规律，进一步调整优化单井配产。一方面要保证多层气藏在纵向、横向上的开发均衡，即压力均衡下降，不形成明显的压降漏斗；另一方面要降低边水的影响，确保气水前缘均匀推进。通过综合调整，最终确定单井的合理配产及层系的产能规模。

三、台南气田配产实例分析

台南气田气井测试层的绝对无阻流量在（2.96~114.04）×10^4m³之间，平均46.41×10^4m³。如果按常规砂岩气藏的经验配产方法，按无阻流量的1/4进行配产，单井配产最高可达（25~30）×10^4m³/d，平均单井配产10×10^4m³/d以上。但是由于气藏储层疏松、易出砂，严重影响了气井生产能力的发挥，不能按照常规的经验方法进行配产。

以IV-2射孔单元为例，应用气藏工程方法，计算出台南气田各射孔单元的产能和单井平均配产。在此基础上进一步应用数值模拟技术进行优化配产，以保障台南气田长期安全、稳定生产。

1. IV-2射孔单元平均储层参数的确定

IV-2射孔单元共有3个小层：2-18、3-2和3-3，各层物性参数见表5-8。根据公式（5-8）可确定射孔单元平均储层参数。

IV-2射孔单元平均有效厚度8.76m，平均孔隙度26%，平均渗透率5.23mD，叠合含气面积27.59km²，各层物性参数见表5-8。

表5-8 IV-2射孔单元储层参数表

小层号	含气面积 km²	地层压力 MPa	平均有效厚度 m	孔隙度 %	渗透率 mD
2-18	27.59	16.90	4.00	25	2.53
3-2	15.70	17.12	5.20	26	6.46
3-3	7.70	17.18	6.30	27	5.92
平均	27.59	17.07	8.76	26	5.23

2. IV-2射孔单元平均产能方程

在计算出IV-2射孔单元平均储层参数基础上，应用无阻流量经验公式（5-3），计算射孔单元IV-2的无阻流量为32.47×10^4m³。应用式（5-7）和式（5-10）分别计算二项式方程系数A、B值，分别为8.7924和0.0013。射孔单元IV-2气井平均产能方程为$p_R^2 - p_{wf}^2 = 8.7924q_g + 0.0013q_g^2$。

3. 优化配产

1）IV-2射孔单元单井平均配产

由于地层易出砂，根据涩北气田实际情况，合理的生产压差控制10%以内，应用上述所得的射孔单元IV-2气井平均产能方程，生产压差按7%左右确定单井的合理产量为（1.71~5.84）×10^{4}m^3，平均为3.5×10^{4}m^3，作为单井配产的初值（表5-9）。

表5-9   IV-2射孔单元单井合理配产表

序号	地层系数 mD·m	配产，10^{4}m^3/d		序号	地层系数 mD·m	配产，10^{4}m^3/d	
		初值	终值			初值	终值
1	92.7	2.45	2.80	9	170.4	4.50	5.70
2	220.5	5.82	4.30	10	147.1	3.89	5.50
3	129.7	3.43	2.70	11	220.9	5.84	4.30
4	153.9	4.07	3.50	12	151.4	4.00	3.50
5	94.3	2.49	2.90	13	78.2	2.07	2.50
6	125.0	3.30	2.70	14	122.7	3.24	2.40
7	64.8	1.71	1.90	15	65.0	1.72	2.70
8	219.4	5.80	6.70	16	63.8	1.69	1.90

2）IV-2射孔单元单井优化配产

以气藏工程方法确定的单井平均配产为初值，综合考虑井点所在的位置，应用数值模拟软件进一步优化单井配产，以确保射孔单元内均衡动用。

优化配产的原则：

（1）确保平面均衡动用，各井压力均衡下降，不形成明显的压降漏斗；

（2）边部气井在远离边水射孔的前提条件下，适当提高高部位气井产量、降低边部气井采气强度，降低边水对于气井生产的影响；

（3）单井配产满足防砂、携液等产量要求。

综合确定台南气田IV-2射孔单元单井合理配产数据（表5-9）。

第六节　气田开发总体优化

多层疏松砂岩气田具有特殊的地质条件和开发特点，对于层系划分、井网部署和气井配产都有特殊的需求，且三个方面也不是相互独立的，单独强调某一方面，势必会影响其他方面，因此，还需要进行系统优化。上述三个方面只是气田开发优化的主要方面，除此之外，气田开发过程中还有其他方面也非常重要，主要包括采气速度的确定、稳产接替方式、气田井网布局等，所有这些都是相互关联、相互影响的。开发优化设计时，需要紧密结合多层疏松砂岩气田的地质与开发特点，进行统筹考虑、系统优化，才能有效地解决提高单井产量与防水防砂、少井高产与安全生产之间的矛盾，实现多层疏松砂岩气田的高效开发。

一、层系划分与井网部署

井网部署与层系划分密不可分，二者相互影响、相互制约，层系划分要为井网部署奠定基础，层系划分过程要充分考虑井网部署的需求。

井网部署优化的目标是最大限度地控制与动用地质储量，用尽可能少的井，获得尽可能高的产能规模，同时还要降低边水的侵入影响。由此需要单井要有多个小层可供射孔，以满足产能规模要求；其次要远离边水布井，以降低气井过早出水的风险。因此，需要层系组合时要满足井网部署的需要，每套开发层系要控制一定的储量，最好层系内有几个主力气层；层系内各小层含气范围尽可能一致，以利于井网部署，且层系内各小层尽可能在纵向上连续分布，以便于工艺技术措施的实施。

气田进行层系划分后，纵向上存在多套开发层系，每套开发层系需要部署一套井网，气田将由多套井网系统组成，因此，层系间的井网也需要统一、协调部署。气田井网总体以井组方式、按成排成带部署，以利于地面集输系统的布局，因此每个井组设置4~6口井，分别属于不同的开发层系。井组位置要充分考虑各层系的井位部署。

在开发优化设计时，首先进行层系划分，然后分层系进行井网部署，再将各层系井网统筹部署，并进行适当调整，以满足总体部署要求。气田开发优化总的原则是地面服从地下，以提高储量控制程度和降低开发风险为主要目标进行部署优化，井网部署时以满足各层系井网部署要求为基准。

二、井网部署与单井配产

单井配产与气井在构造中的位置有关，构造高部位，主要以气层为主，基本没有水层，可供射孔的小层多，单井产量高；构造翼部，往往气水层间互，即使全部是气层，气井与各小层气水边界的距离也存在差异，为了降低边水侵入风险，距边水较近的小层就不能射孔，因此翼部气井射孔层数少，配产相对较低。因此，井网部署与单井配产都要求在构造高部位布井，即采取顶密边疏、远离边水的井位部署原则，在这一点上两者是一致的。

由于涩北气田存在低阻气层与高阻水层，因此气水层识别存在一定的不确定性，气水边界也难以准确界定；而且由于构造幅度小，气水内外边界较宽，给优化布井带来挑战，同时也影响单井配产。为了降低边水侵入，边部气井在依据单井产能和出砂要求所确定的配产条件下，依据距气水边界的距离，单井配产再降低10%~30%，确保气井出水风险降到最低。

三、单井配产与采气速度

对于边水气藏而言，单井配产和采气速度都对边水侵入有直接的影响。首先是采气速度，弹性气驱气藏采气速度的高低对采收率没有影响，只影响稳产期的大小，对于边水气藏，采气速度高，则将导致边水侵入严重，从而影响气井产能和气田采收率，对气田危害很大，因此边水气藏开发要适当限制采气速度，以相对较低的采气速度（如小于3%）进行开采，有利于防止边水侵入。其次是单井配产，即使总体采气速度不高，边部气井配产过高，也将加速边水入侵；在不同的方位，也可能由于单井配产高而导致边水的不均匀推进，从而影响气井生产。对于防止或降低水侵方面，采气速度和单井配产都有同样的要求，即采气速度不能过高，边部气井配产不能过大。

从提高开发效益角度出发，气田开发要以"少井高产"为目标，井数越少，投资就越低，效益也越好。在井数一定的条件下，要达到相应的产能规模，即达到一定的采气速度，就要求气井有较高的配产。对于多层疏松砂岩气田，单井配产受到出水、出砂的双重要求，严重限制了单井产量，因此，单井不能配产过高，气田的采气速度也不能过高。

如果单井配产满足防水防砂的要求，则单井配产低，要达到较高的产能规模，就需要增加井数，同时也会提高总体采气速度，还会引起边水侵入，因此，无论从哪个角度分析，多层疏松砂岩气田安全开发要求相对较低的采气速度和相对较低的配产，如果追求单井产量高，或是产能规模大，则会增加安全开发风险，引起气井出水、出砂。

参考文献

[1] 宗贻平，马力宁，贾英兰，等. 涩北气田100亿立方米天然气产能主体开发技术[J]. 天然气工业，2009，29（7）：77-80.

[2] 马力宁，王小鲁，朱玉洁，等. 柴达木盆地天然气开发技术进展[J]. 天然气工业，2007，27（2）77-80.

[3] 万玉金，钟世敏，等. 多层疏松砂岩气田开发优化设计[J]. 天然气，2005，1（2）：44-47.

[4] 李江涛，李清，王小鲁，等. 疏松砂岩气藏水平井开发难点及对策 [J]. 天然气工业，2013，33（1）：65-69.

第六章　钻采工程技术

多层疏松砂岩气田特定的地质、渗流与开发特点决定了工程上必须采用与之相适应的钻采工程技术。钻井工程主要应针对长井段、多层、岩性疏松、气水交互的地质特点以及开采过程中形成的各层压力系数出现差异的开发特点，重点解决易漏、易喷、易缩径、易卡的技术难题，致力于发展适合多层疏松砂岩地层的、低成本的快速钻井与高质量的完井技术。采气工程主要应针对地质上长井段、多层以及开采过程中气井易出水、出砂的客观实际，实施分层开采、防砂、冲砂和排水采气等工艺技术。

第一节　钻完井工艺技术

涩北气田储层泥质含量高、成岩性差、岩性疏松，气层埋藏浅、分布井段长、气水关系复杂，浅层气和地表水发育。地层承压能力低，钻井过程中易漏、易喷、易缩径、易卡。钻井风险高、周期长、成本高，是制约气田高效开发的瓶颈。如何在保障安全的前提下提高钻井速度、有效缩短钻井周期、降低钻井成本？通过十多年的开发实践，基本形成了一套针对多层疏松砂岩气田的钻完井技术。

一、主要技术难点

（1）泥质含量高，地层疏松，井眼易缩径，易塌。

由于地层中泥岩层比例高，砂层中泥质含量多大于30%，地层易吸水膨胀、井眼缩径严重，且存在泥包钻头现象，起下钻抽吸阻卡现象严重，所以划眼频繁、电测遇阻现象多，大部分井被迫多次通井才能实现完井电测作业。

（2）气水关系复杂，钻井过程中存在较大的井控安全隐患。

①浅层高含盐的气、水层发育，表层套管在固井候凝过程中，由于水泥浆失重或发生部分漏失，易造成液柱压力下降。

②由于井眼缩径，起钻时易产生抽吸造成井喷事故；下钻、下套管时易产生压力激动，引起井漏。

③由于气层埋藏较浅，层数多，分布井段长，压力差异大、气水层交互分布，气体进入井筒后上窜速度极快。

（3）钻井液体系优选和性能维护困难。

地层水矿化度高达（15~26）×10^4 mg/L。高压盐水易污染钻井液，使其抑制性变差，造成地层吸水膨胀、井眼缩径。

由于泥质含量高，钻井液受地层泥质含量高的影响，造浆率高，固控净化设备使用效率低，性能维护比较困难。钻井液性能与地层配伍性很难把握，严重影响了钻井速度。

（4）井漏比较严重。

由于地层成岩性差，承压能力低，在个别井区泥岩中微裂缝发育。另外，由于历史原因，探井井喷、试采，使已开发层位地层亏空、压力下降等，致使出现井漏的频率较高，漏失比较严重。

（5）固井难度大，质量难以保证。

①浅层气测异常频繁，含气水层发育，水泥浆在候凝过程中，由于失重造成环空静液柱压力降低，增大了浅层气窜发生的几率。

②浅部盐渍岩土发育，易溶盐含量普遍较高。水泥浆在候凝过程中，由于失水溶解部分盐层，会在第二界面形成微间隙，使得地层水及浅层气易侵入井筒，造成管外窜。

③固井过程中由于地层成岩性差，承压能力低，很容易发生漏失，造成水泥浆返高达不到要求，影响固井质量，水泥浆漏入地层还对储层造成伤害。

④由于气层多，气层分布段长，固井时各小层间易发生窜槽，有效封隔气层难度大。

（6）水平井井眼轨迹控制难度大。

由于储层成岩性差，岩石极其疏松，水敏性强，遇水极易膨胀，造成井壁稳定性差，容易井塌。地层软，胶结性差，定向造斜、增斜、稳斜困难，井眼轨迹难以精确控制。

进入水平段后天然气大量进入井眼，钻井液受天然气和钻屑污染严重，钻井井控和钻井液性能的维护处理难度大。

（7）地层压力系统紊乱，井控风险大，井身结构优化困难。

原始条件下地层压力系数一般为1.14，因气藏经过多年试采，部分井段的地层压力系数最低的已降至0.8左右，钻井、固井过程中易井漏，储层保护困难。此外，由于老井固井问题，造成层间互窜，局部井区又形成高压气层，虽然井浅，但是一般需要采用三层井身结构，且套管下深很难确定。

二、钻井工艺技术

1．过漏层技术

通过对以往钻井过程中钻井液漏失资料分析，并与电测资料对比，确定孔隙度大、渗透性好或微裂缝发育易漏失井段的位置。

过漏层前做好充分的准备。一是确保易漏失井段以上的裸眼井段井眼畅通；二是穿漏层前准备足量的工水、足够的各型堵漏材料，配制堵漏钻井液$40m^3$，地面不少于$80m^3$的钻井液储备以及设计规定的储备重钻井液、石粉和钻井液材料；储备水泥30t，并有一套固井车组待命。

过漏层的技术要求。在保证井下安全的前提下使用设计钻井液密度的下限值，以降低液柱压力；发生井漏后，视井下的漏失情况采用堵漏钻井液或水泥浆进行堵漏；水泥浆封堵后，若井口有压力，采用置换法压井。

一旦发生井漏，漏失情况基本上是失返，采取预堵、静堵相结合的方法可以解决井漏问题。发生严重井漏后，立即将钻具起到技术套管内（800m），注入30t水泥，关井将水泥浆挤入漏层，封堵6h后，然后开井下钻正常施工。

2．钻井液体系

为了提高钻井速度，解决井眼不畅通的问题，对钻井液性能有较高的要求。直井段钻井液性能要求保持低黏、低剪切、低固相。水平井造斜井段和水平段钻井液性能要求：漏斗黏度40～45s；动塑比大于0.30；pH值为9；黏滞系数小于0.07；API滤失量小于4mL；滤饼薄而韧。保持在钻井液中JF11-5的加量，提高钻井液润滑性能，降低黏滞系数。特殊情况及时补充固体润滑剂和防塌润滑剂。几种常用钻井液体系介绍如下：

（1）聚合物钻井液体系。

该体系具有较强抑制性和抗污染能力，可有效地防止地层水化膨胀，且具有成本相对低廉的特点，适时提高抑制性材料的添加量，添加性能优良的半透膜降滤失剂，来配合聚合物的使用，采取这些维护措施，使完井电测遇阻率由54.05%降至12.4%。

（2）镁钾基盐水钻井液。

浅部地层中有5%～9%的水溶盐，为了提高钻井速度，也采用过强包强抑镁钾基盐水钻井液体系，以利用钻井液体系自身的强抑制性能以及与地层水的配伍性，保障井壁稳定和井眼畅通，减少短程起下钻次数，提高综合钻井速度。

（3）聚合醇甲酸盐低渗透钻井液体系。

针对第四系不成岩地层强分散的泥质岩地层井壁不稳定问题，为了成功进行水平井钻探，利用甲酸盐的强抑制性、聚合醇的封堵效果和半透膜的成膜效应，研制了聚合醇甲酸盐低渗透钻井液体系，在水平井上进行试验表明，在钻进过程中未发生过缩径和坍塌现象，完井电测一次成功率达100%。

（4）盐水聚合物钻井液体系。

为了提高钻井速度，在直井和水平井进行了盐水聚合物钻井体系的试验。该体系具有流变性能优良、滤失量低、抑制性强和润滑性好等特点。应用盐水体系后，井眼缩径情况明显好转，与淡水体系相对比，电测遇阻率由35.48%降低至27.27%，机械钻速提高，完井周期缩短。但是，由于添加剂用量大，费用高，并且测井解释还不能完全识别气层，未推广应用。

3．快速钻井技术

（1）优化钻具组合，使用螺旋钻铤，减少起下钻阻卡；优选钻头，使用大切削齿的钢齿钻头，应用复合钻井技术；在二、三开井段钻进中加扩眼器，修复井眼，钻头加中长斜喷嘴，增加井眼扩大率，确保井眼畅通。

（2）优化钻井参数，提高喷射效率。φ311.15mm以上井眼双泵钻进，排量60L/s以上，φ215.9mm井眼单泵钻进，排量30L/s以上，泵压10～15MPa。

（3）进入增斜段以后，及时补充润滑剂，增加钻井液的润滑性能，尽量减小井壁的摩阻，为后续施工安全奠定基础。

（4）做好两个净化，用好固控设备，强化钻井液清洁；保证洗井排量的基础上，及时清除井底岩屑，直井段、水平段根据实钻情况进行短程起下钻，及时清除岩屑床。

（5）钻开气层后，根据井下全烃值变化情况及时调整钻井液密度；进入漏层前，必须进行一次短起下钻，保持上部井眼畅通，并配备足够量的堵漏钻井液，确保过漏层安全。

（6）严格控制起下钻速度，每柱钻具起下不少于1.5min，起钻及时有效地灌入钻井液，发现抽吸立即循环或采取倒划眼，下钻不返钻井液立即循环。

（7）二、三开井段使用试压合格的井底阀。下完套管应立即坐封套管悬挂器，再从事其他作业，防止因井眼缩径严重造成套管遇卡而无法坐封。

4．水平井钻井技术

（1）井眼轨迹控制原则：克服气层深度误差，及时发现气层，顺利着陆。依据设计，结合地层情况，以地质导向为先导，根据地层变化，及时调整工具面钻井参数。

（2）井眼轨迹控制：依据地质综合录井、邻井测井成果解释图，采用MWD、LWD随钻测井仪器，实时对造斜段、增斜段和水平段进行预测跟踪、校正调整，确保水平井井眼轨迹达到设计要求。

（3）井眼轨迹控制方式：造斜点到45°时，使用MWD+导向钻具，井斜角大于45°时，使用LWD+导向钻具进行井眼轨迹监测控制和地质导向。

三、完井工艺技术

1．固井工艺

多层疏松砂岩气田气井的固井质量长期以来是一大难题，虽然进行了关于提高固井质量的技术攻关与试验，但仍没有从根本上解决固井时因井漏使水泥浆返不到地面，或上一层套管鞋内的问题，严重影响固井质量，这样在正常的生产过程中可能造成层间窜，从而造成地层压力紊乱。主要技术措施如下：

（1）增大水泥环厚度。

有针对性地在两层结构井中采用φ241.3mm钻头二开，下φ177.7mm套管完井，增大水泥环厚度，有效降低环空阻力，防止固井中井漏的发生，提高了固井质量；除了气田构造高点部位的部分井以外，翼部气井或二开后650m前钻井液密度低于1.55g/cm³的井，更改钻井工程设计，采用两层套管井身结构（表6-1），既节约钻井成本又节约时间，而且还提高了固井质量。

现场实践证实，φ241.3mm或φ311.15mm钻头完钻的井眼下φ177.8mm生产套管固井质量，明显优于φ215.9mm钻头完钻下φ177.8mm生产套管的固井质量。

表6-1　大井眼完钻两层结构

井段 m	井眼		套管			水泥返高 m	封固目的	井口装置
	钻头直径 mm	井深 m	套管 层次	直径 mm	下深 m			
0～400	444.5	400	表层 套管	339.7	398	地面	封固浅部疏松地层、承受下部套管重量、安装井控设备	简易 井口
400～设计井深	241.3	设计井深	气层套管	177.8	设计下深	地面	封固深层高压气层	FH35-35 +2FZ35-35

（2）采用纤维膨胀水泥，提高固井质量。

针对长井段疏松砂岩地层的特性，选配出适合的F17A膨胀剂和F27A防漏剂为主的水泥浆配方，此配方具备良好的流变性、可控性、合适的稠化时间、适宜的温度和压力敏感性，低失水，具备较高的固井效果、高防气窜效果与钻井液的良好配伍性等特性。

纤维膨胀防漏增韧水泥浆体系配方为：1.8%M-83S+0.5%SXY+2%F-27A+3%F-17A+0.4%M-61L+0.1%TW-400X。

为解决固井井漏问题，也应用了低密高强水泥浆体系，配方为：20%PZ+10%PZW-A+5%微硅+1.8%M-83S+0.3%SXY+0.5%KQ-A+0.1%SS-51。

水泥浆密度为1.55g/cm³。

（3）不同井段固井工艺各有侧重。

通常，表层套管固井采用低温快干早强水泥浆体系，缩短水泥凝固过程，增加水泥石的早期强度，使地层流体无法窜出地表，阻断窜流通道。同时水泥浆稠度较高，可以提高对壁面钻井液滤饼的驱替力，高塑性可以提高对活跃气、水层的抗窜抵抗能力。并且φ339.7mm表层套管采用内插法固井工艺，固井水泥浆返出量必须保证在7min以上，保证足够的接触时间。技术套管固井采用早强防窜、双凝水泥浆体系，常规固井工艺。

针对气层井段固井易漏失现状，试验并使用了高强低密度水泥浆体系。高强低密度水泥浆是基于紧密堆积理论而开发的新型低密度体系，其强度是接近常规水泥强度的一种新型水泥体系。该体系具有稳定性好、耐腐蚀性强及强度高等特性，现场应用证明，该低密高强水泥浆体系具有很强的预堵漏能力与较强的防气水窜能力，由于其具有较高的强度，封固质量得到保证。其较高的表观黏度与密实稳定浆体提高了驱替效果。

低密高强水泥浆体系为薄弱地层、长封固段、欠平衡固井提供了固井技术储备，还可代替普通低密度水泥浆广泛应用于浅层气、低压易漏、欠平衡钻井、深井固井、防气窜井、水平井和定向井的固井。对于解决低压易漏井的固井漏失问题，具有明显的降低环空流体静液压力的优势，有利于避免发生井漏，污染或压死储层。通过室内研究对比，形成了两套低密高强水泥体系，并可在1.35~1.77 g/cm³不同密度范围进行调节，强度接近常规水泥体系。

（4）水平井固井技术。

下套管前，增加钻井液屈服值提高斜井段清洗井眼效果。在保证井下平稳、钻井液性能不变的情况下，增加钻井液切力，提高水平段井眼的净化效果。在保证井下平稳的条件下，在下套管过程中，向套管内灌入低密度钻井液，采用漂浮下入技术，减小套管对下井壁的附着力，即对井壁的摩擦阻力；减小井架载荷，从而保证套管的顺利下入[1]。

使用增韧双膨胀水泥浆体系，在固井中起到防漏和防气窜的效果。下完套管后，先采用小排量循环，小排量循环正常后再逐步提高排量直至循环排量达到固井设计要求。在注水泥过程中，特别是在水泥浆出套管后，稳定注水泥浆排量。为保证油套固放一次到底，下部400m套管采用清水顶替。

2．完井工艺

1）直井

根据涩北气田储层特征及纵向气水层分布特性，综合考虑完井后防砂措施、增产措施、分层开采、修井、后期治水以及中后期开发方案调整对完井方式的要求，直井部分采用的是φ177.8mm套管射孔完井，为防砂、分层采气等措施提供了大井眼的有利条件。后期产能建设中多采用φ139.7mm套管射孔完井，节约了大量投资。

多层疏松砂岩气藏中直井都采用射孔完井，即钻穿气层下入套管，固井后对生产层射孔投产。需要重点考虑的有水泥环厚度、井径大小和口袋长度。较厚的水泥环可有效地封隔气、水层，防止各层之间的互相干扰；井径大则泄流面积大，使得近井地带气体流速相对变小，可以减缓气流对产层骨架颗粒的作用，降低出砂风险；预留70～100m的口袋利于沉砂，延长气井冲砂维护周期。

2）水平井

2005年，首次在涩北二号气田采用了套管射孔完井；2007年，在台南气田进行了筛管完井，目前以筛管完井为主。2009年，在涩北一号气田进行了筛管+套管射孔完井方式试验并取得成功，为今后气层选择性作业及开采打下了基础。

筛管完井技术的大规模推广应用，解决了射孔完井过程中水泥浆对气层的伤害，提高了气井产能，降低了射孔费用，有效地保护了气层并降低了完井成本。根据气层和水层的纵横向分布特征，2011年，在4口水平井全部采用了套管+筛管+遇液膨胀封隔器分段完井[2]。

第二节 防砂工艺技术

气井出砂不仅造成在井筒中砂埋气层，影响气井的产能，还存在地面集输管线积砂、管线弯头磨蚀和节流气嘴刺坏等现象，影响气田的安全、稳定生产。

为了防止气井大量出砂造成的多种危害，控制压差生产是一种较为有效的技术手段，但在控制出砂的同时，在一定程度上也限制了气井产能的发挥。另外，气井出砂数据统计表明，控制压差生产还存在许多不确定性，气井最大临界出砂产气量$16.30 \times 10^4 m^3/d$，最小临界出砂产气量只有$4.00 \times 10^4 m^3/d$，临界出砂压差占地层压力的百分数为1.23%～43.22%（表6-2）。反映出气井出砂无明显的规律，出砂情况较为复杂，造成了出砂临界生产压差的差异大，给以控制生产压差为主体的防砂技术带来巨大挑战。

控制压差生产是一种较为有效防砂手段，产量选择合理，对于大多数气井具有较好的控砂效果。为了更加有效地控砂、防砂，工艺技术的应用是必然的选择，通过防砂工艺技术的实施，降低气井的出砂风险，是更加有效的技术措施。

一、防砂工艺原理

涩北气田储层以粉砂岩、泥质粉砂岩为主，产层所出的砂粒细，平均颗粒粒度只有0.04～0.07mm，常规防砂技术基本无效或效果很差，防砂难度很大，是防砂工艺应用所面临的最严峻的挑战。构造翼部，纵向上气水层交互分布，压裂防砂容易压窜水层，选井选层和工艺实施难度大。气井出水十分普遍，出水又加剧了地层出砂，由此更增加了防砂工艺实施难度。

从1991年开始，涩北气田先后进行了机械防砂、化学固砂和高压充填防砂三大类八种工艺大量井次的防砂工艺试验，通过不断探索与实践，逐步形成了以高压一次充填、纤维复合压裂防砂和割缝筛管压裂充填防砂为主体的防砂工艺技术。

1. 高压一次充填防砂技术

高压一次充填防砂主要是采用封隔高压一次充填工具与割缝筛管配套，在气井生产套管外地层和筛管与套管的环形空间充填砾石，经高压作用形成一套砂体分布连续、结构稳定的完整挡砂屏障（图6-1），阻挡地层砂进入气井达到防砂的目的。

表6-2 部分疏松砂岩气井出砂数据统计表

井号	井段 m	气层压力 MPa	流压, MPa		产气量 $10^4m^3/d$	生产压差占地层压力百分数, %		备注
			出砂前	出砂时		出砂前	出砂时	
S-1	1059.0~1061.3	11.13	7.12	6.32	—	36.03	43.22	
S-2	1081.2~1084.8	11.55	8.84	8.41	16.30	23.23	26.95	
S-3	1071.0~1078.3	12.38	9.50	7.86	—	23.26	36.55	
S-4	1356.2~1358.0	15.37	15.23	15.04	4.00	0.91	2.15	
S-5	1463.8~1473.2	16.97	16.23	15.6	9.02	4.4	7.9	
S-6	1284.0~1297.6	14.53	13.11	12.78	5.90	9.77	12.04	
S-7	1310.0~1355.0	16.56	—	15.33	4.93	—	7.43	
S-8	1463.8~1473.2	16.57	13.65	13.6	4.64	17.62	17.92	
S-9	1450.6~1474.7	14.60	14.30 (p_o)	10.80	5.43	2.05	26.03	试气
S-10	1386.7~1450.0	15.74	14.44	13.71	5.23	8.26	12.9	
S-11	1468.3~1481.2	16.57	16.38	16.36	4.32	1.22	1.23	试气
S-12	1385.0~1392.0	15.51	15.04	14.98	6.55	3.03	3.42	试气
S-13	1476.0~1486.5	16.52	15.55	15.49	5.87	5.88	6.23	试气
S-14	1378.8~1394.6	15.54	15.29	15.12	6.60	1.61	2.73	试气
S-15	1447.8~1456.4	16.73	16.5	16.36	5.99	1.37	2.21	试气
平均						9.90	13.93	

高压充填砾石与气井产出砂粒的中值比为GSR，当GSR>15时，地层砂能自由地通过砾石层；当$10<GSR<15$时，地层砂充填在砾石层孔隙中；当$6.5<GSR<10$时，属于孔隙堵塞与孔隙内部桥塞混合机理；当$5<GSR<6.5$时，地层砂仅在砾石层的浅层沉积；当$GSR<5$时，地层砂完全被遮挡在砾石层之外。高压一次充填防砂工艺原理如图6-2所示。

依据上述原理，确定理想的GSR值，选择然后依据地层产出砂粒的中值进行优选充填砾石的粒径或砾石组合[3]。

高压一次充填防砂与常规砾石充填相比具有以下几个优点：一是实施高压充填，在不压裂地层的条件下，充填了地层，并且使得充填砂子连续、稳定，挡砂效果更好；二是充填砂遮挡部分地层砂，割缝筛管遮挡充填砂和地层砂，形成了双层挡砂屏障；三是地层和井筒充填以及下工具施工一次完成，减少作业次数，降低了对地层的伤害；四是套管外充填，弥补了地层的亏空，重塑了井壁，改变了井底附近的渗流条件，降低了气体流速[2]。

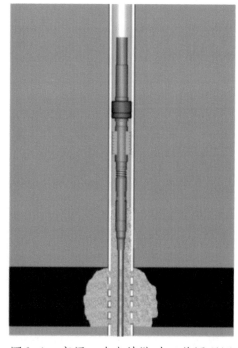

图6-1 高压一次充填防砂工艺原理图

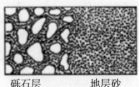
砾石层　地层砂
(a) 自由通过砾石层机理
($GSR>15$)

砾石层　混合带　地层砂
(b) 砾石层孔隙充填机理
($10<GSR<15$)

砾石层　混合带　地层砂
(c) 孔隙堵塞与孔隙内部桥塞
混合机理（$6.5<GSR<10$）

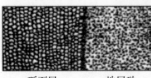
砾石层　地层砂
(d) 浅层内部桥塞机理
($5<GSR<6.5$)

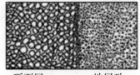
砾石层　地层砂
(e) 无地层砂侵入机理
($GSR<5$)

图6-2　地层砂侵入砾石层机理示意图

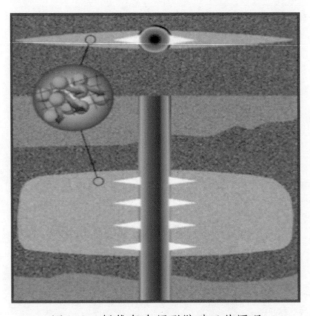

图6-3　纤维复合压裂防砂工艺原理

2. 纤维复合压裂充填防砂技术

纤维复合防砂技术，其防砂思路是"解、稳、固、防、增、保"。"解"即通过压裂解除近井地带的伤害；"稳"即通过稳砂剂软纤维将储层的细粉砂通过电荷吸附，固结为一定粒径的较大颗粒，使细粉砂的临界流速增大；"固"即采用特制的硬纤维的弯曲、卷曲和螺旋交叉，互相勾结形成稳定的三维网状结构复合体，将砂粒束缚于其中，形成较为牢固的过滤体，达到类似筛管充填防砂同样的效果；"增"即采用压裂技术改变渗流状态、降低井底流速、增强导流能力，达到防砂增产的效果；"保"即利用清洁压裂液，有效地保护储层[2]。纤维复合压裂充填防砂施工工艺原理如图6-3所示。

纤维复合压裂充填防砂综合了常规水力压裂和传统砾石充填防砂的技术优点。一是解除储层的伤害。端部脱砂压开的短缝远大于其伤害半径，能够穿透其伤害带，解除钻完井过程中对储层造成的伤害，消除由于伤害带来的近井地带污阻压降，改善其渗流条件。二是改善渗流条件。使用端部脱砂压裂技术将储层压开形成人工裂缝，使原来的径向流变为拟线形流，减小近井压力梯度，降低了近井地带压降，大大降低井眼周围的气体流动速度，改善气体的流动条件，从而达到增产与防止地层出砂的双重目的。

3. 割缝筛管压裂充填防砂技术

割缝筛管压裂充填防砂是近年来广泛采用的一项工艺技术，在疏松砂岩地层防砂等方面应用很成功。针对高渗透、弱胶结地层，在传统压裂技术和砾石充填技术的基础上发展了压裂充填防砂技术。压裂砾石充填作业改善了气井的流入动态，降低了气井的生产压差并达到防砂的作用，金属割缝管压裂充填防砂工艺方法如图6-4所示。

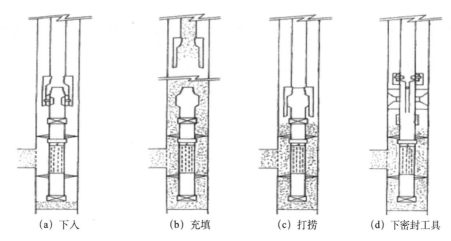

| (a) 下入 | (b) 充填 | (c) 打捞 | (d) 下密封工具 |

图6-4 割缝筛管压裂充填防砂工艺

二、防砂工艺效果评价

1. 防砂效果评价标准

青海油田公司钻采研究院结合涩北气田出砂与防砂工作实际，在参考大量相关文献的基础上，制定了气井防砂效果评价方法与标准（Q/SY QH0003—2010），标准规定了适用于疏松砂岩气藏的气井防砂措施有效性的判定方法与防砂措施效果评价方法。

1) 气井防砂有效性评价

气井防砂有效性主要表现为：在气井防砂后，临界出砂产量大于防砂前临界出砂产量，气井不出砂或轻微出砂。这两个指标都有效的情况下，防砂井才能界定为防砂有效，当其中一个指标失效时，防砂井界定为防砂失效。

防砂后气井临界出砂产量增量 $R = Q_1 - Q_0$，其中 Q_0 为防砂前气井临界出砂产量（单位 $10^4 \text{m}^3/\text{d}$）；Q_1 为防砂后气井临界出砂产量（单位 $10^4 \text{m}^3/\text{d}$）；气井防砂有效性评价标准见表6-3。

表6-3 气井防砂有效性评价

序号	项 目	指 标	评价结果
1	防砂后气井临界出砂产量增量 R	>0	防砂有效
		≤0	防砂失效
2	防砂后出砂状态	不出砂	防砂有效
		轻微出砂	
		中等出砂	防砂失效
		严重出砂	

2) 气井防砂效果评价

气井防砂效果评价是对防砂的有效性进行评价。气井防砂效果分为好、一般、差3个等级，每个等级的分值分别为90、60和30。当气井防砂效果评价结果为"好"和"一般"时，均表示防砂措施成功；当气井防砂效果评价结果为失效时，则表示防砂措施无效。

气井防砂效果采用防砂前后临界出砂生产压差变化率、防砂前后临界出砂产量变化、防砂前后拟产气指数变化率、防砂有效期等4个指标进行评价。采用上述4个指标进行单项评价后，乘以相应的权重系数，取4项评价结果之和作为综合评价结果[4]。气井防砂效果评价指标见表6-4，评价标准见表6-5。

表6-4　气井防砂效果评价指标体系

序号	项目	权重系数	指标	评价结果
1	防砂前后临界出砂压差变化率$R_{\Delta p}$	0.25	≥1	好
			0~1	一般
			≤0	差
2	防砂后气井临界出砂产量增量R，$10^4\text{m}^3/\text{d}$	0.25	≥0.24	好
			0~0.24	一般
			≤0	差
3	防砂后比产气指数与防砂前拟产气指数的比值K	0.25	≥1	好
			0.5~1	一般
			≤0.5	差
4	防砂有效期，d	0.25	≥900	好
			600~900	一般
			≤600	差

表6-5　气井防砂效果评价标准

项目	相应分值	评价结果
防砂综合效果	$N≥75$	防砂效果好
	$45<N<75$	继续有效
	$N≤45$	防砂效果差

2. 不同防砂工艺实施效果

1）高压一次充填防砂工艺应用

截至2011年底，高压一次充填防砂井共25口，目前产量增幅大于15%的有5口井，有效井18口，平均有效期905d。72%的防砂井取得了较好防砂效果，防砂有效期较长，改善了近井地带的渗流条件，防砂后降低了生产压差，气井日产气量有一定的提高。25口井的高压一次充填防砂试验，施工成功率100%，目前1口井调层，1口井防砂后低产无效，5口井因出砂失效，防砂后日出水大于2m³的井有5口。

某气田12口井施工参数见表6-6，施工井段平均跨度28.03m，有效厚度10.56m，平均施工砂比14.12%，平均每米充填砂量1.15m³。

12口典型井试验效果见表6-7，防砂前平均单井日产气3.22×10⁴m³，日产水0.64m³，生产压差1.16MPa；防砂后平均单井日产气3.67×10⁴m³，日产水0.73m³，生产压差0.95MPa，生产压差降低了18.1%，平均有效期达512.3d。

表6-6　某气田高压一次充填防砂井施工参数表

井号	防砂井段 m	跨度 m	有效厚度 m	平均施工砂比 %	加砂量 m³	粒径 mm	平均每米充填砂量 m³
A-1	1109.4~1146.6	37.2	8.7	14.30	13.5	0.4~0.8	1.55
A-2	1098.5~1118.8	20.3	9.3	11.10	10.0	0.3~0.6	1.08
A-3	1235.0~1253.6	18.6	9.7	9.20	12.0	0.3~0.6	1.24
A-4	1225.0~1245.5	20.5	9.2	8.70	10.0	0.4~0.8	1.09
A-5	805.0~840.0	35.0	17.5	10.00	14.5	0.4~0.8	0.83
A-6	1030.5~1061.3	30.8	6.3	11.25	9.0	0.4~0.8	1.43
A-7	1247.6~1265.4	17.8	10.6	17.10	12.0	0.4~0.8	1.13
A-8	1110.0~1145.6	35.6	16.5	17.50	14.0	0.4~0.8	0.85
A-9	1082.9~1117.1	34.2	13.0	16.70	16.0	0.4~0.8	1.23
A-10	1226.6~1256.8	30.2	9.9	15.30	7.2	0.4~0.8	0.73
A-11	829.2~854.0	24.8	6.7	16.20	8.4	0.4~0.8	1.25
A-12	1032.1~1063.4	31.3	9.3	22.10	12.4	0.4~0.9	1.33

表6-7　某气田高压一次充填防砂井施工效果表

井号	防砂前		2011年底		累计生产天数 d
	日产气 10⁴m³	生产压差 MPa	日产气 10⁴m³	生产压差 MPa	
A-1	1.9	0.86	2.52	1.12	264
A-2	2.98	3.01	3.45	1.07	765
A-3	4.36	1.74	7.31	1.53	534
A-4	4.06	1.13	3.89	0.53	698
A-5	0.92	0.44	2.42	0.45	731
A-6	5.00	0.78	4.61	0.75	699
A-7	2.24	2.24	1.74	0.38	362
A-8	3.42	0.87	3.8	1.99	414
A-9	3.45	1.12	3.77	1.17	358
A-10	4.01	0.67	4.69	1.11	483
A-11	2.83	0.49	2.24	0.36	455
A-12	3.49	0.56	3.59	0.9	384

2）纤维复合防砂工艺应用

截至2011年底，纤维复合防砂井共实施50口，目前产量增幅大于15%的有7口井，有效井42口，平均有效期639d。84%的防砂井取得了较好的效果，防砂有效期一般，也改善了近井地带的渗流条件，防砂后生产压差降低，气井日产气量有一定的提高。

50口井的纤维复合防砂试验，施工成功率约85%，目前8口井因出砂失效，防砂后日出水大于2 m³的井有11口。对于气水间互的气井，由于压裂施工过程中裂缝缝高和压裂规模控制难度大，导致防砂后气井日产水量明显提高[5]。

某气田20井次的纤维复合防砂现场试验，施工参数见表6-8，施工井平均跨度21.78m，有效厚度

8.5m，平均施工砂比22.24%，平均每米充填砂量2.03m³。

表6-8　纤维复合压裂充填防砂井施工参数表

井号	防砂井段 m	跨度 m	有效厚度 m	砂比 %	加砂量 m³	平均每米充填砂量 m³
B-1	1241.0~1256.5	5.0	5.0	20.0	8.0	1.60
B-2	1445.8~1472.5	26.7	6.5	17.1	12.0	1.85
B-3	1338.3~1376.8	38.5	6.5	20.0	12.5	1.92
B-4	1321.2~1326.4	5.2	3.1	16.7	5.0	1.61
B-5	1473.9~1478.8	4.9	3.4	14.9	10.0	2.94
B-6	1269.8~1307.8	38.0	8.4	26.7	16.0	1.90
B-7	1260.2~1277.3	17.1	10.1	16.7	16.0	1.58
B-8	1228~1245.5	17.5	10.0	30.0	16.5	1.65
B-9	838.8~866.0	27.2	10.2	25.5	19.4	1.90
B-10	1243.3~1261.6	18.3	10.1	21.9	17.5	1.73
B-11	1093.3~1123.5	30.2	12.4	21.9	17.5	1.41
B 12	1082.4~1116.1	33.7	15.6	26.6	21.3	1.36
B-13	800.4~807.9	7.5	7.5	19.6	18.3	2.44
B-14	1110.7~1139.6	28.9	10.8	19.0	19.8	1.83
B-15	1252.4~1257.4	5.0	3.6	18.4	17.3	4.81
B-16	830.4~855.9	25.5	7.4	29.7	15.8	2.13
B-17	1104.4~1133.8	29.4	10.6	24.1	22.4	2.11
B-18	1121.3~1154.6	33.3	7.9	19.6	17.6	2.23
B-19	1125~1159.9	34.9	15.1	31.9	26.5	1.75
B-20	1262.7~1271.4	8.7	5.7	24.5	10.5	1.84

20口典型井纤维复合压裂防砂井试验效果见表6-9。防砂前平均单井日产气3.36×10^4m³，日产水0.91m³，生产压差1.37MPa；防砂后平均单井日产气3.39×10^4m³，日产水1.45m³，生产压差1.27MPa。日增气0.03×10^4m³，平均增幅仍保持在0.9%，生产压差降低了7.9%，但压裂后产水却上升了59.1%，平均有效期达381.1d。

表6-9　涩北气田纤维复合压裂充填防砂井施工效果表

井号	防砂前		2011年底		累计生产天数 d
	日产气 10⁴m³	生产压差 MPa	日产气 10⁴m³	生产压差 MPa	
B-1	3.96	1.4	4.76	2.61	1137
B-2	2.91	1.83	0.60	0.75	460
B-3	2.77	1.46	2.36	1.69	1063
B-4	4.39	1.5	5.85	1.95	328
B-5	5.36	0.99	1.28	2.56	298
B-6	5.61	2.23	6.27	1.16	680

续表

井号	防砂前		2011年底		累计生产天数 d
	日产气 10^4m^3	生产压差 MPa	日产气 10^4m^3	生产压差 MPa	
B—7	1.44	3.00	3.30	4.25	130
B—8	7.09	0.70	3.66	0.44	469
B—9	2.09	0.41	2.39	0.35	465
B—10	2.49	1.97	3.67	1.19	224
B—11	2.90	2.14	3.15	0.91	528
B—12	3.52	1.43	4.53	0.69	479
B—13	3.59	1.15	3.55	0.80	400
B—14	3.48	2.33	关井		144
B—15	1.74	0.84	1.29	0.33	142
B—16	1.76	0.37	3.22	0.51	156
B—17	4.54	0.77	5.09	0.37	214
B—18	2.76	0.38	关井		4
B—19	2.44	1.01	关井		138
B—20	2.31	1.43	2.82	0.95	163

3）割缝筛管压裂充填防砂效果评价

截至2011年底，割缝筛管压裂充填防砂共进行19口井的现场试验，目前产量增幅大于15%的有3口井，有效井16口，平均有效期998d。84.2%的防砂井取得了较好效果，防砂有效期较长，也改善了近井地带的渗流条件，防砂后降低了生产压差，气井日产气量有一定的提高。19口井的割缝筛管压裂充填防砂试验，施工成功率93%，目前3口井因出砂失效。

某气田割缝筛管压裂充填防砂8井层，其施工参数见表6—10。气层平均有效厚度7.68m，平均施工砂比21.28%，施工排量2.28m³/min，平均每米充填砂量2.25m³。

表6—10 割缝筛管压裂充填防砂井施工参数表

井号	防砂井段 m	有效厚度 m	砂比 %	加砂量 m³	施工排量 m³/min	粒径 mm	平均每米充填砂量 m³
C—1	1250.0～1269.0	7.8	19.6	14.5	1.70	0.5～0.8～1.2	1.86
C—2	1104.8～1140.0	13.6	18.2	6.0	2.36	0.5～0.9	0.44
C—3—1	822.6～826.6	4.0	21.5	4.6	2.00	0.5～1	1.15
C—3—2	873.0～875.6	2.6	15.2	4.5	1.65	0.5～1	1.73
C—4	1034.5～1071.3	18.5	25.7	23.3	2.30	0.45～0.9～1.25	1.26
C—5	1237.7～1259.8	8.3	25.0	18.6	3.00	0.45～0.9～1.25	2.24
C—6	1236.5～1239.2	2.7	25.0	12.6	2.00	0.45～0.9～1.25	4.67
C—7	1245.8～1261.6	3.9	20.0	18.0	3.25	0.45～0.9～1.25	4.62

8井层割缝筛管压裂充填防砂试验井效果见表6—11，1口井无效，1口井因出水而调层，防砂施工成功率87.5%。防砂前平均单井日产气3.73×10^4m^3，日产水0.32m³，生产压差1.23MPa；防砂后平均单

井日产气$3.62 \times 10^4 m^3$，日产水$0.34 m^3$，生产压差$1.30 MPa$，日产气有所下降，日产水变化不大。分析其原因主要是因为这7口井多位于气藏边部气水过渡带附近，压裂防砂后仍然控制生产压差生产，由于防砂前后生产压差几乎未变化，因此增产效果不明显，但是抑制了气井出砂，减少了气井冲砂维护周期。

表6-11 涩北气田割缝筛管压裂充填防砂井施工效果表

井号	防砂前		2011年底		累计生产天数 d
	日产气 $10^4 m^3$	生产压差 MPa	日产气 $10^4 m^3$	生产压差 MPa	
C-1	3.36	3.32	4.78	2.11	1330
C-2	2.38	1.37	1.78	2.81	432
C-3-2	2.35	0.65	1.95	0.56	179
C-4	3.42	0.67	3.91	0.52	303
C-5	5.44	0.7	4.85	1.13	16
C-6	4.58	0.94	4.44	0.64	84
C-7	4.6	0.93			47

4) 三种防砂工艺对比分析

从2000年起，截至2011年底，三种防砂工艺共进行了94井次的现场试验（表6-12），平均有效期847.3d。截至目前共有18口井无效，15口井效果较好，产量增幅仍保持在15%以上，防砂后产水量急剧增大的井有19口井。

从综合防砂效果来看（表6-12），割缝筛管压裂防砂和高压一次充填防砂平均有效期最长，纤维复合防砂和割缝筛管压裂防砂目前有效率最高，高压一次充填和纤维复合防砂工艺实施后气井可以适度放大生产压差，气井产量有所增加，其中高压一次充填防砂增产效果最好，而割缝筛管压裂防砂增产效果不明显，并且随着生产时间的延长，防砂增产效果逐渐变差。因此，高压一次充填和纤维复合防砂两种工艺在疏松砂岩气田具有较强的适用性，而割缝筛管压裂防砂的适应性有待进一步试验和完善[6]。

表6-12 三种防砂工艺应用效果对比

项目	施工井数 口	目前无效井 井次	目前产量增幅大于15%的井井次	防砂后日产水大于$3m^3/d$的井井次	目前有效率 %	平均有效期 d
高压一次充填	25	7	5	5	72.0	905
纤维复合防砂	50	8	7	11	84.0	639
割缝筛管压裂	19	3	3	3	84.2	998
合计/平均	94	18	15	19	80.1	847.3

注：无效井指出砂影响生产无效或防砂后产量降幅大于50%。

三种防砂工艺的优缺点及适应性见表6-13，由于纤维复合防砂与割缝筛管压裂防砂都要进行压裂，因此对于气水层间互的多层疏松砂岩气田而言，压裂易沟通水层，所以高压一次充填防砂工艺的适应性较强，纤维复合防砂效果优于割缝筛管压裂防砂。

表6-13　三种防砂适应性对比

工艺	优点	缺点	适用范围
高压一次充填防砂	(1) 不压开地层进行挤压充填； (2) 下挂滤砂管双重挡砂效果； (3) 施工排量小、砂比小、易控制； (4) 增产效果好，有效期长； (5) 操作简单，施工成本低	(1) 滤砂管下时间长，存在打捞困难、气井大修等问题； (2) 反洗井时，充填孔关闭不严，存在反吐砂可能； (3) 对于一层系易漏地层，最后环空有可能充填不实	(1) 一层系井控制难度大； (2) 套管变形井和防砂层段上部漏或已射开井不能用； (3) 对于气水层间互地层有较强的适应性
纤维复合防砂	(1) 压裂改造地层，消除近井地带的污染，增加导流能力； (2) 涂料砂重塑人工井壁，增加井筒附近地层的稳定性； (3) 纤维可以稳和挡粉砂； (4) 增产效果好，成功率高； (5) 井底不留管柱，便于后期作业	(1) 缝高控制难度大，有可能压开水层； (2) 携砂液复杂，配液难度大； (3) 加纤维过程中，易造成加砂堵塞； (4) 有效期受涂料砂质量的影响	(1) 适用于防砂井段内或上下10m无水层或气水同层的井，选井难度大； (2) 气水层间互地层适应性差
割缝筛管压裂防砂	(1) 压裂改造地层，消除近井地带的污染，增加导流能力； (2) 下丢筛管双重挡砂效果	(1) 缝高控制难度大，有可能压开水层； (2) 筛管下时间长，存在打捞问题； (3) 施工复杂，难度大； (4) 增产效果差，有效率低	(1) 适用于防砂井段内或上下10m无水层或气水同层的井，选井难度大； (2) 气水层间互地层适应性差

总之，三种防砂工艺各具特色，对选井选层的条件要求不同，主要体现在以下几方面：

（1）生产层位为Ⅰ类、Ⅱ类单层，且上下邻近层无水层时，防砂工艺选择余地大，三种防砂工艺措施都适合。

（2）生产层位为Ⅰ类、Ⅱ类单层，且上下邻近层有水层时，防砂工艺选择余地小，主要适合高压一次充填防砂工艺，而纤维复合防砂和割缝筛管压裂防砂工艺不适合。

（3）生产层位为Ⅲ类单层，其上下邻近层即便无水层，且气井位于含气边界气水过渡带上，因生产层位本身易出水，三种防砂工艺措施都不适合。

对防砂井生产管理的要求较高，在气井精细管理中控压差生产是提高防砂有效期的关键。虽然防砂气井适度防大生产压差可以提高单井产量，如果控制不当，将造成充填砂粒返吐，导致防砂有效期的缩短。多层同时防砂时，因产层间距影响、物性差异和隔层薄厚等都会造成防砂效果的不确定性，单层防砂便于把握，通常其效果优于多层。

三、冲砂工艺应用

针对砂面上升速度快、砂埋产层的气井，通常采用油管冲砂。具体方法是将油管下到砂面顶部，利用洗井及压井液从油管注入、从环空返排（正洗），或从环空注入、从油管返排（反洗），不断接入油管延伸到沉砂部位，通过多次反复地冲洗，最终将井底的沉砂排（冲）出井筒。因为油管冲砂工艺需要动管柱，工序复杂、作业周期长、对气层伤害大，所以仅在气井需要封堵、更换管柱或其他大修措施时才实施辅助性的冲砂维护。随着连续油管技术的发展，近年引进的连续油管冲砂工艺，冲砂效果良好。

1. 连续油管冲砂原理与优点

连续油管冲砂就是在气井带压环境下通过连续油管车把连续油管下入井筒内，并在泵车或水泥车的配合下向井内打入特定性能的冲砂介质，将沉降于井筒内的砂、泥或其他碎屑冲洗到地面，以达到恢复气井正常生产的一种作业方法。连续油管冲砂作业是在欠平衡的条件下，利用冲砂介质进行冲砂作业的，避免了气井常规冲砂维护作业利用压井液正洗或反洗对产层的伤害，使气井的产能和产量能够得到最大限度的保护。采用连续油管冲砂作业，既可缩短作业周期，又能节约成本。

2. 连续油管冲砂介质选择

冲砂介质性能的优劣是影响冲砂效果的关键，对冲砂液性能的要求：一是具有一定的黏度，以保证具有良好的携砂能力；二是密度低，降低滤失，不伤害气层。目前，常见的连续油管冲砂介质主要有：活性水、泡沫、低伤害无固相压井液、高黏度液体与气体组合[6]。这4类冲砂介质特性对比情况见表6-14。

表6-14 连续油管冲砂介质特性对比表

冲砂介质	携砂能力	摩擦阻力	伤害地层情况
活性水	差	大	严重
泡沫	较好	较小	有一定伤害
低伤害无固相压井液	较好	大	伤害较严重
高黏液体与氮气组合	好	小	伤害小

涩北气田现场使用的冲砂介质，即冲砂液体系是通过增大黄原胶黏度来防止地层漏失，提高携砂能力。目前通过改进，冲砂液体系中同时加入适量的黄原胶和暂堵颗粒，减少地层漏失和提高携砂能力。

3. 连续油管冲砂效果分析

涩北气田从2009年开始试用连续油管冲砂工艺，当年共作业7口井，由于连续油管车缺少专用冲砂工具，配套设备承压过低，对于某些井筒积砂严重的井，因设备排量达不到要求，未能将井筒积砂完全带出地面。并且，当时由于冲砂介质配方还不完善，其摩擦阻力较大，对于压力系数较低的气井严重影响冲砂效果，难以实现欠平衡作业的要求，成功率仅66.7%。

2010年，进一步完善了冲砂液体系，首次采用氮气泡沫冲砂液作为冲砂介质对7口井进行连续油管冲砂作业，同时成功完成了对ϕ60.3mm油管生产的气井和井下采取节流工艺生产的气井开展连续油管冲砂试验。全年共完成16口井，作业后复产气井有11口，成功率为68.75%。

S9-6-2井，2010年7—8月起出原油套同采管柱，生产近两个月后，2010年10月停产，探测砂面位置在1111m，沉砂高度77.5m，产层砂埋（产层位置在1071.9～1133.7m）。2010年11月，进行连续油管冲砂后，日产气约$2.81 \times 10^4 m^3$。

2011年，初步形成了低密度氮气泡沫冲砂液体系，全年完成连续油管冲砂作业43口井，其中35口气井复产，成功率提高到81.4%，累计增产气$592.2 \times 10^4 m^3$，有效地恢复了气井产能（图6-5），已成为疏松砂岩气田气井生产维护的常规作业措施。

对于出砂严重，通过连续油管冲砂无法实现复产的气井，需要采取必要的防砂或控砂等综合治砂措施，以达到恢复气井正常生产的目的；对于产水的气井，在冲砂前做好出水原因的分析；对于井筒有积液的气井，需采取和连续油管冲砂相结合的治水措施进行综合治理。

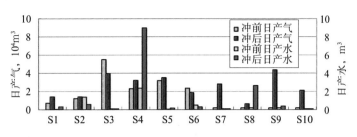

图6-5 部分气井连续油管冲砂作业前后效果对比图

第三节 分层开采工艺技术

长井段多产层气藏，虽然划分了多套开发层系和开发层组，但是因为纵向上气层多，每口井不可能仅射开一个单层生产，气井多层合采仍是主体工艺技术。为了有效地减少气井数量，实施分层采气工艺是十分必要的，也是有条件的。

分层采气工艺技术采用井下节流，一是优选井下气嘴对各个气层进行合理配产，控制了生产压差，有利于疏松砂岩气井的防砂；二是通过井下节流，降低了地面集输流程的压力等级，实现低压集输；三是有效地利用了地层的热量，可以取消地面加热系统，更利于地面集气流程的简化。但对于多层疏松砂岩气田，出水出砂致使分层采气工艺技术在应用过程中仍然面临选井选层、除砂、排水等许多挑战。

一、分层采气工艺

通过持续的攻关试验和不断的开发实践，分层开采工艺技术不断完善。由早期的一井两段油套分采发展为三层开采；分采工具由永久式管柱发展为可打捞式工艺管柱；测试工艺由油套无法测试发展为测试联作以至三层单芯电缆多路信号传输、太阳能供电、地面24小时直读甚至远程数据传输系统等全套测试工艺。

涩北气田主体应用的分层开采工艺的技术特点、管柱及配套工具和工艺技术优缺点见表6-15。

表6-15 分层开采工艺技术分析表

分采工艺		技术特点	管柱及配套工具	优缺点
油套分采	永久式油套分采	油、套两段开采； 套管无法测试； 钻磨解封	CY453插管封隔器	施工复杂，两套流程后期处理困难； 油套无法进行测试； 地面两套流程
	可取式油套分采	油、套两段开采； 电缆测试	Y441封隔器+电缆测试	解决油套分层测试； 地面两套流程
三层分采	三层同心集成式分采	封隔器集分隔气层和作为配产器工作筒功能于一体	Y341型封隔器+堵塞器+连通器	缩小卡距，细分层易沉砂
	三层偏心式分采	油管三层开采； 满足投捞调配； 电缆测试	Y341封隔器+偏心配产器+电缆测试	满足分层测试要求； 操作复杂、成本高； 地面一套流程

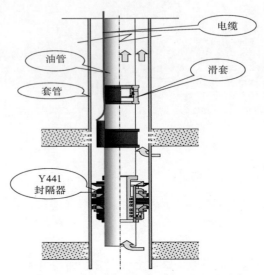

图6-6　可取式油套分层开采工艺管柱

2. 同心集成式三层分采工艺技术

同心集成式三层分采工艺管柱由Y341型封隔器、堵塞器及连通器等井下工具组成（图6-7）。Y341型封隔器集分隔气层和作为配产器工作筒的功能于一体，从而可以缩小卡距，达到细分的目的。一级配产器与一级Y341型封隔器相配合同时可完成两个层段的配产（其中配产器有ϕ55mm、ϕ52mm两种规格），两级封隔器与两级配产器配合即可满足4个气层段的配产要求，配产器的投捞可通过钢丝或电缆来实现。该管柱通过调换配产器气嘴的大小来控制生产压差，以实现主动防砂，脱卡器能够在管柱砂卡的情况下使管柱逐级脱卡。

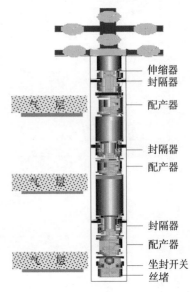

图6-8　偏心投捞式三层分采工艺管柱

1. 油套分采工艺技术

油套分采技术工艺简单、成本低、有效期长，是气井提高气井单井产量的一项主要技术之一。

可取式油套同采管柱结构主要由Y441插管封隔器、绳索式滑套开关、坐封短节等组成（图6-6），可以实现一趟管柱完成封隔器坐封、生产的工艺要求，实现油套分层开采及测试。

油套分采采用可取式封隔器密封工艺，通过一次作业完成封隔器的锚定、密封及插管与插管座动态密封，通过滑套开关实现油套连通，完成洗井、冲砂等工艺，并且可以随时将封隔器取出实现更换管柱，由电缆完成分层测试，实现了永久式油套分采工艺进行分层压力的在线监测[7]。

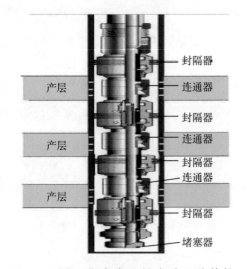

图6-7　同心集成式三层分采工艺管柱

分层测试时，在气井分层测压仪装上合适的气嘴，通过钢丝下入井下工作筒后，密封段上T形密封橡胶件将2个生产层分隔开，2支压力传感器的传压孔分别对应2个被封隔器分隔的生产层。测试仪器按程序中规定的时间间隔采得2个层段的压力值，这样可同时测得2条压力曲线，实现1支仪器1次下井同时测得2个不同层段的分层流压。2支气井分层测压仪组合下井可同时测得3～4个层段的分层流压。测试完毕后起出该仪器，在现场与便携式计算机连接便可回放并显示出压力曲线进行解释处理[7]。

3. 偏心投捞式三层分采工艺技术

偏心投捞式三层分采工艺生产管柱主要由伸缩器、配产器、Y341封隔器、坐封开关和丝堵组成（图6-8），通过投捞气嘴可调配各产层的气量，分层测试可由电缆或地面投捞方式完成。

二、分层采气工艺效果评价

1. 油套分层采气工艺效果评价

油套分采是气田一项主要的增产工艺，在气田应用66口井，在控制生产压差的条件下有效地提高了气田单井产量。根据生产数据资料统计，该气田气井平均单井产量3.21×10⁴m³/d，油套分采气井平均产气量6.35×10⁴m³/d。某气田分层开采试验效果见表6—16。

表6-16 某气田分层开采试验效果分析

井 号	生产管柱	生产层位 m	投产日期	油嘴 mm	产气量，10⁴m³/d 单产	产气量，10⁴m³/d 合计
S1—18	油管	861.0～880.4	2004.11.22	6.0	2.09	3.25
	套管	808.6～841.2	2004.11.22	6.0	1.16	
S2—6	油管	1093.6～1128.3	2004.12.02	5.5	3.98	7.31
	套管	1036.7～1075.1	2004.12.02	5.0	3.33	
S2—7	油管	1090.6～1125.2	2004.11.04	5.5	4.09	6.55
	套管	1033.7～1054.6	2005.10.25	5.0	2.46	
S2—9	油管	1090.0～1125.8	2004.10.30	6.0	4.96	8.03
	套管	1032.4～1053.1	2007.01.04	5.0	3.07	

2. 三层分采工艺技术效果评价

1）同心集成式三层分采工艺

某气田先后进行了3口井的同心集成式三层分采工艺现场试验，S4—6井下分为2层开采，S4—7和S4—18分为3层开采，由于气井出砂严重，同心集成式分层采气工艺具有较大的局限性，分析原因如下：

（1）同心集成式分层采气工艺现场打捞井下配产器时上提负荷大，存在钢丝容易被拉断的隐患。

（2）配产器采用台阶定位的限位方式容易积砂，造成再次投送配产器时，配产器无法投送到位的现象。

（3）井下气嘴孔径大小选定困难，产层一旦出砂，容易造成砂埋，配产器投捞时易砂卡。

2）偏心投捞测试三层分采工艺

某气田偏心投捞测试三层分采试验6口井，其中Y341封隔器+偏心配产器+电缆测试分采试验5口井，桥式偏心配产器投捞测试分采试验1口井（XS4—8井），气井三层分采后单井产量平均提高93.11%（表6-17）。特别是新XS3井采用安装井下偏心配产器及气嘴控制生产压差，进行一井三层分采提高单井产量先导试验，作业后该井自下而上分别安装4.0mm、4.5mm、5.0mm气嘴生产取得成功，测试瞬时产量达到（24.0～26.4）×10⁴m³/d，井口压力6.5MPa，试验后气井产量稳定在19.4×10⁴m³/d，目前产量（4.64～8.19）×10⁴m³/d，同时实现了气井动态测试资料的井底监测。

综上所述，针对多层疏松砂岩气田采气井采用偏心投捞测试三层分采工艺优于同心集成式三层分采工艺[6]。

油套分采工艺成熟，但是针对多层疏松砂岩气田油套分采气井，因油套环空携液能力差而易于积水、积砂，环空清砂、排液及产出剖面测试还难以在不动管柱的条件下实现，所以该工艺推广过程中对于选井条件的要求是产层必须是一类、二类气层，对于三类低丰度的含水气层不宜采用；并且，三层分采工艺也应选择一类、二类气层井。

表6-17　涩北气田三层分采试验综合评价

井号	有效厚度/跨度 m/m	试验前平均产气 10⁴m³/d	试验后平均产气 10⁴m³/d	增产 10⁴m³/d	增幅 %	备注
XS3	23.6/76.6	5.0	9.27	4.67	85.4	偏心投捞
S3-7-3	18.8/78.2	3.74	7.32	3.58	95.7	偏心投捞
S3-4-3	24.4/78.1	5.58	13.1	7.52	134.7	偏心投捞
S4-1-3	15.1/46.7	4.5	8.52	4.02	89.3	偏心投捞
S7-6-2	15.1/67.5	2.50	4.01	1.51	60.4	偏心投捞
XS4-8	12.7/45.5	4.23	防砂分采	未开井	—	桥式偏心
平均		4.26			93.1	

偏心投捞测试三层分采工艺通过井下气嘴分压调产作用，可以预防层间倒灌、控制合理流压、降低层间跨度以及降低层间渗透率级差，减小了层间干扰等，所以，结合多层疏松砂岩气田特点，进一步开展了采工艺及其配套测试技术的研究与试验，力求实现避免层间干扰、主动防砂、优化配产等，进而充分发挥气井生产潜力，实现气井产量的大幅度增加。

虽然油套分采和偏心式气井三层分采工艺在多层砂岩气藏开发中已初步推广应用，并且实现了分层压力电缆实时监测，但是分层采气管柱受气井出砂、出水影响，存在井下气嘴易刺坏、易砂卡和投捞困难等，对选井条件有一定要求。对已实施该工艺的气井，为避免生产压差过大产层大量出砂出水，有必要开展先期防砂作业和气井优化配产研究，并制定相应的井下作业施工规范、采气生产定期投捞作业规范和测试操作技术规范等，最终形成多层疏松砂岩气田的一项成熟的增产工艺技术。

第四节　排水采气工艺技术

涩北气田埋藏浅、含水饱和度较高、气水关系复杂，虽然从井网部署、射孔选择和单井配产等多方面采取了防水、控水措施，但气井普遍产水，只是由于产出凝析水、可动水或边水等类型不同，气井的产水量存在较大差异。为避免地层出砂的影响，多采用限制生产压差的方式进行生产，由此限制了单井产量，即使是以产凝析水为主的气井，如果气井产量低、携液能力弱，也会产生井底积液，影响气井正常生产，因此需要采取有效的排水采气工艺技术，确保气井正常运行；对于出水气井，更需要采取强有力的排水采气工艺技术。

通过分析涩北气田气藏的实际情况和国内采气工艺技术现状，确定切实可行的排水采气工艺技术，排出气井井底积液，恢复气井的产能，提高涩北气田开采工艺水平。

一、排水采气工艺适应性分析

在涩北气田开发过程中，由于凝析水、边水和层间水的影响，常会造成气井井筒积液，并会对气井的正常生产带来不利的影响，即使井底有少量积液，由于埋藏浅、压力低，其在井底产生的回压，也能严重地限制气井的产能。因此在了解气井井筒积液规律的基础上，研究适合涩北气田的排水采气工艺技术具有重要的现实意义。

气井排水采气工艺的适应性及目前达到的工艺水平见表6-18。根据排水采气各种工艺原理，针对涩北气田气井特点，必须从气藏、气井的具体情况出发，优选出适合涩北气田地质特征的排水采气工艺。

涩北气田埋藏深度400~1800m，地层压力5~20MPa，产水量少，比较适合井下管柱结构简单、成本低的优选管柱排水方式。

地层温度27~70℃；天然气以甲烷为主，不含液态烃、硫化氢和二氧化碳；地层水矿化度100000~200000mg/L；气井出水量小，最高不过几十立方米，但地层易出砂，可以采用泡沫排水采气技术。

气藏进入开采中、后期后，由于产层压力下降、水量增加，原有生产管柱尺寸不合理时，可在原有生产管柱内下入小直径连续油管作为生产管柱；同时，小直径连续油管还可以实现有效冲砂。对于产水量大的出砂井，可考虑采用螺杆泵排水方式。也可以考虑采用泡排—邻井高压气举或泡排—井口增压的复合排水采气技术。

表6-18　气井排水采气工艺的适应性及目前达到的水平

对比项目		举升方式						
		优选管柱	泡沫	气举	柱塞气举	游梁抽油机	电潜泵	射流泵
最大排液量，m³/d		100（小油管）	120	400	50	70	500	300
最大井（泵）深，m		2700	3500	3000	2800	2200	2700	2800
井身情况（斜井或弯曲井）		较适应	适宜	适宜	受限	受限	受限	适宜
地面及环境条件		适宜	适宜小装置	适宜	适宜小装置	一般适宜	适宜小装置	适宜
开采条件	高气液比	很适宜	适宜	适宜	很适宜	较适宜	一般适宜	一般适宜
	含砂	适宜	适宜	适宜	受限	较差	<5‰	很适宜
	地层水结垢	化防较好	很适宜	化防较好	较差	化防较差	化防较好	化防较好
	腐蚀性（H₂S、CO₂）	缓蚀适宜	缓蚀较适宜	适宜	适宜	高含H₂S受限较差	较差	适宜
设计基础		简单	简单	较易	较易	较易	较复杂	较复杂
维修管理		较方便	方便	方便	方便	较方便	方便	方便
投资成本		低	低	较低	较低	较低	较高	较高
运转效率，%				较低	较低	<30	<65	最好34
灵活性		工作制度可调	注入量周期可调	可调		产量可调	变频可调很好	喷嘴可调很好
免修期		>2年		>1年	一般结垢3个月通井		0.5~1.5年	

由于气井出砂，不宜采用机抽、电潜泵、射流泵排水采气方式。通过适应性分析，优先推荐采用优选管柱、泡沫排水和气举、柱塞气举等排水采气技术。

二、优选管柱排水采气技术

气井的积液对低压气井的生产和寿命影响极大。只有气井产层流入和油管产出的工作相互协调时，才能把地层的产出液完全、连续地排出井口，获得较高的采气速度和采收率。优选管柱排水采气工艺就是在有水气井重新调整自喷管柱，减少气流的滑脱损失，以充分利用气井自身能量的一种自力式气举排水采气方法。

优选管柱排水采气工艺，其理论成熟，施工容易，管理方便，工作制度可调，免修期长，投资少，除优选与地层流动条件相匹配的油管柱外，无须另外特殊设备和动力装置，是充分利用气井自身能量实现连续排液生产，以延长气井带水自喷期的一项高效开采工艺技术。对于已经水淹的气井不适合采用优选管柱排水采气工艺。

1. 影响气井排液能力的主要因素

气井的临界流速与临界流量反映了气井的举液能力，影响气流举液能力主要有自喷管柱尺寸、井底流压、油管举升高度、临界流量与流体性质等因素。

1）油管举升高度

气井连续排液的临界流速与气井的井底流压和油管举升高度有关，而与油管的管径无关。一般来说，当井底流压一定时，油管举升高度越大，需要的临界流速越大，反之亦然。因此，在设计自喷管柱时，绝不能取临界流速为常数值。

2）油管尺寸

油管尺寸是影响气井举升能力最重要的因素，气井连续排液的流量与管柱直径的平方成正比，也就是说，当油管举升高度和井底流压一定时，为了获得相同的临界流速，自喷管柱直径越大，气井连续排液所需的临界流量也就越大。因此，小直径油管具有较大举升能力，这就是小油管法排水采气工艺的基本原理。

3）井底压力

提高井底压力会对气井的举液能力起反作用，在气体质量速率、自喷管径、油管举升高度相同的条件下，压力较高，气体体积较小，就意味着气流速度较小，需要较大的临界流量才能将液体连续排出井口。

4）临界流量

临界流量是判定气井举升排液能力大小的决定因素之一。当气井自喷管柱及举升高度、井底流压一定时，气井连续排液所需的临界流量也一定。当气井自喷管柱及井底流压一定，如果油管举升高度相差较大，不仅由于油管鞋处的温度和天然气偏差系数相差较大，使连续排液所需的临界流量较大，而且更为重要的是，油管下入深度的不合理将直接影响举升效果。因此，气藏开发到中后期，由于气水井产量递减速度较快，往往因气井的实际产气量远远小于连续排液的临界流量，造成井底严重积液。这时就必须调整自喷管柱直径，下入较小直径的油管，使油管和气层的工作重新建立协调关系。

2．现场试验效果

由系统分析可知，S3-10井在油管内径为62.0mm，井口压力为7.4MPa，井筒未形成积液的条件下，产气量应为$3.6 \times 10^4 m^3/d$。但气井的实际产量只有$1.52 \times 10^4 m^3/d$，说明实际产气量受到井底积液的影响。

通过减小管柱内径，将气井管柱内径由62.0mm更换为50.7mm，从而更有利于井筒积液的排出。通过更换管柱，排出了井筒积液，井口压力为7.6MPa时实际产量达到$3.14 \times 10^4 m^3/d$。

2006年，在涩北气田砂岩气藏优选管柱现场对4口井实施生产管柱优化，见表6-19。管柱优化后，S3-10井、XS3-25井开始恢复生产，而SH2、T5-7井的产气量明显增加，油压、套压上升，说明优化油管生产达到了预期的携液排水的目的。

表6-19 优选管柱效果对比表

井号	施工前生产情况				施工后生产情况			
	产气量 $10^4 m^3/d$	产水量 m^3/d	油压 MPa	套压 MPa	产气量 $10^4 m^3/d$	产水量 m^3/d	油压 MPa	套压 MPa
S3-10	气井携液能力不足，无法生产				3.14	0.53	7.6	8.10
XS3-25	气井携液能力不足，无法生产				0.34	2.11	9.10	—
SH2	5.77	4.05	6.58	6.69	5.98	3.40	6.80	7.40
T5-7	1.42	0.30	7.40	7.50	2.08	6.72	7.40	9.10

2007年，选择5口出水量较大，油套管压差大的井进行了更换直径小的生产管柱作业。从施工后的生产情况来看，有2口因出水量大而无法进站的井恢复了生产，3口生产情况明显好转，产量、压力上升，出水量在前期较多，但是随着生产时间的延长，出水量明显减少，措施前后生产情况见表6-20。

表6-20 涩北气田调整生产管柱措施效果对比表

井号	施工前生产情况				施工后生产情况			
	产气量 $10^4 m^3/d$	产水量 m^3/d	油压 MPa	套压 MPa	产气量 $10^4 m^3/d$	产水量 m^3/d	油压 MPa	套压 MPa
S2-11	压力低而无法进站生产				1.3368	1.99	7.2	10.4
S9-5-4	2006年防砂后压力低而无法进站生产				2.5977	16.57	9.6	11.0
S4-5	3.9848	3.16	8.3	9.6	5.0749	2.70	9.7	9.8
S3-1-3	2.9264	1.72	7.86	8.91	3.1321	2.35	8.0	9.0
S7-5-4	3.0130	3.25	8.7	9.4	3.1801	3.84	8.7	10.1

三、泡沫排水采气技术

泡沫排水采气技术是通过地面设备向井内注入泡沫助采剂，降低井内积液的表、界面张力，使其呈低表面张力和高表面黏度的状态，利用井内自生气体或注入外部气源（天然气或液氮）产生泡沫。泡沫是气体分散于液体中的分散体系：气体是分散相（不连续相），液体是分散介质（连续相）。由于气体与液体的密度相差很大，故在液体中的气泡总是很快上升至液面，使液体以泡沫的方式被带出，达到排出井内积液的目的。

地层水矿化度超过15×10^4mg/L，2007年取地层水样进行了发泡剂、稳泡剂和消泡剂的研制。通过性能筛选、配方试验，研制成功PDPT-1和PDPT-2新型泡排剂，其泡排高度、携液量和半衰期等指标均达到了标准要求。同年8月，在涩北选择5口出水较多的井开展了现场试验，均取得了降低井筒积液高度，提高油套压和增加气水产量的效果（表6-21）。

表6-21 2007年涩北气田泡沫排水采气工艺试验情况表

井号	措 施 前				措 施 后				起泡剂类型
	日产气 10^4m³	日产水 m³	油压 MPa	套压 MPa	日产气 10^4m³	日产水 m³	油压 MPa	套压 MPa	
S2-13	1.47	1.82	6.8	7.5	1.84	0.24	6.8	8.3	PDPT-14
S1-2	1.42	3.6	6.8	7.1	1.47	4.08	6.7	7.5	PDPT-15
S4-9	0.44	0.72	6.8	8.5	0.47	2.31	6.3	8.5	PDPT-14
S4-7 (O)	—	—	6.1	—	—	—	6.5	—	
S4-7 (T)	—	—	—	8.9	—	—	—	9.5	

参考文献

[1] 石李保，耿东士，于文华，等. 柴达木盆地台南气田优快钻井技术[J]. 石油钻采工艺，2010，32（3）：103-105.

[2] 周福建，熊春明，宗贻平，等. 纤维复合无筛管防细粉砂技术在涩北气田的应用[J]. 石油勘探与开发，2006，33（1）：111-114.

[3] 李宾元，王成武. 青海台南—涩北气田出砂机理及防砂技术研究[J]. 西南石油学院学报，2000，22（1）：40-42.

[4] 钟兵，马力宁，杨雅和，等. 多层组砂岩气藏气井出砂机理及对策研究[J]. 天然气工业，2004，24（10）：89-92.

[5] 李根，李相方，李江涛. 涩北一号疏松砂岩气田的防砂策略[J]. 天然气工业，2009，29（2）：84-85.

[6] 宗贻平，李永，许正祥，等. 疏松砂岩气藏有效开发工艺技术研究及应用[J]. 天然气地球科学，2010，21（3）：357-360.

[7] 王善聪，赵玉，李江涛，等. 三层分采及分层测压在涩北气田的应用研究[J]. 天然气地球科学，2006，18（2）：307-311.

第七章　动态监测与动态描述技术

动态监测主要是对气田开发过程中产量（产气、出水、出砂）、压力动态变化特征进行数据信息采集的过程，是进行动态分析的基础。气藏动态描述的主要任务是准确认识气藏的产能大小与稳产能力、出水与出砂特征以及多层渗流规律，正确把握气藏的开发动态特征；应用的主要技术包括产能评价、不稳定试井分析、生产测井解释、物质平衡分析、产量不稳定分析和数值模拟等。通过动态分析与动态描述，掌握气田的开发规律，为制定气田开发技术政策、搞好气田开发调整和优化气田稳产措施提供依据。

第一节　动态监测

动态监测资料的准确性直接关系到对气藏静态和生产动态特征认识的可靠性，气藏开发过程中要切实做好动态监测工作，取全、取准各项动态数据。

针对多层疏松砂岩气田出水、出砂、分层储量动用程度差异大的特点，突出"砂、水、窜"等监测工作，建立合理的动态监测体系，动态监测的主要内容包括产量监测、压力监测、出水监测和出砂监测。测试技术包括常规生产监测、井下流静压测试、产出剖面测试、多层分采分层测试和井间干扰测试等。

一、动态测试内容要求

1. 常规温度、压力及生产监测

1）压力监测

压力是气藏开发的灵魂，压力监测体系用于监测地层压力的分布和变化状况，监测要点包括：

（1）按照气井所在构造位置，均匀选择30%的井作为监测气藏压力的定点测压井，每半年至一年采用井下压力计测量一次地层静压；测压点要遍及气藏的主力产层以及接近边水的各个部位，同一开发层系的各生产井观测时间间隔不超过3个月。

（2）对于主力开发层系，要合理地安排全气藏关井测压，每1~3年1次。

（3）每个开发层系选择一定比例的生产井，每年监测一次流压及井筒压力梯度曲线。

（4）压力恢复测试：按照气井所在构造位置和产能级别类型，选取代表性的井每1~3年测一次。

（5）气井生产发生异常时，如产量大幅下降或上升、水量增加、井口油压、套压大幅变化，应及时监测井底流压。

2）温度监测

井底静温和静温梯度与定点测压井地层压力同时测量，井底流温和井筒流温梯度与定点测压井流压同时测量。

井口温度与大气温度由井口变送传感器在线实时监测记录。

3）气井产量监测

产量监测系统能够准确反映气井产量及产气能力的变化，及时发现生产状况的异常，每口生产井都要按时进行产气量的测量；同时计量气井产出天然气时带出来的水量和砂量。

4）流体监测

选择少量具有代表性的井点进行高压物性取样，其余大部分井进行地面气样的分析化验，1/4的井作为流体性质监测井，重点是含水量、水的化学组成，以此监测出水的水源。

（1）投产初期，每1年取样化验1次。

（2）投产中后期，需要监测可动水和边水的侵入，增加监测频率，每季度1次。

（3）对于水样，见水初期，要求每天取样1次。当确定产地层水后，每半年取样和分析1次。

2．专项测试项目

1）生产测井

生产测井的目的是了解气井每个小层的产量高低与变化情况，了解分层储量的动用情况以及判断出水层位等。每个开发层系固定选取1/3左右具有代表性的井，每年测1次产气剖面。

2）工程测井

工程测井的目的是为气井措施作业施工提供井筒的几何形状资料，包括套管变形、损坏情况等，便于有的放矢地进行施工作业。

（1）工程测井应包括水泥胶结质量评价、套管腐蚀变形及射孔质量检测和管外窜槽情况。

（2）对于实施调层补孔、套管补贴的井，需要确定套管接箍位置，必须进行测井。

（3）泥岩段缩颈严重，套管变形，造成起下管柱作业遇阻，应及时进行井径测井。

（4）探测气层垮塌深度，可疑的管外窜槽井段。

（5）选生产时间长、出砂较严重的井进行套管监测，发现套管损坏（变形、破裂、错断和漏失）的程度及损坏的方位、井径变化、套管腐蚀、射孔质量、固井质量、出砂层位等。

（6）根据工程测井资料，评价套管补贴等工艺措施的实施效果。

3．定点测试项目

1）主力气井

对于生产平稳，出水量少或几乎不出水的气井，其产量还有上升空间，可作为调峰和气田在生产中后期保持稳产的主力气井。这些井是确保整个气田稳产的基础，动态监测内容主要包括：

（1）通过静压监测，核算气井控制的动态储量，评价气井稳产的基础。

（2）生产测井，分析不同时间产出剖面变化规律，评价分层产能及储量贡献。

（3）通过对产出水水量、水气比和水质的分析，结合与气水边界的关系，分析是否存在出水的风险。

2）递减气井

动态监测的主要内容是：

（1）通过压力监测，核算动态储量。

（2）生产测井，监测分层产量的变化规律。

（3）通过对出水量、水气比与产气量的监测，结合地质条件与产气剖面测试成果，分析确定递减的主要原因。

3）出水气井

由于大量出水导致地层中气水两相渗流和井筒中压力梯度升高，从而导致气井产量大幅度降低。对于这类气井，水源类型的不同、水源供给条件和地层流动性能的差异都将导致气井产量递减规律的极大差别，往往造成产量的急剧波动或急剧下降，递减迅速，对气田整体产量影响较大，动态监测的内容是：

（1）监测压力、产量与出水动态，判断水源供给能力、水体大小，水体与井的连通性，预测出水趋势与出水动态。

（2）定期进行产出剖面测试，监测出水层段及其出水量的变化，论证排水采气或封堵水层的可行性。

（3）根据邻井出水动态及井的相对位置，结合储层地质研究和目前生产动态与出水动态，评价气井的剩余开采潜力，提出措施和建议。

二、重点分析与监测目标

在进行多层疏松砂岩气田动态监测时，主要结合气井、气藏开发生产特点，有侧重地求取和分析监测数据，重点监测以下内容。

1．气井产能测试

气井的产能是气田开发政策制定的基础。由于多层疏松砂岩气田的特殊性，气井产能与地层能量、出水、出砂等密切相关，目前对气井产能的评价主要是基于稳定试井方法来进行，对出水、出砂等产能影响因素的评价仍然需要通过反复的开发试验、理论模型校正来完成，评价结论的精确程度还需要通过生产实践来进行验证。

对于多层疏松砂岩气田，按照一定的开发周期，对各个开发层系都应选定一批井进行产能测试，以评价储层渗流特性、完井效果，并确定单井合理产量。

从多层疏松砂岩气田气井产能测试资料看，受井筒积液的影响，实测压力数据均存在不同程度的扭曲。考虑到储层渗透性较好，通常采用系统试井的方式进行产能评价，避免修正等时试井关井段出现的气液分离影响。采用4个工作制度的系统试井方法进行产能测试（最大产量取临界出砂压差以下生产），每个制度下生产都要达到稳定。产能测试结束后，直接关井进行压力恢复测试（关井3天以上）。

测试中要全程连续井底测压，压力计要下入气层中部，以减少井筒积液的影响。测压结束后上提压力计的过程中，测井筒静压、静温梯度。要求测压最深点应低于气层底部至少10m，气层段以上50m内每10m停点测量一次，其他井段每100m测量一次。每个测点停置足够的时间，保证测得稳定的压力。

2．边水监测

由于多层疏松砂岩气田是典型的边水气藏，对位于构造边部和低部距离边水较近的井，存在边水突进而水淹的风险。通过探边测试可以了解气水边界位置，监测边水的推进速度，根据边部单井产量变化与含水情况，分析气井产水量的变化规律，进而判断气水边界变化情况，并利用物质平衡法确定水侵量，利用数值模拟技术或气藏工程方法预测气井的出水动态，并通过综合分析提出防水、治水的调整意见。每半年结合探边测试资料和动态分析进行1次边水推进分析。

由于多层疏松砂岩气田层多而薄，纵向上好层、差层及水层交互分布，若管外水泥环固井质量差，则层间互窜对气井开采动态的影响非常大。并且，层间互窜在建井初期表现并不突出，随着生产时间的延长，动用的产层压力逐渐亏空，与相邻水层间的压力差逐步增大，则层间会出现水泥封隔失效而沟通，因此要根据对井的压力及出水变化情况进行监测，实时分析层间的连通及层间干扰情况，并进行必要的工程测井，以判断水泥环的胶结封固质量。

气井常一次射开多个气层生产，由于含气丰度、物性和含气面积等差异，其中某一个层先见水，也会造成气井水淹，所以，进行必要的产出剖面测井，以判断出水层位，为封堵措施提供依据非常重要。

3. 气井出砂监测

疏松砂岩气藏气井出砂危害是影响高效开发的一大难题，详细观察、记录气井的出砂状况，包括井口取样分析、砂刺气嘴情况、井筒探砂面（时间、方法、砂面深度）及冲砂情况（冲砂时间、使用设备、冲砂介质、施工条件、砂柱高度、冲出砂量和出砂粒度等），这些仅是常用的定性或半定量地判断出砂程度的主要做法。出砂在线监测和计量工艺技术，可以较准确地判断每口井的临界出砂压差，是确定气井合理工作制度和合理配产的关键。

对每口井出砂量的准确计量，便于认识产层出砂的情况，这些资料的取得可以指导防砂设计对建立人工井壁填砂量的控制。对轻微出砂井，调整其生产压差及产气量，控制出砂程度；对于多层合采且出砂较严重的井，进行噪声、密度等具有特定功能的监测，以判断出砂层位，为防砂措施提供依据，针对性地进行防砂作业。

三、特殊测试方法介绍

1. 压力监测方法

1）永久式测压技术

永久式井下压力和温度监测主要通过压力、温度传感器随完井油管下入产层附近，然后通过井下电缆将压力、温度信号传送至地面，经由地面数字采集仪对信号进行处理，进行实时显示和存储，并通过通信接口与计算机相连，通过对数据进行处理和分析，得到长期连续的井下压力、温度的动态监测曲线，从而为气井生产提供有效的定量监测数据，为气藏后期的生产管理和工艺措施的选择与优化提供有力的依据。测试技术主要包括：井下电子压力计监测技术、毛细管测压技术和高精度井口测压技术。

2）分层测压技术

分层测试及投捞工艺，是气井分层开采技术的重要内容，分层测试主要为了求取各分层开采层段的流压和流量等数据，为气藏工程和采气工艺分析提供分析数据。投捞工艺技术的目的是调整气嘴和优化分层采气工作制度，主要研究投捞的可靠性和安全性。

对于气井分层开采完井管柱，通常测试的主要参数为流量、压力和温度，一般情况下压力计中含有温度传感器，在测取压力的同时也录取了温度资料。气体流量测试不同于其他流体流量测试，目前井下测量气体流量尚没有较好的方法。根据分层采气管柱的特点，实验中采用单层段流量的测试方式，即井下投送死嘴堵塞器封堵非测试层段，开井生产测试层段，由地面流程计量装置测取产气量。

气井压力测试主要用于管柱验封、稳定试井和不稳定试井，对于分层开采气井来说，意味着每个层段都要进行测试，必须取得反映每个层段特性的测试资料。根据气藏工程分析和优化采气工艺的需要，结合多层分采管柱的特点，压力测试采取在配产堵塞器设置存储式双传感器压力计的方法，测取管柱的内、外或气嘴前、后的动态与静态资料。

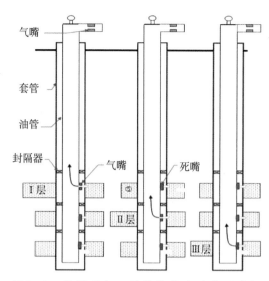

图7-1　分层采气工艺管柱稳定试井示意图

对于三层分采试验的气井，可根据管柱下放和坐封过程中的管柱内外压差变化判断管柱是否密封，管柱验封过程中，地面打压形成3个压力台阶，压力计下传感器记录油管外部液柱压力，压力计上传感器记录油管内部坐封压力的变化，这样可通过管柱内、外的压差值判断封隔器是否密封良好[1]（图7-1）。

稳定试井的目的是确定产层的生产能力，即产量与井底的流压关系。分层采气管柱稳定试井时，非目的层段配产器中投入死嘴，生产层段通过气嘴控制生产，压力计测取气嘴前后流动压力，然后按稳定试井程序进行试井，得到气井的分层产能，从而为气井针对性地进行配产提供依据。

2．出水监测方法

1）回收流体分析法

地层测试器回收的水一般是钻井液和地层水的混合物。如果水的数量很小，则多半是钻井液滤液。如果回收水的数量较大，可以通过分析确定总矿化度，并查出其电阻率，或直接测量R_z。然后，根据测井资料或邻井的测试资料确定地层水电阻率以及钻井液滤液电阻率R_{mf}，这一方法可算出地层水相对体积。

2）持水率计测井法

在生产井中，井筒内悬持的水的体积与总体积之比称为持水率。在实际生产过程中，完全产气的井很少，大多是气水同产，持水率计测井就能很好地分辨出产液中含水的多少。目前常用的两种确定持水率的方法为电容法持水率计和放射性低能伽马持水率计。

3．出砂监测方法

地层出砂或气井出砂监测在国内外还没有特别好的技术方法和手段，通过调研和实践，可以归结为井筒软硬探砂面、井口超声波或噪声监测、分离器排污口观察等，但都属于半定量的监测方法。

1）井筒软硬探砂面

由于地层出砂后，除部分砂粒随气流带出井口外，其余砂粒沉积在井筒内。因此，可以定期探测井筒内积砂的高度，来半定量地确定地层的出砂量，评价出砂强度，指导气井的合理生产压差的确定。

测试方法是利用钢丝绞车带重锤下井，来确定井筒砂埋的砂面位置，但有时钢丝打纽造成误差，通常在修井作业时顺便增加了用油管直接硬探砂面的工序，以获得更为准确的数据，然后根据沉砂高度计算出井筒内沉砂量的多少。即便如此，随气流带到地面的砂量难以回收和计量，是造成气井出砂计量困难的关键问题。由于全气田出砂气井砂面年上升速度平均50~60m，单井计量分离器针对某出砂井计量时，由于倒井计量时间有限（一般24h），出砂量很少，加之分离器针对微米级的粉尘状砂其分离效果是不够的，排污口排污时气流会瞬间将分离器底部的少量沉砂带出，难以回收计量，通常分离器根据其脱水量的极限值进行自动排污，排污阀自动打开后，沉于分离器底部的沉砂和水的混合物共同排出，也难以在站外排污池收集到排出砂量的多少。

2）井口超声波或噪声监测

此项技术是利用Clampon 2000含砂监测器，该仪器是基于超声波智能传感器技术，这种传感器安装在输气弯管后面，气流中的砂尘在此处从气流体中被抛出，并碰击管壁的内壁，产生一种超声波脉冲信号，该信号通过管壁传出，并由声敏传感器接收。

众所周知，在带有冷凝液滴、砂尘颗粒的高速气流在管内流动中，产生的噪声是不同的。它可对不同种类的流动状态（这些流动状态产生的声音与砂尘颗粒噪声无关）进行分析，DSP提供的数字信号处理能力使传感器能够结合多种频率范围的信号对Clampon 2000含砂监测器所提供的数字图像信号进行分析。将DSP技术纳入超声波智能传感器增加了它的准确性和可重复性，这是量化出砂的重要方法。

3）分离器排污口排砂量监测

分离器排污口混合物排出量的监测在前面已简要说明，即选择不同类型的密度计量装置对比测量砂水混合物密度，从中选择适用于混合液流的密度计量装置，实现砂水准确计量，来解决在集气站内对气井出砂、出水的准确计量问题。所以，混合液流的密度计量装置的选择是关键，特别是对于出水量大而又出砂的气井，在Clampon DSP含砂监测器无效的情况下选用以下几种含砂监测技术。

（1）超声浓度（密度）计。

测砂仪采用声波衰减原理，由一个探头发射的声波穿过含泥沙的介质，因黏滞阻力而衰减，也因颗粒的反射而衰减，因此由另一探头接收到的声波幅度将随含砂量的增加而衰减。

SDM型测砂仪的量程范围宽，测量速率高，重复精度高，测量上限1000kg/m³。

（2）智能差压式密度计。

WS3051-MD系列智能在线密度计，采用RoseMount多参数共面法兰传感器，对各种液体或液态混合物进行在线密度测量。其主要特点：安装使用方便；适用于流体或静止液体，适合于管道安装；连续在线测量液体密度无过程中断；接触液体部件全部为316不锈钢材料制造，安全、卫生、防腐性好。

ZNH-1型含沙量测定仪是一种准确测定钻井液含砂量的装置，适用于检测流动或静止液体的密度，可安装于管道或者罐体上，测试精度±0.0004g/cm³。

（3）伽马射线密度计。

基本原理是由放射源产生的伽马射线穿过管道中的被测介质，其中一部分射线被介质散射和吸收，剩余部分射线被安装在管道另一边的探测器所接收，介质吸收了多少射线，与被测介质的密度呈指数吸收规律。

第二节　动态分析技术

对于多层疏松砂岩气田，气藏动态描述技术与方法和其他类型气藏都相同（附录E），只不过分析的侧重点有所差异。涩北气田动态描述过程中主要是要突出由于"多层"、"疏松"和"边水"等地质特征而带来的一系列开发问题，在第三章中已经阐述了"多层"对于试井压力特征的影响以及边水和多层的共同影响的出水特征，并简述了由于地层"疏松"而导致的气井出砂问题。在本节中以不稳定试井解释、产能评价、动态储量分析与分层产量贡献为重点，进行剖析。

一、不稳定试井分析

涩北气田砂体平面分布稳定，储层横向连通性好，气井不稳定试井曲线特征表现为以无限大地层为主[图7-2（a）]。由于储层非均质性的存在，部分气井表现为外围变化的复合模型[图7-2（b）、图7-2（c）、图7-2（d）]特征。

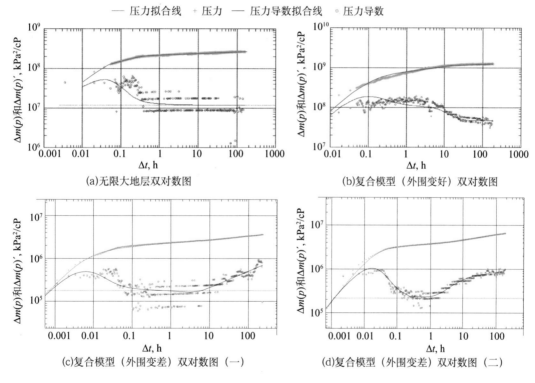

图7-2　不稳定试井解释成果图

随着开采时间的延长，存在井间干扰现象，表现为后期压力导数下降（图7-3）。

二、产能评价

涩北气田属于中低渗透多层气藏，对于构造高部位以产凝析水为主的气井，在地层条件下以单相气体渗流为主，采用修正等时试井方法进行产能测试，能够获得较好的数据资料 [图7-4（a）、图7-4（b）]，可以对气井产能做出准确的评价。

对于构造翼部或边部气井，受边水侵入影响，气井产水量相对较大。关井测试时易产生井底积液，采用修正等时试井产能测试方法，往往会出现二项式产能系数 B 为负值[图7-4（c）]，或指数式 n 大于1[图7-4（d）]的现象。为准确评价与认识气井产能，应采用回压试井方法，以降低井底积液对于产能测试的影响。

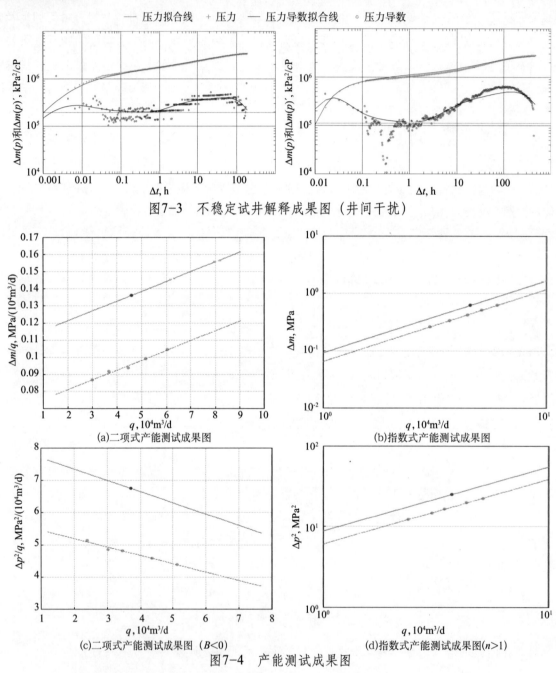

图7-3　不稳定试井解释成果图（井间干扰）

(a)二项式产能测试成果图

(b)指数式产能测试成果图

(c)二项式产能测试成果图（ $B<0$ ）

(d)指数式产能测试成果图($n>1$)

图7-4　产能测试成果图

通过地质分析可知涩北气田层间及平面非均质较强，从生产动态上也反映出储层具有较强的非均质特征，单井产能差异较大。以涩北一号气田为例，投产的144口井（2009年）中，绝对无阻流量最大值为 $82.89 \times 10^4 m^3/d$ ，最小值仅为 $1.26 \times 10^4 m^3/d$ 。其中9口井无阻流量大于 $50 \times 10^4 m^3/d$ ，占总井数的6%；40口井无阻流量在（ $25 \sim 50$ ） $\times 10^4 m^3/d$ 之间，占总井数的28%；86口井的无阻流量在（ $5 \sim 25$ ） $\times 10^4 m^3/d$ 之间，占总井数的60%；小于 $5 \times 10^4 m^3/d$ 的井9口，占总井数的6%。气田单井平均无阻流量为 $22.28 \times 10^4 m^3/d$ ，主要属于低—中产能。

三、动态储量分析

1. 动态储量计算方法

动态储量计算方法包括物质平衡法、生产动态分析法和不稳定分析法等三种类型（表7-1）。其中常规Arps方法和Fetkovich方法给出的是在目前生产条件（定压）下的天然气可采储量，其他各种方法给出的是目前井控条件下的天然气地质储量。

表7-1　动态储量计算方法与适用条件一览表

类型	适用条件	计算方法	应用范围
物质平衡法	(1) 具有一定采出程度； (2) 具有关井测压资料的气藏或气井	定容气藏	定容封闭气藏
		水驱气藏	水驱指数大于0.1
		异常高压气藏	压力系数大于1.5
		凝析气藏	凝析油含量大于50g/m³
生产动态分析法	(1) 具有一定的生产数据资料，不需要关井测压； (2) 天然气渗流要达到拟稳定流状态的气井	Arps方法	定压生产条件、处于递减阶段生产的各类气藏或气井
		Fetkovich方法	
		Blasingame方法	变产量变压力（压降）、处于边界流控制状态
		Agarwal-Gardner方法	
		NPI方法	
		流动物质平衡方法	
不稳定分析法	(1) 小型定容气藏； (2) 具有单井不稳定试井资料的气井	弹性二相法	小型定容封闭气藏，具有稳定生产条件下的压力降落测试资料
		不稳定晚期法	不稳定晚期压力波已传播到地层边界，但还未形成等速度的变化
		压差曲线法	以恒定产量生产并达到拟稳态；关井后压力恢复达到过渡阶段

涩北气田的气藏类型属于弹性气驱的定容干气气藏，动态储量计算主要采用定容气藏物质平衡和生产动态分析两种方法。

1）物质平衡法

涩北气田储层平面连通性好，在井距较小的情况下，井间干扰较为明显，各井的地层压力同步下降。对于这类气藏，受层间非均质影响，应用物质平衡法计算全气藏的动态储量，得到的结果偏于保守（第三章第一节，第五章第三节）。

在没有进行全气藏关井条件下，受井间干扰影响，物质平衡法单井动态动态储量会有一定幅度的变化，不同时间得到的结果可能会有差异，得到的单井动态储量供参考使用。

从实际气井物质平衡分析实例看，单井压降曲线主要划分为3类：直线型、两段式后期直线段上翘型、两段式后期直线段下降型。

（1）直线型。

直线型压降曲线特征表现为所有测压点在$p/Z—G_p$关系图上呈直线关系（图7-5）。该类气井在整个生产期内生产平稳，压力波均匀扩散，涩北气田大部分生产井均属于此种类型。

（2）两段式后期直线段上翘型。

压降曲线后期直线段上翘型（图7-6）的特征是生产期所有测压点在p/Z—G_p关系图上呈现出两段式直线关系。第二直线段和第一直线段之间存在一个明显的拐点，后期压力下降速度减缓，曲线上翘，表明该井动态储量增加。曲线上翘有多种原因：一是气井补孔；二是多层合采；三是邻井关井；四是边水侵入。

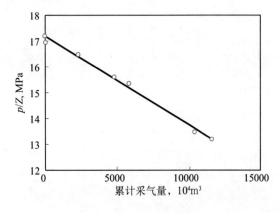

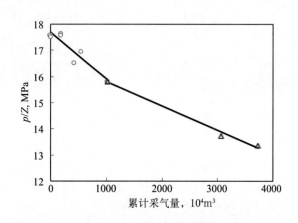

图7-5 直线型压降曲线

图7-6 后期直线上翘型压降曲线

气井补孔是提高单井产量和井控动态储量的有效方法。早期射孔层数少，井控动态储量小，压降速度快。气井补孔后，增加了井控地质储量，从而降低了压降速度，曲线表现为上翘特征。如S4-18井，该井于1999年9月25日投产，射孔井段为1351.0～1353.0m、1362.5～1364.5m、1395.7～1397.0m共3个小层，总有效厚度5.8m，应用早期压降数据计算动态储量约为$1.00 \times 10^8 m^3$。2002年8月补孔，补射1333.0～1339.0m和1341.0～1346.0m共2层，新增有效厚度4.9m。到2006年5月为止，累计采气$3748 \times 10^4 m^3$，计算调层补孔后动态储量为$1.77 \times 10^8 m^3$，补孔后动态储量增加了$0.77 \times 10^8 m^3$。

边水侵入型压降曲线：生产早期测压点在p/Z—G_p关系图上呈现直线关系，随着边水的侵入，压降曲线偏离直线段向上翘。偏离的程度与水侵能量有关，边水越活跃、水侵量越大，则压力保持水平越高，偏离直线段向上翘的程度越大。

受层间非均质影响，早期高渗层动用程度好，后期低渗层逐步增大，也会表现为后期直线段上翘特征，目前涩北气田气井还没有观察到这种类型。

（3）两段式后期直线段下降型。

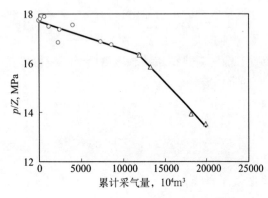

图7-7 后期直线下折型压降曲线

两段式后期直线段下降型特征是整个生产期所有测压点在p/Z—G_p关系图上呈现出两段式直线关系。第二直线段和第一直线段之间有一个明显的拐点，但第二段压力下降速度加快，表现为曲线下折。

两段式后期直线下折型压降曲线的一个原因是井间干扰。在开发早期，由于生产井数少，供气范围不受井网控制，单井动态储量大，压降速率小，单位压降累计产气量高。当井网完善时，供气范围受到邻井限制，出现井间干扰，动态储量减少，压降速率变快，表现为曲线后期下折（图7-7）。

2）生产动态分析法

利用长期生产数据，不需要关井测试静压资料，也可以获得单井动态储量。常规Arps方法和Fetkovich方法，只利用产量和时间资料，适用于定压生产条件，给出的是在目前生产条件下的天然气可采储量；对于定压生产的气井，只有进入递减期才可以应用这两种方法。Blasingame 、Agarwal-Gardner等生产动态分析法，综合利用产量和压力资料，适用于变产量、变压力的生产数据，但需要进入拟稳态流状态，给出的结果是井控条件下的天然气地质储量，即动态储量。

图7-8为某井利用生产动态分析（Blasingame、Agarwal-Gardner、NPI）和物质平衡方法[7-8（d）]分析曲线，两者计算的动态储量相近，均为$2 \times 10^8 m^3$左右，表明分析结果的一致性。

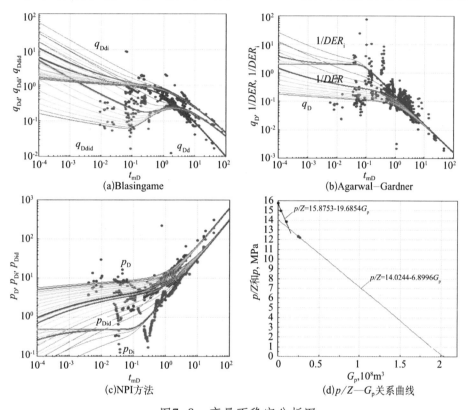

图7-8 产量不稳定分析图

四、产气剖面分析

产气剖面测试的目的主要是了解分层产量状况及变化情况，评价分层储量动用情况，判断出水层位，有效地评价各种工艺措施效果，为后期高效而合理地制定和调整气藏开发方案提供依据。

涩北气田做了大量的生产测井，获取了丰富的产气剖面测试资料。以涩北一号气田某开发层系为例，共有16口井进行了生产测井（表7-2），每口井的射孔层数3～10层不等，多数为5～8层。截至2007年底，累计测试47井次，平均单井测试3次；单井进行过多次测试的有14口井，其中13口井测试2～4次，一口井测试6次。

1. 总体产气状况分析

利用多次测试的产气剖面资料数据可以统计分析各小层的出气状况，了解多层合采条件下的产气规律。

全部16口井合计测试层数共97层，累计测试47井次（表7-2）。依据历次测试结果，针对每一小层，只要在某一次测试中出过气，即认为该层是确认的产气层。16口井共97个测试层，其中确认产气层共94层，产气层数比例达到96.9%，表明射孔层段均为有效气层。

表7-2　产气剖面出气层统计

序号	射孔层数	测试次数	确认气层数	历次层数合计，层次			层数比例，%	
				合计	出气	未出气	出气	未出气
1	3	2	3	6	4	2	66.67	33.33
2	3	3	3	9	9	0	100.00	0.00
3	4	2	4	8	6	2	75.00	25.00
4	4	4	4	16	11	5	68.75	31.25
5	5	1	5	5	5	0	100.00	0.00
6	5	3	5	15	9	6	60.00	40.00
7	5	3	5	15	14	1	93.33	6.67
8	6	1	6	6	5	1	83.33	16.67
9	6	2	6	12	10	2	83.33	16.67
10	7	3	7	21	13	8	61.90	38.10
11	7	6	7	42	36	6	85.71	14.29
12	8	1	7	8	7	1	87.50	12.50
13	8	4	7	32	21	11	65.63	34.38
14	8	4	8	32	25	7	78.13	21.88
15	8	4	8	32	31	1	96.88	3.13
16	10	4	10	40	29	11	72.50	27.50
合计	97	47	94	299	235	64	78.60	21.40

全部16口井测试47次，历次合计测试层数共299层次，统计其中产气层数235层次，平均产气层数比率为78.6%。表明在生产过程中，由于层间干扰、井间干扰、措施作业影响等，大约有20%的层没有天然气产出，该值可用于多层合采气井产能评价和生产动态预测。

2.分层产量贡献

通过对单层平均产气贡献率的统计（表7-3），可以得出整个区块纵向上的产气分布趋势，找出高、中、低产层；再结合各小层的储层物性、含气饱和度和射孔井数等数据对其进行对比性分析，找出影响单层产气贡献率的主导因素，为评价储量动用状况、了解剩余气分布提供依据。

通过分层产量贡献分析，表现出各井各层之间非均质较强，产量贡献差异较大，单层产量贡献最高的达65.20%，最小的为0。

层间产量贡献差异也很大。该层系上部五个小层4-1-1～4-1-5射孔井数多，相比而言，4-1-1、4-1-4和4-1-5三个层的产量贡献较大。底部4个小层由于含气面积小，射孔井数相对较少，但4-1-6-1和4-1-7-2两个小层储层物性较好，产量贡献也较大。

表7-3　产气剖面各个小层的平均贡献率统计

序号	各小层产量贡献率，%								
	4-1-1	4-1-2	4-1-3	4-1-4	4-1-5	4-1-6-1	4-1-6-2	4-1-7-1	4-1-7-2
1	33.15	39.30	19.80		7.75				
2	27.30			26.20		46.50			
3		14.00	13.00	33.45	39.60				
4	5.90	15.80	16.00		17.10	1.60		26.70	16.90
5	10.50	7.50	10.50	22.30	10.00	7.10			32.20
6	23.90	17.50	11.20	12.00	8.90	22.30	0.50	3.80	
7	1.90	4.50			35.40		58.20		
8	20.60	1.80	3.40	49.80		22.90		1.50	
9	16.70	12.70	0.50	0.00			36.50		33.60
10	7.10	6.64	11.80	9.30				65.20	
11	19.20	10.40	0.00			52.20	15.60	2.50	
12	20.50	15.30		12.80		51.40			
13	39.60	5.00		33.80	21.60				
14	31.60	16.30				40.50	11.60		
15	13.40	15.09	9.81	17.36	5.85				38.49
16	25.30	0.00	4.60	39.90			7.00		23.20
平均	14.27	7.43	6.61	16.50	11.92	14.13	7.08	10.76	13.88

3. 出水状况

对于单井，利用产气剖面测试成果可以判识出水层段及分层出水量。结合生产动态数据，通过对比多次产气剖面，可以分析出水时间及分层见水顺序。

对于气藏所有井进行统计分析（表7-4），可以了解主要出水方向、出水层位及分层出水量以及出水对于生产的影响。

表7-4　产气剖面出水层统计

序号	测试次数	测试层数	出气层数	出水层数
1	2	3	3	0
2	3	3	3	0
3	2	4	4	2
4	4	4	4	2
5	1	5	5	0
6	3	5	5	0
7	3	5	5	2
8	1	6	5	0
9	2	6	6	3
10	3	7	7	0

续表

序号	测试次数	测试层数	出气层数	出水层数
11	6	7	7	1
12	1	8	7	1
13	4	8	7	3
14	4	8	8	1
15	4	8	8	3
16	4	10	10	2
合计	47	97	94	20

由表7-4可知，全部16口井合计测试层数共97层，累计测试47次。依据历次测试结果，出水井数10口，其中出水层20层，出水层数比例达到20.6%。通过产气剖面分析结果可知，涩北气田气井出水只是部分小层出水，大部分层以产气为主。

参考文献

[1] 王善聪，赵玉，李江涛，等.三层分采及分层测压在涩北气田的应用研究[J].天然气地球科学，2006，18（2）：307-311.

第八章　开发实验技术

疏松砂岩储层开发实验主要有三个方面的难题：一是钻井取心和样品制备难度大，取心收获率低，难以取得柱塞岩样；二是当应力条件改变后岩石易于变形，存在较强的应力敏感性；三是易出砂，岩心流动实验比较困难。另外，在纵向上存在多个气藏，需要了解多层合采的渗流特征，分析分层产量贡献与储量动用情况，以便提高储量控制程度。因此，多层疏松砂岩气田开发实验的主要内容包括取心与制样、覆压孔渗测试、多层合采物理模拟和出砂模拟实验技术。

第一节　疏松砂岩取心与制样

疏松砂岩由于松散易碎，在钻井取心、柱塞岩样制取等环节必须采取特殊的措施，才能保证获得较好的取心收获率和制样成功率。

一、疏松砂岩钻井取心技术

疏松砂岩钻井取心一般采用密闭取心系统，以便提高岩心的收获率。该系统采用岩心筒衬筒或一次性内岩心筒，并利用一个特殊的岩心爪系统保护岩心。使用岩心筒衬筒的作用一是在取心过程中增加一个支撑岩心的装置，可以改善取心的质量；二是提供一个岩心保存系统。常用的岩心筒衬筒有PVC和ABS塑料、玻璃纤维以及铝制衬筒。塑料衬筒适用的温度较低，一般不超过82.2℃，玻璃纤维衬筒适用温度最高可达121℃，特殊耐高温的树脂能在176.7℃的高温下工作，一般建议在超过121℃（250°F）的情况下使用铝制衬筒。岩心筒衬筒的缺点是减小了岩心筒直径，使内岩心筒的有效直径减少12.7mm（0.5in）左右。而一次性内岩心筒则解决了这一问题，它具有多种尺寸，可以用铝、玻璃纤维以及低碳钢制成。一次性内岩心筒所起的作用和岩心筒衬筒的作用相同，在取心过程中支撑岩心，起到改善取心质量的作用，同时可以作为岩心保存系统。

密闭取心技术使内岩心筒轻轻地滑过疏松岩心，对岩心的伤害降至最低，然后用密封圈把岩心密封在取心筒内。该技术采用一个密闭岩心爪使岩心自由进入内岩心筒，随后把内岩心筒底部密封，完成取心。取心过程中注意在密闭岩心爪开始工作之前，不要上提取心工具使其离开井底，否则光滑的井眼和外露的岩心爪可能会导致岩心丢失。

还有一种橡胶套筒岩心筒也非常适合疏松砂岩取心。橡胶套筒岩心筒的独特之处在于取心过程中，其内筒顶部相对于岩心没有运动，外筒绕着岩心柱向下钻进，在钻进过程中，橡胶套筒逐渐把岩心柱包裹住，由于套筒直径小于岩心直径，因而紧紧地裹住岩心，使其免受钻井液的冲刷，有助于提高疏松地层的岩心收获率。

涩北气田取心制样是困扰气田勘探开发的一大问题，岩心出筒后立即松散，难于取得实验岩样，许多岩心实验分析无法开展，制约了对储层的认识。2002年开始，采用橡胶套筒和玻璃纤维套筒取心技术，进行了多口井的密闭取心试验，使岩心收获率大大提高。从4口系统取心井的数据来看（表8-1），取心进尺共计474.98m，取得岩心443.13m，平均收获率达93.29%，而采用密闭取心以前，台南气田仅有53.24%、涩北一号和二号分别为87.05%和82.2%[1]。

表8-1 涩北气田密闭取心井取心制样统计表

井号	取心井段 m	取心进尺 m	岩心长度 m	收获率 %	制取柱塞岩样数量 块
S3-15	771.00~1333.00	102.83	96.57	93.91	366
S3-2-4	520.00~1336.10	141.10	128.57	91.12	758
T5-7	1019.00~1140.55	121.55	114.49	94.19	767
TS5	1042.00~1720.00	109.50	103.50	94.52	659
合计	—	474.98	443.13	93.29	2550

采用密闭套筒取心的另一个优点是有利于岩心的保存和运输。岩心在井场取出后，不用打开套筒，直接进行冷冻或密封，连同套筒一起送到实验室，防止运输过程的破坏，保证了岩心的完整性。

二、疏松砂岩柱塞岩样制取技术

运到实验室的岩心连套筒整体进行自然伽马射线扫描，然后与测井曲线对比进行深度归位，以初步确定套筒内不同位置岩心的岩性，为选取实验岩样做准备。

SY/T 5336—2006《岩心分析方法》对疏松砂岩柱塞岩样的制备推荐了两种方法，制备过程主要取决于岩心是否用冷冻、树脂灌注进行固定处理。做了固定处理的岩心一般还是用钻取的方法，而对于没有做固定处理的岩心则要进行全面进刀法切割。

1）做过固定处理的岩心——使用冷冻柱状岩心的方法

对选取的岩心段连套筒整体放入冰柜中进行冷冻，待岩心冻结实以后，再取出岩心。选取设计的取样位置，采用液氮冷却钻取柱塞岩样，具体步骤如下：

（1）加干冰对岩心进行冷却，使岩心冷冻结实。

（2）用合适的钻头，在指定位置钻取柱塞样品，小心操作以钻取垂直形状柱塞样品。确保在钻取过程中的液氮流量足以保持岩心处于冷冻状态，并且能把钻屑带走。

（3）修整柱塞样品时采用液氮冷却锯片，把柱塞样品切到合适的长度，确保岩样端面是平行的。

（4）在修整后的柱塞样品端面上做上标记并放在冰柜中保存好。

（5）把柱塞样品装入事先称量的套筒（铅皮管或热收缩管）中，在端面上装上事先已称量的筛网；或采用聚四氟乙烯胶带包裹。

（6）将岩样置入岩心夹持器，加一定围压使包裹层与岩样表面封紧。

（7）将样品做好标记，自然条件下解冻以后烘干，即可进行各项实验分析。

采用树脂固定的岩心，也可以用上面所叙述的过程进行处理。

2）未进行固定处理的岩心——可以用全面进刀技术切割

缓慢进刀，轻轻地将切下来的岩心柱从刀具上取下，装入事先称量的岩心套筒里，然后再把岩心端面进行修整、包裹处理。

使用冷冻制样技术，可大大提高疏松砂岩的制样成功率。例如在涩北气田应用上述冷冻制样技术，冷冻处理岩心247.23m，制取柱塞岩样2550块（表8-1），对设计取样点的制样成功率达到了95%以上，解决了以前制样困难，尤其是好的储层砂岩段钻取不了实验柱塞岩样的问题，取得了具有代表性的岩样，满足了各项实验分析的需要[1]。

第二节　覆压条件下孔隙度和渗透率测试

进行覆压条件下孔隙度和渗透率测试的主要目的：一是准确评价储层孔隙度，通过覆压条件下测定孔隙度可以将常规孔隙度值转换为地层条件下的孔隙度，有助于准确评价地质储量；二是求出岩心在地层条件下的渗透率，便于准确认识储层的渗流能力和气井的产能；三是为确定合理的生产压差服务，降低储层应力敏感性对开发的影响[2]。

测定覆压条件下的岩石孔隙度和渗透率通常使用Hassler岩心夹持器，可施加的围压最大值应不低于50MPa。一般用干岩样的气体流动实验测定，通常的做法是根据有效应力等效原理，对岩样施加不同的围压，测试不同围压条件下的孔隙度和渗透率[3]。常用的实验设备有覆压孔渗测试仪，利用岩石力学测试系统，常规实验装置也可以测定。

覆压孔渗测试仪主要有CMS-300、AP-608等，用于测试不同围压条件下的岩石孔隙度和渗透率，仪器对岩样三轴向等值加载围压，采用非稳态法测试渗透率。仪器自动化程度高，可以同时测量岩石的孔隙度、孔隙压缩系数和渗透率等多个参数；测量数据精确，量程宽，重复性好。

以CMS-300为例，可进行直径为2.5cm和3.8cm两种规格的岩样测试，样品长度不超过7.6cm。加载围压范围3.45～69MPa，孔隙体积检测范围0.02～25cm^3，渗透率测试范围0.001～15000mD。可以测定和计算的岩心参数包括：孔隙体积V_p、孔隙度ϕ、滑脱系数b、惯性系数α和β、克氏渗透率K_∞、平均空气渗透率K_a、岩石压缩系数C_p等。

CMS-300使用操作简单，人为干扰的步骤少，具体测试过程如下：

（1）选择实验岩心，测量长度、直径等，并输入计算机测试控制系统。

（2）设定系列有效应力（围压）实验点，如5MPa、10MPa、15MPa等。

（3）在计算机控制界面输入相关参数后，将岩样装入岩样盘，启动测试，仪器在计算机控制下自动完成各设定围压下的孔隙度和渗透率测试。

（4）测试完成后，仪器自动将岩样退出到岩样盘，操作人员取出岩样，进行下一批岩样测试或关闭仪器。

典型样品覆压测试成果如图8-1所示。

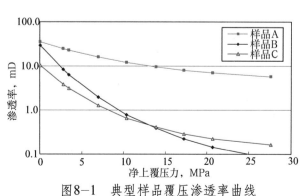

图8-1　典型样品覆压渗透率曲线

第三节　多层合采物理模拟实验与分析

对于多层合采气井，为了搞清多层合采时的各层的供气特征，可依据地质模型开展物理模拟实验，进行层间干扰、气层供气特征、合理配产、产能变化规律等机理研究，为多层合采气井的动态分析和气井配产提供研究手段和依据[4-6]。

一、实验方法

将装好样品的岩心夹持器通过并联的方式连接起来，施加一定的围压和孔隙压力，通过控制生产方式，即可较好地模拟多层气藏的开发过程（图8-2）。

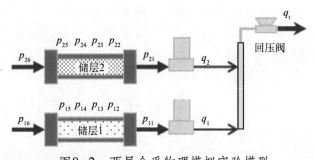

图8-2　两层合采物理模拟实验模型

岩心夹持器内可装入不同渗透率的储层岩心（长度100cm，直径10cm），模拟层间非均质特征；岩心夹持器上，在距出口端20cm，40cm，60cm和80cm处分布4个测压孔，加上岩心夹持器两端两个测压点，每个岩心夹持器上共有6个测压点，监测不同位置的压力变化；利用质量流量控制器调节流量q_t，实现控制流量（定产）生产，模拟衰竭开采过程；利用回压调节阀调节系统的回压，模拟不同的外输压力条件。所有的压力、流量、温度等参数均采用计算机进行自动数据采集。

利用上述实验装置，可以进行气藏衰竭开采物理模拟实验，步骤如下：

（1）按实验设计要求选取有代表性的岩心样品，做好岩心前期处理，测定岩样长度、直径、孔隙度和渗透率等基础参数。

（2）按实验方案将不同渗透率的岩心样品装入岩心夹持器，连接好实验流程，并给岩心夹持器加围压。

（3）向岩心夹持器中储层岩心充气，使岩样孔隙中充满一定压力p_i的气体并达到平衡，依据实验设计需要，两个岩心夹持器中的压力可以相同，也可以不同。

（4）设定回压调节阀的压力p_h，并调节气体流量控制器到设计流量q_t。

（5）打开出口阀门，开始衰竭开采模拟实验，记录所有测点的压力以及质量流量计的流量和累计产气量等。

通过调节气体流量控制器，可以依据实验设计需要设定气体产量，在此基础上，获得两层合采气井单层产量、压力变化规律，分析单层采收率、产量贡献率和层间干扰现象等。

二、样品选择与实验过程

为进行开采机理研究，选择两组不同渗透率的全直径人造岩心作为模拟岩样，岩心长度约1m，岩心直径约10cm，A组样品渗透率0.157mD，B组样品渗透率0.058mD，两组岩样的渗透率级差为2.7，孔隙体积接近，基础数据见表8-2。虽然实验样品的渗透率相对较低，但实验结果反映了两层合采模型的物理变化特征，可以用于两层合采机理分析。

实验模拟分3次进行，首先对A、B两组岩心装入流程分别进行衰竭开采实验，模拟单层开采条件下的生产动态；然后将A组和B组装入并联流程，模拟两层合采条件下衰竭开采实验。

表8-2 两层合采模拟实验基础数据表

样品号	初始压力 MPa	孔隙度 %	长度 cm	直径 cm	渗透率 mD	孔隙体积 cm³
A	20.68	9.9	99.10	9.92	0.157	758.27
B	20.68	9.5	102.03	9.90	0.058	746.13

衰竭开采模拟实验中初始压力均设定为20.68MPa，初始流量均为4L/min，回压为0MPa。

三、实验结果分析

1）分层开采与两层合采流量对比

单层开采[图8-3（a）]和多层合采[图8-3（b）]的模拟实验结果对比分析表明：定产量生产时，单层开采稳产时间相对较短，高渗透层A的稳产时间25min，低渗透层B的稳产期更短，只有8min[图8-3（a）]；稳产期末，高、低渗透储层的采出程度分别为64.1%和21.6%，平均为43.0%[图8-3（a）]。

多层合采时具有较强的稳产能力，稳产期为45min[图8-3（b）]，稳产期末采出程度为58.9%[图8-3（b）]；稳产期结束后，合采产量也比单层开采的产量高（图8-3）。

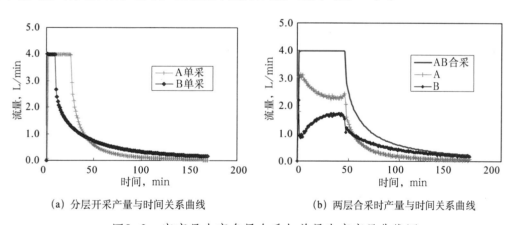

（a）分层开采产量与时间关系曲线　　（b）两层合采时产量与时间关系曲线

图8-3 定产量生产多层合采与单层生产产量曲线图

多层合采时，在生产初期，主要以高渗透层A供气为主，但随着地层压力的不断衰竭，高渗透层的产量逐渐降低，低渗透层B的产量逐步升高[图8-3（b）]；稳产期结束后，两层产量均出现递减，但高渗透层A产量递减快，低渗透层B产量递减慢，到一定时期（57min）后，低渗透层B逐渐发挥主导作用，产量超过高渗层[图8-3（b）]。

由于分层开采和两层合采，均设定相同的初始流量（4L/min），由此在早期分层开采的产量之和要高于两层合采的累计产量，开采到一定时间（170min）后累计产气接近[图8-4（a）]。两层合采，高渗透层A的累计产气量明显高于低渗透层B，特别是在开发早期[图8-4（b）]。由此，从储量动用的角度，早期以高渗透层A贡献为主体；到开发中后期，低渗透层B的作用逐渐得到发挥。

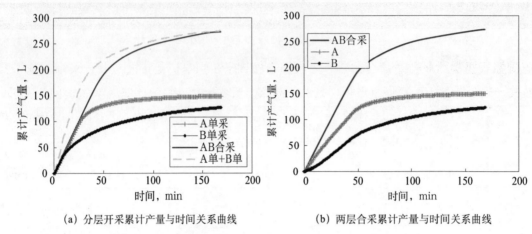

（a）分层开采累计产量与时间关系曲线 （b）两层合采累计产量与时间关系曲线

图8-4 定产量生产多层合采与单层生产累计产量曲线图

通过两层合采与分层单采实验结果可以看出，合采时初期高渗透层产量贡献大、低渗透层产能受到抑制，中后期低渗透层产能逐步得到发挥；在不含水的条件下，两种方式的累计采气量相当，即开采方式对最终采收率影响不大。

2）两层合采压力特征

由于存在层间渗透率的差异，由此不同时间分层产量明显不同［图8-3（b）］，导致各层压力剖面不同（图8-5）。

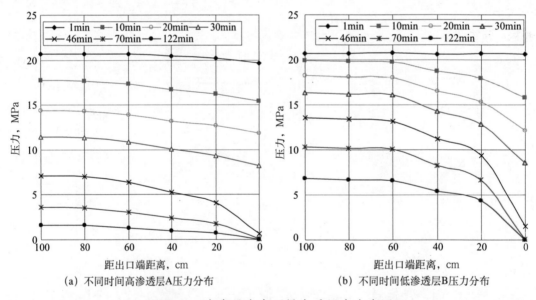

（a）不同时间高渗透层A压力分布 （b）不同时间低渗透层B压力分布

图8-5 定产量生产两层合采压力分布图

高渗透层A两端口压差（远端，即外边界100cm处；近端，即内边界0cm）较小[图8-5（a）]，稳产期内由2.3MPa上升到6.64MPa［图8-6（a）］，随后快速下降；低渗透层B压降漏斗相对要大得多［图8-5（b）］，稳产期内压差由2.0MPa上升到12.82MPa［图8-6（a）］，两端压差较高渗透层高一倍。

高渗透层A的压力整体下降快，低渗层B压力下降慢。图8-6（b）为低渗透层外边界与高渗透层外边界的层间压力差随时间变化关系图，从中可以看出，随着气体的采出，低渗透层与高渗透层外边界层间压差不断增加，在1m长的岩心模拟实验中，该压差最高达6.92MPa（58min）。由此可见，在开发早期，高渗透透层的地层压力下降比低渗层要快得多，早期生产动态主要反映的是高渗透层的压力变化特征。

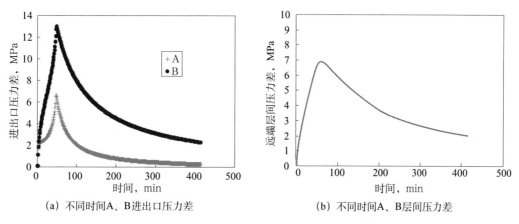

(a) 不同时间A、B进出口压力差　　　　(b) 不同时间A、B层间压力差

图8-6　两层合采定产量生产压差分布图

3）两层合采p/Z—G_p特征

两层合采条件下，分层产量（图8-3）和分层压力（图8-5）的差异，导致p/Z—G_p曲线与单层开采明显不同。两层合采条件下，高渗透层早期产量高、中后期递减快，压力下降也是早期快、中后期慢（图8-7），因此，高渗透层中平均地层压力低，以分层平均压力和合层累计产气做压降曲线，则p/Z—G_p曲线呈下凹式（图8-8）；低渗透层正好相反，稳产期产量由低到高，后期递减慢；相对高渗透层而言，低渗透层压力下降缓慢（图8-7），总体平均地层压力较高，p/Z—G_p曲线呈上凸式（图8-8）。

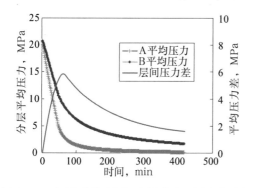

图8-7　分层平均压力及压差与时间关系图

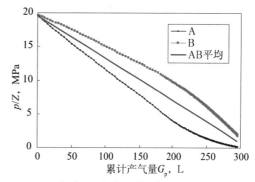

图8-8　定产量生产两层合采p/Z—G_p图

随着开采的进行，低渗透层和高渗透层的平均地层压力差逐渐增大。模拟实验中两组样品中最高相差达到5.8MPa，随后压差逐渐减少，但低渗透层的平均压力始终比高渗透层的压力高（图8-7），表明高渗透层储量动用充分，而低渗透层剩余气量较多。

两层平均地层压力与累计产气量呈直线关系，符合定容气藏物质平衡特征（图8-8）。但多层合采气井，很难准确获得合层的平均地层压力。

第四节　出砂物理模拟实验

疏松砂岩气藏开采时一般都存在气井出砂的问题，开展储层出砂机理和出砂规律研究是形成有效防砂技术、提高单井产量的主要基础工作。为此，采用涩北疏松砂岩气藏储层岩样，设计了一系列实验（图8-9），分析涩北气田储层岩石的颗粒与孔隙结构特征，观察气层在开采过程中出砂量的变化，分析与评价影响出砂的主要因素，为气井开采中出砂量的预测以及防砂的设计提供依据。

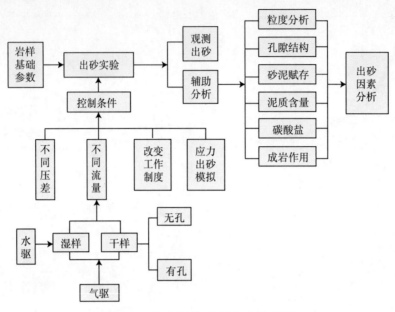

图8-9　出砂评价系列实验流程图

出砂物理模拟实验包括：干样气驱出砂实验、覆压条件下的出砂实验、模拟水侵气驱出砂实验、气水两相流动出砂实验、单相水驱出砂实验，模拟岩心孔隙中含水与不含水，单相气或水流动与气水两相流动、孔眼周围流动及改变工作制度等不同情况，通过改变驱替流体性质、流量、压力和压差及流动方式模拟不同地层条件和生产条件[7-9]。

一、干样气驱出砂实验

实验上以气体在岩样中的单向流动模拟生产时地层内的流动状态；岩样出口端钻一小孔，模拟井筒处的射孔孔眼流动状况；改变覆压条件及驱替流量模拟地层压力改变的覆压状况和工作制度的改变。实验条件：气体驱替压差$0.05\sim5.0$MPa，压力梯度达$0.2\sim1.4$MPa/cm；驱替流量$0.02\sim18$L/min，单位截面流量$0.1\sim1.8$L/min/cm^2，相当于井筒周围5m厚储层的产量为 $(3\sim50)\times10^4$m^3/d（假设地层压力$p_i=10$MPa，井筒直径$D=300$mm）；上覆压力变化范围$2\sim10$MPa。从这些实验条件上，基本模拟了涩北气田地层及生产的各种情况。

实验过程中肉眼观察出砂不明显，通过称量表明岩心在驱替前后质量略有变化，其变化量为岩样初始量的$0\sim1.47\%$，平均0.44%，可见岩心质量变化不大。微小的质量变化可能是岩石颗粒表面附着的一些微粒被气流带出，而岩样本身没有引起结构破坏的大量出砂。

从岩样进行出砂实验前后的质量变化率与渗透率损失率（初始渗透率减去出砂实验后的渗透率与初始渗透率的比值）的关系看（图8-10），可划分为三种情况：（1）岩样的渗透率损失率较低（小于30%），而质量变化率较大（1%左右）（区域Ⅰ），说明岩样中产生了微粒运移，且被气体带出了岩心，故其渗透率损失不大；（2）岩样的质量变化率和渗透率损失率均不大（区域Ⅱ），说明岩样实验中变化较小，基本没有产生微粒运移；（3）岩样的质量变化率不大，但渗透率损失率较大（大于30%）（区域Ⅲ），说明岩样中微粒运移阻塞了部分孔喉而没有流出岩心。

根据多孔介质中颗粒运移的原则，当$d_孔 < 3d_颗$时，颗粒在岩石表面堵塞，不能侵入岩石孔隙内部；如果$3d_颗 < d_孔 < 10d_颗$时，颗粒在孔隙内运移容易在喉道部位形成桥塞，堵塞孔隙；当$d_孔 > 10d_颗$时，则颗粒可在孔隙内自由流动。对涩北气田岩样的粒度分布和孔隙大小分布系统分析后发现，颗粒较粗的粉砂岩类存在着$d_孔 > 10d_颗$的匹配关系（图8-11），所以容易产生微粒运移；颗粒细的泥质岩类不存在$d_孔 > 10d_颗$的匹配关系，主要为$3d_颗 < d_孔 < 10d_颗$的配置关系，因而容易发生孔隙堵塞使渗透率下降。

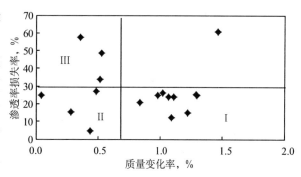

图8-10　出砂实验后的岩样渗透率损失率与质量变化率

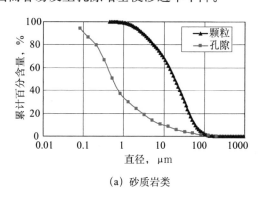

(a) 砂质岩类

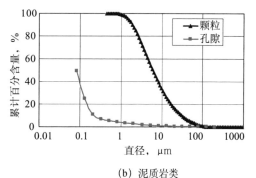

(b) 泥质岩类

图8-11　粒度分布和孔隙大小分布曲线

二、岩样部分含水（模拟水侵）气驱出砂实验

该实验是为了模拟施工过程中，外来液体浸入井筒附近储层的过程以及开井后的返排过程。将干燥岩样装入岩心夹持器后，关闭进口阀，在出口端施加1MPa恒压水源，模拟施工液体对储层的浸泡过程（保持1h），然后去掉水源，打开进口阀进行恒压气驱，驱替一段时间后再提高驱替压差，观测出水、出砂及流量变化情况。表8-3给出了6块岩样的实验数据，能观察到明显出砂的有2块岩样，可能因吸入的水量超过了岩心的束缚水饱和度而形成可动水后，气驱产生出水和少量出砂，其余4块样品未见到明显的出砂。

表8-3　水浸岩样出砂实验

样号	孔隙度 %	空气渗透率 mD	水浸后含水饱和度 %	出水出砂情况	质量变化百分比 %
10-1-33	35.2	53.4	29.97	少许水、砂	1.57
18-4-32	28.7	1.26	27.39	未见	0.05
15-2-31	34.4	57.5	36.40	出水、砂	4.71
22-2-31	31.2	15.9	34.63	未见	1.26
7-1-32	36.9	8.78	24.18	未见	1.28
18-2-32	33.6	145	28.47	未见	1.18

三、气水两相流动出砂实验

由于钻井、施工等液体的浸入，气井投产时气就会将一部分液体带出形成气液两相流，或在气水同层时也可能产生两相流。实验中为了模拟这种情况，先将岩心完全饱和地层水，然后逐渐增大驱替压力进行气驱，观测岩样出砂情况。

在18块岩样的实验过程中，均观察到了不同程度的出砂，出砂过程是刚开始低压驱替时，流出的水较多，砂也较多；逐步增大压差后，岩样中的水减少，出水量减小，同时出砂量也减少（图8-12）。直到最后驱替压差增大到很高（最大达5.0MPa），也不再出水和出砂。岩样总的出砂量占岩样总质量的0.30%～3.72%，平均为1.55%。

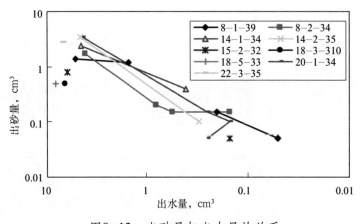

图8-12　出砂量与出水量的关系

通过该实验分析，结合气井大多是试气或投产初期产砂，生产过程中产砂较少的特征。可以清楚地认识到，气井投产时可能会因外来施工液体的排出带出一点砂泥，但随着气体将液体排出形成通道后，出砂就会减轻或停止[9]。这也是为什么涩北气田产砂的井比较普遍的原因，但大多以间歇出砂为主，井口偶尔出少量砂或停产后开井初期出砂，工作制度稳定且平稳生产一段时间后出砂不明显。

四、单相水驱出砂实验

岩样饱和地层水后，直接用地层水进行驱替实验，模拟水层流动的出砂情况。实验结果表明，单相水驱出砂十分严重，砂泥随水一起流出非常明显。实验后取出岩样观察，出口端明显亏空。这一实验也说明，水的流动非常容易引起出砂。

从机理上来看，涩北气田泥质含量高，遇水膨胀性的黏土矿物绝对含量也就较高，致使储层与液体接触后容易发生黏土膨胀、分散并产生微粒运移，这也是气藏生产容易出砂的原因之一。通过岩心膨胀实验表明，涩北气田储层与液体接触后其膨胀量非常大。加地层水的线性膨胀量为1.02～3.12mm，平均为2.18mm。进一步通过环境扫描电镜观察，岩样吸水后发生明显的膨胀，并伴随颗粒剥落（图8-13）。

通过系统的出砂实验研究表明，涩北气田出砂具有两种形式：一种是在气层正常生产不出水时，孔隙中的微粒因气流过大而带出，这在孔隙较大的粉砂岩类中更易发生；另一种是因岩石破坏而引起的出砂，尤其是因水的流动可能引起地层坍塌或剥落，因此出水是引起出砂最主要的因素。

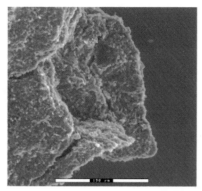 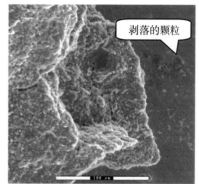

(a) 干燥样品原貌，微裂缝　　　　(b) 水浸后，裂纹闭合，部分颗粒剥落

图8-13　环境扫描电镜下直接观察岩样遇水膨胀分散

参考文献

[1] 朱华银，张治国. 疏松砂岩制样技术与实验分析[J]. 青海石油，2006，24（1）：34-36.

[2] 万仁溥. 现代完井工程[M]. 2版. 北京：石油工业出版社，2000：32-33.

[3] 朱华银，卢涛，万玉金，等. 苏里格低渗气田储层应力敏感性研究[J]. 天然气工业，2007，27（增刊B）：72-75.

[4] 万玉金，钟世敏，等. 多层疏松砂岩气田开发优化设计[J]. 天然气，2005，1（2）：44-47.

[5] 万玉金，孙贺东，等. 涩北气田多层气藏储层动用程度分析[J]. 天然气工业，2009.29（7）：58-60.

[6] 胡勇，朱华银，等. 高低压双气层定容衰竭合采储量动用能力物理模拟研究[J]. 西安石油大学学报：自然科学版，2008，23（s1）：201-204.

[7] 朱华银，陈建军，胡勇. 疏松砂岩气藏出砂机理与实验研究[J]. 天然气工业，2006，13（4）：89-91.

[8] 朱华银，陈建军，李江涛，等. 疏松砂岩气藏出砂机理研究[J]. 天然气地球科学，2006，17（3）：296-299.

[9] 朱华银，李江涛，等. 涩北疏松砂岩气藏出砂实验研究[J]. 青海石油，2006，24（3）：60-63.

第九章 典型气田开发实例

第一节 涩北一号气田

一、基本情况

涩北一号气田位于青海柴达木盆地中东部三湖地区，行政区划属青海省格尔木市辖区。地表以盐碱滩地为主，周边广布现代盐湖，整体地势较为平坦，平均海拔2750m左右，区内年平均气温3.7℃，年平均降雨量50～250mm，年平均蒸发量2050mm，为典型的高原干旱气候。区内基本上为无人区，近年有盐化工业启动，地区经济欠发达。

涩北一号气田属第四系生物成因气藏，为一完整、无断层发育的背斜构造，属湖泊相沉积，主要发育滨、浅湖亚相，滩砂、坝砂和泥滩沉积微相；储层具有高孔、中—低渗的特点；岩性以含泥粉砂岩和泥质粉砂岩为主，夹少量细砂岩，胶结程度低，欠压实，成岩性差；具有含气井段长、气层多且薄、气水层间互、气水界面及分布关系复杂等特点，被业界比喻为"泥塘子、水泡子里的不成熟的气田"。

1. 勘探开发历程

自1964年发现直到正式开发，经历了"两上两下"，走过的是一条"时而勘探，时而停顿"的道路，自1995年投入试采之后，走的还是"边勘探、边试采、边评价、边建产、边调整、边开发、边扩建"的增储上产、多管齐下的道路，最终累计上报探明天然气叠合含气面积46.7km²，储量990.61×10⁸m³，标定可采储量534.93×10⁸m³。截至2012年底，共有生产井187口，累计产气144.29×10⁸m³，采出程度14.62%。总之，通过勘探试气和试采开发实践，取得了大量资料，加深了对气田的认识，积累了一定开发生产经验，为指导同类气田的合理开发提供了案例。

1）勘探历程

第一阶段（1964—1977年）：1964年首钻北地1和北参3井，其中北参3井钻至井深3058.18m时井喷，证实了涩北一号气田为工业性气田。由于当时侧重于找油，暂时放弃了对涩北地区第四系天然气的勘探。到20世纪70年代中期重上涩北开展天然气勘探，在会战中又相继钻井14口，试气获工业气流井2口（涩中4、涩深15井）。当时因为构造高部位无井控制，勘探程度低。于1976年申报新增叠合含气面积25.94km²，新增Ⅱ类探明天然气地质储量37.04×10⁸m³。

第二阶段（1990—1991年）：1990年对比邻近台南气田的新勘探成果，分析认为涩北一号气田因钻井使用盐水钻井液，使电阻率测井曲线失真，从而导致大量气层被遗漏。为了验证上述认识，先后补钻详探井5口（涩19、涩20、涩22、涩23、涩24井），这些井测井资料质量比较好，而且取到了318.61m岩心，同时获得了大量的分析化验资料。1991年总计申报叠合含气面积28.7km²，累计Ⅱ类探明天然气地质储量162.01×10⁸m³。

第三阶段（1996—1997年）：通过对历年钻井资料的分析，认为第四系储层压实程度低、孔喉半径大，钻井过程中钻井液密度稍大造成污染，从而减弱声波测井曲线对含气储层的物理响应。为此，根据涩27井和涩4-3等新井测试结果，建立了新的气层解释标准。至此，该气田叠合含气面积达38.9km²，累计Ⅱ类探明天然气地质储量达492.22×10⁸m³。

第四阶段（1998—2002年）：利用该气田新钻的45口试采井和4口（涩29、涩30、涩31、涩32）勘探评价井的相继完钻，据此重新研究了气水层识别标准和气水界面。并对该气田5个气层组及25个气藏单元的天然气地质储量重新计算。其累计探明的叠合含气面积为46.7km²，累计探明Ⅱ类天然气地质储量990.61×10⁸m³。

2）开发历程

第一阶段（1995—1997年）：编制涩北一号气田试验区开发方案，重点针对单井开展试气、试井和试采工作，期间利用老井形成产能2.0×10⁸m³，新建产能0.54×10⁸m³，累计产气0.6634×10⁸m³。选定可以修复的老探井13口（第二开发层系的涩深13井及涩19、涩22、涩23、涩24井；第三开发层系的涩27井、涩29井、涩30井；第四开发层系的涩20、涩深15、涩深16、涩深17、涩31井），并新钻5口新井，开展稳定与不稳定试井和产能试井工作，探讨单井试采生产基本特征。

第二阶段（1998—2002年）：编制涩北一号气田初步开发方案、开发方案和25×10⁸m³开发实施方案，动用深层气藏进行试采开发，期间新钻生产气井54口，利用老探井2口，新建产能9.96.0×10⁸m³，累计产气16.4391×10⁸m³。即完成第三开发层系生产井26口，第四层系开发井31口，初步认识了深层气藏产能、压降、出砂、出水等的开发特性，主要开展了调层封堵、油套分采、井下气嘴、大井眼、长井段高孔密射孔工艺试验。

第三阶段（2003—2005年）：重点开发动用涩北一号气田浅部气藏，期间新钻生产气井52口，新建产能7.75×10⁸m³，累计产气37.23×10⁸m³。陆续完善了浅部第一开发层系22口井、第二开发层系22口井及部分深层气井8口，并进行防砂及油套同采等措施作业。主要认识浅层气藏开发规律，着重试验了防砂、分层采气和井下节流等工艺措施。

第四阶段（2006—2008年）：编制涩北一号气田32×10⁸m³扩能方案，采取细分开发单元、加密井网和应用水平井等，目的是弥补递减产能和扩能提产。期间在原25×10⁸m³开发方案指导下和累建20×10⁸m³产能规模的基础上连续生产，累计产气29.0212×10⁸m³，采取了针对气田产能、压力递减，出砂、出水加剧的治理工艺措施试验，认识到水害大于砂害。

第五阶段（2009—2012年）：通过细分层系、加密井网等开发技术措施研究，开发层组由过去的11个增加到19个，期间新钻生产气井95口，新建产能12.13×10⁸m³，累计产气27.0145×10⁸m³。加强了产出剖面测试，推广使用连续油管冲砂、排水采气和堵水及调层等工艺措施，对水淹停产井加大了综合治理力度。

2. 基本地质特征

1）区域构造特征

涩北一号构造位于柴达木盆地东部三湖第四系坳陷区内，是紧邻生气中央凹陷的涩北构造带上的一个三级背斜构造。该构造带除涩北一号气田外，还发现了涩北二号气田及更临近中央凹陷的台南气田。

涩北一号构造为一近东西走向的短轴背斜，地层平缓，构造完整，深、浅部的构造形态基本一致，高点略有偏移。南翼地层倾角2.0°左右，北翼地层倾角1.5°左右。构造长轴10.0km，短轴5.0km。钻井K_{3-3}辅助标准层圈闭面积为46.8 km^2，闭合高度88.5m，高点埋深1214m。构造由浅至深地层倾角和构造幅度增大，沉积地层顶薄翼厚，经构造发育史研究，为典型的同沉积背斜构造。

2）沉积地层特征

涩北一号气田自上而下钻遇地层为第四系的7个泉组（Q_{1+2}）和新近系的狮子沟组（N_2^3），7个泉组地层与下伏狮子沟组地层为整合接触。含气井段几乎全部集中在下更新世涩北组（Q_1）沉积地层内。该组总体表现为一完整正旋回，但其受冰期和间冰期影响，湖水周期性进退，呈现出百米厚的大韵律段，与大套泥岩层间互的砂质岩层为储层，两者的合理配置形成了自生自储气藏，暗色泥岩既是生气层，又可作为下伏储层的直接盖层。

根据岩心资料，本区的第四系沉积环境整体以滨浅湖亚相为主，主要发育有滨岸沼泽、滨湖、浅湖和半深湖等4种亚相类型。纵向上，气田区表现为滨湖、浅湖甚至半深湖相的交替，出现了几个数十米甚至上百米厚的大韵律段，每个大韵律段的内部又可细分为若干个小的韵律层。横向上，构造长轴和短轴方向的微相变化不大，滩砂与坝砂砂体相连，滩砂连片性好，而坝砂则多以透镜体形式出现，向两侧延伸不远即过渡为滩砂沉积（图9-1和图9-2）。

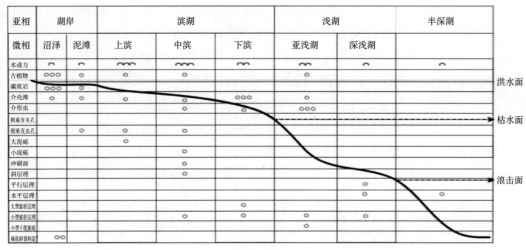

图9-1　柴东气区涩北组沉积模式图

3）储层及非均质特征

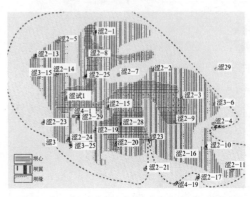

图9-2　湖泊相沉积滩坝砂分布示意图

储层岩性以粉砂岩、泥质粉岩为主，有少量的细砂岩。其中细砂岩占5%，粉砂岩占45%，泥质粉砂岩占35%，粉砂质泥岩占15%。由于压实作用较弱，岩石颗粒松散，胶结作用不强，成岩性差，储层岩心大部分呈散砂状。碎屑颗粒分选性为好—中等，磨圆度为次棱角或次圆，属于中等磨圆度，颗粒接触关系为漂浮—点式接触，胶结类型为基底—孔隙或孔隙胶结（图9-3）。储层孔隙类型较简单，总体以原生孔隙为主，仅有少量的次生孔隙。储层孔隙度大多在20%～46%之间，平均31%，渗透率在

2～8436mD之间，平均50mD。

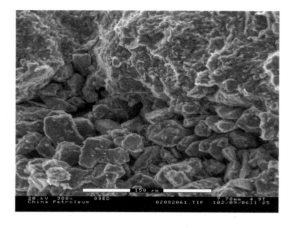

图9-3　粉砂岩电镜扫描图片　　　　　　　图9-4　粉砂质泥岩电镜扫描图片

纵向上储层层间非均质性较强（图9-4），储层泥质含量15%～40%，渗透率可相差4～100倍以上，综合考虑孔隙度、含气饱和度的大小，将储层分为三类。同类储层不同井区平面存在沙坝、滩砂和泥滩相互过渡，甚至有一类层在邻井区会变为三类层，含气面积外边界呈不规则，各类储层面积分布与叠置也无一定规律性，说明储层层内及平面非均质性较强。

4）气水分布特征

平面上，气藏为边水所环绕，气水层分布整体受构造控制，在构造高部位的井钻遇气层多，翼部井气层少。并且，受储层平面非均质性影响，气藏的气水界面不完全受构造等高线控制，局部不规则分布，具有"南高北低"的特征[1]（图9-5）。

纵向上，气藏分布具有上下小、中间大的特点，零层组上部和四层组下部气藏分布面积最小，二、三层组面积最大。在同气层段单元内部，则表现为单元顶部气层含气面积较大，单元底部气层的含气面积较小，在气水剖面上表现为两个面积大的气层包络着若干个面积较小的气层（图9-6）。

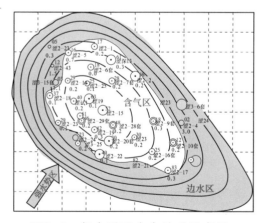

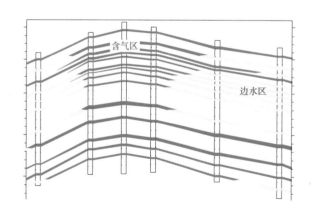

图9-5　气水平面分布关系示意图　　　　　　图9-6　气水纵向分布关系示意图

3. 主要开发特点

涩北一号气田自1995年11月投入试采评价至2012年底，已采气生产17年，走过了5个阶段，开发特点凸显在以下几方面：

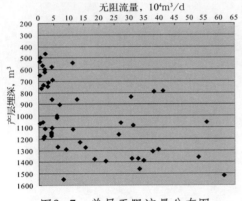

图9-7　单层无阻流量分布图

（1）不同级别气层产能差异较大，气井合理配产受多因素控制。

统计单层试气资料，无阻流量的大小差异较大（图9-7）。如最小的涩试2井，射开气层段756～764m，单层厚8m，无阻流量仅0.81×10⁴m³/d；最大的涩19井，射开气层段1510.6～1518.5m，单层厚7.9m，无阻流量61.6×10⁴m³/d。单井合理配产虽然可以参考无阻流量的1/4或1/6来确定，但是必须考虑气层临界出砂压差的控制，同时为防止形成压降漏斗进而防止边水突进，整体考虑气藏均衡采气，单井配产必须考虑多方面影响，进行多因素优化论证。

（2）气井定为小压差生产受砂水影响小，大压差生产时易出砂出水。

为分析老井产能下降原因，跟踪76口老井的平均单井日产变化情况，2004年比2005年平均减少近1.0×10⁴m³，产能综合递减率8.7%。一些井于2002—2003年进行过提高单井产量试验，放大生产压差后，短时间内产量提高了，而后也伴随着含水量的上升，单井平均日产水增长近两倍，水气比也增张两倍，此外，出砂的加剧直接造成单井产量的快速递减[2]。调换成小直径气嘴后，气井仍然出水、出砂，没有恢复到正常生产状况（图9-8）。

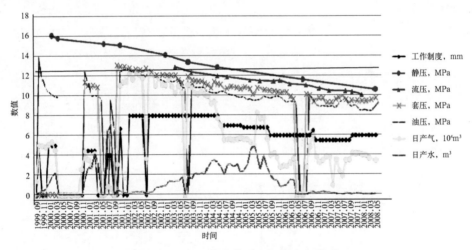

图9-8　涩4-2井提产试验采气曲线

（3）开发早期产能递减幅度偏大，中后期产能递减趋势变缓。

2002—2003年前后试采动用的是地层压力大、储量丰度高、单产高的深部第四开发层系，该层系一类气层多，高产井占总井数的比例大。并且，开展提高单产试验，单井射开层数多厚度大，工作制度多采用6～8mm气嘴，人为提产因素多。

2004年以后，规模建产陆续动用浅部低压、低丰度的开发层系，一类气层少，且射开层数和厚度减少，浅气井呈现中低产水平。近年气田整体产能呈现持续递减趋势（图9-9和图9-10）。

（4）气井普遍有出砂现象，但是对生产影响处于受控状态。

由于储层岩性疏松，井筒沉砂较普遍，甚至气层被砂埋现象。统计数据显示，沉砂高度越大的井日产气量也越低，出砂是引起气井产量递减的原因之一。目前大部分气井生产压差控制在目前地层压力的10%以内生产，尽管缓解了气井的出砂问题，但也抑制了气井产能的发挥。控制生产压差实施主动防砂的同时，适度采取防砂工艺措施，并对气井进行冲砂维护作业，可以保证气井正常生产。但是由于储层类型多，层内非均质性严重，出砂临界压差受储层岩性、物性、泥质含量和束缚水等影响，出砂规律的认识还不够深入，合理生产压差的确定也有待进一步论证。

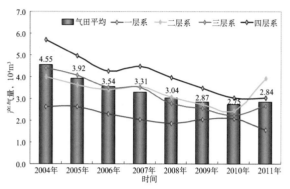

图9-9 平均单产递减统计结果图

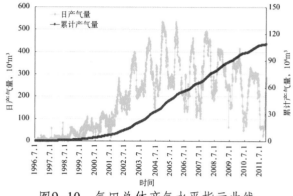

图9-10 气田总体产气水平指示曲线

（5）气藏边部气井见水较早，出水对生产有较大影响。

涩北一号气田属于次活跃—不活跃边水水驱的类型，又由于气田地层倾角小，气水过渡带比较宽，再加上储层平面的非均质性较强，在开采过程中，出现了气水边界附近某些区域的气井过早水淹的现象（图9-11）。2012年涩北一号气田大于1m³的出水井有49口，占总井数26.2%，多以层内水和边水为主，分别占大于1 m³日产水井的36.73%、61.22%。层内水影响产能40.09×10⁴m³/a，边水影响产能55.60×10⁴m³/a，分别占气田总产能的8.23%、11.42%。从2002年到2012年，全气田年水气比从6.9m³/（10⁶m³）上升到65.6m³/（10⁶m³）。早期动用的深部开发层组含水上升幅度大，出水是造成产量递减的主要原因。气井出水采取了封堵调层和排水采气等工艺措施，但是，气井一旦出水，出砂也会加剧，井筒积液、积砂大大降低了产气量，最终导致停产，水害大于砂害。

（6）气藏地层压降幅度偏高，压力保持与采速关系密切。

涩北一号气田气藏埋藏浅，地层压力偏低，弹性驱动能量有限，采气速度高时压力保持困难。纵向上，深部主力气藏因动用时间早、采气速度快、采气强度大、采出程度高，表现出地层压降幅度大（图9-12）。平面上，个别井区储层物性差、储量丰度低，当采速高时供给半径不足，或因采出程度过高而形成了压降漏斗。并且，气井出水造成井筒积液，致使井口油压迅速降低。

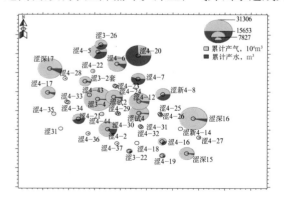

图9-11 Ⅳ-1层组单井气水累产状况图

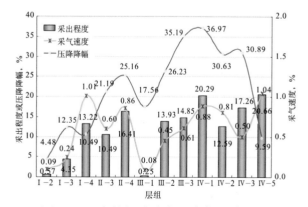

图9-12 分层组采速与压降指示曲线

（7）部分气层射孔后没有贡献，多为物性差的三类气层。

根据涩北一号气田27口井的产气剖面解释结果：动用厚度之比最大的Ⅰ-4层组为95.73%，最小的为Ⅱ-3层组86.75%; 动用层数之比最大的Ⅱ-4层组为93.33%, 最小的Ⅱ-3层组为80%, 说明涩北一号气田存在部分气层没有完全动用。通过分析, 泥质含量高、物性差的三类气层存在产气量低和不出气的现象。如涩4-1-3井射孔投产的9个单层中只有5个产气(图9-13), 这也进一步佐证了由于纵向上层间非均质性强, 好气层与差气层间互分布, 多层同时射孔生产, 分层产气贡献不一, 差气层储量动用程度不高, 动用难度大。

(8)各开发层组压降幅度、含水上升速度等开发指标有差异。

统计涩北一号气田各个层组含水、压降和采速等开发指标, 层组间差异较大(图9-12和图9-14)。由于纵向上79个单气层划分为19个开发层组, 每个开发层组包含近4个单气层。各个单气层含气面积、边水驱动能量、层内非均质性、物性及边界条件的不同, 若保持多个单层或各个开发层组的边水均衡推进是非常困难的, 还有保持压降幅度、采出程度等开发指标的一致性也是很难做到的, 为此, 各个单层、层组的出水时间、压降及累计产量等开发指标都难以调控到理想的均衡程度, 差异性的存在必然导致层间压力系统紊乱和互窜, 最终会导致边水不均衡推进, 造成部分井过早水淹, 影响气藏的采收率。

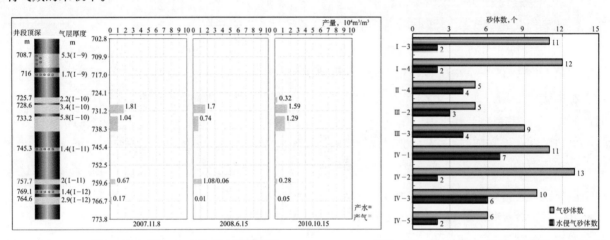

图9-13 涩4-1-3井产气剖面图　　　图9-14 分层组水侵气砂体统计对比图

二、开发面临的主要问题

面对涩北一号气田储层岩性疏松, 边水、层间水、层内束缚水发育, 气层薄而多、含气井段长等开发地质条件的特殊性, 存在低压低产井因场站回压影响难以进站生产, 含水气井逐步变为气水同采井。水淹、砂埋、层间互窜等开发问题将随气田开发时间的延长而逐年增多的困难, 所以, 第四系长井段疏松砂岩气田高效开发技术是一项长期探索性的工作。

(1)纵向气层多、压差大、层间非均质性强, 存在层间干扰。

涩北一号气田含气井段长达1100余米, 气层压力区间为4.48~18.22MPa, 顶底气层的压差可达13.7MPa, 并且砂泥岩间互、气水层间互、高中低产层间互分布, 各气层含气面积不同, 气水界面不统一, 岩性、物性、含气性差异大(图9-15), 多层合采存在层间干扰, 为充分发挥各气层潜力, 开发单元合理划分组合难度大, 往往层组内有一层出砂出水就会影响其他层的正常生产(图9-16)。

(2)单砂体平面非均质性强, 气水边界条件复杂, 存在边水突进。

平面上, 单砂体内部非均质性强(图9-17), 不同井区储层受泥质含量、物性差异的影响储层类别也不同，造成不同井区边水的推进速度不同，边部不同井区边水驱动能量有一定差异。因此，对边外强水驱和弱水驱部位或区带识别划分难度大，各井区采速、采出程度等开发指标调控难，致使均衡采气困难，一些气藏边部的个别井区因边水突进造成了水淹（图9-18），进而造成井筒积液停产[3]。

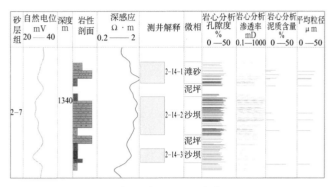

图9-15　典型井段层间非均质图

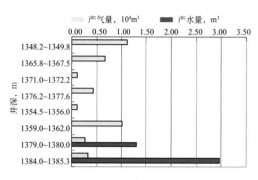

图9-16　涩4-5井产出解释结果图

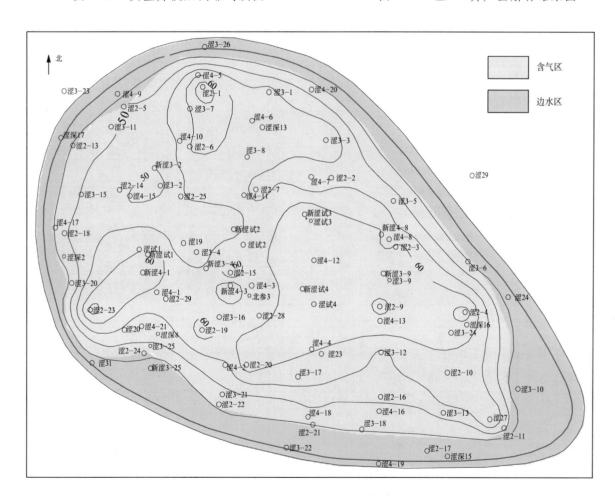

图9-17　Ⅱ-4层组渗透率分布图

（3）合理生产压差不易调控，气井出砂普遍，存在出砂危害。

储层非均质性强、类型多，临界出砂压差确定困难，所以气井合理生产压差调控难，气井普遍存在出砂现象（图9-19）。

产层大量出砂会引起地层垮塌而破坏水泥环的封固效果，在井筒中容易沉砂积砂，造成砂埋井下管柱和产层。地面节流或集输管件弯头处等也因气流携砂易磨蚀（图9-20）。日常需要对管件壁厚的磨蚀程度、井筒沉砂高度等进行监测计量，目前出砂计量和测试技术还不够成熟。

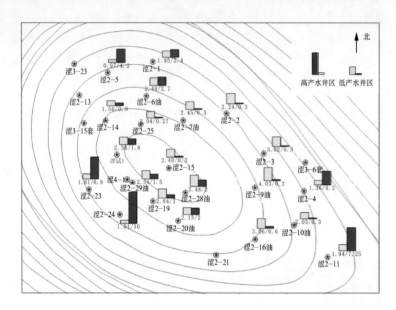

图9-18　Ⅱ-4层组边部水淹井分布图

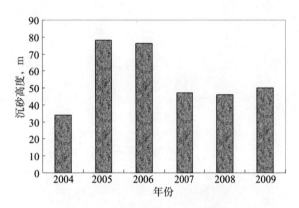

图9-19　历年井筒沉砂高度统计图

图9-20　放空管线及安全阀砂蚀图片

（4）高泥质砂泥岩剖面，气水层压力系统复杂，不利于钻井施工。

地层浅表气发育，固井时管外窜风险大。因砂泥岩层交互分布（图9-21），地层松软且滤饼厚，层间封固难，固井质量难以保证。泥岩膨胀易黏卡，起下钻易抽吸，疏松砂岩地层破裂压力低，易井漏井喷，井控风险大。高矿化度地层水易污染钻井液，地层岩石颗粒细，造浆率高，钻井液性能维护难。老井产层采出程度高，造成目前地层压力偏低（图9-22），钻井液密度调配难。含气井段长，气层浸泡时间长，储层保护难。

（5）纵向层间易窜，气井出水加剧出砂，防治工艺有待完善。

多层合采层间干扰严重，不仅不利于各单层产能的发挥和分层动态监测，并且纵向上高产气层因采出程度高，压力亏空大，而对邻近水层而言，其地层压力高，易憋开套管外水泥环造成层间水窜。边水或层内水会造成产层出水，出水加剧出砂（图9-23和图9-24），需要探索抑砂携液一体化采气工艺技术。井下节流器、分采管串、防砂管柱等易砂卡砂埋，需要创新气井换管柱等大修措施工艺技术。所以，高效开发面临新的措施工艺技术需求。

（6）多层多类差异大，不易实现均衡采气，优化调控有难度。

涩北一号气田气层多且类别多，层内、层间和平面非均质性强，并且各个开发单元储量、面积、水驱能量、边界形态等不同（图9-25），必然造成开发层组之间产量、压降、含水、采出程度的差异性和不均衡性。

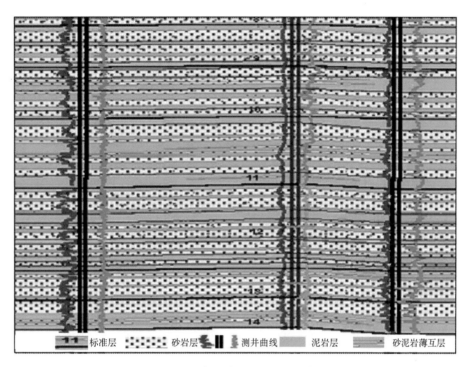

图例：标准层 砂岩层 测井曲线 泥岩层 砂泥岩薄互层

图9-21 砂泥岩沉积剖面示意图

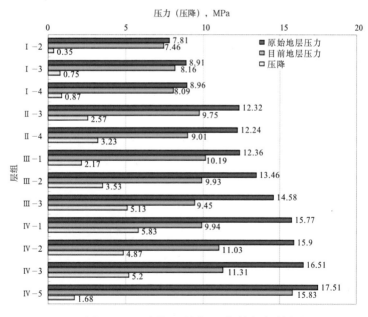

图9-22 涩北一号气田各层组压降图

虽然采气速度、配产规模、井网控制程度和储量动用程度是可以人为控制和调整的，但是，针对众多不可控影响因素，开发指标的优化调控难度很大[4]。特别是各个开发层组储量动用时间不同，为满足上产规模、调峰供气等要求，提高采气速度加剧了产量、压降、含水、采出程度等指标的恶化，层组间开发指标的差异性使不均衡性加剧，中后期开发指标的优化调控更加困难（图9-26）。

并且，涩北一号气田开发面临的主要困难还有气藏采出程度小而地层压降幅度大，两者相差近一倍，三类层储量动用难度大等。

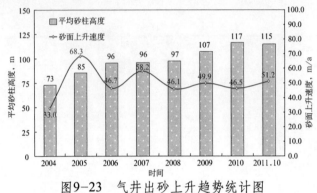

图9-23　气井出砂上升趋势统计图

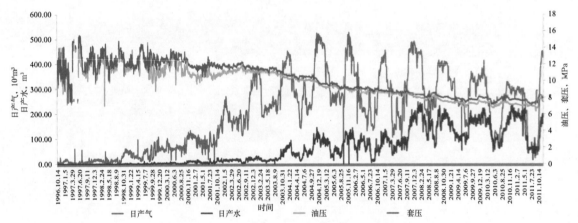

图9-24　涩北一号气田含水上升趋势图

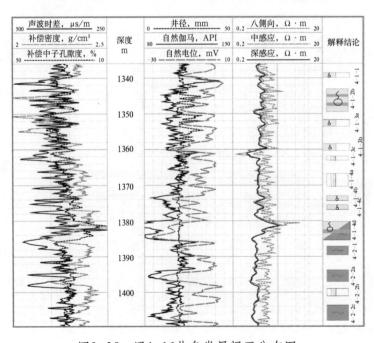

图9-25　涩4-16井多类层间互分布图

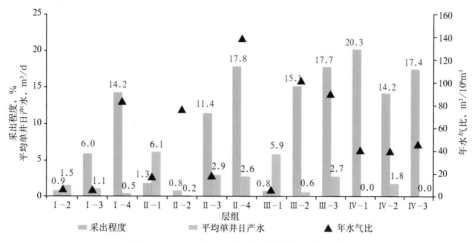

图9-26 分层组主要开发指标对比图

三、特色开发技术

涩北一号气田经过17年的试采开发评价和先导试验,基本形成了从地下地质到井筒工程再到地面集输等一整套工艺技术,并总结出了场站轮关检修,控制采气速度,小压差均衡生产,优化配产及措施增产等一套适用的气田开发安全生产管理办法。实现了产能建设投资少,到位率高,气田总体开发指标基本达到了方案设计要求,基本配套了浅层长井段多层疏松边水气田开发特色开发技术。

(1)剖析岩电关系影响因素,开展测井精细解释,识别低阻气层。

首先应用元素俘获测井(ECS)技术获得连续的岩性分布信息,通过岩心薄片鉴定标定,用以确定碳酸盐含量尤其是黄铁矿含量,并检验常规测井确定岩性的准确程度。同时,使用岩性密度测井,即PEF测井曲线判断黄铁矿富集层位,估算黄铁矿体积,求证低阻层是否是由于储层内含金属导电矿物。以涩试2井为例,在井段1158~1160m附近,由于金属矿物的存在,深感应出现明显的畸变,侧向电阻率明显降低[5](图9-27)。

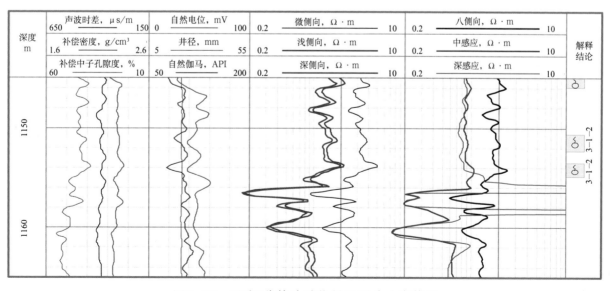

图9-27 涩试2井特殊矿物层段测井响应特征

其次，储层电阻率低的另一个主要因素是高泥质含量造成束缚水含量高，而高矿化度的束缚水越多，便会组成以不动水为主要成分的导电网络，泥质与黏土产生附加导电性，造成储层电阻率降低。因此，运用核磁共振测井来获得储层的束缚水饱和度，用以判定储层低阻的原因。例如，涩27井4-1-3B小层与上下围岩（泥岩）相比，声波时差基本无变化，密度略增大，中子孔隙度减小，自然伽马值115API左右，自然电位有负异常，侧向电阻率明显高，感应值仅0.6Ω·m（图9-28），略高，而邻近较纯的泥岩段0.53Ω·m，差别很小，射孔测试日产气8333m³，说明泥质含量较高也导致了感应电阻率降低。

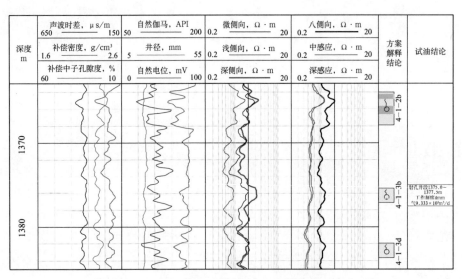

图9-28　涩27井高泥质低阻气层测井响应特征

此外，砂泥岩薄互层都存在低电阻率的层状泥质条带，电阻率测井仪器受到纵向分辨率的限制，使气层测井电阻率比纯砂岩地层真电阻率要低很多，甚至接近于水层测井电阻率[6]。例如，涩4-12井90、91号小层为薄层特征（图9-29），厚度分别为1.4m和1.0m，本井进行了9次产液剖面追踪。2009年产液剖面结果显示，日产量分别达到0.551×10⁴m³和0.265×10⁴m³，薄层也有一定的产能。

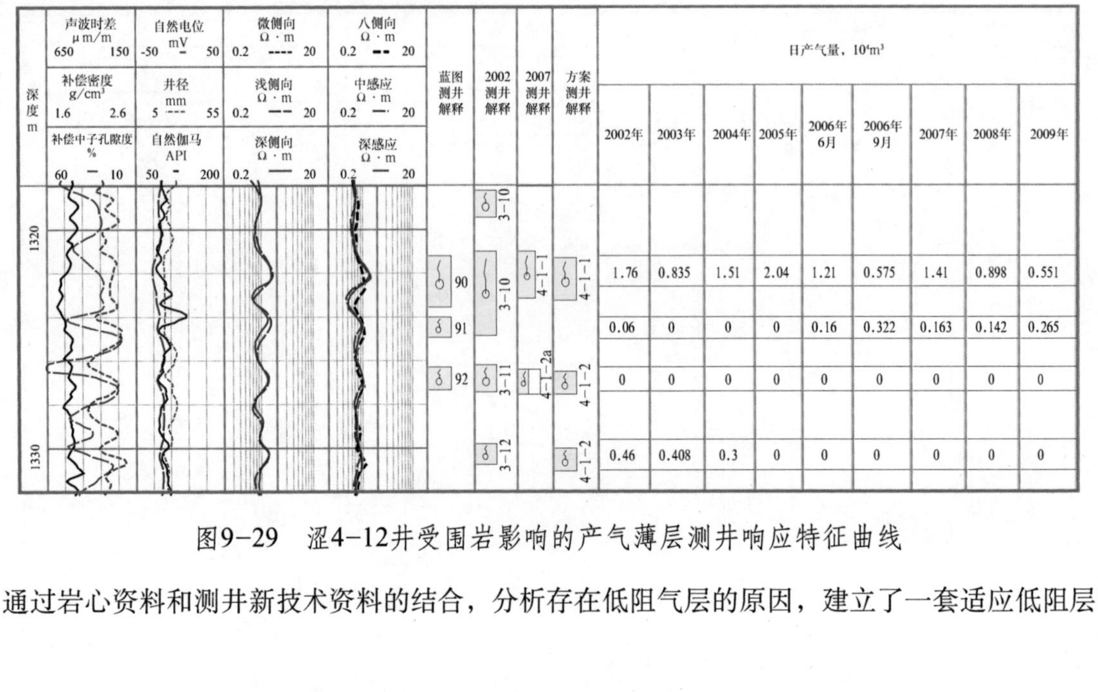

图9-29　涩4-12井受围岩影响的产气薄层测井响应特征曲线

通过岩心资料和测井新技术资料的结合，分析存在低阻气层的原因，建立了一套适应低阻层的测井解释方法，包括岩性识别，流体性质识别的定性、半定量解释标准。优选最合理的泥质含量、孔隙度、饱和度和渗透率等参数计算模型，重新建立了束缚水饱和度模型，尤其是存在低阻现象影响饱和度计算方法研究。

（2）描述气水分布，追踪气水运动规律，持续修正地质模型。

主要运用Petrel地质建模软件较强的数据管理功能、快捷的地层框架建模、一定的薄层处理能力，较多的算法与功能和基于神经网络的聚类分析技术等特点。首先网格设计在平面上重点考虑如何有效反映储层的平面变化，同时又要防止网格数量过大，平面网格定义为30m×30m，相邻2口井间至少有3个网格，一般井间网格数大于10，同一层系井间网格数约20个，保证了平面精度。在纵向上，气田砂体厚度较薄，纵向上非均质性明显，为了更好地反映气藏纵向变化，储层网格间距定义为0.5m。总体设计：采用30m×30m×0.5m的网格步长对模型划分后，节点密度$n_I \times n_J \times n_K$为295×145×1668个，共计7134×10^{4}个。

小层划分对比及井剖面的调整重点考虑旋回对比、分级控制、曲线标志和厚度约束。利用自然伽马、自然电位、电阻率等曲线对部分井进行了小层的重新划分，对比细化到单砂体，复核每口井的细分层（图9-30），对砂层顶底数据缺失或窜层的井进行精细对比调整，储层从构造高部位到低部位，由气到水逐渐过渡，整体连续性较好。所以，充分运用地震、开发地质、测井和气藏工程等方法，建立定量储层属性三维参数场（图9-31）。

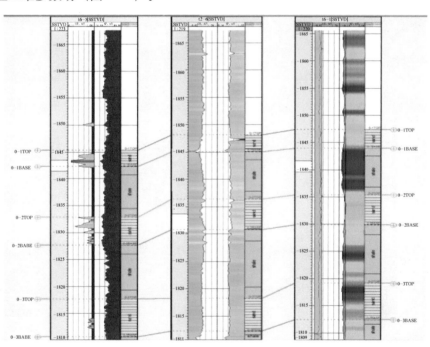

图9-30 小层划分对比连井剖面图

涩北一号气田具有气水界面倾斜、气水互层、储层内部存在可动水、气井普遍出水等特点，气井出水的主要水源包括层内水、层间水和边水，不同部位的井在不同生产阶段具有不同的出水机理和出水特征。常规数值模拟方法是设定统一的气水界面，以此来区分气区和水区，储层内通常被设定为束缚水饱和度。这种方法对于涩北气田不太适用。因此，在水源分析落实的前提下，数值模拟研究采用了专门技术模拟出水情况：一是每个气层组单独设定平衡区及各自的相渗透率和毛管压力曲线；二是设定各个网格的初始含水饱和度，建立非平衡初始化（图9-32）；三是分为凝析水、压井液、层间

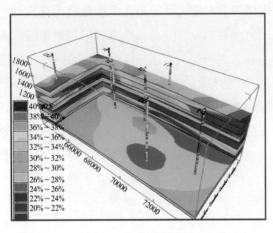

图9-31 储层三维参数模型（孔隙度）

水、层内水或边水等不同水源进行模拟。

主要做法分别是：凝析水及层内可动水的初始含水饱和度略高于束缚水饱和度；返排工作液的井点网格含水饱和度略高于束缚水饱和度；窜层水运用增大连接水层的局部网格的纵向传导率来设定；边水关键是调整水区有效厚度、孔隙度、渗透率，拟合边水井的出水动态。

所以，根据岩心微观驱替实验，建立可动水饱和度与水气比的关系，并基于多孔介质渗流力学方程建立数学模型及求解方法，运用各种水源等效法，结合测井解释的束缚水和可动水饱和度技术，建立气井不同水源类型出水历史拟合数模技术，夯实了不同水源数模精度，为出水量、出水时间预测和其他开发指标预测的准确性奠定了基础（图9-33）。生产史拟合中采取定产气量拟合出水量和地层压力的方式，拟合效果较好，所有生产井的拟合程度均达到80%以上。

经过静态储量拟合和生产动态历史拟合的修正，建立了一个符合涩北一号气田实际情况的地质模型，为开发指标预测提供了数据基础。

（3）细分开发单元，分类评价气层，优化射孔单元组合。

对于长井段多层砂岩气田，上千米的含气井段，必须合理划分开发层系，使每一个开发层系具备一定稳产规模的储量，同一套井网开发，建成一定的生产能力。射孔投产单元内的小层必须优化组合[7]，尽可能减小层间干扰，防止个别小层早期出水或出砂影响其他产层的发挥，以利于各个小层采收率的提高。

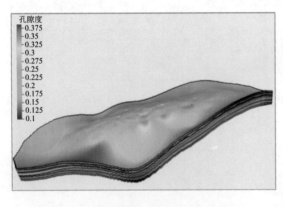

图9-32 气田储层三维参数模型图

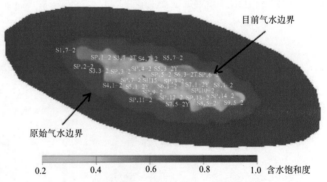

图9-33 气藏边水水侵动态趋势模型

总之，本着"三级划分，优化配产、循序接替"的原则，层系划分时重点考虑隔层厚度[8]、储层压力、气水关系、含气面积、井段跨度、储量规模和主力产层等多方面的因素。因此，涩北一号气田433.5~1599.0 m含气井段内的93个小层，共划分为5套开发层系、19个开发层组（表9-1）。现场气井射孔投产时，再根据各开发层组内小层的地质特点，按照"共性同组"的原则，进行优化组合，分期分批射孔投产，以满足目前产能和今后补孔接替的需要。

表9-1　涩北一号气田开发层系及开发层组划分结果表

层系	开发层组	小层号	隔层厚度 m	跨度 m	含气面积 km²	有效厚度 m
零	零-1	0-1-1～0-1-6	19	35	3.4～16.2	8.0
	零-2	0-2-1～0-2-5	7	58	4.8～19.9	9.6
	零-3	0-3-1～0-3-5	9	65	11.5～20.3	15.5
一	I-1	1-1-1～1-1-5	9	50	13.8～20.6	10.0
	I-2	1-2-1～1-2-4	6	17	7.4～26.8	12.2
	I-3	1-3-1～1-3-4	10	55	12.4～18.7	15.4
	I-4	1-4-1～1-4-6	9	97	7.4～23.6	16.8
二	II-1	2-1-2～2-2-1	7	40	6.5～21.2	11.8
	II-2	2-2-2～2-2-4	8	35	10.2～13.6	7.1
	II-3	2-3-1～2-3-4	9	50	14.2～38.5	17.9
	II-4	2-4-1～2-4-4	15	35	22.7～36.3	12.4
三	III-1	3-1-1～3-1-4	22	43	10.9～21.1	11.2
	III-2	3-2-1～3-2-3	9	29	14.3～37.8	11.5
	III-3	3-3-1～3-3-4	12	46	12.9～25.4	16.7
四	IV-1	4-1-1～4-1-4	4	46	23.6～39.3	14.2
	IV-2	4-2-1～4-2-6	5	60	1.4～14.5	13.2
	IV-3	4-3-1～4-3-3	4	35	9.8～12.9	12.7
	IV-4	4-4-1～4-4-6	9	58	1.2～6.2	8.4
	IV-5	4-5-1～4-5-6	—	68	0.6～4.6	7.2
平均			9	48		12.2

（4）采用顶密边疏方式，分开发层系布井，优化井网部署。

涩北一号气田的布井原则有一个变化调整的过程，主要体现在：早期认为气井出砂出水危害不大，单井产量高等，采取"稀井高产"，一套开发层系布一套井网。通过开发生产实践证实，气井配产过高易引起出砂、出水和加剧单产递减，因此，调整为采取"多井低产"的原则布井。后来根据上级上产的指示，提高气田整体产能规模，必须达到一定的采气速度，在单产偏低的情况下，对气井数量的要求更加紧迫，又采用"整体加密布井"原则，细分开发层系，使每个开发层系内有多个开发层组，一套开发井网动用一个开发层组，由原来5套层系的5套井网，细化为19个层组的19套井网。与此同时，在推广使用水平井开发的指示下，筛选具有一定厚度且含气饱和度较高，上下没有水层的部分气藏或层组实施了"水平井+直井"的开发布井方式。

气田开采过程中为了避免边水的不均匀推进，减少由于边水指进而造成的部分气井水淹。加密井网部署时，应适当远离气水边界布井与射孔。

通过现场试验，水平井钻井采用井眼保护性措施，打破了疏松砂岩层内水平段易坍塌卡钻的禁锢，并改变了先打导眼再回填造斜卡层的模式，地质导向及筛管完井技术得以广泛推广应用。后来择优筛选了10余个有利单元，部署加密调整水平井，水平段设计长度400～800m（图9-34）。每个开发层组为一套独立的开发井网（图9-35），井距为800～1100m，平均860m，气井距气水内边界

900~1100m。

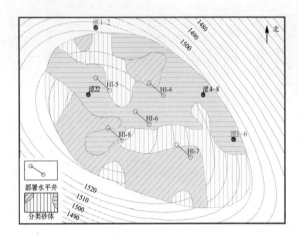

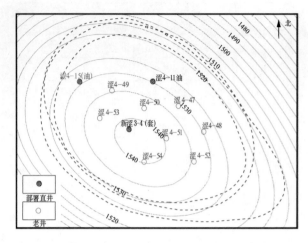

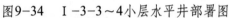

图9-34　Ⅰ-3-3~4小层水平井部署图　　　图9-35　Ⅳ-3层组直井开发部署图

（5）多因素动态配产，优化五项要素，实施整体开发调控。

由于各小层物性差异对气井产量贡献不一，投产初期以流动性好的Ⅰ类、Ⅱ类储层出气为主，差储层几乎没有贡献。随着气井生产的持续，好储层压力逐渐降低，对气井的贡献由物性导向转变为压力导向，差气层开始产气，其贡献在气井产量中的比例逐渐增大，直到与好储层达成一种平衡。

如果笼统配产，由于产气层位及其物性的差异将导致各产气层出砂和水淹程度的不一致性，或会因其中某一单层出水，造成全井产量递减与含水大幅度上升[4]。主力产气小层的变换，会导致产量的急剧递减。为了各单气层最大化地动用和整个开采过程中实现多层均衡生产，必须结合气井的生产阶段，针对其所在井区、投产层位地质特征等，合理调配气井产量。

气井的合理配产遵循的原则：一是气井留有调层补孔接替的潜力小层，具有一定的稳产年限；二是合理利用地层能量，单井和层组的配产应能达到均衡的采气速度；三是防止井底积液导致的气井生产不正常，单井配产应大于最低携液产量；四是为实施主动防砂策略，单井配产应小于出砂的临界产量。

优化配产的主要步骤是：首先，根据不稳定试井解释确定地层的有效渗透率，并根据产能试井解释确定无阻流量，建立地层有效渗透率和气井无阻流量之间的经验公式。其次，在借鉴试采生产数据的基础上，确定产气剖面单层产量的变化规律，对气井产能经验关系式进行修正，并根据岩心覆压实验和气水相对渗透率实验，量化应力敏感和可动水对产量的影响，确定单井的产能方程。最后根据压力测试数据，利用物质平衡原理确定单井控制的动态储量，在此基础上，按照合理配产原则，考虑气田的稳定供气、储量的均衡动用、气井井筒或油套环空的携液能力、边水的均衡推进、主动防砂等因素，最终确定气井的合理产量。

除了各个单层的差异性，由多个单层所组成的各开发层组的含气面积、储量、厚度、物性等差异也很大，同样造成各开发层组采气速度、累计产量和水侵程度的不同。并且，受下游需求的季节性波动和场站检修等因素影响，对气井开关的要求也不同，致使各层组生产井开关不一，开发指标差异过大。为实施主动防砂与均衡采气，应用"五优化"整体调控措施，即：开发层组优化、井型选择优化、井网部署优化、射孔井段优化和单井配产优化等，对各开发层组产量进行调配，合理控制采气速度，减缓压力递减速度，延长无水采气期，使各开发层组生产开发指标逐步得到优化调整，进而提高储量动用，控制边水推进，实现主动防砂，提高气田整体开发效果。例如，涩北一号气田 Ⅱ-4 开发层组通过近几年的优化调控，各井区压降趋于均衡，局部压降漏斗有所减少（图9-36、图9-37）。

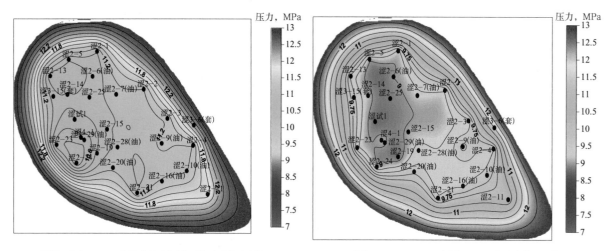

图9-36　Ⅱ-4层组2006年压力漏斗图　　　图9-37　Ⅱ-4层组2008年压力漏斗图

针对涩北一号气田边水水侵突出的问题，在深化地质认识的基础上，主要根据各层组采气井在平面上的分布，调整构造不同部位井的配产，从而减小或延缓边水的不均匀推进，力求均衡采气。还要综合考虑多种影响气井开关的因素，进一步完善气井开关井制度，以减少井层激动带来的地下流场的波动。

（6）对比分层储采关系，筛析潜力井层，弥补产能递减。

由于地质认识的阶段性，早期动用的产层优化程度不够，部分层组储量大而部署井数少产能少，储量动用程度低，导致部分层组所布井数与产能、储量不对应，储采不匹配等。所以，对部分开发层组通过加密井网（或油套分采）来提高储量动用程度，并对因出水、出砂等因素影响的低产甚至停产井及时进行有效的措施复产作业，进而提高此类层组的产能。

例如，涩北一号气田各开发层组中储量最大的是 Ⅱ-3、Ⅲ-2、Ⅳ-1层组，而日产能最大的却是 Ⅱ-4、Ⅳ-1层组，说明层组储量与产能配置存在一定的问题（图9-38）。再比如 Ⅱ-3、Ⅲ-2层组储量大而产能相对小，主要原因是井数少，套管采气井虽然占了将近一半（图9-39），却因为环空摩阻损失大，未能真正发挥气井生产能力，加之部分井环空因积水、积砂导致小工作制度生产或者停产，同时由于各层组开关井不均衡影响层组采出程度，进而导致整个层组产能偏低。

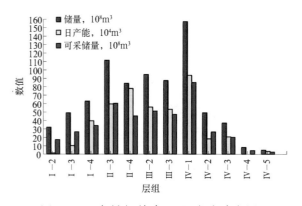

图9-38　分层组储产匹配关系对比图

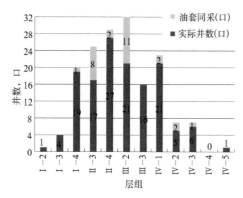

图9-39　分层组井控程度对比图

　　由于II-4层组井数多、日产能大，采气速度高达2.76%，其他层组采速未达到设计水平，存在储量大采气速度小和储量小采气速度大的情况，所以部分开发层组储采不匹配。

　　为达到各层组均衡开发的目的，近几年在涩北一号气田深入评价已有井网对储量控制程度的基础上，精细开展气藏描述，适时调整开发指标，通过增加井数来提高建产规模，同时对因出水、出砂停产井进行措施复产作业，以增加层组储量动用程度，进一步做好开关井优化管理工作，使之达到各层组均衡采气的目的（图9-40）。

　　持续开展储量动用程度分析，潜力区及潜力层挖潜研究，水侵及水淹程度分析，防水控水影响因素分析，制定调层补孔与控水稳气方案，推进三类层措施求产试验与主体工艺技术优选试验。分小层评价开发井网控制程度，统计并劈分气井针对各气砂体的累计采气量，进而评价气砂体剩余储量的潜力，提出加密调整井井位或调层补孔井区。

　　同时运用开发井电测及射孔投产资料，开展测井二次解释研究，寻找薄差层和低阻可疑层，摸排涩北一号气田78个小层，目前有19个小层，共计$65.31 \times 10^8 \text{m}^3/\text{d}$的储量未动用，其中三类储量$49.09 \times 10^8 \text{m}^3/\text{d}$（图9-41）。预计可新增$1.0 \times 10^8 \text{m}^3/\text{a}$产能，为涩北一号气田弥补递减，延长稳产期和精细开发调整提供支撑。

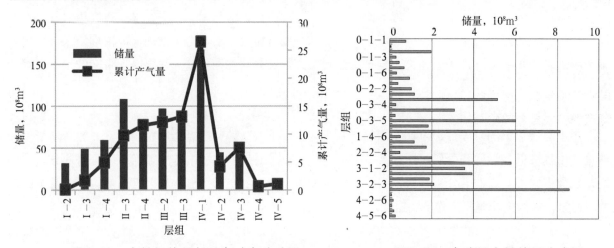

图9-40　分层组储量与累产对应关系图　　　　　图9-41　未动用小层储量分布图

　　（7）运用油套同采、三层分采及水平井技术，提高单井产量。

　　涩北一号气田纵向上跨度大、层多、气水层间互、隔层厚，所以，结合各小层或射孔单元的地质储量、含气面积和物性特征，采取油套分采工艺，可以减小层间干扰，也可以使每个小层或射孔单元更好地发挥生产能力，提高气井产量。

　　油套分采工艺是采用封隔器密封工艺，通过一次作业完成封隔器的锚定、密封及插管与插管座动态密封，通过滑套开关实现油套连通，完成洗井、冲砂等作业，并且可以随时将封隔器取出实现更换管柱，由电缆完成分层测试，解决在线地层压力监测难题。涩北一号气田共在28口井中实施了油套分采工艺，最高增加气井产能$85 \times 10^4 \text{m}^3/\text{d}$，平均单井增产产能达到了$3.1 \times 10^4 \text{m}^3/\text{d}$（表9-2）。

　　三层分采工艺技术在涩北一号气田新涩试3井和新涩4-8井进行了试验，表明气井增产效果明显。但是，产层一旦出现水淹、砂埋等问题，气嘴投捞的成功率过低，井下分采管柱会砂卡，易造成气井大修等复杂情况，2010年后，不再继续推广。

表9-2　涩北一号气田历年套管生产产能状况统计表

年份	井数，口	日产能 10^4m^3	平均单井日产量 10^4m^3	套管产气所占比例 %
2002	7	27.3417	3.9060	8.38
2003	11	51.4383	4.6762	7.90
2004	22	84.2955	3.8316	13.11
2005	24	84.7452	3.5311	14.92
2006	26	81.5537	3.1367	14.92
2007	28	84.2250	3.0080	18.06
2008	27	66.6540	2.4687	17.65
2009	27	60.7691	2.2507	18.01

（8）强化井筒积液诊断和出水原因分析，优选排水采气工艺。

由于涩北一号气田气井出水水源类型多样，出水量大小不一，并且出水加剧了出砂，多年来以"找、控、堵、排"水为目的而开展的工艺技术攻关试验，基本形成了复杂水源识别和多因素积液诊断流程，明确了多种排水采气和积液井治理等工艺技术。可以在不同生产期内，根据不同水源、不同产水量，可供优选的防治工艺措施，可以有效地排出气井积液，通过应用，可使积液高度下降$60\sim80m$，单井产能可提高30%左右，减缓了水淹对气井产量的严重影响。

优化生产管柱工艺：对气井出水量小于$10m^3/d$，并且有井筒积液的井进行了优选管柱，从2008至2009年共开始共计实施了10口井，将油管由62mm更换为50.7mm，通过实施在一定程度上能提高气井的携液能力，改善气井生产状况（表9-3）。

表9-3　典型井优选管柱排水采气试验效果对比表

井 号	施工前		施工后	
	产气量 $10^4m^3/d$	产水量 m^3/d	产气量 $10^4m^3/d$	产水量 m^3/d
涩1-5	3.2709	0.35	3.3972	0.99
涩4-1	3.3232	0.33	3.3232	0.33
涩2-1	3.5609	0.69	3.4373	0.81
涩1-24	0.6610	0.12	1.7456	0.04
涩3-26	2.2777	4.1089	2.3231	2.6588
涩试8	1.98	31.04	0	0
涩2-21	气井携液能力不足，无法生产		0.2273	0.4200
涩2-13	0.1159	0.0000	0.1560	0.1517
涩4-13	气井携液能力不足，无法生产		0	0

泡沫排水工艺：2007年初，针对$15\times10^4mg/L$的高矿化度地层水样进行发泡剂、稳泡剂和消泡剂的研制。通过3剂性能筛选和配方试验，研制成功了PDPT-1和PDPT-2新型泡排剂，其泡排高度、携液量和半衰期等指标达到了标准要求。同年选择6口出水较多的井开展了现场试验（表9-4），其中涩4-7井为油套分采井。通过现场试验，均取得了降低井筒积液高度，提高油套压和增加气水产量的效

果，但是，从整个试验来看，泡沫排水对产水量较少的气井有降低井筒内的积液液面并达到复产的作用，但对出水量大的井效果较差。

表9-4 涩北一号气田典型井泡沫排水采气试验效果对比表

井号	施工前				施工后				起泡剂 kg	水量 kg	液体总量 kg
	油压 MPa	套压 MPa	日产气 10⁴m³	日产水 m³	油压 MPa	套压 MPa	日产气 10⁴m³	日产水 m³			
涩2-13	6.8	7.5	1.3728	1.8	8.2	8.3	1.8361	2.73	40	160	200
涩1-2	6.7	7.1	1.4513	3.64	7.1	7.5	2.2249	7.8	80	320	400
涩4-9	5.8	8.5	无	无	5.8	8.5	气水同产	6	80	320	400
涩4-7 （油）	6.1		无	无	6.5		气水同产	20	75	300	375
涩4-7 （套）		8.9	无	无		9.5	2.01	少量	75	300	375
涩4-5		0		8.6	5.45	2.82			100	400	500

气举排水采气工艺：适用于弱喷、间歇自喷和水淹气井的强排液，不受井深、井斜及地层水矿化度的限制。2009年该工艺在涩北一号气田试验了3井次（表9-5）。从现场试验结果可以看出，通过高压气源逐级打开井内气举阀，排出井内液体，恢复气井生产，涩2-11井和涩4-10井两口井生产正常，涩4-13井由于气层出砂，生产不正常关井。

表9-5 气举阀排水采气工艺投捞数据统计表

序号	井号	1号气举阀			2号气举阀			生产情况	备注
		下入深度 m	开启压力 MPa	阀座孔径 mm	下入深度 m	开启压力 MPa	阀座孔径 mm		
1	涩4-10	789.47	8.5	3	1245.7	7.8	4	正常	
2	涩4-13	794.21	9.0	3	1277.07	8.3	4	关井	出砂
3	涩2-11	749.09	8.0	3	1007.21	7.0	4	正常	

（9）注重出砂机理及出砂预测研究，创新超细砂防控整治技术。

配套完善了出砂预测、监测、冲砂技术，确定出砂预测与防砂宏观控制图，建立了疏松砂岩气藏的防砂效果评价标准，基本形成了配套的三项防砂工艺技术，并创新集成了抑水控缝高纤维复合无筛管防砂技术和多重精细挡砂高压充填防砂技术。2000年至2009年12月底，涩北一号气田共进行高压一次充填防砂、纤维复合压裂防砂、端部脱砂压裂防砂先导性试验55井次，出砂速度下降44%，冲砂效率提高29%，出砂停躺井复产率提高27%。

高压一次充填防砂案例统计：实施18井次，有效井15井次，有效率83.3%，单井平均日增气1.24×10⁴m³，典型井防砂前后效果对比情况见表9-6。

割缝筛管压裂防砂案例统计：实施7井次，有效5井次，有效率71.4%，平均单井日增气量1.26×10⁴m³，典型井防砂前后效果对比情况见表9-7。

纤维复合压裂防砂案例统计：实施30井次，有效井22井次，有效率73.3%，平均单井日增气0.79×10⁴m³，典型井防砂前后效果对比情况见表9-8。

表9-6 高压一次充填防砂典型井措施前后效果对比表

井号	防砂前			防砂后			目前日产气 10^4m^3	备注
	日产气 10^4m^3	日产水 m^3	生产压差 MPa	日产气 10^4m^3	日产水 m^3	生产压差 MPa		
涩1-3	2.83	0.56	0.49	2.16	0.47	0.47	1.9946	
涩1-7	2.01	1.67		1.50	1.29		0.1343	无效
涩2-5	新井			4.66	0.23	1.14	1.2820	
涩2-14	新井			4.15	0.18	0.49	2.9212	
涩3-21	4.06	0.40	1.13	5.00	0.47	1.49	3.8718	
涩3-13	2.24	0.22	1.34	2.36	0.81	1.07	1.2894	
涩3-7	2.88	0.55	0.96	5.43	1.90	1.15	2.3300	
涩3-24	2.39	1.07	1.61	2.00	2.91	1.85	1.9900	

表9-7 割缝筛管压裂防砂典型井措施前后效果对比表

井号	防砂前			防砂后			目前日产气 10^4m^3	备注
	日产气 10^4m^3	日产水 m^3	生产压差 MPa	日产气 10^4m^3	日产水 m^3	生产压差 MPa		
2-13	2.38	1.31	1.37	2.27	1.22	1.28	0.1585	
2-22	3.42	0.06	0.62	3.67	0.22	0.41	3.9383	
涩3-3	3.36	0.03	3.32	5.74	0.24	4.25	关井	
新涩4-1	新井			4.26	0.38	0.81	3.0133	

表9-8 纤维复合压裂防砂典型井措施前后效果对比表

井号	防砂前			防砂后			目前日产气 10^4m^3	备注
	日产气 10^4m^3	日产水 m^3	生产压差 MPa	日产气 10^4m^3	日产水 m^3	生产压差 MPa		
涩1-11	新井			3.54	0.27	0.99	3.47	
涩1-2	1.74	4.27	0.84	1.78	7.54	0.81	1.30	
涩1-22	0.7479	0.263	0.88	0.8544	0.166	0.84	0.80	无效
涩1-16	1.76	0.08	0.37	3.62	0.31	0.76	3.46	
涩1-3	1.59	0.16	0.07	2.32	0.90		1.99	
涩2-10	新井			4.71	0.22	1.45	3.35	
涩2-7	新井			4.86	0.4	1.66	3.20	
涩2-23	2.90	1.24	2.48	3.38	0.16	0.93	1.63	
涩2-1	3.59	0.62	1.37	3.88	2.49	0.85	2.95	
涩2-29	3.52	0.06	1.43	4.24	0.21	0.48	4.28	
涩2-11	2.76	0.28	0.38	1.97	0.20	0.60	0.93	无效
涩2-2	3.85	0.20	0.92	4.39	0.21	0.98	4.58	
涩2-16 (油)	2.75	1.63	0.52	3.09	1.19	1.47	3.40	无效
涩2-16 (套)	3.60	0.17		3.59	2.52		3.03	
涩3-18	3.96	0.10	1.40	7.62	0.53	3.16	2.59	

续表

井号	防砂前			防砂后			目前日产气 10^4m^3	备注
	日产气 10^4m^3	日产水 m^3	生产压差 MPa	日产气 10^4m^3	日产水 m^3	生产压差 MPa		
涩3—20	7.09	0.18	0.67	4.97	0.56	0.75	1.54	无效
涩3—10	1.44	1.62	2.53	1.68	0.78	3.20	1.91	
涩3—24	2.49	0.58	1.97	3.14	0.6	2.42	1.44	
涩4—10	2.91	1.38	0.84	4.56	3.97	1.66	0.11	无效

（10）应用氧化锆节流气嘴，集气管汇定期检测清砂，配套集输工艺。

涩北一号气田原有4座集气站，后又新建2座。在5号集气脱水站（总站）计划新建天然气增压系统。根据开发层系及其产能、压力等，气井井口不节流单井进站，井口至集气站采用高压采气，站内一次加热、节流、常温分离、计量，气田内部天然气湿气输送，高低压两套集输管网，集中脱水、增压。

第零、一、二开发层系气藏埋藏浅，其单井采气管线采用耐压10MPa的管材，下部第三、四开发层系的单井管线耐压等级为14MPa。集气站站内一级节流后系统压力为6.4MPa。单井计量分离器采用立式重力分离器，生产分离器选用卧式旋风重力分离器。天然气加热采用一次水套炉直接加热工艺。按三级SCADA结构设置自控系统。针对疏松砂岩气田开发生产需要，重点采用的关键部件和装置是：地面节流器、生产分离器和三甘醇脱水塔等。

地面节流器：由于高压气流携带的泥砂将常见的针形阀等传统的节流装置（气嘴）短时间内就被刺破（图9-42）。

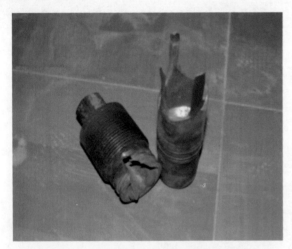

图9-42 被刺损的气嘴花笼套实物图

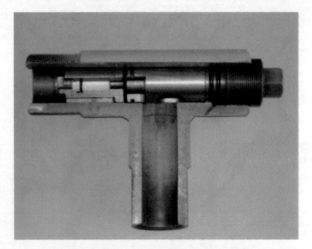

图9-43 高效直角节流角阀剖面图

经过多年的调研分析和现场试验，进行了多种气嘴的研发，一种新型的节流装置——"高效直角节流器"获得了国家专利，这种节流器采用高强度的氧化锆气嘴，不仅有效解决了刺漏问题，而且达到了十分理想的密封效果（图9-43）。在更换工作制度时不用拆卸法兰，只需拧下节流器的一个螺丝就能完成。高效直角节流器在天然气地面集输系统中的推广使用为疏松砂岩气田开发生产创造了必要条件。

砂水分离装置：由于气田产层出砂，除了部分沉入井筒底部，另一部分随着气流携带到地面。所以，对采集气管线、集气生产及净化处理设备存在磨蚀、积堵等危害，进而造成安全隐患，积砂还减小了管件内腔容积，降低了设备的运行效率。因此，在气田地面集输系统工艺中，除考虑安装专门的除砂净化装置，还应定期在场站检修时进行人工清砂作业，通常利用泵车打压冲洗地面集输管线和装置，以保证采、集气管线以及天然气处理设施的正常运行。

现场生产证实，组合的两级分离效率，远高于单级分离效率，总压降低于单级分离器的压降。第一级采用优化设计后的直流式旋风分离器，除去粗砂和水；第二级采用高效旋风分离器组合除去细砂。在实际生产过程中，采用流程均衡控制技术，实现对脱水装置的平衡和均衡供气；采用分离器与自动排污装置的一体化技术，缩短了气处理环节。

气田生产采用重力式计量分离器非标设备，实现了分离器与排污阀组的整合，实现了自动排污，延长了排污阀的使用寿命；采用多管式旋流子生产分离器（非标设备），实现有效除砂，降低劳动强度。

天然气脱水装置：目前涩北一号气田的天然气脱水主要装置均采用整体橇装式全自动三甘醇脱塔进行脱水，此装置已经成熟运用，其设计及运行参数见表9-9。

表9-9　脱水装置设计、运行参数统计表

集气脱水站		A号站		B号站	
生产日期		2004	2008	2001.11	2003.05
设备的设计参数	设计压力，MPa	8.0	8.0	8.0	8.0
	工作压力，MPa	6.4	6.4	6.4	6.4
	设计温度，℃	93	93	93	93
	设计流量，$10^4 m^3/d$	320	160	320	320
实际运行参数	操作压力范围，MPa	4.5~6.4	4.5~6.4	4.5~6.4	4.5~6.4
	处理量范围，$10^4 m^3/d$	217~320	109~160	217~320	217~320
设备数量		2	1	1	1

根据目前气田运行的"高、低压两套集气管网、先脱水、后增压"总集输方案，在气田总脱水站内（与A号集气站合建）分高、低压设置脱水装置。已建脱水站的脱水流程已按高低压分别设置。已建B号集气站三甘醇脱水设备建设年代不同，其设计压力和操作压力也有区别。随着气田的长期开采，天然气的压力逐渐降低，进入三甘醇设备的天然气压力达不到设计操作压力时，其处理量会降低。根据已建三甘醇脱水装置的操作压力和设计的额定流量等参数，来校核脱水装置在天然气来气压力降低后，不同压力工况下的处理能力。

（11）强化生产动态测试，优选定点监测井，侧重专项资料求取。

根据涩北一号气田开发及地质特点，重点加强了全气藏关井测压、探边测试（边水推进监测）、产气剖面测试和出砂监测，测试资料的求取为气田开发调控提供了第一手资料。

全气藏关井测压：主要针对完整而独立的单个开发单元。主要做法是定点井优选遵循了在单一开发层组上具有代表性，在时间阶段上具有连续性，在监测方式上具有统一性，在测试结果上具有可对比性。一般选取单个开发层组占总井数1/3~1/4的井作为定点监测井，定点监测井一经选定后，不轻易变换。

如前所述，平面上为了调控同一开发层组不同井区压力的均衡下降，多年的开发调控生产实践表明，通过对不同井区配产的优化调整，Ⅳ-1层组平面压力矛盾逐渐减小，从三维压力趋势图（图9-44和图9-45）上看，涩深17井、涩4-2井附近压降漏斗逐渐变为平缓，Ⅳ-1层组压力平面上逐渐呈现均匀下降的趋势，层内压降不均衡的矛盾有所缓解。

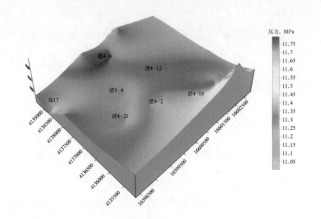

图9-44　Ⅳ-1层组2006年平面压降图　　　　图9-45　Ⅳ-1层组2008年平面压降图

边水推进监测：针对含气面积大、储量大的主力气藏，边水观察井下入永久式压力计，连续监测井下压力的变化；有些观察井若使用普通压力计，应每季度测气层压力一次，以便准确测定井下压力变化特征，进而判断井筒积液情况。对气水过渡带上的生产井，特别是产水井，要密切观察其产水变化，准确计量气、水产量，产水井每季度取水样做一次全面分析，以了解气井出水的变化。适时选择重点井（表9-10）开展探边专项测试，解释目前气水边界的位置，评价气水边界的推进动态、水侵速度、气水界面距离气井的距离。

表9-10　涩北一号气田探边测试井明细表

开发层系	井号	备注
二	涩2-1	2007年4月探边80m，地层渗透率21.77mD
	涩2-3	2007年4月探边134m，地层渗透率18.97mD
	涩2-9	2007年4月探边92m，地层渗透率7.67mD
	涩2-23	2007年4月探边119m，地层渗透率6.54mD
三	涩3-5	2007年4月探边220m，地层渗透率47.7mD
	涩3-11	2005年5月探边120m，地层渗透率29.6mD
	涩3-17	2005年5月探边170m，地层渗透率16.3mD
四	涩4-12	2006年3月探边90m，地层渗透率72.31mD
	涩4-17	2006年4月探边130m，地层渗透率12.25mD
	新涩试4	2007年4月探边110m，地层渗透率9.54mD

产气剖面监测：每个开发层系固定选择1/3左右的典型代表井，每年测一次产气剖面，了解各开发层系多层合采时各层的产气状况。在固定产气剖面监测系统的基础上，根据需要再增加一部分测试井。产出剖面测试井的选井原则是测试井位于腰部或高部位，测试井大量出水，且出水量波动，无法确定是层窜水还是某一小层产出了边水。

气井出砂监测：详细观察、记录气井出砂状况，包括井口取样分析、砂刺气嘴情况、井筒探砂面的时间、方法及砂面深度、冲砂时间、使用设备、冲砂介质、施工条件、砂柱高度、冲出砂量和出砂粒度等。调整出砂井的生产压差及产气量，控制其出砂，并进行效果监测和评价，对出砂较严重的井，分析其主要出砂原因，提出防砂作业层位。

（12）推行"一井一法、一层一策"，实现气藏开发精细管理。

气藏工程及动态管理方面：在分井分层建立静态资料库的基础上，及时建立和更新动态测试资料库，注重19个开发层组的静、动态持续追踪分析，在地质再认识上下功夫，摸清气水二次分布规律，掌控出砂出水情况，为每一个开发层组制定开发指标调控对策。与此同时，将气井分为高产、中产、低产等类别，分类制定相应的监控维护和措施作业办法，细化开发管理。将各开发单元动态追踪分析、防砂、分采等重点措施作业评价等分解分包落实到负责人，实行月报表考评机制，保证气田措施效果分析、生产动态分析工作的日常化、制度化。

气田开发技术创新方面：面对多层疏松砂岩边水气田复杂的开发地质条件，地质认识和钻采工艺措施还不能满足高效开发的需要。特别是经济高效防砂技术、堵水封窜技术、抑砂排水采气一体化技术、边水监控技术及出砂计量技术等方面还需要探索。

开发钻井及测录井方面：面对疏松砂岩气田开发钻井面临的井控安全风险与挑战，实行甲乙方联防联控，做到5个到位，即钻井设计压力预测准、井身结构合理；施工队伍有气井钻井资质、技术业务熟练；设备材料主要指钻井液储备、机具到位、套管合格；过程管理重点是巡检、试压、抓住要害、平稳操作；工作衔接中地质与工程监督、气测、司钻、钻井液工在现场配合紧密。钻井安全监管到位，杜绝井喷失控事故。

四、思考与启示

涩北一号疏松砂岩气田的开发是一个探索的过程，17年来除了技术经验的总结，还有许多值得吸取的教训和仍然需要探讨的问题，主要总结为以下几方面：

（1）开发早期单井配产过高，产量、压力递减幅度预测精度不够，产量影响因素及影响程度分析不足，试采资料求取不全面，开发方案设计单产指标与实际存在一定偏差。

例如，涩北一号气田$25 \times 10^8 m^3$开发方案单井配产平均为$6.5 \times 10^4 m^3/d$，总井数为128口，按此计算其日产能力为$832 \times 10^4 m^3$，但是，2005年底基本建成后，实际单井平均产量$4.42 \times 10^4 m^3/d$（油套同采井按1口井计算），单产比方案设计低$2.08 \times 10^4 m^3/d$，实际产能仅为（$505.84 \sim 542.86$）$\times 10^4 m^3/d$，每个开发层组的单井产量均没有达到方案设计要求（表9-11），即便加上油套同采井的产能贡献，仍然未达到方案设计的产能规模。

主要启示是加强试采追踪评价，取全取准各项测试资料，加强解释成果分析，客观认识气井产能状况，合理配产。

（2）由于层间非均质严重，同一开发层组内多层合采时同类层少，难以将同类层组合到一起，若某一层出水出砂则多层受害。即便同类及近似面积的邻近层进行合采，层数也不宜多，否则分层监测困难，产气剖面测试资料解释难度大。尽可能逐层逐段上返接替开采，细化到单层上可提高储量动用程度。

（3）三类气层有一定储量规模，急于和一、二类气层同时动用，因其见水快而影响一、二类气层的动用程度和开发效果。三类气层准确判定难度大，出水预测难，可以考虑暂不射孔动用，待后期接替时逐步动用，以防止差气层过早出水而影响好气层。

（4）固井质量提高困难，固井水泥环与砂泥岩地层接触面的胶结强度难以保证。随着气层压力的亏空，临近高压水层窜入气层，而造成气井出水积液减产。压裂防砂极易造成固井水泥环胶结面的破坏，引起层间互窜，所以，建井过程中固井工艺及水泥浆配方有待完善，措施封窜技术和水泥环修复技术亟待攻关。

（5）开发方案编制和试采建产有些仓促。边水活跃程度及边界条件研究认识不足，气水运动及干扰规律认识不足，所以，应研究各气砂体边界气水接触关系，分析邻近水层分布情况，追踪分析气水运动规律，预防边水和层间水影响。

（6）技术需求促使技术创新，今后气田开发还将面临更多更大的技术难题，诸如储层孔渗参数变化规律、气水边界位置变化规律、三类层可动水识别、找窜验窜测试、环空分层测试、水泥环修复、携砂提液泵举、防砂排液一体化和增压外输等技术攻关。

总之，涩北一号气田的开发，标志着国内第一个大型多层疏松砂岩边水气田开发技术的突破，形成了大型生物成因气田开发新模式和一系列配套开发技术，为今后此类气田的开发积累了宝贵经验。

表9-11　涩北一号气田$25 \times 10^8 m^3$开发方案设计产能与实际产能对比表

层组	储量 $10^8 m^3$	井数，口		开井数 口	产气量 $10^4 m^3/d$	平均单井产气量，$10^4 m^3/d$			
		实际	方案			方案配产	实际产量		差值
I-3	59.58	3	29	2	7.2150	4.10	3.6075	3.1661	0.9339
I-4	27.12	21		20	54.4942		2.7247		
II-3	114.83	13	33	13	47.5953	5.50	3.6612	3.9242	1.5758
II-4	82.2	26		26	108.8670		4.1872		
III-2	40.16	21	27	20	73.1546	7.20	3.6577	4.1022	3.0978
III-3	175.18	15		15	68.1996		4.5466		
IV-1	160.64	23	29	21	119.6072	9.00	5.6956	4.7998	4.2002
IV-2	41.49	6		6	29.5067		4.9178		
IV-3	56.72	7		5	17.7120		3.5424		
IV-4	11.71	1		1	4.7208		4.7208		
IV-5		1		1	5.1226		5.1226		
IV-6	编外	1	10（预备）	1	6.6653	—	6.6653	—	—
合计	770.03	138（24）	128	131	542.8603	6.50	4.4208		2.0792

注：（24）指24口油套同采井。

第二节　台南气田

台南气田距涩北一号气田较近，同属于一个地质构造单元和沉积体系，地质条件、储量规模、开发规律、生产特征等与涩北一号气田也非常相似，台南气田也可喻为"泥塘子、水泡子里的和不成熟的气田"。但是，与涩北一号气田相比，该气田开发时间比较晚，试采评价、方案编制、新技术应用等更为全面系统和规范，所以，选择该气田作为疏松砂岩类气田开发的案例，主要从高效开发的角度，重点评价和论述试采测试、提速建产、挖潜增储、水平井应用、精细开发、调峰供气等与涩北一号气田有一定差异的方面，同时，尽可能弥补上一节没有描述到的地质与开发的特点、问题和经验。

一、基本情况

台南气田距离涩北气田开发基地约40km，向北有315国道沿东西方向横穿该气区，并向东120 km与215国道相接，沿215国道可通格尔木、敦煌等地。该气田距青海省格尔木市230～250km，距甘肃省敦煌市380～400km，距青海、甘肃的两个省会城市西宁、兰州700～900km，产气区距工业化大城市相对较远。

气田区平均地面海拔2700m左右，昼夜温差大，年平均气温3.7℃。地表是平坦的盐碱滩，植被稀少，渺无人烟；夏季偶然有小雨，冬季干燥寒冷；气田西侧有季节性小河，水源来自昆仑山融雪，冬季断流，流经途中遭盐碱地浸染，水质苦涩而量少，难以作为工业用水；气田以北5km的东台吉乃尔湖和以南25km的涩聂湖均为咸水湖。

台南气田也属第四系生物成因气藏，构造无断层，圈闭保持完整，属于潜伏同沉积背斜。主要发育滨、浅湖亚相和半深湖相沉积。储层岩性主要为泥岩，其次为粉砂岩，泥质粉砂岩。以原生孔隙为主，仅有少量的次生孔隙，平均孔隙度为31.68%，平均渗透率为19.41mD。气层埋深834～1747m，含气井段长达913m，气层多且薄、气水层间互、气水界面及分布关系复杂。

天然气类型为干气，甲烷含量平均98.74%，含有乙烷、丙烷和微量氮气，不含硫化氢等有害气体，属于高热值天然气。气体平均相对密度0.56，拟临界压力高，拟临界温度低。地层水水型为$CaCl_2$型，矿化度为150906～264343mg/L；地层水酸碱度中等偏弱酸性，pH值5～6；密度1.116～1.172g/cm^3；电阻率0.023～0.032$\Omega \cdot m$。地温梯度为3.3℃/100m，属正常的温度系统。地层压力梯度1.11MPa/100m，地层压力略高于正常压力系统。构造圈闭内含气面积较小，边水水域较大，构造不同方位和不同层位水体能量不同。气藏类型基本属于次活跃—弱边水驱动背斜型层状气藏。

1. 勘探开发历程

自1987年发现至今，经历了持续勘探、评价试采和规模开发的过程，自2005年投入试采之后，走的是"边试采、边增储、快上产、急扩建"的增储上产道路，最终累计上报探明天然气叠合含气面积35.9km²，储量951.62×10⁸m³，标定可采储量534.93×10⁸m³。截至2012年底共有生产井185口，累计产气118.99×10⁸m³，采出程度12.5%。通过勘探开发实践，取得了丰富的资料，积累了开发技术经验，为指导同类气田合理开发提供了案例。

1）勘探历程

第一阶段（1987—1990年）：1987年通过台南地区与涩北一、二号气田地震资料的对比分析和精细解释，确认台南鼻状构造为一潜伏含气背斜构造，并采用"趋势面恢复法"对异常区进行了构造恢复。当年首钻台南1井，在第四系涩北组钻遇高产工业气流并发生强烈井喷。后又相继钻井6口，其中6口井见工业气流，证实了台南气田的存在。1990年首次申报叠合含气面积23.4km²，申报Ⅱ类探明天然气地质储量198.91×10⁸m³。

第二阶段（1991—1997年）：随着勘探投入的增加和技术的进步，地震、钻井、测井等资料不断丰富，资料品质、处理手段和应用方法不断提高，发现较高泥质含量的中低产气层被遗漏而未解释，储层伤害也造成低声波时差影响了气藏的识别。因此选择台南5井，对电性特征不明显的可疑气层进行试气后获得工业气流，证实了上述观点的正确性。认识的突破，使台南气田叠合含气面积由23.4km²增至38.8km²，气层累计有效厚度由25.9m增至36.0m。1997年申报叠合含气面积38.8km²，申报Ⅱ类探明天然气地质储量425.30×10⁸m³，新增Ⅱ类天然气探明地质储量226.39×10⁸m³。

第三阶段（1998—2004年）：在新钻的台5-6评价井上又选择一批可疑气层进行试气，进一步验证了中低产气层的大量存在，2002年又在构造不同部位部署了3口开发评价井（台5-7井、台试1井、台试2井），并在台5-7井取心121.55m，补充了大量的岩心物性资料，不仅对台南气田的浅中深层构造形态、有效储层和气水层的定性识别标志、定量评价标准以及储量规模都有了更加清楚的认识，而且进一步明确了台南气田的地质认识、气藏特征和储量规模。2004年再次进行探明储量复算与申报，气层累计有效厚度增至94.4m，气田累计叠合含气面积35.9km²，累计天然气地质储量951.62×10⁸m³。

2）开发历程

第一阶段（1995—2005年）：仅于1995年6月至1995年12月对台南5井的1295.6～1296.6m的一个气层，累计进行了134天的天然气试采工作（表9-12），试采期间累计产气440.46×10⁴m³，累计产水5.92 m³，证实了气田具有规模上产的能力。

表9-12 台南5井1995年单层试采数据统计表

参数	6月	7月	8月	9月	10月	11月	12月	合计
平均日产气，m³	33517	39181	38028	46475	49759	48621	49605	43598
平均日产水，m³	0.004	0.034	0.015	0.023	0.053	0.065	0.063	0.0367
月生产天数，d	6	15	11	25	31	30	16	134
累计月产气，m³	147640	437970	360520	1134020	1542550	583460	198420	4404580
累计月产水，m³	0.025	0.515	0.160	0.575	1.656	1.950	1.040	5.921

第二阶段（2005—2006年）：编制《台南气田开发前期评价方案》，建试采站一座，铺设了连接涩北气田的外输管道，先后修复老井7口，其中台南4、台南6和台南7井作为水层试采测试井，台南5、台试1、台5-6和台5-7作为气井试采；新钻试采井7口，选定Ⅲ-6储量计算单元气藏建立试采井组；在台试5井一、二、三、四气层组中分别获取到了厚度大、泥质含量低、物性好、含气饱和度高的储层段岩心，开展了系统的岩心分析和实验研究。有针对性地开展动态测试工作，保证计量设备的精度，严格操作规程，取全取准产气量、出水量、出砂量、流压、静压、套压和油压等各项动态参数，通过全面的试采评价，在各项资料数据统计分析和综合地质评价研究的基础上，又编制完成《台南气田开发方案》，设计年产能规模20×10⁸m³。

第三阶段（2007—2009年）：根据《台南气田开发方案》的开发指标，开始进入全面开发建产阶段，新建3座集气站，扩建1座集气站，地面还启动了10kV输电线路工程、气田内部及井场道路、通信工程等。2007年开钻40口，完井37口（包括2口水平井），新建产能15×10⁸m³/a。2008年，边编制《台南气田36×10⁸m³扩能开发方案》，边按照"直井+水平井"部署原则进行部署，同年开钻77口，完井76口，其中直井开钻42口，完井41口，水平井开钻35口，完井35口，新建天然气产能26×10⁸m³/a。又于2009年新钻井28口（包括2口水平井），加上试采产能，该阶段全面完成了台南气田36×10⁸m³产能建设。

第四阶段（2010—2012年）：台南气田全面进入稳产开发阶段，并在冬季起到了调峰供气的作用，该阶段累产$81.13 \times 10^8 m^3$。并且，及时挖潜加密调整，3年内在井网控制程度低的层组井区又新钻井29口，新建调整产能$3.44 \times 10^8 m^3/a$，不仅储备了一定调峰产能，而且弥补了往年产能的递减。由于该气田动用时间短，地层压力较高，深层系气井多采用井下节流工艺，降低了地面集输系统压力等级，提高了生产安全系数，降低了地面加热节流的能耗等，此项工艺技术得到了较好的发挥。

2. 基本地质特征

台南气田和涩北气田地质特征基本一致，主要区别在于台南气田气层埋藏比涩北一、二号气田深300~400m，气层层数相对较少，地层压力更高，水驱能量更大等。

1）构造形态

台南构造位于柴达木盆地东部三湖第四系坳陷区内，是紧邻生气中央凹陷的涩北—台南构造带上的一个三级背斜构造。该构造为一近东西向的完整潜伏背斜，构造形态落实，圈闭完整，无断层发育。地层总体平缓，但南北稍陡于东西方向，地层倾角南翼平均1.78°，北翼平均1.38°，东翼平均0.98°，西翼平均0.54°。构造长轴平均10.7km，短轴平均4.6km，为一短轴背斜（图9-46）。上下各层的构造高点没有明显的变化，基本位于台试5、台南5井附近。钻井K_7标准层圈闭面积33.6km²，闭合高度49m，高点埋深1169m。

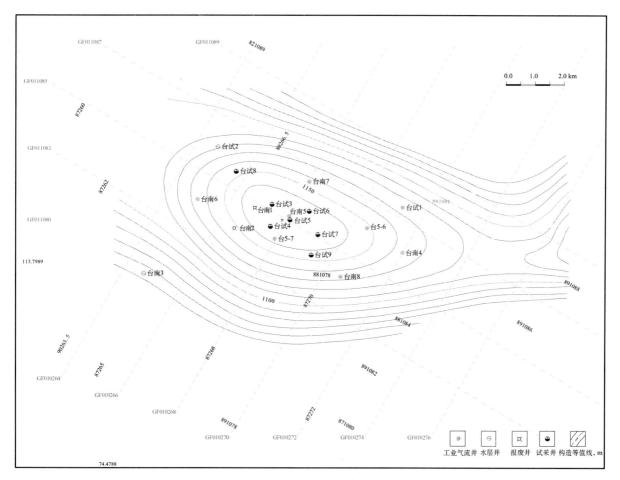

图9-46　台南气田构造图

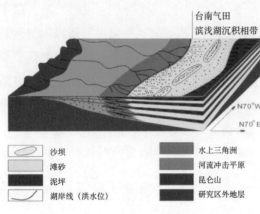

图9-47 台南气田沉积相模式图

图例：
沙坝
滩砂
泥坪
湖岸线（洪水位）
水上三角洲
河流冲击平原
昆仑山
研究区外地层

2）沉积微相

台南气田自上而下钻遇地层为第四系的7个泉组（Q_{1+2}）和新近系的狮子沟组（N_2^3），七个泉组与狮子沟组为整合接触。在湖相沉积的大背景下，地层由深到浅，受控于水中之隆的基本格局以及构造变形、水体深度、沉积物供给的控制，地层隆起的不同部位在浪基面上下波动，在浪基面之上发育沙坝，浪基面附近发育滩砂，浪基面以下发育泥坪（图9-47）。由此该区沉积微相主要为沙坝、滩砂和泥坪。

滩砂、沙坝的分布特征是：小层内沙坝、滩砂与泥坪构成两层结构，下部为泥坪，上部为滩砂、沙坝组合。小层下部泥坪稳定分布；沙坝、滩砂中分布的泥坪厚度较小，平行、断续分布；个别小层顶面出露泥坪，与下部泥坪相连。滩砂呈席状分布，范围很大；沙坝呈带状，分布范围相对较小，沿岸线方向延伸，岸线外侧（湖区方向）平直，岸线内侧外凸。沙坝有集中分布在构造高部位趋势，一般砂体厚度大，则沙坝分布密度大，范围相应也大。

3）储层特性

台南气田储层岩性主要是含泥粉砂岩，占样品总数的45.3%，其次是粉砂岩和泥质粉砂岩，各占样品总数的26.6%和17.2%。储层岩样粒度均值主要分布在15.6～31.2μm之间，占分析样品的43.75%，最小值4.6μm，最大值80.8μm，平均为22.27μm；粒度中值从分布频率看主要也分布在15.6～31.2μm之间，占分析样品的40.63%，最小值4.38μm，最大值114.05μm，平均为32.36μm；胶结物主要为泥质，其次为方解石，少量菱铁矿、黄铁矿。泥质呈鳞片和星点结构。方解石呈泥晶结构，多与泥质相混；菱铁矿泥晶结构，呈团块状分布；黄铁矿零散分布。

储层储集空间类型较简单，总体以原生孔隙为主，仅有少量的次生孔隙。原生孔隙主要为原生粒间孔，其次为杂基内微孔，杂基质粉砂岩也保留了较为发育的原生孔隙；次生孔隙主要为溶孔，次为裂缝。由于非均质性强，不同位置的岩样具有较大差异，但从总体上看，取心井段的储层物性（表9-13），表现为高孔隙度，中—低渗透率的特点。

表9-13 台南气田储层岩心分析物性统计表

项目	最小值	最大值	平均值	样品数
孔隙度，%	6.80	47.45	31.68	1419
水平渗透率，mD	0.066	3787.00	19.41	1358
碳酸盐含量，%	5.20	65.20	13.90	238

从物性分析看出，孔隙度、渗透率随着埋深的增加，呈逐渐减小的趋势（图9-48），同时镜下薄片观察，云母有受压变形现象，说明已经有较强的压实作用发生。并且，储层渗透性受泥质含量影响大（图9-49）。

黏土矿物分析表明，台南气田黏土矿物主要以伊/蒙混层为主，其次是伊利石、绿泥石、高岭石。通过敏感性试验证实，该气田储层岩石属于弱速敏—中等偏弱速敏、强水敏—中等偏强水敏。大部分储层岩石无碱敏，有部分储层岩石存在较强的碱敏性。

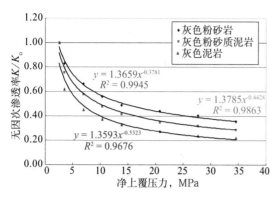
图9-48　无因次渗透率与净上覆压力关系曲线

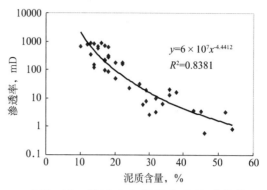
图9-49　渗透率与泥质含量关系曲线

4）泥岩隔层

分析化验表明，泥岩隔层孔隙度18%～30%，渗透率0.01～1mD，平均喉道半径小于1μm，平均排驱压力大于1.2MPa。另外，从渗透率分析，隔夹层泥质岩的垂直渗透率较低，大多在1mD以下，与水平渗透率比较，垂直渗透率约低一个数量级。这说明泥岩隔夹层在垂向上的渗透能力差。隔层岩性、物性、厚度等在气田范围内分布稳定。将每口井钻遇的隔层厚度进行平均，有50%的隔层厚度为3～10m，平均为6.98m。总体来说，为开发层系、射孔单元的划分提供了有利条件。

5）气水分布

台南气田的气层分布也表现为构造高部气层多、累计厚度大，边部气层少、累计厚度小，气水过渡带长、气水同层多等特点。此外，气层分布规律还表明，气层分布也受盖层厚度和盖层质量的直接控制，气层集中段或高丰度气藏通常都分布于厚层泥岩之下。气层由上而下，含气丰度有逐渐增强的趋势，面积相近的气层集中分布，有利于开发层组划分和储量动用。

水层间互分布于气层之间的较少。在气层之间解释出独立水层5个，分布于零、二、三和四气层组。各含气小层均有边水环绕。储层高部位含气，边部位含水，气水过渡带较宽。含水气层、气水同层和含水层，多见于构造翼部和边部气水过渡带的井中。各含气小层均有独立的气水界面。根据目前井网控制程度及资料录取情况，认为台南气田气水界面严格受构造控制。

6）温压系统

计算台南气田地温梯度为3.3℃/100m，地热增温率为30.3m/℃，属正常的温度系统（图9-50）。该气田地温梯度略低于涩北一号气田的地温梯度（4.09℃/100m）。地层压力梯度为1.11MPa/100m。根据地层压力划分标准，该气田的地层压力略高于正常压力系统（图9-51）。

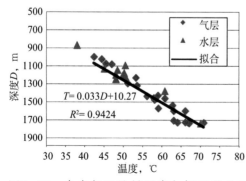
图9-50　台南气田地层温度与埋深关系图

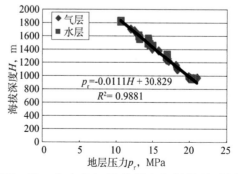
图9-51　台南气田地层压力与埋深关系图

3. 主要开发特点

台南气田和涩北气田开发特征基本一致，主要区别在于台南气田试采更加全面规范，建设周期短，采速更高、单井产量较高。至2012年底，已开发生产6年，走过了正规试采、快速建产、及时调补3个阶段，与涩北一、二号相比，该疏松砂岩气田的开发特点凸显在以下几方面：

（1）气井完善程度、地层系数和单井产量较高。

气井试井解释地层渗透率6.42～27.01mD，平均16.84mD，地层系数83.2～339mD·m。视表皮系数-1.36～1.0，平均为0.01，基本属于完善井。压力恢复试井曲线表现为外围变好的复合模型特征（图9-52），试井解释结果见表9-14，其中台南6井水层测试证实储层渗透率53.5mD，属于中高渗储层；视表皮系数-3.49，属完善井[9]。

表9-14 台南气田试采井试井解释成果表

井＼参数	顶深 m	底深 m	有效厚度 m	$K_{测井}$ mD	$K_{测井}h$ mD·m	$K_{试井}h$ mD·m	$K_{试井}$ mD	表皮系数	复合半径 m
台南5	1054.6	1082.5	12.55	27.97	350.97	339	27.01	0.14	
台5-6	1068.7	1097.3	9.24	7.98	73.75	144	15.58	1.0	
台试3	1615.9	1625.9	6.1	3.41	20.8	112	18.36	-1.11	
台试5	1710	1717.6	12.96	8.02	103.94	83.2	6.42	-1.36	40.2
平均				11.84			16.84	0.01	
台南6（水）	1118.1	1128.6	10.5			562	53.52	-3.49	411

台南气田22个层段进行了系统试井，测试时生产压差0.09～6.73MPa，日产气为（0.7119～35.6691）×10⁴m³，计算的绝对无阻流量在（2.96～114.04）×10⁴m³之间（表9-14）。按比例，36.8%的测试层产能属于高产能，42.1%的测试层产能属于中等产能，仅21.1%的测试层产能属于低产能（图9-53），由此说明台南气田大部分测试层产能为中—高产能。

台南气田水平井的产能测试基本为单层测试资料，Ⅰ—Ⅳ气层组均有产能测试井，由浅至深的气井产能呈明显增加的趋势。除了3-8小层中有3口测试井因井底积液等造成产能测试异常外，浅部Ⅰ气层组的Ⅰ-17小层产能最低，其他层测试无阻流量（60.4～232.8）×10⁴m³/d，平均无阻流量125.5×10⁴m³/d。其中Ⅱ气层组各小层的产能较高，测试无阻流量（101.6～293.6）×10⁴m³/d，平均无阻流量180.2×10⁴m³/d；Ⅲ气层组的3-9小层产能最高，测试无阻流量（184.1～289.1）×10⁴m³/d，平均无阻流量227.2×10⁴m³/d。所以，该气田水平井产能比直井高2～3倍。

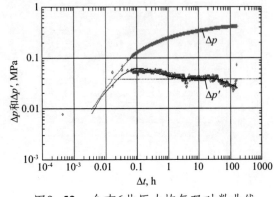

图9-52 台南6井压力恢复双对数曲线

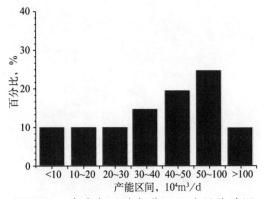

图9-53 台南气田试气井无阻流量统计图

（2）主力开发层组采气速度较高，采出程度和压降幅度偏大。

台南气田目前动用的21个开发层组2012年的采气速度多集中在2.0%～3.0%之间，有将近8个层组的采气速度超过了3.0%。并且，截至2012年底，全气田累计采出程度12.5%，压降比为23.2%（与原始压力相比）。有8个主力开发层组的采出程度高于10%，有10个主力开发层组的压降比高于18%（图9-54）。

回归分析各个开发层组采气速度和采出程度、压降比的关系曲线（图9-55），可以看出，采气速度快的开发层组其采出程度和压降幅度大。采出程度和压降比两条直线的斜率略有差异，但是趋势基本一致，也说明开发层组的采出程度越高，地层压降幅度越大。还有一个主要特点是地层压降幅度大，高于采出程度。

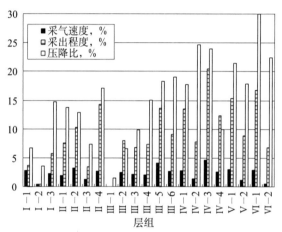 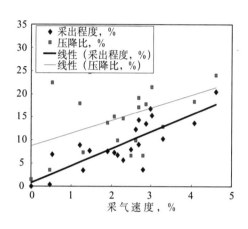

图9-54　分层组采气速度、采出程度及压降比直方　图9-55　采气速度与采出程度、压降比关系曲线

如IV-3主力开发层组，储量44.62×10⁸m³，有开发井8口，其中2口直井，6口水平井，日产能77×10⁴m³，平均单井日产气9.63×10⁴m³，年产气1.9×10⁸m³，采气速度高达4.61%，目前采出程度20.5%，原始地层压力17.11MPa，目前为13.01 MPa，地层压降4.1 MPa，压降比达23.96%。

又如II-3非主力开发层组，储量25.09×10⁸m³，有3口直井开发，日产能11×10⁴m³，平均单井日产气3.6×10⁴m³，年产气0.3×10⁸m³，采气速度1.3%，目前采出程度3.5%，原始地层压力13.31MPa，目前为12.34 MPa，地层压降0.97MPa，压降比7.29%。

（3）部分气井产水量大，存在单个开发单元早期整体出水现象。

目前，台南气田出水大于1 m³的气井70口（图9-56），占总井数37.8%，其中以层内水和边水为主，分别占日产水大于1 m³气井的65.63%、34.37%。层内水影响产能323.71×10⁴m³/d，边水影响产能107.31×10⁴m³/d，分别占气田总产能的32.61%、10.81%，说明该气田气井见水后，产水量短期内迅速变高，对产能的影响很大。

实际出水计量测试也表明，气井出水量较大。例如，台试3井2006年7月之前，5mm气嘴生产，日产水在1 m³以内，日产气11.5×10⁴m³，到9月中旬日产水逐渐升高到6m³，日产气降到9.5×10⁴m³左右，日产水持续上升，到11月日产水达到9～10 m³。又如，台5-7井在试采期间于2006年3月、4月日产水1.5～2.0 m³，6月以后日产水上升至4～12 m³，日产气量由2.5×10⁴m³逐渐下降到1.7×10⁴m³。

II-4、IV-2、IV-3、V-1层组在开发初期气井含水量就快速上升，层组整体表现为出水严重（图9-57），并没有表现出边水逐步推进，即先是边部气井出水再逐步出现高部位气井出水的分阶段水淹现象，说明气层内部本身就富含可动水。这些开发层组层内可动水和边水共同作用，会进一步加

c_i

剧层组出水的病害[3]。

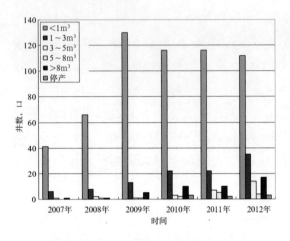

图9-56　台南气田气井日出水变化统计图

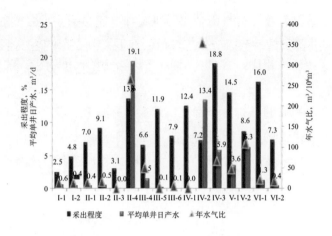

图9-57　各层组出水情况对比图

（4）水平井产能规模占一定比例，起到了调峰供气的作用。

2007年在台南气田两口水平井使用筛管完井试验取得高产的基础上，2008年之后总结经验，推广水平井开发技术，至2012年底，已投产水平井46口，平均单井日产气11.75×10⁴m³，是直井的2.9倍，水平井产量占气田总产量49.6%（表9-15）。

由于下游用气峰值差较大且没有储气库，调峰任务全由上游调控，储备一定的调峰产能是十分必要的。仅就2010年而言，全年平均日产气1359.74×10⁴m³，日产气峰值最高是12月25日1925.29×10⁴m³，产气谷值是5月17日616.92×10⁴m³，相差3.12倍。从各月折算年采气速度变化情况来看，因天然气生产受季节性用气、场站检修等因素的影响，采气速度变化波动较大，造成天然气生产的频繁调配，给天然气平稳生产、气田均衡开发带来不利的影响。

表9-15　台南气田水平井产气量占总产气量比例变化表

年度	总产量 10⁸m³	水平井产量 10⁸m³	水平井产量/总产量 %	总开井数 口	水平井开井数 口	水平井/总开井数 %
2005	0.1			6		
2006	1.0			10		
2007	1.2	0.1	10.5	48	2	4.2
2008	10.3	2.4	23.6	77	20	26.0
2009	18.8	9.9	53.0	150	39	26.0
2010	26.4	12.3	46.7	153	39	25.5
2011	31.4	15.2	48.4	162	43	26.5
2012	28.5	14.1	49.6	182	46	25.3

2009年台南气田单井产量大于9×10⁴m³/d的气井达到52口，占总井数的1/3，为满足2010年冬季调峰供气的需要，将气田构造较高部位16口高产水平井的气嘴适度放大，日提产量达到（80～100）×10⁴m³，不仅满足调峰的需要，同时还要预防边水的快速指进[10]。

（5）射孔单元内层间跨度与层数的减少，降低了层间干扰。

台南气田纵向气层有54层，含气井段跨度910余米，各层气水边界不统一。如果一次射开井段跨度大、层数多，则顶部气层压力与底部气层压力差别大，必然造成产层生产压差差异过大，层间出气能力差异大，加剧层间干扰。只有生产层段跨度小，才有利于发挥气层生产潜力，射开的气层越少，层间干扰会越小。并且，为防止气层出砂，控制生产压差是关键，生产压差过大，气层易出砂[7]。

根据开发层组划分原则，将6个开发层系共划分21个开发层组（表9-16），平均各开发层组跨度29.1m，包含2.6个单气层，所以，射开层段内顶部气层和底部气层的地层压力接近，仅相差0.3 MPa的2~3个单气层合采相互干扰的影响很小。

不仅如此，细分开发单元还减少了多个气层边部气水交错分布的复杂程度，有利于井位部署和均衡动用，利于边水均匀推进。对储量规模较大，隔层较厚，含气饱和度较大的一类气层可划定独立的水平井控制的开发单元，充分发挥水平井单井产能高的特点。但是，开发单元的细化，增加了多套井网，开发井数多，投资费用高；也造成单井上返调层的余地变小，单井稳产的后备层减少的问题。

表9-16　台南气田开发层组跨度及小层数明细表

开发层系	开发层组	小层序号	跨度 m	含气面积 km²	上下隔层厚度 m
I	I-1	0-1~0-4	44.3	14.5	90.0
	I-2	1-1~1-6	28.2	10.0	4.7
	I-3	1-7	6.3	4.4	7.5
II	II-1	1-8~1-10	15.2	6.1	5.0
	II-2	1-11~1-13	20.2	8.9	12.0
	II-3	1-14~1-16	40.9	13.5	4.6
	II-4	1-17	12.4	8.1	12.9
III	III-1	2-1~2-3	22.9	10.7	6.5
	III-2	2-4~2-6	24.4	8.9	5.3
	III-3	2-7~2-11	52.7	13.0	6.5
	III-4	2-12~2-13	14.6	9.3	11.0
	III-5	2-14	12.8	8.8	6.5
	III-6	2-15~2-16	24.2	12.1	10.1
IV	IV-1	2-17	9.9	7.7	4.0
	IV-2	2-18、3-2~3-3	58.1	15.6	17.7
	IV-3	3-1	4.2	4.1	9.9
	IV-4	3-4~3-7	49.0	10.0	9.1
V	V-1	3-8~3-10	63.9	20.9	11.0
	V-2	3-11~3-14	63.9	14.3	10.8
VI	VI-1	4-1~4-4	33.9	21.1	4.0
	VI-2	4-5	9.4	5.7	1.0

（6）加密调整井形成了一定产能，提高了储量动用程度。

根据早期的静态地质特征认识，开发方案设计的井网为规则的菱形井网，随着基础井网的完善、井数的增加和地质认识的深入，这种规则井网形式存在一定的局限性。首先，规则井网部署难以全面考虑气藏动态反映的开发特征，其次，储层平面、层内和层间非均质性对储量分布丰度的影响难以全面兼顾。所以，难以避免存在规则井网对某些井区、层段控制程度不够，造成储量动用程度低的问题。因此，为提高储量动用程度，减小平面压降不均衡、层间开发效果的差异等，在静、动态资料综合分析和井网控制程度研究的基础上，部署实施加密调整井是非常必要的。

自2009年台南气田产能建设完成后，近年来对各开发层组开展地质再认识和动态分析，综合各类资料评价井网控制程度和动用潜力，最后筛选出10个有利的开发层组的潜力井区部署实施了加密调整井38口，形成约$5 \times 10^8 m^3/a$生产能力，仅就2011年的实施效果（表9-17），不仅弥补了老井产能的递减，而且提高了储量动用程度和气田开发效果。

表9-17 台南气田2011年加密调整井计划与实施对照表

开发层组	直井			水平井			单井配产 $10^4 m^3/d$		实际产量 $10^4 m^3/d$		产能规模 $10^8 m^3/a$	
	计划井数 口	完钻井数 口	投产井数 口	计划井数 口	完钻井数 口	投产井数 口	直井	水平井	直井	水平井	设计产能	投产产能
浅层	2	2	2				0.8		0.3			
I-1				1	1	1		5.0		3.2	0.17	0.11
I-2	2	2	2				2.5		2.5		0.16	0.16
I-3				2	2	2		5.0		5.6	0.34	0.36
II-1	3	3	3				3.0		2.9		0.30	0.29
III-1	2	2	2				3.0		2.6		0.20	0.17
III-4	1	1	1				3.0		2.9		0.10	0.09
III-5	2	2	2	3	2	2	3.0	5.5	3.6	6.4	0.74	0.66
III-6	2	2	2				3.3		4.2		0.22	0.28
VII-1	1	1	1				3		3.6		0.10	0.12
合计	15	15	15	6	5	5					2.33	2.24

二、开发面临的主要问题

面对台南气田储层岩性疏松，边水、层间水、层内束缚水发育，气层薄而多、含气井段长等开发地质条件的特殊性，诸如低压低产井后难以进站生产；含水气井再变为气水同采井；水淹、砂埋、管外层间互窜井逐渐变多等开发问题也将随开发时间延长而增多。所以，第四系长井段疏松砂岩气田的安全稳定生产开发存在长期的探索性和挑战性。

（1）部分见水气井出水量较大，积液严重，进站困难。

对台南气田9口井的28个水层射开求产测试证实，纯水层的日产水量$0.48 \sim 277.68 m^3$，平均$36.8 m^3$（表9-18），比涩北一号气田水层测试日产水量（$11.6 m^3$）高。

气田产水量随着采气速度和采出程度的提高而逐年增加，2011年之后日出水量增幅加大，2012年下半年关停部分高出水井，但是全气田年水气比仍然由2011年底的$30.24 m^3/10^6 m^3$上升到2012年底的$55.32 m^3/10^6 m^3$，上升了82.9%。目前，台南气田日出水量大于$10 m^3$的气井有15口（表9-19），出水造成关井停产的有5口，出水影响生产的问题比原方案设计中预想的要严重，特别是3-2小层、3-8小层的气井出水量大，严重影响了气井的压力和产量。

表9-18　台南气田分层组水层测试产量统计表

层系	水层产量，m³/d			层数	比例 %
	最小	最大	平均		
零	2.97	2.97	2.97	1	3.6
I	2.73	277.68	78.30	9	32.1
II	0.48	69.10	18.00	12	42.9
III	6.504	43.20	21.98	4	14.3
IV	5.94	13.10	24.85	2	7.1

表9-19　台南气田日出水量大于10m³气井生产情况统计表

序号	井号	开发层组	生产层	日产气，10⁴m³	日产水，m³	油压，MPa
1	台H2-1	II-4	1-17-1	2.4	22.40	7.4
2	台H2-2	II-4	1-17-1	1.5	67.72	5.5
3	台4-10	IV-2	3-2-1、3-2-2	2.4	22.44	6.9
4	台4-18	IV-2	3-2-1	2.3	10.50	7.1
5	台4-19	IV-2	3-2-1、3-2-2	2.6	18.69	7.8
6	台H4-3	IV-2	3-2-1	2.7	58.14	6.4
7	台H4-5	IV-2	3-2-1	1.1	10.71	8.5
8	台4-6	IV-2	3-2-1	2.1	9.58	5.0
9	台H4-17	IV-3	3-1-2	2.9	21.98	8.2
10	台4-11	IV-3	3-1	3.2	14.10	8.4
11	台4J-2	IV-4	3-6	3.3	23.25	6.0
12	台5-16	V-1	3-8-1、3-8-2	5.0	24.73	5.6
13	台H5-6	V-1	3-8-1	5.2	34.17	7.5
14	台5J-1	V-2	3-13-1	2.2	41.86	10.7
15	台1-4	VII-1	5-1	0.7	11.03	4.8

同时，由于气井出水量大，井筒积液严重，井口压降幅度大，造成进站压力低（小于5.5MPa）而停产。此外，产水量过大，地面气水分离净化处理装置负荷增大，排污阀开启频繁，出水携砂量也大，造成阀组和管件等设施冲蚀严重。

（2）出水严重的开发单元，出水源不易判别且治理难。

由于台南气田II-4、IV-2、IV-3、V-1层组在开发初期，其气井含水量就上升较快，层组整体表现为出水严重，迫使水淹关井或调层封堵，下面就以最为典型的V-1层组3-8小层为例进行分析说明。

例如，3-8小层属于V-1开发层组，含气面积为14.4km²，地质储量为24.85×10⁸m³，原始地层压力为16.63MPa。该小层共有11口开发井，其中有3口水平井，8口直井（其中两口为套管采气）。目前该层组已有4口井（台H5-7、台5-5、台5-15和台5-13）因出水停产关闭调层，仅留下4口高含水气井和3口含水气井继续生产（表9-20）。

目前地层压力为13.32MPa，地层压力下降3.31MPa。含水最高的2010年，其年气水比为351.73m³/10⁶m³，当年累计气水比为165.53m³/10⁶m³，当年采气速度为3.22%，年底采出程度为10.94%。

表9-20   台南气田3-8小层各井出水量统计

序号	井号	油压 MPa	套压 MPa	工作制度 mm	日产气 10⁴m³	日产水 m³	备注
1	台5-2	6.1	—	6	0.9249	29.38	
2	台5-3（套）	14.3			5.2090	0.15	采3-8-1
3	台5-9（套）	15.5			4.6822	0.09	采3-8-1
4	台5-10	9.6	—	5	3.3260	8.75	
5	台H5-6	6.8	11.5	8	2.1918	23.22	采3-8-1、采3-8-2
6	台H5-5	7.6	—	7.5	2.3280	35.49	
7	台5-16	5.6		5	2.0177	20.36	采3-8-1
8	台H5-7			停　产			
9	台5-15			停　产			
10	台5-5			停　产			
11	台5-13			停　产			

从各井出水时间和出水量来分析，台5-5与台5-10井、台H5-5井之间存在着一条岩性边界，阻挡了东翼边水的侵入。台5-2井在2009年6月大量出水后，台5-15井2009年10月投产后即出水，且从其他井出水时间上看，气井出水主要是由长轴西南翼逐渐往东翼推移（图9-58、图9-59）。

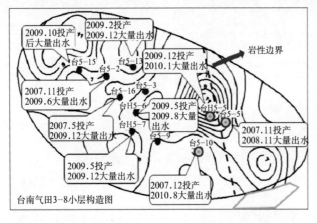

图9-58   3-8小层气井出水时间及位置图

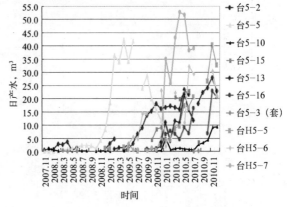

图9-59   3-8小层气井出水量指示曲线

总体上，该层组早期出水以层内水为主，因该层渗透率相对较高（9~23mD），后期主要是边水，且由长轴方向东西两翼逐渐向高部位推进，因岩性边界控制，东翼推进影响小，而对整个层的主要影响是西南翼边水推进的结果。

虽然通过以上分析可以看出，3-8小层主要是层内可动水饱和度高造成的出水，但是，分析该层组测井曲线，解释认为属于Ⅱ类产层（图9-60），该气砂体综合评价为含气饱和度较高，含水饱和度较低的Ⅰ+Ⅱ类有利开发单元。所以，运用目前掌握的资料，通过多方面、多角度的分析，该小层出水的原因和目前的认识还有矛盾的地方，特别是测井响应特征表现为气层，而投产结果是气水同层，说明3-8小层出水机理还需要进一步剖析，测井解释标准还有待进一步完善。

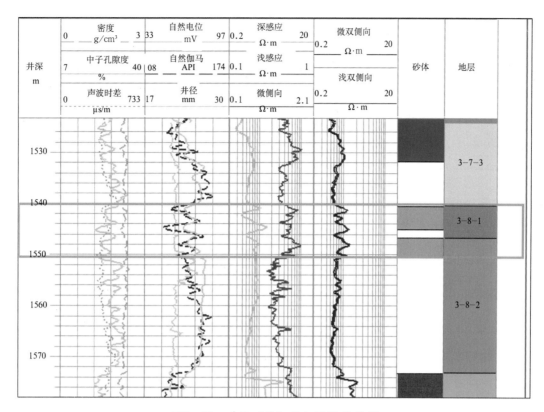

图9-60　台5-5井3-8小层测井曲线

　　3-8小层可分为3-8-1和3-8-2两个单层。台5-5井见水之后，为了查明气井出水原因，于2009年4月份进行了产出剖面测试，测试结果显示该井3-8-2单层自然伽马异常升高（出水可带来高伽马泥质颗粒堆积），而上部自然伽马与初测曲线吻合，排除上面水窜的可能，初步判断该井出水为是边水推进的结果。再由台5-5井PNN测试结果（图9-61）可以看出，3-8-1单层在低饱和度气层区，3-8-2单层在典型气层区，产出剖面测试结果为3-8-2单层为主产水层，进一步验证了该井出水是东翼边水

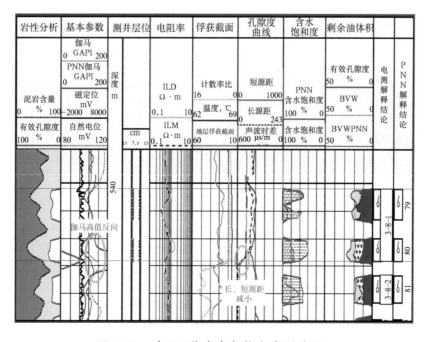

图9-61　台5-5井残余气饱和度测试图

推进使3-8-2单层东部区域水淹所致。

总体而言，该小层产水量大与其含水饱和度高也有关系，3-8小层边水也比较活跃，层内水和边水相互贯通等是造成该小层气井普遍出水的主要原因。但是，该出水层综水治理方案还很难制定，为保证气井正常生产，采取多种排除井底积液的工艺，但又因为出水量大、井筒沉砂严重、压降大等措施效果较差。因此，一些改为上部开发层组的开发井，却加剧了上部层组的采气速度，降低了稳产期；采取封堵和调层上返来恢复气井生产，但是3-8小层剩余气储量成了难以动用的废弃资源，目前的封堵与调层上返只是无奈之举，综合整治工艺技术还不明朗。

由于3-8小层含气面积小，产层为气水同出，天然气地质储量相对较小，采气速度偏高。目前制定该小层采用间歇性生产，降低采气速度的开发技术政策。具体做法是保留产水相对较低的台5-10井，其他直井调到采气速度相对较低的3-1开发层组生产。2011年已经把停产的台5-15、台5-13、台5-5三口井调至3-1小层，并利用邻井深层高压气作为气源，采用井下气举方式对水平井进行排水采气试验。

又如，3-2小层属于Ⅳ-2开发层组，该小层目前共有8口井生产，以往认为，台4-6、台4-15和H4-5井出水少的原因是都位于一类气层区域，而台4-7、台4-10、台4-18、台4-19和台H4-3井位于含气丰度低，层内水丰富的二类气层区域，认为这是该区域气井出水量较大的原因，仅台4-7井是因为开井时间短，目前出水量还较少（表9-21）。

表9-21 Ⅳ-2开发层组3-2小层开发井生产数据表

井号	生产层号	投产时间	累计生产天数 d	累计产气 10^4m^3	累计出水 m^3	累计水气比 $m^3/10^6m^3$	最大日出水 m^3	2012年平均日产量			大量见水时间
								工作制度 mm	日产气 10^4m^3	日出水 m^3	
台4-6	3-2-1	2008.12.29	1218	4346.1	5972.5	137.4	17.74	4	2.18	10.19	2010.1
台4-15	3-2-1	2009.1.20	1173	4395.6	1698.9	38.7	4.80	4	2.71	3.18	2012.1
台H4-5	3-2-1	2009.4.23	1078	12699.6	4703.9	37.0	15.89	9.5	10.36	10.48	2011.1
台4-7	3-2-1 3-2-2	2008.11.11	834	3675.2	3845.8	104.6	13.13	5.5	3.54	6.71	2011.1
台4-10	3-2-1 3-2-2	2007.12.21	1356	7441.9	11997.4	161.2	49.90	6	2.99	22.44	2008.8
台4-18	3-2-1	2007.12.25	1309	5678.3	6416.2	113.0	18.65	5.5	2.86	11.24	2010.2
台4-19	3-2-1 3-2-2	2009.2.15	1013	5711.0	8833.4	154.7	60.54	6	3.22	25.2	2010.3
台H4-3	3-2-1	2008.10.31	1052	12038.8	21887.3	181.8	79.71	9	3.59	58.14	2010.5
合计				55986.5	65355.4						
平均						116.1			3.93	18.45	

但是，台4-10井和台4-19井测井曲线的电性响应特征（图9-62、图9-63）表明，3-2小层基本属于Ⅰ+Ⅱ类气层，推断含水饱和度低，气井不会早期出水的。

进一步分析出水原因，从3-2小层气井日出水量分布图（图9-64）上可以看出，产水量大的气井主要分布在构造的东北翼。并且，这些气井在生产初期产水量极少，甚至未见水，如台H4-3井，2008年10月投产后，直到2010年2月日产水量基本在1~2m³之间，到了2010年5月，日产水量突然增加

8m³，气井产气、产水、井口压力变化使生产进入不稳定阶段（图9-65）。通过上述两方面分析，构造的东北翼边水快速推进是气井出水的主要原因。

再从台H4-3井投产初期$20 \times 10^4 m^3$的配产和目前$1.2 \times 10^8 m^3$的累计采出程度可以看出，该井区形成了严重的压降漏斗，这也是诱发边水快速指进的原因之一。

台4-10井和台4-19井靠近气藏边部，投产初期含水很低，和台H4-3井类似，随着采出程度的增加，形成压降漏斗后造成边水指进，气井产水量逐渐增加，气井产气、产水、井口压力变化大，使生产进入不稳定阶段（图9-66、图9-67）。

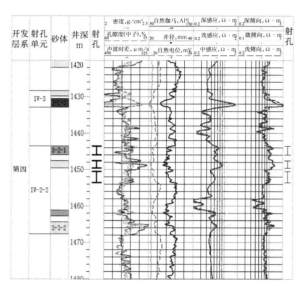

图9-62　台4-10井测井曲线

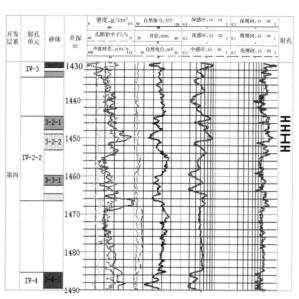

图9-63　台4-19井测井曲线

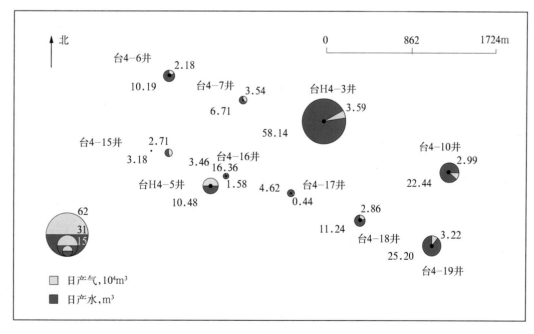

图9-64　3-2小层气井日出水量分布图

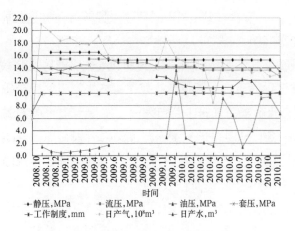

图9-65　台H4-3井采气指示曲线

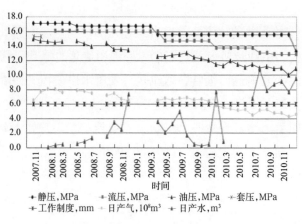

图9-66　台4-10井采气指示曲线

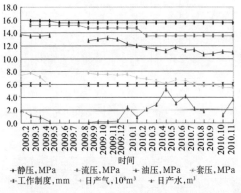

图9-67　台4-19井采气指示曲线

3-2小层的8口气井虽然出水严重，但是还有一定的压力和产气量，处于带水生产状态，预计随着出水量的进一步增加和井口压力的下降，将面临停产，目前还没有延缓该层组大面积水淹的综合治理措施。对该小层东北翼边水突进的水侵量、水侵速度、水侵距离及水淹规律等机理性问题还在探索之中。

（3）深部开发层组的采出程度高、地层压力下降幅度大。

统计台南气田各个开发层组的目前地层压力，在对比原始地层压力后可以明显看出，台南气田浅层系各层组平均压降较小，而Ⅲ-2以下的12个开发层组地层压降幅度较大（图9-68）。分析各层组地层压降曲线，深部开发层组的压降曲线斜率明显大于浅部层组，这进一步显现动用时间早的深部开发层组采出程度高，压降快（图9-69）。

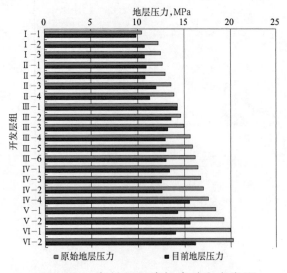

图9-68　各层组压降幅度对比直方图

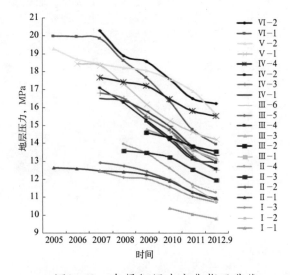

图9-69　各层组压力变化指示曲线

平面上不同井区普遍存在压降漏斗（图9-70），实现平面压力的均衡下降还需开发指标优化调控。目前台南气田压降幅度最大的Ⅵ-1层组达到30%，其采出程度16.79%，采出程度最大的Ⅳ-3层组达到20.5%，其压降幅度23.96%；21个开发层组平均压降比，即平均压降幅度为23.2%，平均采出程度仅为12.5%，平均压降幅度是平均采出程度的1.86倍（图9-71）。

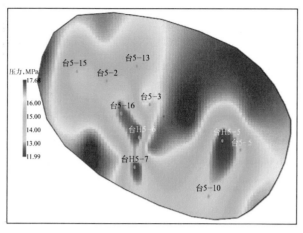

图9-70　3-8小层平面压力分布图

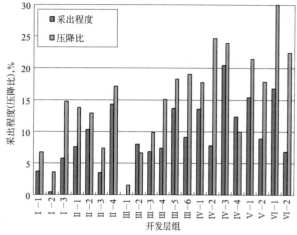

图9-71　压降与采出程度对比图

（4）压降法计算的动态储量层组间、井间差异大，动静比偏低。

分开发层组统计累计采出气量和地层压降测试资料，采用压降法对台南气田各开发层组的动态储量进行计算（表9-22），目前气田动态储量534.84×10⁸m³，其动态储量占地质储量的56.2%，与国家储委标定的采收率56%较为接近。

计算各单井控制的动态储量，其范围在（0.53~11.03）×10⁸m³，平均单井控制的动态储量3.07×10⁸m³。但是，单井动态储量存在较大差异进一步说明目前的开发井网还有调整的余地，即在动态储量多的井区有部署加密调整井的余地，而在动态储量少的井区应降低采气速度，调层抽稀[11]。

表9-22　台南气田各开发层组动态储量计算结果表

序号	开发层组	动态储量 10⁸m³	地质储量 10⁸m³	开发井数 口	平均单井控制动态储量 10⁸m³	动态储量/地质储量 %
1	I-1	12.06	24.40	6	2.99	49.43
2	I-2	1.35	28.68	4		4.71
3	I-3	12.83	25.63	5	2.57	50.06
4	II-1	20.73	40.30	16	1.30	51.44
5	II-2	14.96	31.99	10	1.50	46.76
6	II-3	7.88	20.22	3	2.63	38.97
7	II-4	16.43	22.23	3	5.48	73.91
8	III-1		13.32	2		
9	III-2	8.48	12.72	4	2.12	66.67
10	III-3	17.08	19.11	3	5.69	89.38
11	III-4	8.90	23.39	5	1.78	38.05
12	III-5	36.65	61.84	5	7.33	59.27
13	III-6	18.44	35.42	4	4.61	52.06
14	IV-1	62.21	91.10	13	4.79	68.29
15	IV-3	37.86	49.22	9	4.21	50.49
16	IV-2	23.80	74.98	10	2.38	48.35

续表

序号	开发层组	动态储量 $10^8 m^3$	地质储量 $10^8 m^3$	开发井数 口	平均单井控制动态储量 $10^8 m^3$	动态储量/地质储量 %
17	IV-4	9.90	12.57	2	4.95	78.76
18	V-1	101.43	143.92	28	3.62	70.48
19	V-2	11.42	30.96	3	3.81	36.89
20	VI-1	109.24	178.21	38	2.87	61.30
21	VI-2	3.19	11.42	1	3.19	27.93
	合计	534.84	951.63	174		
	平均				3.57	53.16

根据表9-22中统计的数据，单井控制动态储量大于 $5 \times 10^8 m^3$ 的开发层组有II-4、III-3、III-5三个开发层组，还有加密调整的余地。对于动静比很低，即小于30%的层组，I-2、II-3、III-4、V-2和VI-2五个开发层组，有必要进行静态储量复核。

(5) 各个开发层组生产动态指标差异大，实现均衡开采难度大。

由于台南气田纵向上各个开发层组地质特征差异大，并且储量动用时间、动用程度不同，造成采出程度、井网控制程度、采气速度、含水和压降等不同（图9-72），未能实现均衡开采。这样容易造成各个开发层组压力梯度的不一致，为今后开发调整带来困难。

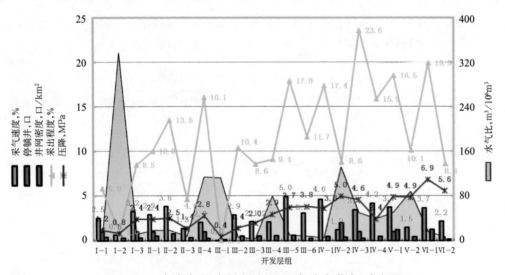

图9-72 台南气田分层组主要开发动态指标对比图

目前主要利用天然气生产季节的下游用气需求的不同来调节开采速度，力争达到均衡开采。也就是说，开发速度快的层组利用夏季天然气生产淡季关井，将开采速度慢的层组长期开井生产，把开关井与气藏管理结合起来。开关井管理还要重点考虑一些含气面积小，边水或层内水水动力条件强的气藏，这类气藏的开发井不易放大工作制度生产。

与此同时，开关井管理还把各小层开采速度、流静压测试、冬季吹扫冰堵管线和浅层系井易出砂等因素综合考虑，分类筛选进行开关井及调配管理。特别是针对采出程度高、井网控制程度高、采速高、含水高和压降大的问题层组，如V-1、VI-1、IV-1、IV-2、IV-3和IV-4等进行重点治理，制定和实施调控措施，力求实现均衡采气，改善开发效果。同时对潜力层组III-1、I-1、I-2、I-3、

Ⅱ-3等进行重点保护。

虽然每季度分析各层组的开发指标，通过与气田开发方案设计指标及各层组开发指标的平均水平对比，找出存在的差异，对采气速度等指标进行优化，调整各层组的气井的产量，但是，随着对产量增长的要求，难以降低采气速度。特别是采出程度较高的高含水层组，平面上很难再运用优化单井配产的方法实现层组开发指标的调控。所以，早期优化配产、平稳均衡生产是实现高效开发的基础。

（6）地表松软且地下存在漏层，钻井施工难度比涩北更大。

台南气田地层为第四系未成岩疏松地层，近地表为盐湖相沉积，浅水面接近地表，水层发育，地表为盐壳，见水易塌（图9-73）。所以在开发钻井钻前工程施工时，在井口旁边多处出现地表冒气、冒水现象，浅表层套管固井质量难以保证，存在管外气窜风险。此外，由于地层泥质含量高（图9-74），钻井液失水易造成泥岩膨胀井眼缩径，起下钻困难，电测遇阻，划眼频繁，易产生抽吸，给井控带来很大风险[12]。

图9-73　台南气田盐沼塌陷地表照片

图9-74　台南气田高泥质岩心照片

由于高泥质砂泥岩剖面起钻时易泥包钻头，而产生抽吸，下钻或下套管时易产生压力激动引起井漏。台南气田开发基础井网完成后有60余口井发生过井漏（表9-23），其中两口井因井漏后发生井喷报废。

台南气田钻井井漏层位主要集中在1260～1290m之间。台5-6井在对应层位试过气，该层日产水21m³，微量气。从井漏层位的电性上看（图9-75），该层位低声波，高电阻，自然电位负异常，低自然伽马，属于泥质灰岩。此外，所有井漏的井钻至该层后都出现蹩、跳现象，有的甚至出现放空情况，说明井漏层位岩性应属于泥质灰岩裂缝所致。

出现井漏的井多集中出现在构造高部位和南翼（图9-76），而构造北翼和构造东西两端几乎不井漏。而涩北一、二号气田不存在泥质灰岩裂缝层段，在后期钻加密调整井时漏失的层位多是早期开发动用的地层压力降幅较大的气层段。

开发中的困难不仅仅是地质方面的，有的困难还突显在工艺技术的使用上，比如，大规模推广水平井筛管完井工艺（图9-77），虽然对提产和防砂起到了一定作用，但是，当水平井出水后无法进行分段封堵。早期考虑换小管柱、泡排和气举排水等工艺，有的出水出砂水平井，通过连续油管冲砂，恢复了气井产能（图9-78），而后期只能对水平段进行全部封堵，寻找直井段的产层上返调层。

表9-23 台南气田典型井井漏情况统计

序号	井号	井漏井段 m	漏失钻井液量 m³	序号	井号	井漏井段 m	漏失钻井液量 m³
1	台南1	1262~1266.7	115.7	13	台6-6	1268.77	102.3
2	台南2	998~1220.65	44.9	14	台6-12	完井固井时井漏	
3	台南4	1260.55	9.0	15	台6-16	1264.82	742.9
4	台南5	1264.9~1270	21.72	16	台6-14	1267.09	143.6+水泥40t
5	台南7	1011~1062.85	40.5	17	台5-10	1266.44	42.1
6	台试1	1186~1200	5.0	18	台5-9	1264.01	323.6
7	台试2	1144.17~1262	17.7	19	台5-8	1262.57	126.8+水泥30t
8	台试7	1246.82	36.1	20	台6-20	1282	20.0
9	台5-6	1270~1286	115.2	21	台新5-6	1276.8	45.3
10	台5-7	1262.2~1300	529.05	22	台6-15	1263.84	322.7+水泥52t
11	台试6	1268~1282.52	18.4	23	台6-19	1286.26	189.6
12	台试9	1284.29	300.6	合计	23口	3312.77m³+水泥122t	

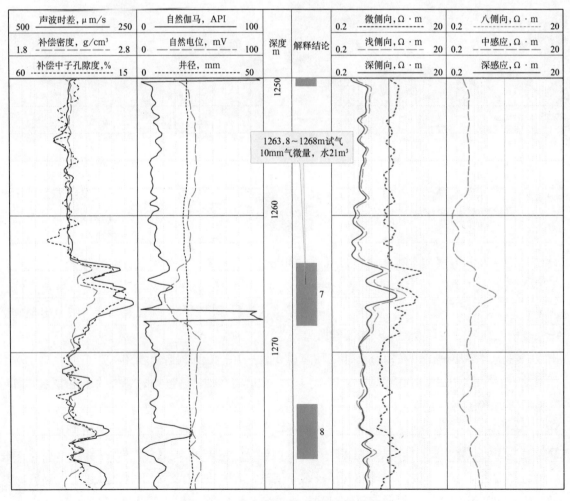

图9-75 台南气田井漏层段测井曲线

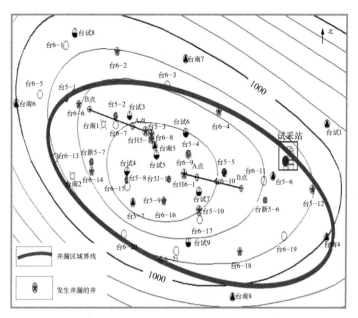

图9-76 台南气田井漏层段平面分布图

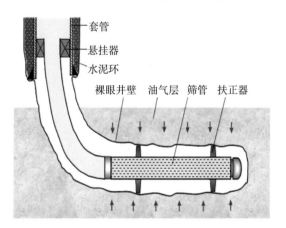

图9-77 筛管完井井身结构图

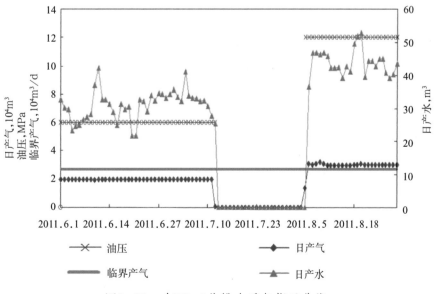

图9-78 台H5-6井排水采气指示曲线

三、特色开发技术

台南气田的开发晚于涩北一、二号气田,吸取了前者的一些经验教训,基本实现了高效开发。主要体现在进行了较为全面地试采评价和先导试验、开发建设高速高效,水平井的推广应用减少了开发井数、储备了调峰产能等。气田产能建设总体规模超过了方案设计水平,形成了有别于涩北一、二号气田的特色开发技术。

(1)细分开发单元、增加多套开发井网,保证了产能规模。

台南气田气田成型且批复的正规开发方案有两个版本,即在951.62×10⁸m³储量的基础上,一个是年产规模20×10⁸m³的开发方案,一个是年产规模36×10⁸m³的扩能方案。在储量基数不变的情况下,产能的提升只有依靠多井实现。

所以,充分考虑台南气田气层多且分布井段长,深化隔层厚度、储量规模、气水分布、层系跨度等认识,将原来划分的13个开发层组进一步细分为21个,各个开发层组控制的小层数由4.2个减少为2.6个,厚度也由17.6 m减少到10.9 m。

每个开发层组设计一套独立的井网开发。设计开发井数由原方案的89口(直井77口、水平井12口)增加到220口(直井186口、水平井34口),采气速度由2.53%提高到3.27%。

开发钻井主要集中在2007年至2009年的3年时间里,在确保井控安全的前提下,倡导"提速、提效",引入兄弟油田的钻井队伍,开展"比速度、比安全、比质量"等活动,优化钻前、测井、录井、固井和完井等各个环节工序,使钻井和完井周期缩短了近一半时间,最终在完成开发井150口(直井111口,水平井39口),修复利用老井4口的情况下,累计建成年产能力36×10⁸m³(表9-24)。

表9-24 台南气田开发钻井及产能达标情况统计表

年度	总井数 口	总进尺 m	工业气流井 口	报废井 口	水平井 口	水平井进尺 m	取心井 口	取心进尺 m	心长 m	产能 10⁸m³/a
2005—2006	7	12715	7	0			1	109.0	103.5	1
2007	39	68878.25	39	2	2	5099.2				9
2008	76	147340	76	0	35	79501.0				
2009	28	38030	28		2	3483.0	2	41	30.3	26
合计	150		150	2	39	88083.2	3			36

(2)筛选一类气层,整体实施水平井开发,减少了生产井数和投资。

部署水平井的目的是为了少井高产,节约投资,高效开发;也是为了储备调峰产能,满足峰值供气;采用筛管完井,主动防砂,微差生产,减少砂害。总体技术思路是通过气藏精细描述,在摸清气层纵、横向分布和气水边界位置的基础上,优选物性好、厚度大的目的层,再进行井型和井眼轨迹设计、预测实施效果、追踪现场施工,达到目标要求[10]。

水平井选层重点选取I、II类气层,以确保水平井获得高产,并且开展III类层水平井开发试验,为水平井开发适应性评价求取资料。通过细分对比和分级评价,在台南气田61个小层中筛选了11个小层实施水平井开发及试验,其中I类7个、II类3个、III类1个(表9-25)。

在选定小层后,本着"占高点、沿长轴、避边水"的布井原则,部署以水平井为主,直井为辅的井网整体开发或全部采用水平井开发的模式。利用精细地质模型辅助水平段钻遇储层设计,做到准确卡层。

表9-25 台南气田水平井开发小层静态参数表

目的层	含气面积 km²	有效厚度 m	孔隙度 %	渗透率 mD	泥质含量 %	含气饱和度 %	储量 10⁸m³	储层分类
1-7	24.63	4.80	28.98	26.50	23.9	58.12	28.36	I
1-17	11.87	5.95	28.83	8.34	29.4	51.79	15.26	III
2-14	18.46	8.30	27.55	12.80	22.6	67.78	45.17	I
2-15	11.44	6.77	27.78	12.73	22.5	63.81	21.40	I
2-17	29.44	8.01	28.00	20.65	18.4	75.23	83.55	I
3-1	33.30	3.72	27.77	10.94	27.3	63.88	37.53	II
3-2	16.30	5.83	25.98	6.46	27.9	63.69	25.66	II
3-8	13.29	6.42	24.99	6.74	29.0	66.23	24.03	II
3-9	23.75	8.24	26.62	18.48	17.3	77.12	65.61	I
3-10	10.60	8.25	25.58	10.02	26.1	69.78	27.26	I
4-3	21.94	7.10	25.64	10.80	27.2	74.40	55.15	I
平均	19.55	6.67	27.07	13.13	24.7	66.53	39.00	

分析统计水平井钻完井结果，水平段井眼轨迹控制较好，39口水平井水平段长度平均为685.6m，钻遇水平段有效长度平均为643.9m，气层钻遇率为92.94%。有30口水平井目的层钻遇I类气砂体，占水平井总数的77%；6口水平井钻遇II类砂体，占15.4%；3口水平井钻遇III类砂体，占7.6%。

水平井投产后证实，对工作制度相同、生产连续稳定的水平井进行不同气砂体类型产量对比分析，I、II类储层的开发效果明显好于III类和II+III过渡类储层。分析水平井生产史，除I类储层的井之外，其他3种类型储层的水平井日出水量均大于1 m³，说明储层类型级别越低，储层物性越差，其泥质含量越高，含水饱和度越大[10]。出水也是造成水平井产量递减加快的主要原因。

2009年底，台南气田各类水平井平均日产气量是13.5208×10⁴m³，可形成18.9×10⁸m³的年生产能力。水平井与直井产量比为2.58，水平井与直井投资比为1.80。水平井实际产能比方案设计产能更高，所以，当年在利用老井4口，完成开发井150口（直井111口，水平井39口），比方案设计少钻66口井的情况下，累计建成年产能力36×10⁸m³。所以实施水平井开发，减少了生产井数和开发投资。

（3）及早开展潜力区评价，提交加密调整井层，新增产能弥补递减。

产能建设完成后，继续在薄差层、低阻层上开展测井精细解释，寻找潜力层。同时，超前开展气藏动用程度分析、潜力区及潜力层挖潜研究、水侵及水淹程度分析、调层补孔与加密调整方案工作，将挖潜研究中取得的成果和认识，直接应用于气田的开发调整中[6]。2011年在台南气田已动用层组I-1、I-3、II-1、III-4、III-6五个开发层组摸排出井网控制程度不高的井区，布直井和水平井12口，单井控制剩余可采储量2.54×10⁸m³，新井配产（3～6）×10⁴m³/d，形成新增年产能力2.2×10⁸m³（表9-26）。2012年又在潜力井层挖潜研究的基础上，新钻加密井20口（表9-27），新井全部投产后新增年产能力2.22×10⁸m³。

2013年继续对台南气田潜力井区和小层进行挖潜研究，计划在I-1、I-3、III-5三个开发层组钻水平井6口（表9-28），进尺1.0×10⁴m，日产能力30×10⁴m³，预计形成产能1.0×10⁸m³/a。

表9-26 台南气田2011年加密调整产能计划表

开发层组	地质储量 10^8m^3	单井配产 $10^4m^3/d$		新井井数 口			层组厚度 m	单井剩余控制可采储量 10^8m^3	计划产能 $10^8m^3/a$	新井井深 m		新井进尺 m
		直井	水平井	直井	水平井	小计				直井	水平井	
浅层	69.57	0.8		2		2				985		1965
I－1	11.25		5.0		1	1	3.1	1.5	0.17		1200	1200
I－2	29.25	2.5		2		2	11.4	4.61	0.16	1170		2345
I－3	28.36		5.0		2	2	4.8	3.0	0.34		1680	3360
II－1	44.11	3.0		3		3	6.4	1.36	0.30	1130		3635
III－1	15.66	3.0		2		2	8.5	4.3	0.20	1350		2700
III－4	19.95	3.0		1		1	8.8	1.91	0.10	1480		1480
III－5	17.85	3.0	5.5	2	3	5	8.3	1.56	0.74	1500	1900	8500
III－6	15.29	3.3		2		2	10.6	3.82	0.22	1615		3230
VII－1	26.86	3.0		1		1			0.10	2000		2000
合计	278.15			15	6	21			2.33			30415

表9-27 台南气田2012年加密调整计划与实施情况对比表

备注	开发层系	开发层组	井数 口	计划产能 $10^8m^3/a$	实际产能 $10^8m^3/a$	设计井深 m	完钻井深 m	投产时间	产能到位率 %
$1.5 \times 10^8m^3/d$ 产能建设	I	I－1	1	0.15	0.10	1177	1180	截至2012.10.18全部投产生产	100
		I－2	2	0.14	0.20	2345	2345		
		I－3	2	0.36	0.32	3551	3554		
	II	II－1	3	0.33	0.30	3635	3635		
	III	III－1	2	0.2	0.08	2700	2700		
		III－4	1	0.1	0.06	1480	1480		
		III－6	2	0.22	0.30	3225	3225		
评价井	台浅	零－3、零－2	2	—	0.03	1965	1965		—
$0.8 \times 10^8m^3/a$ 产能建设	III	III－5	5	0.72	0.65	8488	7653	截至2012.12.2全部投产生产	100
	VII	VII－1	1	0.08	0.18	2100	2100		
总计			21	2.30	2.22	30666	29837		100

表9-28 台南气田2013年加密调整产能计划表

开发层组	小层	砂体	地质储量 10^8m^3	井数，口			单井控制储量 10^8m^3	单井配产 $10^4m^3/d$		计划产能 $10^8m^3/a$	进尺 m
				直井	水平井	合计		直井	水平井		
I－1	0－2	0－2	5.60		1	1	5.60		4.5	0.15	1700
I－3	1－7	1－7－2	15.26		3	3	2.54		5.0	0.50	5100
III－5	2－14	2－14－3	8.77		2	2	1.46		5.5	0.36	3800
合计			29.63		6	6			5.0	1.01	10600
平均							3.2				

（4）结合勘探持续进行新井新层精细解释评价，在深、浅部增储百亿。

在开发钻井过程中，不断加强追踪地质研究，深化小层、砂体、沉积微相的再认识。与此同时，勘探结合开发，密切关注新层的发现，在已投入开发的老气区持续开展新增储量研究，发现一些潜力层和增加一定的储量，为老气区的弥补老井递减起到了一定的作用。

自全面投入试采开发井钻井以来，在原来上交储量的气层井段外，不论是2005年、2006年完钻的试采评价井台试3、台试9井，还是2007年以后完钻的第二至第六层系的开发井，浅层均有不同程度的气测异常和槽面显示，异常井段200～800m，集中于400～600m，使用钻井液密度1.38～1.50g/cm³，漏斗黏度40～49s；全烃峰值2.59%～99.99%，显示次数最少1次，最多达40次。显示级别和次数随所处构造位置不同而不同，构造高部位气测异常级别高、次数多，构造低部位较差，表明浅表气是存在的。统计部分开发井气测异常反应的层位（表9-29），对照全套电测曲线也有一些层电性响应特征明显。

表9-29　台南气田浅部气测异常统计表

序号	井号	井段，m	气测异常	序号	井号	井段，m	气测异常
1	台H5-1	141.2～153.4	气测异常	8	台试1	130～136	气测异常
		400.6～402.2	气测异常			188～200	气测异常
		446.2～451.2	气测异常	9	台试7	124～130	气测异常
2	台6-10	125～129	气测异常			182～190	气测异常
		183～187	气测异常			577.2～578.4	气测异常
		336.6～340.4	气测异常	10	台试3	122～129	气测异常
3	台6-6	125～130	气测异常			180～188	气测异常
		184～192	气测异常			208～210	气测异常
4	台南1	122～124	气测异常			351～353.4	气测异常
		180～190	气测异常			398.8～400.8	气测异常
		355～360	气测异常			405.6～450.4	气测异常
5	台南3	121.8～124	气测异常			506～511.4	气测异常
6	台5	121～128	气测异常			571.4～572.6	气测异常
		178～182	气测异常	11	台5-6	124～127	气测异常
		305～310	气测异常			181～190	气测异常
7	台试8	126～130	气测异常			338～340	气测异常

针对浅表潜力层的评价，2011年在构造高部位选择有利井区部署了台浅2井，对其598.7～606.5m潜力层进行试气（表9-30），4mm气嘴日产气0.85×10⁴m³，无阻流量（5.06～5.89）×10⁴m³，证实了该层段气藏的存在，定名为浅层组（第零开发层系）。

2008年在位于台南构造以东低部位的扩边评价井台南9井1814.30～1827.00m井段（8m/4层）试气获得工业气流后，开始重视深层挖潜的评价，同年加深钻探构造高部位的开发井台6-31井，完钻后在测井解释潜力层段2009.0～2011.0m、1867.0～1869.5m和1842.5～1844.0m三个潜力层进行试气（表9-30），4mm气嘴日产气4.1×10⁴m³，无阻流量25×10⁴m³以上。证实了该层段气藏的存在，定名为Ⅴ气层组（第七开发层系）。同时将该地区天然气的勘探领域扩展到了2000m以下。

结合勘探持续进行新井新层精细解释评价和新老储量参数的对比，最终在已探明并上交储量的主力气层段以上，发现了新的气层组——浅层组，Ⅳ层组之下发现了新的气层组——Ⅴ层组[6]。浅层组探明天然气地质储量79.96×10⁸m³，Ⅴ层组探明天然气地质储量30.3×10⁸m³，合计新增探明地质储量110.26×10⁸m³，技术可采储量51.57×10⁸m³，见表9-31。

（5）分类管理不同井型，加强高产井优化调产，留有一定调峰余地。

为了满足冬季调峰供气需求，多年来台南气田担负着繁重的应急供气任务和储气库的作用。特别是2009年和2012年（图9-79），由于涩北一、二号气田场站扩建、检修及调整等，台南气田日供气量峰谷差达到（297.95~346.37）×10⁴m³，调产井数达到36~57口（图9-80），平均每口井需日增产（6.08~8.28）×10⁴m³，主要是水平井的贡献，才实现了保障供气的需求。

表9-30 台南气田台浅2井、台6-31井试气数据表

井号	层位	测试井段 m	生产方式	工作制度	日产量 m³ 气	日产量 m³ 水	压力 MPa 流压	压力 MPa 静压	累计产量 m³ 生产天数	累计产量 m³ 气	累计产量 m³ 水	测试结论	无阻流量 10⁴m³ 二项式	无阻流量 10⁴m³ 指数式
台浅2	Q₁₊₂	842.8~845.0	自喷	2mm	9785	微量	10.00	10.13	1	48418	微量	气层	5.89	5.06
				3mm	12688	微量	9.74				微量			
				4mm	25945	微量	9.07				微量			
	Q₁₊₂	598.7~606.5	自喷	2mm	3407		5.86	7.05	2	17416	0.45	气层		
				3mm	5517		4.83							
				4mm	8492		4.48							
	Q₁₊₂	434.0~436.3	畅喷		384—957	1.23	1.42	5.27	1		6.80	气水层		
台6-31	Q₁₊₂	2009.0~2011.0	自喷	2mm	12690		19.58	23.13	3	751687	0.08	气层		26.93
			自喷	4mm	41297		21.40							
			自喷	6mm	82077		22.49							
	Q₁₊₂	1867.0~1869.5	自喷	2mm	4142		21.49	21.54	3	1659142	0.52	气层		25.12
			自喷	4mm	41716		20.17							
			自喷	6mm	87470		18.13							
			自喷	8mm	113656		16.82							
	Q₁₊₂	1842.5~1844.0	自喷	2mm	8399		20.98	21.38	3	2044142	0.82	气层	23.07	25.67
			自喷	4mm	41232		20.09							
			自喷	6mm	92096		18.31							
			自喷	8mm	120328		16.13							

表9-31 台南气田新增储量参数汇总表

层组	上报时间	含气面积 km²	气层厚度 m	地质储量 10⁸m³	可采储量 10⁸m³	备注
浅层组	2011年	18.80	26.3	79.96	37.16	新增
Ⅴ层组	2011年	6.88	14.2	30.30	14.41	新增
合计				110.26	51.57	新增

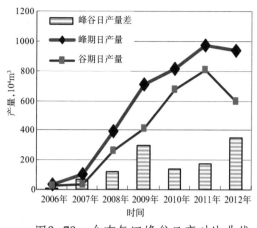

图9-79　台南气田峰谷日产对比曲线

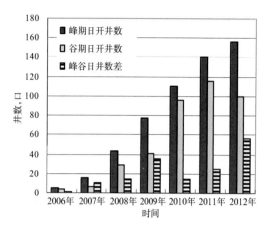

图9-80　台南气田峰谷开关井数对比图

根据各层组采气井在平面上的分布，调整配产以达到均衡采气，减小或延缓边水的不均匀推进的目的。对气井进行分类管理，避免病害低产气井调整工作制度，并重点保护非特殊情况下不能关的出水井和测试井，筛选无砂、水影响的气井作为气量调节调峰井，实施调产保供。综合考虑多方面因素，通过反复对比，摸排了台南气田各类气井（表9-32）。近年因用气需求大，气井常年处于高位运行，调峰余地变小，峰值期内由过去的日最大调量$250 \times 10^4 m^3$降到目前的不足$100 \times 10^4 m^3$。

表9-32　台南气田2012年气井分类结果表

气井类别	产量等级 $10^4 m^3/d$	井数 口	平均单产 $10^4 m^3/d$	调峰产能 $10^4 m^3/d$	调差 $10^4 m^3/d$
调峰井（无水无砂）	>6	48	7.5~11.14	534.65	175
稳产井（无水少砂）	3~6	77	3.5~4.44	342.13	73
低产井（少水少砂）	<3	48	2.11	101.12	
病害井（多水产砂）	病害井	6			
合计		179		977.9	248

又如表9-33列出的18口气井典型调峰气井，整体可调配出$63.1 \times 10^4 m^3$的日产量供冬季保供，其中台6-17、台试6、台H5-1三口气井，在气嘴仅放大1.5~3.0mm的情况下，产量增加了一倍，3口气井日增产$20 \times 10^4 m^3$。所以分类管理气井，利于有针对性地调控不同生产能力的气井，利于气井间的均衡，为推行"一井一法"，实现调峰供气、优化配产和"保护中开发，开发中保护"打下了基础。

表9-33　台南气田2012年峰谷期气井调产对比表

序号	井号	冬季峰值供气配产			夏季谷值供气配产		
		油压 MPa	工作制度 mm	日产气量 $10^4 m^3$	油压 MPa	工作制度 mm	日产气量 $10^4 m^3$
1	台6-13	15.00	5.5	7.56	15.00	4.5	6.13
2	台6-22	14.70	6.0	7.23	15.00	5.0	5.82
3	台6-9	14.80	6.0	5.98	14.80	5.0	5.85
4	台5-12	15.40	6.0	9.03	14.70	5.0	7.20
5	台H5-4	14.30	10.0	21.41	14.30	8.5	16.86
6	台6-8	14.00	5.5	7.23	14.80	5.0	6.86

序号	井号	冬季峰值供气配产			夏季谷值供气配产		
		油压 MPa	工作制度 mm	日产气量 10^4m^3	油压 MPa	工作制度 mm	日产气量 10^4m^3
7	台6-3	14.80	6.0	8.24	14.40	4.5	7.54
8	台6-17	15.80	6.5	10.69	15.10	4.5	4.93
9	台6-26	15.10	6.5	9.38	14.80	5.0	5.78
10	台新5-6	15.20	6.0	7.97	14.80	5.5	7.72
11	台5-8	14.60	6.0	8.78	14.60	4.5	4.96
12	台试5	15.00	6.0	8.66	15.10	5.0	5.99
13	台试6	15.40	6.0	8.95	15.00	4.5	4.46
14	台H4-5	12.80	9.0	14.81	12.60	7.0	9.41
15	台H4-9	14.00	9.0	16.05	13.80	7.0	10.58
16	台H6-2	15.00	9.0	16.50	14.70	7.0	10.51
17	台H5-1	15.00	10.0	20.64	14.90	7.0	10.42
18	台H4-1	13.60	8.5	15.22	13.70	7.0	10.21
合计				204.33			141.23

（6）引入竞争模式，促进了钻井提速，形成技术系列。

在3年的产能建设期内，钻井提速创造了多项新纪录。2009年与2007年相比，直井最高平均机械钻速由20.3m/h提高到90.38m/h，提高了4.45倍；水平井最高平均机械钻速由9.37m/h提高到35.56m/h，提高了3.8倍；平均机械钻速达到28.55m/h，相比2007年的10.285m/h，机械钻速提高了2.78倍（表9-34）。

表9-34 台南气田钻井提速纪录统计表

年度	井型	最大井深 m	最长水平段 m	最短完井周期 d	最短建井周期 d	最高机械钻速 m/h	平均机械钻速 m/h
2007	直井	1840		17.60	21.60	20.30	11.65
	水平井	2734	1009	44.59	47.42	9.37	8.92
2008	直井	2150		7.60	11.14	52.00	16.60
	水平井	2658	1019	16.25	19.12	30.80	13.03
2009	直井	1815		6.19	8.17	90.38	35.22
	水平井	1778	600	15.29	19.29	35.56	21.89

提速后平均完井周期17.18d，相比2007年28.41d，缩短了39.5％；建井周期22.73 d，相比2007年34.38d缩短33.9%。搬迁周期由以往的4d以上缩短到目前的3d以内。钻井液性能大幅度提高，电测基本没有遇阻，固井质量和井身质量合格率98%[11]。达到提速效果的主要做法包括以下几方面：

①快速钻井技术措施：制定针对性的提速方案，不断细化钻井提速措施，针对不同区块、不同井位、不同井型、不同机型实行一井一目标，一井一措施。通常优化钻具组合，使用螺旋钻铤，减少起下钻阻卡。优化钻井参数，提高喷射效率。在二、三开井段钻进中加扩眼器，修复井眼，钻头加中

长斜喷嘴，增加井眼扩大率，确保井眼畅通。优选钻头，使用大切削齿的钢齿钻头和应用复合钻井技术。在水平井的施工中优化钻具组合，避免井下复杂和事故的发生。进入增斜段以后，及时补充足润滑剂，增加钻井液的润滑性能，尽量减小井壁的摩阻，为后续安全施工奠定基础。

在做好两个净化，用好固控设备，强化钻井液清洁，保证排量的基础上，及时清除井底岩屑，直井段、水平段根据实钻情况进行短程起下钻，及时清除岩屑床。进入漏层前，必须进行一次短起下钻，保持上部井眼畅通，确保过漏层安全。钻开气层后，根据钻井全烃值变化情况及时调整钻井液密度。二、三开井段使用试压合格的井底阀。严格控制起下钻速度，每柱钻具起下不少于1.5min，起钻及时有效地灌入钻井液，发现抽吸立即循环或采取倒划眼，下钻不返钻井液立即循环。下完套管应立即坐封套管悬挂器，再进行其他工序作业，防止因井眼缩径严重造成套管遇卡而无法坐封。

②现场地质配合帮助：现场地质人员根据井位分布情况，提前交接井位、优化井位排序、加强钻前工序的协调管理，不因井位耽误钻井队时间，使搬迁安装在3d内达到开钻条件，较过去节省时间2d。

由于储层疏松且含气井段长，易出现"上吐下泻"风险，地质人员利用邻井动静态资料进行综合分析，确定易漏及压力异常井段给井队交底，气测值超过25%及井内出现异常情况时及时向井队预告，督促钻井做好防范，有效避免了井下复杂情况发生，保证钻井顺利推进。

地质导向工作及水平井井眼轨迹的控制是水平井钻井成功的关键。依据地质综合录井、邻井测井解释成果，现场地质技术人员实时对造斜段、增斜段、水平段进行预测跟踪、校正和调整，确保水平井井眼轨迹达到设计要求和钻井提速目标。

③新技术新工艺应用：气田多年试采开发造成个别井段地层压力亏空，高低压间层互分布也容易导致固井过程中发生井漏。2009年4月，在气层套管采用常规固井工艺的32口中，有6口井发生井漏，井漏率18.75%。随后开展了低密高强+常规固井工艺试验，运用试验成果改进35口井的水泥浆体系，仅有2口井固井时发生井漏，井漏比例下降到5.71%，技术套管第二界面固井优质率由16.67%提高到60.35%。实践证实低密度高强度固井水泥浆体系对于解决低压易漏井的固井漏失问题，具有明显的降低环空流体静液压力的优势，有利于避免井漏，减少非钻井时间。

因为表层套管尺寸大、容积大，固井顶替效率低。采用内插法固井，消除了管内混浆，缩短了施工时间，提高了顶替效果，改善了施工质量，节约了施工成本。顶替使用水泥车清水顶替，计量准确，有效地解决了套管内水泥塞过高的问题，并采用双凝水泥固井，防止因失重导致的气水上窜。技套固井采用低密高强水泥浆体系，具有很强的预堵漏能力与较强的防气水窜能力，其较高的表观黏度与密实稳定浆体提高了驱替效果和封固质量。

由于台南气田上部地层中有5%～9.4%的水溶盐，采用强包强抑镁钾基盐水钻井液体系，可以利用钻井液体系自身的强抑制性能以及与地层的近似吻合性，保障井壁稳定和井眼畅通，减少短程起下钻次数[12]。此外，为了解决井眼不畅通的问题，直井段内聚合物钻井液性能要求保持低黏、低切、低固相，造斜段和水平段内要求钻井液漏斗黏度为40～45s，动塑比大于0.30，pH值为9，黏滞系数小于0.07，API滤失量小于4mL，滤饼质量薄而韧，并保持在钻井液中JF11-5的加量，提高钻井液润滑性能，降低黏滞系数，特殊情况及时补充固体润滑剂和防塌润滑剂。

因为地层成岩性差，在常规取心过程中其岩心极易被钻井液冲蚀，取心收获率低（大部分井的取心收获率不超过70%，部分井的取心收获率还不到20%），难以获取到具有代表性的砂岩储层。针对松散地层的取心，采用橡皮筒、玻璃钢筒和内衬管保形加压取心新技术，台试5井取心收获率达到

94.52%。并且，在满足保形取心和保证收获率的前提下，又引进保压取心及其分析测试技术，在台5-13和台6-24两口井中保压取心获得成功，求取到储层真实的含气、含水饱和度资料。

（7）全面系统求取各类生产测试资料，利于认识气田开发动态。

为全面跟踪台南气田开发动态状况，掌握开发特征、认识开发规律、优化开发指标，动态监测始终作为气田开发工作的重要组成部分，紧密结合气藏生产实际，突出动态监测项目的针对性和实用性，运用动态监测技术求取压力、产量、出水、出砂等动态资料数据，作为解剖气藏的根本手段，为调控开发指标，合理开发气田起到了积极作用。围绕不断提高气田动态监测水平，主要开展了以下几个方面的工作。

①优化动态监测方案。在动态监测选井过程中，以提高开发认识为目标，根据构造部位、层组分布等因素进行选井，突出资料的代表性、可对比性和连续性，把监测项目细化到月度及单井，做到定点井的优选和测试间隔的优化。根据"在各套开发层系上具有代表性，在时间阶段上具有连续性，在监测方式上具有同一性，在测试结果上具有可对比性"的原则，选取1/4～1/3的生产井作为定点监测井，测试规定：流压定点井3次/a（前后两次测试间隔不少于70d）、非定点井2次/a（前后两次测试间隔不少于120d），静压定点井2次/a（前后两次测试间隔不少于120d）、非定点井1次/a（前后两次测试间隔不少于180d）。还规定气井连续生产时间不少于30d即可进行流压测试，关井7d以上方可进行静压测试。

②规范动态监测资料建档。重视动态监测资料录取、审核和归档，加强动态监测资料管理力度，提高资料录取准确性和及时性，按要求及时对动态监测资料进行归档和维护，确保数据齐全、准确和安全，实现最新资料的共享。加强现场管理，确保测试过程中资料录取齐全、准确，上交及时，要求测试施工完成后15d内上交资料，不合格资料在1个工作日内完成电子档整改，7个工作日内完成纸质资料整改；加强动态监测资料的审核力度，上交资料先由动态监测岗进行技术审核，再交资料管理岗按照归档要求进行格式审核。形成了数据入库流程，按要求及时对动态监测资料进行归档和维护，严格专项测试解释的要求，统一规范了各类测试报告模板。

③积极引进新测试技术。本着深化气藏地质认识、解决气井实际问题的原则，积极引进新测试技术。为了准备把握边水推进速度，选择距离气水边界较近的井开展探边测试和示踪剂监测。为了解单层的产气贡献率，计算各小层的储量动用程度，监测射孔质量，找出出水层位等重点开展产出剖面测试，证实了随着开发年限的增加，各射孔小层逐渐动用，层间矛盾得到缓解，也证实了部分物性差的三类气层未被动用的问题。引进氧活化找水测试方法，通过对比，氧活化测试判断的出水小层与产出剖面测试反映情况基本一致。进行全气藏关井测压，为整体评价气藏地层压降、采出程度、储量动用程度、井间干扰、井网控制程度等综合开发指标提供便利。引进AMK-2000组合测井仪进行固井质量检测，其精度明显高于变密度测井，易识别出砂层及管外窜槽，另外对套管外水泥环壁厚变化可定性判断，分析认识固井水泥环存在的孔洞和沟槽。开展水平井PNN和SBT测试，评价水平井造斜段流体饱和度和固井质量，为水平井措施作业提供依据。

④提高动态资料应用水平。将动态监测资料解释和气田动态分析有效结合，不断提高动态监测资料解释水平。利用动态监测资料成果，对已动用层组含气饱和度、压力变化特征、边水水侵、部分问题井固井质量等方面开展分析研究，有效指导了气藏均衡采气、重点层组开发调控、稳产潜力分析和周边区块试采评价等工作，提高了动态监测资料在气田开发中应用的针对性，对深化气藏地质认识、跟踪气藏动态变化等方面作用日益突出，也使疏松砂岩气田动态监测体系不断完善，专项测试手段逐

渐增强，满足了气田精细开发的需求。

四、思考与启示

台南气田的开发是在涩北一、二号气田取得一定开发经验的基础上，整体部署、整体开发的一个范例，6年来对台南气田的开发特点、难点及主要开发技术做法是明确的，从该气田的开发投入、产能规模和稳产水平等方面看，优于涩北一、二号气田。但是，从该气田采气速度、出水速度和压降速度等方面看，不利于保护性开发。通过对比还有一些开发方式值得探讨和认识，主要总结为以下几方面。

（1）不同工作制度下，产出剖面测试证实各层产量贡献率是变化的。

为了了解在不同压差下气井各小层的贡献率，在台南气田Ⅵ-1层组进行了6口井在不同工作制度下的产出剖面测试（图9-81）。

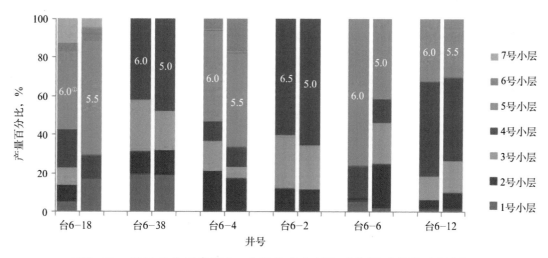

图9-81 不同工作制度下6口典型井产出剖面对比图（产量百分比）

①白色数值代表气嘴型号，即5.0mm、5.5mm、6.0mm、6.5mm

测试结果反映出小层间存在着一定的层间干扰，在不同的工作制度下，小层贡献率略有变化，主力小层的贡献率基本未变，但是随着工作制度的减小，部分井各小层贡献率反而增加，其层间干扰规律有待于进一步测试验证和分析研究。

（2）保压取心证实，气层实测含气饱和度低于测井解释值。

为进一步确定台南气田储层真实的气、水饱和度，在台5-13、台6-28井进行保压密闭取心，共取得5个层位，200多块保压岩心样品的分析结果，获得了接近地层温压条件下气、水饱和度，保压效果较好的层位总饱和度最高可达到99%以上，平均为95%左右。对比分析保压密闭取心储层含气饱和度、地质储量计算时利用台5-7井岩电综合解释饱和度以及2008—2009年邻井测井解释含气饱和度（表9-35），不同类型的气层含气饱和度差值最大的是三类气层，差值达到26.59%～36.20%；二类气层次之，差值为10.30%～18.93%；一类气层的测井解释含气饱和度与保压密闭取心含气饱和度相差-1.20%～13.2%，相对较小。

从以上对比分析结果可以看出，保压密闭取心含气饱和度测试证实，台南气田测井解释含气饱和度值偏大，尤其是三类气层的含气饱和度需要深入评价。

表9-35 保压密闭取心含气饱和度与电测解释含气饱和度对比表

取值类别	台5-7井（储量）与保压密闭取心含气饱和度差值，%			2008—2009年测井解释与保压密闭取心含气饱和度差值，%		
	一类	二类	三类	一类	二类	三类
最大值	13.2	7.1	29.9	−1.20	10.30	32.70
最小值	13.2	39.4	42.5	−1.20	10.30	23.10
平均值	13.2	23.25	36.20	−1.20	10.30	27.90

（3）细分开发单元，气井纵向接替层位少降低了气井稳产期。

前已述及，台南气田纵向上为54个单气层，共划分了21个开发单元，平均各个单元仅有2.57个单气层。统计该气田气井目前已射孔气层的层数，51%的井是单层生产，15.5%的井是两层合采生产，18.8%的井是三层合采生产，4~5层合采生产的只占14.7%，没有6层以上合采生产的气井。这说明各开发层系的气井可供一次同时射开合采的层数不多，虽然细分开发单元后层间干扰减小了，气田整体产能上升了，但是今后用于上返接替和调层补孔的后备气层少，气井自身出现层间接替层不足和难以稳产的风险。

（4）采出地层水越来越多，净化处理的问题凸显。

目前台南气田平均单井日产水4.8m³，地面日处理水量近800 m³，年处理量约10×10⁴m³。随着今后产水量的逐年增加，气水分离器自动排污系统启动频繁，排污阀刺损现象频出，地面脱水装置的日处理能力存在超负荷运行的风险。目前将大量采出水排放到地面暴晒池，使得扩建的暴晒池已难以满足今后的容量和环保要求，因此，回注地下是今后必然的选择，已着手开展注水回注方案设计。

（5）防止压井液和冲砂液对修井和维护作业时地层的伤害。

目前气田早期开发动用层组的压力系数已低于1.0，甚至接近0.7，作业中压井液漏失严重，导致储层伤害。因此，选用低伤害、抗盐性好，具有暂堵屏蔽作用的压井液，才能达到有效防止井漏的目的。连续油管作业使用的冲砂液应保证有一定的黏度，以满足携砂的需要，但是高黏度必然导致冲砂液密度大而伤害地层，所以，选用低伤害压井液和冲砂液是非常必要的。

（6）井下节流和油套或三层分采工艺的应用。

对台南气田已实施的井下节流工艺的气井进行了多次投捞试验，对投捞情况进行跟踪评价，并对井下节流配套工艺进行了改进和完善。但是，地层出砂依然会造成井下节流装置砂卡。例如，2009年共实施了49口井下节流工艺，当年投捞93井次，失败12井次，投捞成功率为87%，这表明针对出砂井井下节流工艺技术的推广有一定难度。同样，油套或三层分采工艺在台南气田试验也取得了一定成效[13]，但是也是因为井下分层管柱砂卡，易造成气井大修等，被迫放弃。

此外，单层采出程度和剩余气分布研究认识存在一定的不确定性，由于对多层合采气井，并没有全部开展产出剖面测试，其分层气、水产量的劈分难度大。即便有产出剖面测试资料，由于不同时期单层的产量贡献是变化的，所以分层的累计采出气量或水量很难准确劈分。除此之外，单层平面非均质性强，可以分为不同类型的井区或条带，不同条带又是互相连通的，评价同一小层平面上某一条带的累计产量和剩余储量，受邻近条带和邻井影响，做到精确评价区带剩余气富集潜力也有一定难度。

虽然台南气田开发还存在一定的困难和不足，但是多年的精心努力和大胆实践，也积累了许多的经验，必然为今后指导此类气田的科学高效开发起到重要的指导作用。

第三节 孤岛油气田浅层气藏

孤岛油气田中的浅层气藏，主要分布在新近系的明化镇组及馆陶组1+2地层中，地层厚度460m左右。具有地层厚度大，埋藏深度浅，气砂体多并呈透镜状分布的特点，属于连续性较差的多层疏松砂岩气藏。

孤岛油气田浅层气藏是胜利油田投入开发最早的浅层疏松砂岩气藏之一，也是胜利油田发现并投入开发的最大的浅层气藏。

一、开发历程

孤岛油气田浅层气藏1976年投入开发，可划分为3个开发阶段：上产阶段、快速递减阶段和低速递减阶段（表9-36）。

表9-36 孤岛浅层气藏开发历程表

阶段	阶段初		阶段末		单井产能 $10^4m^3/d$	总递减率 %	年均递减率 %	阶段累计产气 10^8m^3	动用储量采出程度 %
	井数口	年产气量 10^8m^3	井数口	年产气量 10^8m^3					
高产阶段	36	0.66	54	1.77	1.3			3.99	10.6
快速递减	54	1.32	63	0.46	1.0	65.1	16.7	6.32	16.7
低速递减	63	0.50	20	0.07	0.5～0.8	63.6	9.6	4.07	10.8

1. 上产阶段

1976年4月至1978年，除新钻气井外，半报废油井或注水井转气井井数也随之增加，年产气量相应上升。

气井井数由1976年的36口增加到1978年底的54口；年产天然气量由1976年的$0.66 \times 10^8m^3$上升到1978年的$1.77 \times 10^8m^3$，达到该气藏的最高年产气量。3年累计产气量达$3.99 \times 10^8m^3$，折算年均产气量$1.33 \times 10^8m^3$；阶段末动用储量采出程度10.6%；单井产能保持在$1.3 \times 10^4m^3/d$以上（表9-36）；气井利用率70%以上。

2. 快速递减阶段

1979—1985年，由于对天然气的需求日益增长，气井放产。由于不断改变工作制度和频繁开关井，造成气层出水、出砂，气井利用率降低。由于单井产能下降速度快，措施与新井产量不能弥补产量的自然递减，年产气量逐年下降。

该阶段气井井数由1979年的54口增加到1985年底的63口，而年产气量由1979年的$1.32 \times 10^8m^3$下降到1985年的$0.46 \times 10^8m^3$，总递减高达65.0%，年均递减16.0%；7年累计产气$6.32 \times 10^8m^3$，动用储量的阶段采出程度为16.7%，累计采出程度为27.3%；单井产能下降到$1.0 \times 10^4 m^3/d$左右；气井利用率下降到30%~70%。

3. 低速递减阶段

1986年以后，通过加强气井管理和加大作业措施力度，使部分停产井恢复生产，年产气量和单井产能的递减幅度得到有效控制，气井利用率回升到50%左右。

阶段开井数一般维持在20口左右，年产气量由1986年的$0.50 \times 10^8 m^3$下降到1998年的$0.069 \times 10^8 m^3$，阶段累计产气$4.07 \times 10^8 m^3$，采出动用储量的10.77%，采出程度为39%；单井产能下降到$(0.5 \sim 0.8) \times 10^4 m^3/d$。

二、气藏地质特征

1. 地层特征

孤岛地区从老到新地层层序有：太古宇泰山群、下古生界寒武系和奥陶系、上古生界石炭系和二叠系、中生界侏罗系和白垩系以及新生界古近系、新近系、第四系；缺失元古宇、古生界上奥陶统、志留系、泥盆系和下石炭统及中生界三叠系。孤岛油气田油气在纵向上具有明显的分异特征，即卜部为油、中部油气混存、上部为气；浅层气藏主要分布在新近系明化镇组和馆陶组上部地层（图9-82）。

2. 构造特征

孤岛披覆背斜油气藏位于济阳坳陷沾化凹陷的东部（图9-83），四周为渤南-五号桩、孤南洼陷围绕。

孤岛构造是北东走向的背斜构造，属于受断层复杂化的地垒（图9-84）。孤岛油气田浅层气藏的形成与构造密切相关，中区和南区靠近断层的气藏天然气地质储量大于$500 \times 10^4 m^3$的砂体占70%以上；南区气砂体分布多在断层上升盘，并紧靠断层分布。

3. 储层特征

储层主要为中砂岩、细砂岩及粉砂岩，泥质含量7%~28%，以孔隙—接触式胶结类型为主；孔隙度30%~40%，平均孔隙度33%；渗透率大于0.15~5.2D，平均渗透率大于1D。

含气砂体单层厚度小，如明化镇组气层单层厚度一般3~6m。

含气砂体数量多，面积小。据对天然气相对富集的孤岛油田中区及南区资料统计，含气砂体有673个。其中含气砂体面积小于$0.1 km^2$有523个，占气砂体总数的77.71%，天然气地质储量占总储量的30.33%；而含气面积大于$1.0 km^2$的气砂体仅1个，占气砂体总数的0.15%，地质储量仅占气总储的3.28%。

孤岛气砂体平面上表现为"土豆状"、条带状和"鞋带状"3种几何形态。其中主要以土豆状为主，占68.1%，条带状占31.2%，鞋带状占0.6%。

气砂体横向变化大，连通差，如气中9-11、中9-11、新中9-11等3口井，相距仅1.5~30m，单井钻遇气层10~14层，厚31.8~44.2m；而3口井钻遇相同层位的气层仅4层，厚11.3~13.6m（表9-37）。

不同气砂体具有不同的气水界面。统计资料表明，以纯气层形式存在的气砂体占57.4%，其余的均以气水同层和含气水层的形式出现；而气砂体与水砂体纵向上间互出现，气水关系复杂（图

9-85）。

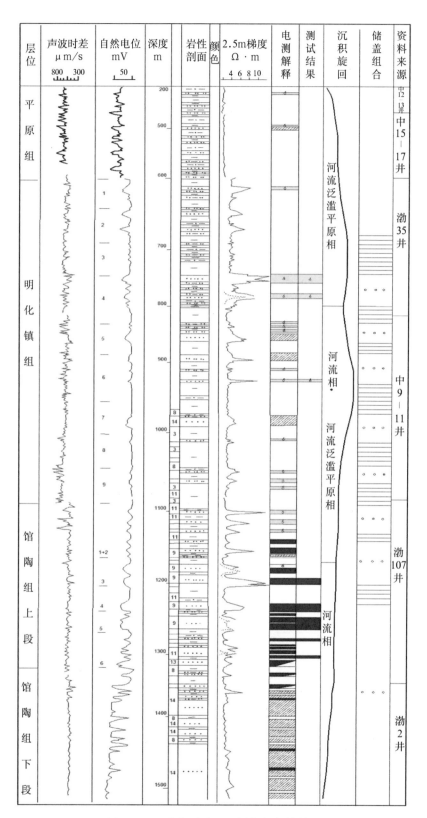

图9-82　孤岛油气田地层综合柱状图

天然气具有"上轻下重"的特点。上部甲烷含量高达97%以上，天然气相对密度0.55~0.57；而下部甲烷含量在90%以下，乙烷以上重烃含量在10%以上，天然气相对密度0.64~0.68。

孤岛油气田含气层段地层水总矿化度为1461～5422mg/L，水型主要为$NaHCO_3$，部分为$CaCl_2$型。

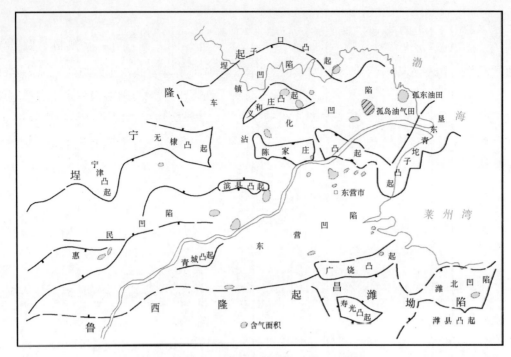

图9-83　孤岛油气田构造地理位置图

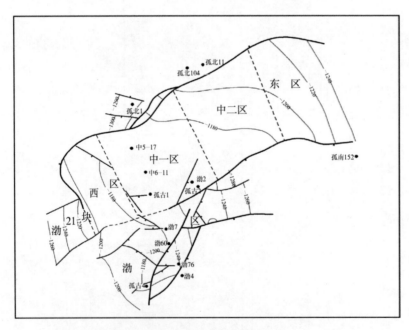

图9-84　孤岛油气田馆陶组上段构造图（$Ng_{上}^{1+2}$底）

表9-37　孤岛油气田气砂体横向变化统计表

井　号	气中9-11		中9-11		新中9-11	
	层数	厚度 m	层数	厚度 m	层数	厚度 m
各井钻遇的气层	12	44.2	14	34.8	10	31.8

3井共同钻遇的气层	4	13.6	4	13.4	4	11.3

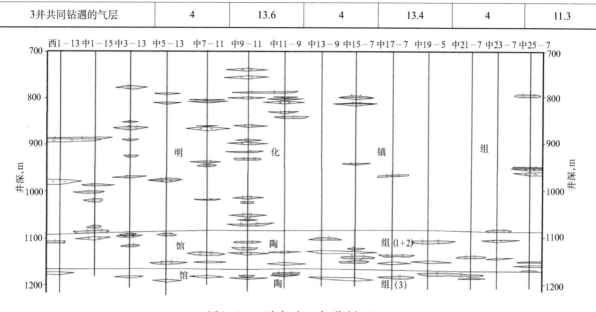

图9-85　孤岛油田气藏剖面图

三、气藏开发特征

1. 气藏产量变化规律

孤岛油气田浅层气藏投产的砂体以纯气砂体和气水砂体为主，其开采特点差异显著。

1）纯气砂体产量变化规律

通过对孤岛浅层气藏纯气砂体的开采过程大致可分为产量相对上升、产量相对稳定和产量递减3个阶段。

相对上升阶段：投产初期，在钻井、作业过程中，为防止井喷，使用了密度较大的钻井液，造成地层污染。投产后，随着井底周围的伤害不断得到改善，产量逐渐上升，上升幅度主要取决于地层伤害程度和气藏能量大小。

相对稳产阶段：初期地层压力较高，地层能量充足，产量有一相对稳产期，稳产期的长短主要取决于气砂体储量规模和采气速度。一般储量大于$1000 \times 10^4 m^3$的气藏具有一定的稳产期，例如气中8-11井，生产层位$Ng_{(1+2)}3^1$，天然气地质储量$1574.65 \times 10^4 m^3$，1976年8月投产，日产气量在$1.8 \times 10^4 m^3$以上，稳产期16个月，稳产期累计产气$764 \times 10^4 m^3$，采出程度47.7%。地质储量较小的气砂体则没有稳产期，甚至一投产就进入递减期。例中15-9井，层位$Nm_8 2^8$，地质储量$501 \times 10^4 m^3$，1976年9月投产后产量就递减。

产量递减阶段：随着采出程度的增加，地层压力不断下降，当井口油压与外输管线回压达到平衡时，产量逐渐下降（图9-86）。

纯气砂体一般为封闭型气砂体，没有或很少有外来能量补充，主要靠自身弹性能量，采用

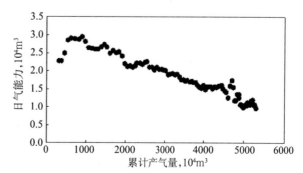

图9-86　孤浅2井日气能力与累计产气量关系曲线

衰竭式开采。如果工作制度适当，规模较大的气砂体开采效果较好，最终采收率高。地质储量大于$500 \times 10^4 m^3$的6个纯气砂体，平均采收率为84.1%（表9-38）。

表9-38 孤岛油气田纯气砂体采收率统计表

层位	天然气地质储量 $10^4 m^3$	累计产气量 $10^4 m^3$	采收率 %
$Nm_g 2^3$	1962.09	1750.12	89.2
$Nm_g 3^1$	4833.76	3865.60	80.0
$Nm_g 4^3$	8936.32	7494.70	83.9
$Nm_g 2^8$	501.03	412.34	82.3
$Nm_g 2^3$	835.10	720.08	86.3
$Ng_{(1+2)} 4^2$	3019.33	2511.09	83.2

2）含水气砂体产量变化规律

实践表明，无水采气期产量高于气水同采期产量。因此，延长无水采气期可提高气水砂体的开采效果。

无水采气期：具有边底水的气砂体在开采中，大部分气井都具有无水采气期，这一时间的长短主要与气砂体的储量规模、水体大小、气井距离水体的远近以及工作制度有关。气砂体储量大，射孔位置距气水边界远，采气速度低，则无水采气期长。处于此阶段的气井，产气量高、不出水。

气水同采期：随着天然气的采出，地层压力降低，边底水不断随着气流进入井中，最初进入井筒的少量的水能够被气流带入井口，但气流带水后在井筒内的流动阻力增大，所消耗的能量增加，造成油压下降，油套压差增大，产量降低。因此，气井见水后应及时采取排水措施，排出井筒积液，但排液措施也要依靠地层能量，当地层能量不足以排出积液时，气井便水淹报废。储量小的气水砂体，一投产便出水。

中区17-6井，生产层位Nm_71^9气水砂体，地质储量$1537 \times 10^4 m^3$，1976年8月投产，3mm气嘴生产，初期油压9.2MPa，套压9.2MPa，日产气9256m^3。至1978年5月，油压5.0MPa，套压7.5MPa，日产气8643m^3，累计产气$565.73 \times 10^4 m^3$，这一阶段为无水采气期，采出程度36.8%。至1978年7月，日产气降到5525m^3，油压2.7MPa，套压7.5MPa，仅生产2个月就因严重出水关井，关井前套压下降到2.7MPa，采出程度40.7%（图9-87）。

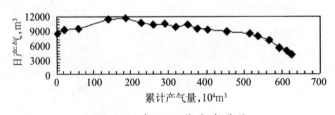

图9-87 中17-6井生产曲线

南区26-11井，生产层位Nm_91^6，地质储量$437.73 \times 10^4 m^3$，1981年12月投产，初期油压6.5MPa，套压10MPa，日产气12963m^3。仅生产半年，油压就降到2.9MPa，套压降到5.0MPa，油套压差达到2.1MPa，日产气为4586m^3，1982年7月因出水低压关井，采出程度为35.3%（图9-88）。

3）地层出水加剧了地层出砂

孤岛浅层气藏埋藏浅，储集层胶结疏松，泥质含量高。由于水的浸泡引起泥质膨胀，导致砂岩变形或坍塌，水比气体更容易携砂，气藏见水后，随之而来的就是气井出砂。孤岛气藏投产较早，大部分井没有进行先期防砂，致使许多井因出水出砂关井。

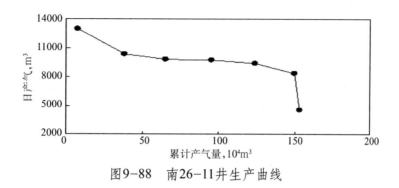

图9-88　南26-11井生产曲线

2. 压力变化规律

1）地层压力

纯气砂体的驱动方式为弹性驱动，视地层压力与累计产量呈一线性关系，随着累计产量的增加，视地层压力不断下降（图9-89）。

对于水侵气藏，初期弹性气驱，存在无水采气期，视地层压力与累计产量关系为一直线。随着开采的进行，边底水逐渐侵入，压力曲线后期上翘，气藏驱动方式转变为弹性—弱水驱（图9-90）。

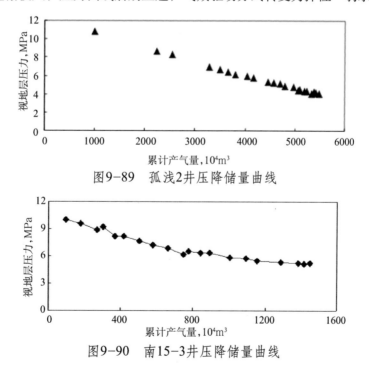

图9-89　孤浅2井压降储量曲线

图9-90　南15-3井压降储量曲线

2）油套压差

井筒中为纯气体流动时所消耗的能量小，油套压差一般小于0.5MPa；随着开采时间的延长，水气比升高，油套压差逐渐增大，最高可达5MPa（图9-91）；如果采取排水措施，油压又会随之上升，油套压差渐小。

3）气砂体弹性产率

孤岛浅层气藏开采方式为衰竭式开采，没有外来能量补充，弹性产率与地质储量呈明显的正相关线性关系（图9-92）。

由于孤岛浅层气藏大部分气砂体面积小、地质储量小，开采中地层压力下降快，弹性产率低，一般为（200~600）×10⁴m³/MPa。

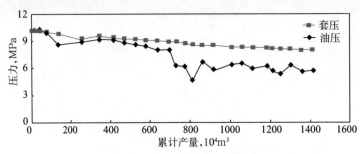

图9-91　南16-3井压力与累计产量关系曲线

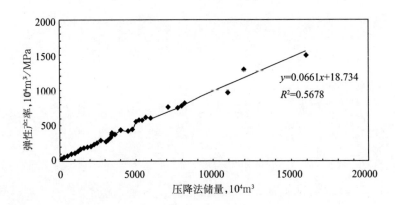

图9-92　孤岛浅层气藏气砂体平均弹性产率与压降法储量关系曲线

四、主体开发技术

对于透镜状多层疏松砂岩气藏，气水关系十分复杂，对于气水砂体，水侵是主要影响因素，防水、治水是关键；气井出砂是疏松砂岩气藏开发难以逃避的挑战，防砂工艺技术至关重要；此外，增压开采可以有效提高浅层气藏的采收率，是提高开发效果的主体技术之一。

1. 控制合理射开程度

对于气水砂体，技术政策制定不当，气井在生产中易出水，严重影响气藏开发效果，控制合理的射开程度是边底水气藏降低水侵影响的有效手段。气井射开程度越大，其临界产量越小，气井越容易出水出砂。通过分析评价和实际资料证实，射开程度30%左右，既能保持较高的临界产量，又不至于因射开程度过小，导致气体流速太大，在井底附近造成较大的压力损失，为合理射开程度。

南区南9-10井，电测解释馆陶组为上气（3m）下水（3.0m），地质储量1886×10⁴m³，射开顶部厚度2.4m，射开程度高达80%，试气时即出水，继而引起出砂，此后防砂堵水均无效，被迫放弃该层。

2. 排水采气工艺

对于气水砂体，在开采过程中，难免不同程度地伴有地层水侵入井底，排水采气是提高边底水气藏采收率的根本措施。

如果气井能量充足，能够把地层水带出井口；当气井能量不足时，地层水将聚集在井底形成积液。井筒内的水不能及时随气流排出，严重影响气井正常生产，积液严重时，会造成气井水淹停产。

排水采气主要采用井口放喷、化学排水、小油管排水和柱塞气举等措施。1997年在孤岛油气田通过井口放喷5口25井次，累计增气量132.92×10^{4}m^3；1998年通过化学排水18口22井次，累计增气量153.1×10^{4}m^3；近期应用柱塞排水采气技术，取得了较好的效果。此外，通过螺旋气液分离器在井下进行气液分离，并同井回注到另一水层或枯竭气层，在垦东52−气4井应用，日产气（0.52~0.60）×10^{4}m^3，比应用前日增气0.20×10^{4}m^3，同时也节省了产出液处理成本[14]。

3. 防砂技术

胜利油田浅层疏松砂岩气藏防砂技术主要包括：绕丝筛管砾石充填先期防砂、后期复合防砂、高强度复合防砂和一次性防砂等4种。

1988年投入开发的孤东油气田，共进行先期防砂30井次，成功29井次，到2002年仍有19口井正常生产；已停产的11口井中，有8口井是由于能量枯竭而报废，开发效果较好。

为提高气井产能，1995年开展了高强度复合防砂试验，即在进行绕丝防砂以前，先利用低温涂料砂充填地层，在储层中增加一个新的防砂屏蔽，从而提高防砂强度。1995年10月在孤东油气田对2−13−43、2−18−155两口井进行了复合防砂，分别用3~6mm气嘴进行了试气，每一个气嘴生产10天，均无出砂现象。目前两口井累计产气1638.44×10^{4}m^3，比普通防砂提高产能4~5倍。

在以往的气井防砂作业过程中经常发现下井的金属棉滤砂管防砂棉体被刺坏，针对这一问题对金属棉滤砂管进行了改进，将金属棉厚度由原来的7mm加厚到10~13 mm，由于棉体厚度增大了，防砂强度得到了很好的保障。通过高强度金属棉滤砂管防砂工艺与新型防膨抑砂剂预处理地层技术配套，形成了复合防砂工艺技术，其最大特点是防砂效果好，有效期长，防砂后产能变化小。2009年以来，在孤东、孤岛等老区调整中，在新井投产及老井措施作业时，全部采用地层预处理+高强度金属棉防砂工艺技术，新井先期防砂成功率达100%，老井二次防砂成功率达到了67%[15]。

4. 增压开采技术

增压开采可以有效延长气藏开采期，提高气藏采收率，通过结合气藏实际进行技术、经济综合评价，确定增压时机和压缩机进口压力等级。

孤东浅层气藏1995年对4口油压低于2.0MPa，日产气小于1000×m^{3}的低压、低产井，实施增压开采，井口回压由1.7MPa降到0.5MPa，4口井日产气8056×m^3，累计增气量312×10^{4}m^3；1996年累计增气量685.14×10^{4}m^3；1997年累计增气量826×10^{4}m^3；1998年累计增气量866×10^{4}m^3，占年措施产量的92.3%，效果良好。

参考文献

[1] 孙镇城，党玉琪，乔子真.柴达木盆地第四系倾斜式气藏的形成机理[J].中国石油勘探，2003，8（4）：42−44.

[2] 李江涛，刘建成，朱怀志.柴达木盆地东部生物气藏开发研究[J].天然气工业，1997，17（3）：79−80.

[3] 奎明清，胡雪涛，李留.涩北二号疏松砂岩气田出水规律研究[J].西南石油大学学报:自然版，2012，34（5）：138-144.

[4] 万玉金，孙贺东，钟世敏，等.涩北气田多层合采优化配产及动态预测[J].天然气工业，2008，28（12）：86-87.

[5] 胡永静，何艳，廖茂杰，等.涩北一号气田疏松砂岩储层测井解释方法研究[J].国外测井技术，2013，（1）：29-33.

[6] 刘蓉，杨洪明，何金兰.柴达木盆地三湖地区第四系高泥质含量低电阻率气层解释方法[J].测井技术，2007（3）.

[7] 王小鲁，许正豪，李江涛，等.水驱多层砂岩气藏射孔层位优化的实用方法[J].天然气工业，2004，24（4）：57-59.

[8] 奎明清，刘波，陈朝晖.涩北一号气田隔层特征及对气田出水影响研究[J]. 天然气地球科学，2012，23（5）：945-947.

[9] 朱筱敏，康安.柴达木盆地第四系储层特征及评价[J]. 天然气工业，2005，25（3）：29-31.

[10] 李江涛，李清，王小鲁，等.疏松砂岩气藏水平井开发难点及对策[J].天然气工业，2013，33（1）：65-69.

[11] 李江涛，高勤峰，田会民，等.涩北一号气田气藏动态储量计算与评价[J].天然气工业，2009，29（7）：95-98.

[12] 石李保，耿东士，于文华，等.柴达木盆地台南气田优快钻井技术[J]. 石油钻采工艺，2010，32（3），103-105.

[13] 王善聪，赵玉，李江涛，等.三层分采及分层测压在涩北气田的应用研究[J].天然气地球科学，2006，18（2）：307-311.

[14] 赵勇，贾浩民，李敏，等.井下气液分离及同井回注技术的应用[J]. 天然气工业，2010，30（1）：56-58.

[15] 彭春风，李敏，赵勇，等.孤东边底水气藏有效开采的工艺技术[J]. 注采集输，2011，30（5）：53-54.

附　　录

如图A-1所示，对于n层圆形封闭气藏，假设各层之间有良好的非渗透性隔层，无层间窜流；各层的厚度、孔隙度、渗透率、表皮系数、泄流半径等参数可以不同，但皆为常数；各层初始压力可以不同，但温度相等且流体组分相同。为表征可能存在的边水影响，假设在各层有效泄流区域外存在稳态补给区域，第j层补给区域的半径为r_{fdj}而渗透率为K_{fdj}；在介质中心位置有一口合采气井，保持常流量生产，由此引发各层发生等温Darcy渗流。

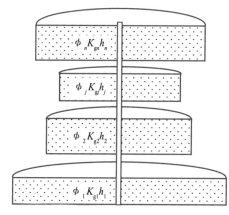

图A-1　多层模型

一、数学模型

在多层合采时，虽然气井以常流量生产，即任意时刻各层的总产量是常数，但是由于各层的物性可能不同，任意时刻各层的相对产量是时间的函数，即对于任意一个给定的单层，其实将产生变流量不稳定渗流问题。取各层的扩散系数为该层平均压力下的近似值（即认为各层为均质储层），则对于第j层，不定常渗流控制方程及边界条件为：

$$\frac{\partial^2 \Delta p_j}{\partial r^2} + \frac{1}{r}\frac{\partial \Delta p_j}{\partial r} = \frac{1}{\eta_j}\frac{\partial \Delta p_j}{\partial t} \qquad j = 1, 2, \cdots, n \qquad (A-1)$$

其中：

$$\eta_j = \frac{3.6 \times 10^{-3} K_{gj} h_j}{\mu_g \phi_j c_{tj} h_j}, \quad \Delta p_j = p_{ij} - p_j$$

式中　p_{ij}——j层原始地层压力，MPa；

　　　p_j——j层各处的即时压力，MPa；

　　　K_{gj}——j层渗透率，mD；

　　　h_j——j层厚度，m；

　　　μ_g——气体的黏度，mPa·s；

ϕ_j——j层孔隙度；

c_{tj}——j层综合压缩系数，MPa^{-1}；

r——气藏各处离井筒的距离，m；

t——时间，d。

初值条件：

$$\Delta p_j(r,0) = 0 \tag{A-2}$$

外边界条件：

$$\frac{\partial \Delta p_j(r_{ej},t)}{\partial r} = \frac{K_{fdj}\Delta p_j}{K_{gj}r_{ej}\ln(r_{fdj}/r_{ej})} \tag{A-3}$$

式中　K_{fdj}——j层补给区域渗透率，mD；

　　　r_{fdj}——补给区域半径，m；

　　　r_{ej}——j层的泄流半径，m。

内边界条件：

$$p_j(r_w,t) = p_{js}(t) \tag{A-4}$$

$$\left[r\frac{\partial \Delta p_{js}}{\partial r} \right]_{r=r_w} = \frac{1.842q_{jsc}(t)\mu_g B_{gi}}{K_{gj}h_j}, \quad B_{gi} = \frac{p_{sc}}{Z_{sc}T_{sc}} \bigg/ \frac{p_i}{Z(p_i)T_i}, \quad \Delta p_{js} = p_{ij} - p_{js}(t) \tag{A-5}$$

$$\sum_{j=1}^{n} q_{jsc}(t) = q_{sc} \tag{A-6}$$

式中　r_w——井筒半径，m；

　　　$p_{js}(t)$——井底流压，MPa；

　　　B_{gi}——原始压力条件下的气体体积系数；

　　　$q_{jsc}(t)$——j层的地面产量，m^3/d；

　　　q_{sc}——气井的地面产量，m^3/d。

式（A-1）至式（A-6）构成了圆形地层不稳定渗流控制方程组。

二、数学模型无量纲化

以标准条件下气井产量q_{sc}为参考流量，在层间初始压力不相等的情况下，以最大层初始压力为参考初始压力。

对于定产问题，Russel（1966）[1]定义拟压力函数为：

$$p_{jp}(p_j) = \frac{\mu_{gi}Z_i}{p_i} \int_{p_a}^{p_j} \frac{p}{\mu_g(p)Z(p)}\mathrm{d}p \tag{A-7}$$

式中　p_{jp}——p_j条件下的拟压力，MPa；

　　　Z_i——原始地层压力下的偏差系数。

其他无量纲量定义为：

$$p_{jD}(p) = \frac{K_{gt}h_t[p_p(p_{ji\,max}) - p_{jp}(p_j)]}{1.842q_{sc}\mu_{gi}B_{gi}} \tag{A-8}$$

$$t_D = \frac{3.6 \times 10^{-3}K_{gt}h_t t}{\phi c_t h_t \mu_{gi} r_w^2} \tag{A-9}$$

$$K_{gt}h_t = \sum_{j=1}^{n}K_{gj}h_j, \quad \phi_t c_{tt}h_t = \sum_{j=1}^{n}\phi_j c_{tj}h_j \tag{A-10}$$

$$q_{jD} = \frac{q_{jsc}(t)}{q_{sc}}; \quad q_{jswD} = \frac{1.842q_{js}(t)\mu_{gi}B_{gi}}{K_{gt}h_t(p_{ji} - p_{wf})} \tag{A-11}$$

$$r_D = \frac{r}{r_w}, \quad r_{jeD} = \frac{r_{ej}}{r_w} \tag{A-12}$$

$$\kappa_j = \frac{K_{gj}h_j}{K_{gt}h_t}, \quad \sum_{j=1}^{n}\kappa_j = 1; \quad \lambda_j = \frac{K_{fdj}}{K_{gj}r_{jeD}\ln(r_{fdj}/r_{ej})} \tag{A-13}$$

$$\omega_j = \frac{\phi_j c_{tj}h_j}{\phi_t c_{tt}h_t}, \quad \sum_{j=1}^{n}\omega_j = 1 \tag{A-14}$$

使用式（A-7）至式（A-14）所定义的无量纲量，得到如下无量纲控制方程组：

$$\frac{\partial^2 p_{jD}}{\partial r_D^2} + \frac{1}{r_D}\frac{\partial p_{jD}}{\partial r_D} = \frac{\omega_j}{\kappa_j}\frac{\partial p_{jD}}{\partial t_D} \tag{A-15}$$

$$p_{jD}(r_D, 0) = 0 \tag{A-16}$$

$$\frac{p_{jD}(r_{jeD}, t_D)}{\partial r_D} = \lambda_j p_{jD}(r_{jeD}, t_D) \tag{A-17}$$

$$p_{jD}(1, t_D) = p_{jsD}(t_D) \tag{A-18}$$

$$\left[-\kappa_j r_D \frac{\partial p_{jD}}{\partial r_D}\right]_{r_D=1} = q_{jD}(t_D) \tag{A-19}$$

$$\sum_{j=1}^{n}q_{jscD}(t_D) = 1 \tag{A-20}$$

式中　t_D——无因次时间；

　　　q_{jD}——j层即时无因次产量（定产）；

q_{jswD}——j层即时无因次产量（定压）；

r_{jeD}——j层无因次边界距离；

κ_j——j层渗透比；

λ_j——j层边界渗流参数；

ω_j——j层储能比。

在式（A-17）中，$\lambda_j = 0$表示封闭边界；$\lambda_j \to \infty$表示定压边界；给定其他λ_j值表示测试期间边界的补给或漏失，可以近似反映各层泄流区周围水体对测试井生产动态的影响。

三、数学模型求解

控制式（A-15）至式（A-20）实际上是概括了一个变流量问题，根据Duhamel叠加原理，对于第j层有如下关系式成立：

$$p_j(r,t) = p_{ji} - \frac{1.842 B_{gi}\mu_{gi}}{K_j h_j}\frac{\partial}{\partial t}\int_0^t q_{jsc}(\tau) \cdot p_{jD}(r,t-\tau)\mathrm{d}\tau \tag{A-21}$$

式中 τ——积分变量；

p_{jD}——单位无量纲流量条件下问题的解，经无量纲化及Laplace变换，得：

$$\tilde{p}_{jsD}(r_D,s) = \frac{1}{s}P_{jiD} + \tilde{q}_{jscD}(s) \cdot s\,\tilde{p}_{jrsD}(r_D,s) \tag{A-22}$$

式中 s——Laplace变量。

参数上方"~"表示转化为拉普拉斯空间后的变量。

在多层合采的情形下，式（A-22）包含了层间初始压力不相等的影响。

1. 定产问题Laplace空间解

首先，令$q_{jD}=1$，通过Laplace变换求解式（A-15）至式（A-19），在Laplace变换空间中得到单位流量下j层的压力分布：

$$\tilde{p}_{jsrD}(r_D,s) = \frac{1}{s\kappa_j\sqrt{sz_j}}\frac{K_0(r_D\sqrt{sz_j}) + C_{j\lambda} \cdot I_0(r_D\sqrt{sz_j})}{K_1(\sqrt{sz_j}) - C_{j\lambda} \cdot I_1(\sqrt{sz_j})} \tag{A-23}$$

式中

$$z_j = \omega_j / \kappa_j$$

$$C_{j\lambda} = \frac{r_{jeD}\sqrt{sz_j}K_1(r_{jeD}\sqrt{sz_j}) + \lambda_j K_0(r_{jeD}\sqrt{sz_j})}{r_{jeD}\sqrt{sz_j}I_1(r_{jeD}\sqrt{sz_j}) - \lambda_j I_0(r_{jeD}\sqrt{sz_j})}$$

其中$I_0(v)$和$I_1(v)$是第一类变形Bessel函数，$K_0(v)$和$K_1(v)$是第二类变形Bessel函数。

为进一步确定各层流量，可利用辅助条件首先确定井底压力，在Laplace空间中，多层气井井口定产条件可以写为：

$$\sum_{j=1}^{n} \tilde{q}_{jD}(s) = \sum_{j=1}^{n} \left[-\kappa_j \cdot r_D \frac{\partial \tilde{p}_{jD}}{\partial r_D} \right]_{r_D=1} = \frac{1}{s} \tag{A-24}$$

如果层间距离相对较小，考虑到气体管流压力损失相对较小而略之，可认为各层在井底处的压力相等，令 $r_D=1$，则在 Laplace 空间中有：

$$\tilde{p}_{jsD}(1,s) \approx \tilde{p}_{wD}(s), \ \tilde{p}_{jrsD}(1,s) = \tilde{p}_{jrwD}(s) \tag{A-25}$$

对式（A-22）稍加整理并求关于 j 的累加和，得到：

$$\tilde{p}_{wD}(s) \sum_{j=1}^{n} \tilde{p}_{jrwD}^{-1}(s) = \frac{1}{s} \sum_{j=1}^{n} p_{jiD} \cdot \tilde{p}_{jrwD}^{-1}(s) + s \sum_{j=1}^{n} \tilde{q}_{jD}(s) \tag{A-26}$$

利用内边界条件（A-24）能够得到：

$$s\tilde{p}_{wD}(s) = \frac{1 + \sum_{j=1}^{n} p_{jiD} \cdot [s\tilde{p}_{jrwD}(s)]^{-1}}{\sum_{j=1}^{n} [s\tilde{p}_{jrwD}(s)]^{-1}} = \frac{1 + \sum_{j=1}^{n} p_{jiD} \cdot [s\tilde{q}_{jrwD}(s)]}{\sum_{j=1}^{n} [s\tilde{q}_{jrwD}(s)]} \tag{A-27}$$

显然，式（A-27）右端第二项利用了井底定产条件下的无因次压力与井底定压条件下的无因次产量之间在 Laplace 空间下的关系。用 Stehfest 数值反演算法计算解式（A-25）可得到生产井井壁拟压力降落曲线，通过式（A-22）则可以进一步得到单层无因次产量 $q_{jD}(t_D)$ 的计算方法：

$$s\tilde{q}_{jD}(s) = \frac{1 + \sum_{j=1}^{n} p_{jiD} \cdot [s\tilde{p}_{jrwD}(s)]^{-1}}{s\tilde{p}_{jrwD}(s) \sum_{j=1}^{n} [s\tilde{p}_{jrwD}(s)]^{-1}} - \frac{p_{jiD}}{s\tilde{p}_{jrwD}(s)} \tag{A-28}$$

注意，当式（A-28）等号右端第二项不为 0 时，将发生倒灌现象。

2. 单层瞬时平均压力

在已知井底流量随时间变化规律的情况下，得到单层平均压力计算公式：

$$p_{javg}(t) = \frac{1}{V_{jT}} \int_{V_w}^{V_{jT}} p_j(r,t) dV \tag{A-29}$$

式中　p_{javg}——j 层平均地层压力；

　　　V_{jT}——泄流区总体积，m^3；

　　　V_w——泄流井筒体积，m^3；

对于平面径向流情形有：

$$p_{javg}(t) = \frac{2}{r_e^2 - r_w^2} \int_{r_w}^{r_{je}} r p_{js}(r,t) \mathrm{d}r \tag{A-30}$$

根据前面的定义式，在Laplace空间中，无量纲情形为：

$$\tilde{p}_{javgD}(s) = \frac{2}{r_{eD}^2 - 1} \int_1^{r_{jeD}} r_D \tilde{p}_{jsD}(r_D, s) \mathrm{d}r_D \tag{A-31}$$

则：

$$\tilde{p}_{javgD}(s) = \frac{2}{r_{eD}^2 - 1} \int_1^{r_{jeD}} r_D \left[\frac{1}{s} p_{jiD} + \tilde{q}_{jscD}(s) \cdot s\tilde{p}_{jrsD}(r_D, s) \right] \mathrm{d}r_D$$

$$= \frac{1}{s} p_{jiD} + \frac{2s\tilde{q}_{jscD}(s)}{r_{eD}^2 - 1} \int_1^{r_{jeD}} r_D \cdot \tilde{p}_{jrsD}(r_D, s) \mathrm{d}r_D \tag{A-32}$$

将已求得的无量纲地层压力分布式（A-23）代入式（A-32）：

$$\tilde{p}_{javgD}(s) = \frac{1}{s} p_{jiD} + \frac{2\tilde{q}_{jscD}(s)}{r_{eD}^2 - 1} \frac{\tau_j}{\kappa_j} \int_1^{r_{jeD}} r_D \frac{K_0(r_D\sqrt{sz_j}) + \lambda\lambda I_0(r_D\sqrt{sz_j})}{\sqrt{sz_j}\left[K_1(\sqrt{sz_j}) - \lambda\lambda I_1(\sqrt{sz_j}) \right]} \mathrm{d}r_D$$

$$= \frac{1}{s} p_{jiD} + \frac{2\tilde{q}_{jscD}(s)}{r_{eD}^2 - 1} \frac{\tau_j}{\kappa_j} \frac{\int_1^{r_{jeD}} r_D K_0(r_D\sqrt{sz_j}) \mathrm{d}r_D + \lambda\lambda \int_1^{r_{eD}} r_D I_0(r_D\sqrt{sz_j}) \mathrm{d}r_D}{\sqrt{sz_j}[K_1(\sqrt{sz_j}) - \lambda\lambda I_1(\sqrt{sz_j})]} \tag{A-33}$$

完成公式（A-33）中的积分应利用Bessel函数相应积分关系式：

$$\int_0^z v^m I_{m-1}(v) \mathrm{d}v = z^m I_m(z) \tag{A-34}$$

$$\int_0^z v^m K_{m-1}(v) \mathrm{d}v = -z^m K_m(z) + 2^{m-1} \Gamma(m), \ m > 0 \tag{A-35}$$

式中　v——积分变量。

$$v \int_1^{r_{eD}} r_D I_0(r_D\sqrt{v}) \mathrm{d}r_D = \int_0^{r_{eD}} r_D\sqrt{v} \cdot I_0(r_D\sqrt{v}) \mathrm{d}(r_D\sqrt{v}) - \int_0^1 r_D\sqrt{v} \cdot I_0(r_D\sqrt{v}) \mathrm{d}(r_D\sqrt{v})$$

$$= (r_{eD}\sqrt{v}) I_1(r_{eD}\sqrt{v}) - \sqrt{v} I_1(\sqrt{v}) \tag{A-36}$$

$$v \int_1^{r_{eD}} r_D K_0(r_D\sqrt{v}) \mathrm{d}r_D = \int_0^{r_{eD}} r_D\sqrt{v} \cdot K_0(r_D\sqrt{v}) \mathrm{d}(r_D\sqrt{v}) - \int_0^1 r_D\sqrt{v} \cdot K_0(r_D\sqrt{v}) \mathrm{d}(r_D\sqrt{v})$$

$$= \sqrt{v} K_1(\sqrt{v}) - (r_{eD}\sqrt{v}) K_1(r_{eD}\sqrt{v}) \tag{A-37}$$

代入式（A-22）：

$$\tilde{p}_{javgD}(s) = \frac{1}{s}p_{jiD} + \frac{2\tilde{q}_{jscD}(s)}{r_{eD}^2-1}\frac{\tau_j}{\kappa_j}\frac{1}{(sz_j)}\frac{\left[(sz_j)\int_1^{r_{eD}}r_D K_0(r_D\sqrt{sz_j})dr_D + \lambda\lambda(sz_j)\int_1^{r_{eD}}r_D I_0(r_D\sqrt{sz_j})dr_D\right]}{\sqrt{sz_j}\left[K_1(\sqrt{sz_j}) - \lambda\lambda I_1(\sqrt{sz_j})\right]}$$

$$\tilde{p}_{javgD}(s) = \frac{1}{s}p_{jiD} + \frac{2\tilde{q}_{jscD}(s)}{r_{jeD}^2-1}\frac{\tau_j}{\kappa_j}\frac{1}{(sz_j)}\frac{\left[\sqrt{sz_j}K_1(\sqrt{sz_j}) - \lambda\lambda\sqrt{sz_j}I_1(\sqrt{sz_j}) - r_{jeD}\sqrt{sz_j}K_1(r_{jeD}\sqrt{sz_j}) + \lambda\lambda r_{jeD}\sqrt{sz_j}I_1(r_D\sqrt{sz_j})\right]}{\sqrt{sz_j}\left[K_1(\sqrt{sz_j}) - \lambda\lambda I_1(\sqrt{sz_j})\right]}$$

$$= \frac{1}{s}p_{jiD} + \frac{2\tilde{q}_{jscD}(s)}{r_{jeD}^2-1}\frac{\tau_j}{\kappa_j}\frac{1}{(sz_j)}\frac{\sqrt{sz_j}\left[K_1(\sqrt{sz_j}) - \lambda\lambda I_1(\sqrt{sz_j})\right]}{\sqrt{sz_j}\left[K_1(\sqrt{sz_j}) - \lambda\lambda I_1(\sqrt{sz_j})\right]} = \frac{1}{s}p_{jiD} + \frac{2\tilde{q}_{jscD}(s)}{r_{eD}^2-1}\frac{\tau_j}{\kappa_j}\frac{1}{(sz_j)}$$

$$\tilde{p}_{javgD}(s) = \frac{1}{s}p_{jiD} + \frac{2\tilde{q}_{jscD}(s)}{r_{jeD}^2-1}\frac{\tau_j}{\omega_j}\frac{1}{s} \tag{A-38}$$

这时可以直接得到实时域解式：

$$p_{javgD}(t_D) = p_{jiD} + \frac{\tau_j}{\omega_j}\frac{2}{r_{jeD}^2-1}\int_0^{t_D}q_{jscD}(\tau)d\tau \tag{A-39}$$

若有量纲化则得到：

$$\frac{(Kh)_t[p_{ji}-p_{javg}(t)]}{1.842T_j q_{sc}\mu_{gi}B_{gi}} = \frac{T_j(\phi c_t h)_t}{T_j(\phi c_t h)_j}\frac{2r_w^2}{r_{je}^2-r_w^2}\int_0^{t_D}\frac{q_{jsc}(\tau)}{q_{sc}}d\tau \cdot \frac{3.6\times10^{-3}(Kh)_t}{(\phi c_t h)_t\mu_{gi}r_w^2}$$

整理：

$$p_{ji} - p_{javg}(t) = \frac{T_j}{(\phi c_t h)_j}\frac{2\times3.6\times10^{-3}\times1.842}{r_{je}^2-r_w^2}B_{gi}\int_0^t q_{jsc}(\tau)d\tau \tag{A-40}$$

式（A-40）事实上是物质平衡方程，式左边是第j层平均拟压力降，而右边则是累计采出量。

3. 定压问题Laplace空间解

给定第j层拟压力初值及层面常拟压力条件：

$$p_{jiD}(r_D,0) = 0 \tag{A-41}$$

$$p_{jsD}(1,t_D) = 1 \tag{A-42}$$

利用（A-25）式并根据井底定压条件，有：

$$\tilde{p}_{jsD}(r_D,s) = \frac{1}{s}p_{jiD} + \tilde{q}_{jscD}(s)\cdot s\tilde{p}_{jrsD}(r_D,s)$$

$$\frac{1}{s}(1-p_{jiD}) = \tilde{q}_{jscD}(s)\cdot s\tilde{p}_{jrsD}(s) \tag{A-43}$$

由此得到单层产量公式：

$$s\tilde{q}_{jscD}(s) = \frac{(1 - p_{jiD})}{s\tilde{p}_{jrsD}(s)} \tag{A-44}$$

对（A-44）求关于j的累加和，并采用与气井定压条件相应的无量纲量，则总产量为：

$$s\tilde{q}_{scD}(\tau) = \sum_{j=1}^{n} \frac{1 - p_{jiD}}{s\tilde{p}_{jrsD}(s)} = \sum_{j=1}^{n}(1 - p_{jiD}) \cdot \left[s\tilde{q}_{jrsD}(s) \right] \tag{A-45}$$

采用Stehfest数值反演算法，计算式（A-45）可得到气井产能变化曲线。显然，单层产量可以通过式（A-44）计算得到。

附录B 应力敏感性研究简况

对岩石应力敏感性的研究，最早出现在水利工程、岩土及土木工程等领域[2]，油气储层应力敏感性研究是在上述领域研究的基础上发展起来的，主要包括储层物性的应力敏感性确定及其在油气开发中应用两个方面。

一、储层物性参数的应力敏感性

早期的研究主要集中于储层的物性参数，如孔隙度、孔隙压缩系数和渗透率随地层压力变化的规律。1953年Hall根据砂岩和石灰岩样品的研究结果绘制了孔隙压缩系数与孔隙度的关系曲线，得到了油藏工程中广泛应用的Hall图版[3]。Fatt[4-5]采用砂岩样品进行试验，研究孔隙度、渗透率随围压的变化，测得当围压等于34MPa时，渗透率和孔隙度与未加压条件相比分别下降了25%和5%，并根据这些实验结果得出结论：在矿场计算中，孔隙度的变化可以忽略不计，但绝不能忽略渗透率的变化。S.C. Jones[6]用两点法确定了渗透率和孔隙度与围压的关系。Jose G.[7]通过实验研究认为：在加围压的情况下，致密岩石渗透率的损失可高达90%。M.Latchie[8]等利用实验研究了纯砂岩和泥质砂岩两组岩样，做出了K/K_0随围压的变化曲线，围压先增后减，得出结论认为：高渗透纯砂岩的原始渗透率大约有4%不能恢复，而低渗透泥质砂岩的渗透率不可逆损失高达60%，表明岩石的变形既有弹性变形，也有弹塑性和塑性变形，原苏联石油科学工作者（A.T.戈尔布诺夫）[9]已证实这一推论的真实性。

近年来，国内学者也在油气储层的应力敏感方面做了不少实验研究，主要集中在储层的渗透率应力敏感方面。刘建军、刘先贵[10]研究了有效压力对低渗透多孔介质孔隙度和渗透率的影响，得出的结论是：随着有效压力的增加，岩样的渗透率和孔隙度均有不同程度的下降，当有效压力降低后岩样的渗透率和孔隙度有所恢复，但不能恢复到初始值。阮敏[11]、张新红、秦积舜等[12]通过实验得到岩心渗透率随有效应力变化关系的通式为指数形式和乘幂形式，然而其中的系数需要通过实验确定，不同渗透率的岩心有不同的系数值，每块岩心必须通过实验才能测得其系数。王秀娟、赵永胜等[13]通过实验定性地说明岩心的初始渗透率越低则受压后渗透率损失率越高。朱中谦[14]、孙龙德等[15]研究了克拉2气田储层的应力敏感性，将储层划分为4个渗透率区间，通过实验分别给出了不同区间内渗透率与有效应力的关系式。

　　张琰、崔迎春等[16-18]对低渗透气藏应力敏感性、低渗透气藏的主要损害机理及保护方法以及低渗透气藏应力敏感性评价方法作了研究。范学平、徐向荣[19]做了地应力对岩心渗透率的伤害实验并进行了机理分析，用弹性力学和毛管结构理论研究了渗透率与有效应力之间的变化关系，得出在弹性应变状态下，渗透率与有效应力呈二次方关系。向阳、向丹等[20]对致密砂岩气藏应力敏感性做了全模拟试验研究，认为致密砂岩气藏在大压差条件下生产对储层造成的损害有两方面：一是微粒迁移所造成的，可通过增大生产压差来解除；二是应力增大所引起的弹性压缩使储层被进一步压实所造成的应力敏感效应。

　　郝春山、杨满平[21]分析了气藏储层应力敏感性中影响储层渗透率变化的主要因素，从多孔介质的微观物理特性（物质组成、颗粒类型、接触关系、排列方式、胶结方式以及孔隙内流体的类型和特征等）分析了介质变形影响因素。阮敏[22]通过实验指出砾岩富含泥质，且颗粒粒度不均匀，分选性差，因此其应力敏感性比砂岩要强——细砂岩应力敏感所造成的渗透率不可恢复量约为3.8%，含砾砂岩约为6%，而砾岩约为12%。

二、储层应力敏感在油气开采方面的应用研究

　　多孔介质变形理论是储层应力敏感的理论基础，在油气开采方面的应用促进了油气渗流理论的发展。一是根据多孔介质变形对渗透率的影响，提出了渗透率变异系数的概念，并应用到渗流力学的数学模型中；二是将岩石力学与油气渗流力学相结合，综合考虑储层岩石的弹塑性变形特征，形成了储层多孔介质变形与流体渗流相互耦合的流固耦合渗流理论，并建立了不同的渗流数学模型。

　　多孔介质发生变形取决于其骨架所承受的有效应力，Terzaghi[23]第一个提出了著名的有效应力原理（附录C）。原苏联石油工作者T. Babadagli在线弹性岩石渗流的基础理论上发展了弹塑性介质岩石的渗流数学模型以及塑性介质岩石的渗流数学模型，但只是在模型中就孔隙度和渗透率随压差的变化作了修正，将孔隙度和渗透率随压差变化表达为指数式或幂函数式，而并没有说明这种修正的依据，也没有给出相关的变异系数与岩石物性参数的相关式。

　　1988年，Vaziri H.H.[24]从理论上研究了一口井在生产时井筒周围应力的变化特性以及由于周围应力变化引起的储层压实造成储层伤害的问题，得出了由于应力引起的井筒周围储层伤害使得产量随生产时间增加而急剧降低的结论。

　　1990年，Fung[25]建立了一个二维等温渗流与岩石变形的流固耦合模型，考虑了岩石的双线性应力－应变规律和剪切膨胀特性，并用控制体积有限元方法求解该模型。1994年，他又把此模型发展为二维热—流—固模型，考虑了岩石的弹塑性变形。Fung的流固耦合模型仅限于二维模型。1991年，Tortike[26]建立了三维弹塑性变形—渗流—传热的耦合模型，用于热采模型，模型中考虑了岩石的弹塑性变形，用有限差分法求解渗流模型，用有限元法求解岩石变形模型。1994年，Marte Gutierrez[27]比较了常规油藏数值模拟和流固全耦合油藏数值模拟预测流体压力随时间和空间的变化，结果说明常规油藏数模中仅用岩石压缩系数的变化不能分析油藏压缩的实际情况。1995年，Chen[28]等基于Biot理论，导出了三维单向流体渗流和用位移表示的岩石运动的控制方程，文章应用各种压缩系数和有效应力将一般渗流方程扩展为包含应力—应变的耦合方程，可以近似地处理存在天然裂缝等复杂情况的油藏。1997年，Jose G.和Chen[7]等推导出了单相气和油在三维弹性油藏中的流固耦合数学模型，用有限差分和迭代的求解方法处理流体渗流和固体平衡控制方程，并用于油气藏生产分析。同年，他们又用全耦

合模型分析了一口井生产时，油藏压力和有效应力在井筒附近的变化情况。

经过多年来对世界各地油气田开发过程以及大量的实验室实测资料的研究与分析，人们认识到油气开采过程是储层孔隙压力、流体渗流与储层岩石变形动态耦合的过程。由于油气的不断开采，储层孔隙压力不断降低，使储层岩石骨架所承受的有效应力发生改变，引起岩石变形，从而导致储层物性参数发生改变，进而影响流体在储层中的渗流。储层中不断变化的油气水渗流以及油气水饱和度的变化又会引起岩石力学特性和岩石应力状态发生变化，重新引起储层岩石变形。因而油气开采过程中，流体的渗流、流体的状态与岩石的变形是相互影响、相互耦合的。流固耦合的问题逐渐引起了人们的重视，因此目前对油气藏开采过程中的研究由过去的仅仅考虑单纯渗流场的研究方法，逐步转向综合考虑渗流场、应力场、温度场的流固耦合理论。

尽管有不少学者对变形介质的流固耦合渗流力学理论进行了大量的研究工作，但由于流固耦合数学模型极其复杂，不易求解，因此在油气藏开发中并没有得到推广应用。

三、油气储层岩石变形的影响因素

岩石变形的影响因素主要有两方面：

一是内部原因，就是岩石本身的物质组成、结晶程度和结构构造等，是影响岩石形变特征的基本因素，石英砂岩、石英岩、花岗岩、玄武岩和片麻岩等岩石硬度大，弹性变形的屈服强度大，往往表现为弹性变形；而石灰岩、片岩和各种岩盐类岩石则往往表现为塑性变形。

二是外部原因，主要有：

(1) 围压。一般围压越高，岩石越容易变形；但围压增高，岩石难于破裂，倾向于塑性变形。

(2) 温度。一般温度越高，岩石越容易变形，逐渐由弹性变成塑形。

(3) 埋藏深度。埋藏深度越大，温度和围压越大，故越容易变形。

(4) 孔隙压力。表现在两个方面：一方面孔隙降低岩石强度，另一方面孔隙压力起到降低围压的作用。

(5) 含水量。孔隙含水可以削弱矿物晶体的化学键，减少孔隙内的摩擦力，所以含水量大的岩石趋向于塑性变形。

(6) 应力作用时间。岩石的脆、韧性因施力长短不同而不同，如果应力作用时间长，岩石应变率低，即便是坚硬的岩石，也可以转化为塑性变形。

四、储层应力敏感性的评价

储层应力敏感性的评价参数主要指储层物性参数，即孔隙度和渗透率。一般条件下，储层孔隙度的应力敏感程度较低，储层应力敏感评价主要对于储层渗透率进行评价，但在疏松砂岩应力敏感性研究时，要同时考虑孔隙度和渗透率的应力敏感特征。

兰林等[29]推荐采用F.O.Jones定义的应力敏感系数S来评价储层的应力敏感性，他通过对大量岩心实验数据的拟合，认为应力敏感系数S与我国行业标准中渗透率损害率D_{kp}具有较好的一致性，但复杂的表达式很难进行数学积分，无法应用到气藏产能公式中去。阮敏[11]、张新红[12]、秦积舜[30]通过实验得到岩心渗透率随有效压力变化关系的通式分别为指数形式和乘幂形式，然而无论采用哪种形式，每块岩样都有一组不同的系数，由于系数之间没有关系，每块岩样都必须经过测试才能得到相应的系数，没有形成一个统一系数的公式。朱忠谦[14]和孙龙德[15]在此基础上作了改进，在研究塔里木深层气藏的应力敏感性时采取了对渗透率划分区间的研究方法，对研究储层划分了4个渗透率区间，通过实验分别给出了4个区间内渗透率与有效压力的关系式。

由于储层应力敏感性的特殊性，目前关于应力敏感系数的处理及评价标准仍存在较大的争议，具体评价方法见附录D。

对于孔隙度和渗透率随有效压力的变化关系，附录D中的方法只是评价一个点，给出的只是对于应力敏感程度的评价。具体应用到涩北长井段多层气藏的覆压校正和应力敏感对于开发的影响，需要建立一个连续的函数关系，为此定义孔隙度、渗透率的无因次参数，以此建立无因次孔隙度、渗透率参数与有效压力的关系，以便描述应力敏感变化的全过程。

孔隙度、渗透率的无因次参数定义为任意有效压力条件下的孔隙度和渗透率值与相应的地面条件下孔渗值的比值。

比孔隙度ϕ_D为任一有效压力下的孔隙度ϕ与地面条件下的孔隙度ϕ_0之比，即$\phi_D = \phi / \phi_0$。比渗透率K_D为任一有效压力下的渗透率K与地面条件下的渗透率K_a之比，即$K_D = K / K_a$。

储层应力敏感性的评价主要包括以下几方面的工作：

首先，选取具有代表性的岩样进行覆压实验，测定不同有效压力条件下的孔隙度和渗透率等物性参数。

然后对实验数据进行统计分析，求取孔隙度和渗透率等参数与有效压力的关系及上述方法中的应力敏感系数等。

其次，对常规测试（未进行覆压实验）的储层物性数据进行覆压校正，求取原始地层压力条件下的孔隙度和渗透率等参数。

最后，分析气田在开发过程中储层渗透率等随地层压力的变化关系，评价储层应力敏感对气田开发产生的影响。

附录C　多孔介质变形的理论基础

在油气田的开发过程中，由于储层岩石孔隙中的流体产出，引起孔隙压力下降，导致储层岩石骨架承受的净上覆有效应力增加，使岩石受压从而产生变形，从而表现出应力敏感特征。由此，多孔介质变形理论是储层应力敏感的理论基础。

一、应力与应变

从材料力学角度分析，使物体产生变形的应力有拉张应力、挤压应力和剪切应力，对应的变形（应变）则为拉张变形、挤压变形和剪切变形（图C-1）。

在研究储层应力敏感性过程中，一般只考虑因地层压力下降而使储层岩石所受挤压应力（净上覆岩压）增大而引起的挤压变形。岩石在应力的作用下，一般都会产生弹性变形、塑性变形和断裂变形。不同变形发生的时间长短和相互过渡关系，会因岩石的物理性质不同而有所差异。

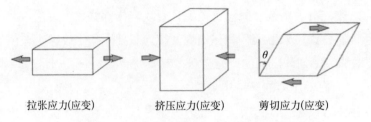

拉张应力(应变)　　　挤压应力(应变)　　　剪切应力(应变)

图C-1　应力与变形（应变）图解

图C-2中的曲线是陈颙在岩石物理学中给出的表示大多数岩石的变形关系。由于疏松砂岩胶结弱，压实程度低，开始受压后会进一步压实，因此开始会有明显的软塑性变形，然后过渡到非线弹性变形—弹性变形，当最后应力达到屈服值后，岩石产生破坏，即断裂变形。因此疏松砂岩的变形过程可划分为：软塑性变形—非线弹性变形—弹性变形—塑性变形—断裂变形。

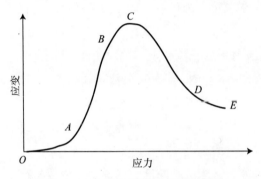

图C-2　岩石变形特征的阶段性

塑性变形：在应力作用下岩石变形后，即便取消应力，变形后的物体也不能完全恢复原来的形状，称为塑性变形。在塑性变形阶段，应力与应变之间不成线性关系（OA段），不符合胡克定律。

弹性变形：岩石在应力作用下发生变形，当应力取消后，岩石能够完全恢复到变形前的状态，称为弹性变形。岩石发生弹性变形时，应力和应变之间成正比关系（AB段），符合胡克定律。

断裂（脆性）变形：当应力超过物体的强度极限（C点）时，物体内部的结合力遭到破坏，形成破裂，物体失去完整性和连续性。

二、Terzaghi有效应力理论

多孔介质发生变形取决于其骨架所承受的有效应力。Terzaghi[23]第一个提出有效应力的概念，将可变形、饱和液体的多孔介质中流体的流动作为流动-变形的耦合问题，提出了著名的有效应力原理。

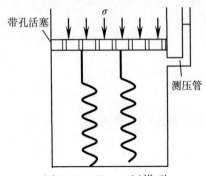

图C-3　Terzaghi模型

Terzaghi最早研究有效应力的实验模型如图C-3所示，该模型为一容器，其中包括含有弹簧和带孔的活塞。容器中装满水，容器壁上装有测压管。弹簧模拟岩土介质的固体骨架颗粒，弹簧之间的盛水空间模拟岩土介质的粒间孔隙，测压管中的水柱高度显示孔隙压力大小，弹簧的伸缩显示其受力程度。当在活塞上施加一个均布应力σ后，测量孔隙压力p的响应值和弹簧承受的应力。弹簧所承受的应力，即土壤骨架所承受的应力，被视作岩土介质的有效应力。由于这一应力是由Terzaghi最早提出的，便被称为Terzaghi有效应力，用符号σ^{T}_{eff}表示。实验发现，σ、p、σ^{T}_{eff}三者之间满足下面的关系方程：

$$\sigma = \sigma^{T}_{eff} + p \tag{C-1}$$

式中 σ——外部总应力，MPa；

p——孔隙压力，MPa；

σ^{T}_{eff}——有效应力，MPa。

方程（C-1）即是著名的Terzaghi有效应力原理，这只是一个半经验性质的关系式，它对疏松的岩土介质有足够的精度，曾在工程实践中发挥过很好的作用，目前仍广泛应用于多孔介质研究的许多领域，如土木工程、岩土工程和石油工程等领域。

事实上，在实验基础上建立起来的Terzaghi方程只是一个近似方程，在实际应用中有一定偏差，原因在于该原理是在研究岩土力学时提出的，它适用于大孔隙、固体颗粒以点接触方式存在的土壤，但是对于低孔隙度或致密的岩石，颗粒之间的接触面积通常不能忽略，需要在微观上考虑其结构性因素。因此，对于不同类型的岩石实验修正Terzaghi方程是必要的。

在Terzaghi有效应力概念提出之后的几十年中，不少学者都致力于改进有效应力的计算公式，以期在实践中发挥更好的作用，Biot[31]和Geertsma[32]是其中最突出的代表者。这些改进大都集中在对Terzaghi方程的修正上，而且修正的方式也大都一致，只是修正程度有所不同。对Terzaghi方程修正的一般形式如下：

$$\sigma = \sigma_{eff} + \beta p \tag{C-2}$$

式中 σ_{eff}——有效应力，MPa；

β——修正系数或有效应力系数。

显然，当$\beta=1$时，方程（C-2）就是Terzaghi有效应力原理。关于的取值问题，不同学者之间存在较大的争议，但归纳起来有以下3种：

（1）利用如下公式计算：

$$\beta = 1 - \frac{C_s}{C_b} \tag{C-3}$$

式中 C_s——多孔介质的骨架颗粒模量；

C_b——多孔介质的体积模量。

显然该修正系数取决于骨架颗粒和介质体的体积模量。它是由Biot[31]和Geertsma[32]提出，但由于参数的测量十分困难，且该修正式只适用于介质的弹性变形，因而公式的使用并不广泛。

（2）利用如下公式计算：

$$\beta = 1 - R_c \tag{C-4}$$

式中 R_c——骨架颗粒之间的接触面积与介质的横截面积之比，即介质胶结程度。

由于R_c的测量也十分困难，因而公式的使用也并不方便。

（3）β仅仅是一个修正系数，它与介质的性质没有确定的关系，因此取值范围也相当广泛，根据不同条件进行实验取值。

三、双重有效应力原理

李传亮和李培超[33-36]在研究油气储层多孔介质的变形机制时，提出了双重有效应力的概念——本体有效应力和结构有效应力，对应的储层多孔介质有两种变形机制：一是因为骨架颗粒本身的变形而导致的介质整体变形，称之为本体变形[图C-4（a）]；二是因为介质微观结构上的变化，即骨架颗粒之间的相对位移而导致介质的整体变形，称之为结构变形[图C-4（b）]。本体变形通常是一个弹性的可逆过程，而结构变形通常是永久性变形或塑性变形过程，是不可恢复的。

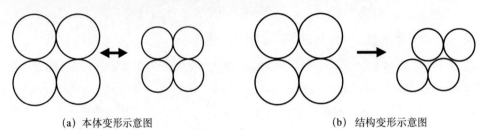

   （a）本体变形示意图   （b）结构变形示意图

图C-4　多孔介质变形示意图

1. 本体有效应力 σ^{p}_{eff}

多孔介质的本体变形是由固体骨架的性质决定的，它的大小取决于骨架平均应力 σ_s 的数值变化，而与外部应力 σ 和孔隙压力 p 的数值并无直接关系。本体有效应力定义为作用在整个多孔介质上并使多孔介质产生本体变形的应力，它使多孔介质产生的本体变形量与外部应力和孔隙压力共同作用使多孔介质产生的本体变形量是完全相等的。因此，本体有效应力与骨架应力之间存在某种对应关系，本体有效应力是一个等效应力，可以通过间接的方法计算得到。

对多孔介质的任一截面 OO' [图C-5（a）]进行受力分析，由受力平衡原理得到：

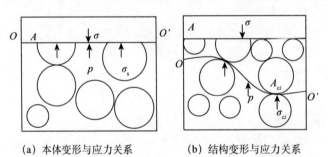

（a）本体变形与应力关系   （b）结构变形与应力关系

图C-5　多孔介质任一截面的应力关系分析图

$$\sigma A = p\phi A + \sigma_s(1-\phi)A \tag{C-5}$$

式中　σ——外部总应力，MPa；

   A——外部总应力作用面积，cm^2；

   p——孔隙压力，MPa；

   ϕ——截面孔隙度；

   ϕA——孔隙压力的平均作用面积，cm^2；

   σ_s——骨架应力，MPa；

  （$1-\phi$）A——骨架应力作用的面积，cm^2。

由式（C-5）可导出多孔介质的应力关系方程：

$$\sigma = p\phi + \sigma_s(1-\phi) \tag{C-6}$$

在外部应力 σ、孔隙压力 p 和骨架应力 σ_s 中，骨架应力是能使多孔介质产生变形的应力，因此把骨架应力折算到整个介质横截面积上，就可以得到多孔介质的本体有效应力$\sigma_{\text{eff}}^{\text{p}}$：

$$\sigma_{\text{eff}}^{\text{p}} = \sigma_{\text{s}}(1-\phi)A / A = \sigma_{\text{s}}(1-\phi) \tag{C-7}$$

把式（C-7）代入式（C-6），就可以得到本体有效应力公式：

$$\sigma = p\phi + \sigma_{\text{eff}}^{\text{p}} \tag{C-8}$$

2. 结构有效应力 $\sigma_{\text{eff}}^{\text{s}}$

结构变形实质是介质的宏观破坏或微观破坏。任何物体的破坏都发生在应力强度最弱处，多孔介质也不例外。对于多孔介质来说，最容易发生破坏的地方不是骨架颗粒的内部，而是骨架颗粒的接触处，因为此处的抗压强度最弱，也是应力最集中的地方。因此，多孔介质结构变形的产生取决于颗粒之间的触点应力，而与颗粒内部的应力状态无关。在图C-5（b）所示的多孔介质中，任取一由触点连接的曲面OO'，该曲面不穿过颗粒内部，设A_{ci}为第i个触点应力的垂直分量σ_{ci}的作用面积的垂向投影，则根据应力平衡关系，可得到：

$$\sigma A = \sum \sigma_{ci} A_{ci} + (A - \sum A_{ci})p \tag{C-9}$$

令$\sigma_{\text{eff}}^{\text{s}} = \sum \sigma_{ci} A_{ci} / A$, $\phi_{\text{c}} = 1 - \sum A_{ci} / A = 1 - R_{\text{c}}$，则式（C-9）变为：

$$\sigma = \sigma_{\text{eff}}^{\text{s}} + \phi_{\text{c}} p \tag{C-10}$$

式中　$\sigma_{\text{eff}}^{\text{s}}$——结构有效应力，MPa；

　　　R_{c}——多孔介质胶结程度的参数；

　　　ϕ_{c}——接触点面积与整个介质横截面积的比。

式（C-10）与上述Terzaghi方程修正的第二种形式一致，即$\phi_{\text{c}}=\beta=1-R_{\text{c}}$。很显然，触点面积率的数值大于本体孔隙度，但仍然小于1.0，即$\phi < \phi_{\text{c}} < 1$；对于裂缝介质，可以认为$\phi_{\text{c}} \approx 1.0$。

式（C-10）就是结构有效应力的表达式。很显然，结构有效应力为所有接触点应力在多孔介质横截面上的折算应力之和，它的大小决定着多孔介质骨架颗粒之间空间结构的变化，因而也决定着介质的结构变形。

3. 双重有效应力方程

多孔介质的双重有效应力原理（即本体有效应力和结构有效应力）从理论上较好地解释了岩石的两种变形机制，但由于岩石在受力过程中两种变形是同时存在的，在不同的受力阶段两种变形所占比例不同，单独采用其中任何一个有效应力公式都无法真实反映出岩石的变形情况，而在应用中又需要采用一个统一的表达式，因此把式（C-8）与式（C-10）统一表达为：

$$\sigma = \sigma_{\text{eff}} + \alpha p \tag{C-11}$$

式中的α为有效应力系数，$\phi < \alpha < \phi_{\text{c}}$，式（C-11）与Biot在1957提出的有效应力公式在形式上是一样的，但α与β的含义不同。Biot弹性系数β是基于线弹性理论得出的，式（C-11）中的α实际上是随外应力σ和孔隙压力p变化而变化的，这是由于岩石多孔介质并非理想的均质物质，而是存在着程度不同的非均质性和各向异性，因此岩石在变形过程中存在复杂的非线性。

附录D 储层应力敏感评价方法

孔隙度和渗透率的应力敏感校正方法都相同，下面主要以渗透率为例进行论述。

一、Jones方法

国外对储层应力敏感方面的研究开展比较早，F.O.Jones和W.W.Owens[37]在1980年提出了应用应力敏感系数的表征方法，其表达式为：

$$S = \frac{1-(K/K_{1000})^{1/3}}{\lg(p_k/6.9)}$$
(D-1)

式中　S——应力敏感系数；

K——围压为p_k时测得的岩心渗透率，mD；

K_{1000}——围压为6.9MPa（1000psi）时测得的岩心渗透率，mD；

p_k——围压，MPa。

F.O.Jonse根据实验数据给出评价标准：$S=0.1\sim0.2$时，应力敏感程度为中等；$S=0.3\sim0.6$时，应力敏感程度较强；$S>0.7$时，应力敏感程度很强。

该方法为一静态评价方法，是以围压6.9MPa（1000psi）下的渗透率K_{1000}为基准，评价不同压力下渗透率的变化程度。该方法主要用于对常规渗透率进行覆压校正，得到地层条件下的渗透率。

二、张琰方法

张琰[16-18]对低渗透气藏的应力敏感性评价时，采用渗透率损害率评价应力敏感程度，其公式为：

$$R = \frac{K_1 - K_2}{K_1} \times 100\%$$
(D-2)

式中　R——应力敏感损害率，%；

K_1——低围压下测定的渗透率，mD；

K_2——高围压下测定的渗透率，mD。

低围压下渗透率的确定：如果应力敏感点不明显，则取围压为3.0MPa时对应的渗透率为起始渗透率；高围压下渗透率的确定：当岩样承受很大有效应力时所对应的渗透率值，其值用打开储层后可能承受的最大有效应力代入回归方程求出，如果没有该方面的数据，则用围压为9.0MPa时对应的渗透率来表示高围压渗透率。

其评价标准为：当$R<30\%$时，应力敏感程度为弱；当R为30%～70%时，应力敏感程度为中等；当$R>70\%$时，应力敏感程度为强。

该方法只能静态地评价两个压力点之间渗透率的变化率，适用于利用岩样实验数据回归求取原始地层条件下的渗透率。

三、行业标准推荐方法

2002年颁布了应力敏感性的评价方法的行业标准，即SY/T 5358—2002《储层敏感性流动实验评价方法》给出了渗透率损害率D_{k2}的计算方法［式（D-3）］及其评价指标，并提出了一个对渗透率损害系数D_{kp}，其计算公式见式（D-4）。

$$D_{k2} = \frac{K_1 - K_{min}}{K_1} \times 100\% \tag{D-3}$$

式中　D_{k2}——压力不断增加至最高点的过程中产生的渗透率损害最大值；

　　　K_1——第1个有效压力点对应的岩样渗透率，mD；

　　　K_{min}——达到临界压力后岩样渗透率的最小值，mD；

$$D_{kp} = \frac{(K_i - K_{i+1})}{(K_i \left| p_{i+1} - p_i \right|)} \tag{D-4}$$

式中　D_{kp}——渗透率损害系数，MPa^{-1}；

　　　K_i，K_{i+1}——第i，$i+1$个有效压力下的岩样渗透率，mD；

　　　p_i，p_{i+1}——第i，$i+1$个有效压力，MPa。

D_{kp}的含义为有效压力每增加单位应力时，岩样渗透率的缩小值，它与岩石的压缩系数具有相近的形式和物理意义。D_{kp}是随有效压力增大而改变的系数。行业标准中把D_{kp}的最大值所对应的压力值作为临界压力，但是实际的储层所承受的有效压力远大于临界压力值的范围，使得临界压力没有实际的工程应用价值。同时行业标准规定的有效压力测点最大值为20MPa，对于深层油气藏来说，这远小于储层实际承受的最大有效压力。

四、渗透率模量法

目前在研究变形介质油气藏的渗流力学理论时，大多数文献都采用了指数形式的渗透率表达式：

$$K(p) = K_0 \exp[-\alpha_k (p_0 - p)] \tag{D-5}$$

$$\alpha_k = \frac{1}{K} \frac{dK}{dp} \tag{D-6}$$

式中　p_0，p——原始地层压力和当前地层压力，MPa；

　　　K_0——原始地层压力下的渗透率，mD；

　　　K——地层压力为p时的渗透率，mD；

　　　α_k——渗透率模量，MPa^{-1}。

式（D-5）形式简单，便于数学积分处理，因此得到了广泛的应用。

关于渗透率模量（Permeability modulus），Pedrosa[38]最早在1986年提出了α_k的定义，并给出了渗透率模量的表达式，其形式与式（D-6）相同，并假设渗透率模量保持常数。

用α_k评价储层的应力敏感程度时，α_k值越大，储层的应力敏感程度越高，但并没有对α_k值划分区域给出具体的评价界限，也没有给出它与岩石物性参数的相关式，在很大程度上α_k是一个理论概念。

该方法评价在开发过程中渗透率的变化，主要用于理论产能公式的研究方面。

五、罗瑞兰方法

实验测得的渗透率与有效压力的关系$K—\sigma_{eff}$和渗透率与生产压差的关系$K—\Delta p$两者完全不同。在地层条件下，储层承受着很大的上覆应力σ_v，当孔隙压力发生变化时，储层所受有效压力变化的起止值为$(\sigma_v-\alpha p_0) \sim (\sigma_v-\alpha p)$，如图D-1所示并且储层越深，这种差距越大；当有效应力系数α取1.0时，其变化范围为$(\sigma_v-p_0) \sim (\sigma_v-p)$。

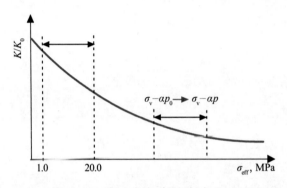

图D-1　渗透率与有效应力关系图

在对大量实验数据分析的基础上，罗瑞兰、程林松等[39]提出了一种新的岩石应力敏感系数定义方法。通过实验得出渗透率与有效压力的关系为乘幂形式：

$$\frac{K}{K_0} = \alpha \left(\frac{\sigma_{eff}}{\sigma_{eff}^0} \right)^{-b} \tag{D-7}$$

式中　K_0——有效压力为σ_{eff}^0时所测得的岩样渗透率，mD；

　　　K——有效压力为σ_{eff}时所测得的岩样渗透率，mD。

当$\sigma_{eff}=\sigma_{eff}^0$时，有$K=K_0$，根据此关系，可得出式（D-7）中的$a$值为1。

则式（D-7）成为$\dfrac{K}{K_0} = \left(\dfrac{\sigma_{eff}}{\sigma_{eff}^0} \right)^{-b}$，对此式两边取常用对数，得

$$\lg \frac{K}{K_0} = -b \lg \frac{\sigma_{eff}}{\sigma_{eff}^0} \tag{D-8}$$

从式（D-8）可知$\dfrac{K}{K_0}—\dfrac{\sigma_{eff}}{\sigma_{eff}^0}$在双对数坐标下是一条通过（1，1）点，斜率为$-b$的直线。于是将$b$值定义为新的应力敏感系数，用$S_p$表示：

$$S_p = -\lg \frac{K}{K_0} / \lg \frac{\sigma_{eff}}{\sigma_{eff}^0} \tag{D-9}$$

该定义形式简单,可以方便地通过拟合 $\dfrac{K}{K_0}$ — $\dfrac{\sigma_{\text{eff}}}{\sigma_{\text{eff}}^0}$ 乘幂关系式来得到应力敏感系数S_p,且表达式与实验数据相关程度高。采用这种应力敏感系数定义方式的优点是它具有唯一性,每个岩样对应一个应力敏感系数,应力敏感系数的大小不受实验中所测数据点多少的影响,并且与实验中岩心所受的最大围压无关。

附录E 气藏动态描述技术

气藏动态描述是指充分利用测试和开采过程中录取到的压力、产量、流体等动态数据资料,以现代试井分析、物质平衡和产量不稳定分析等气藏工程分析方法为基础,以先进的计算机软件技术为手段,结合静态信息对气藏进行全面、准确地解读以获取气井和气藏动态参数的过程。

一、气藏动态描述技术系列

气藏动态描述技术是指进行气藏动态描述过程中所应用的气藏工程分析方法的总称,主要包括气井产能评价、不稳定试井分析、物质平衡分析、产量不稳定分析和数值模拟等主体技术。

1. 气井产能评价技术

气井产能主要用绝对无阻流量表征,一般通过产能试井方法获取。产能试井即稳定试井,主要包括回压试井、等时试井、修正等时试井和单点试井等4种方法,利用产能试井资料和产能评价方法,即可建立气井的产能方程,获取气井的绝对无阻流量和IPR曲线,为产能潜力评价和气井合理配产提供依据。

2. 不稳定试井分析技术

不稳定试井分析是气藏动态描述的核心技术之一,主要包括压降、压力恢复两种测试方法,可以获取地层压力、储层有效渗透率、完井表皮系数以及储层的边界参数等;对于双重介质储层可以确定储能比和窜流系数;对于水力压裂气井,可以给出裂缝半长、裂缝导流能力与裂缝表皮系数。

试井分析方法可分为解析试井和数值试井。数值试井可以完成常规解析试井的所有分析功能,除此之外,数值试井还可处理任意边界形状、多层气藏和部分射孔等问题,并能充分体现储层的各向异性特征,进行多井连通性分析。此外,还可利用干扰试井或脉冲试井方法,评价井间的连通性。

3. 生产测井分析技术

生产测井的主要目的是获取产气剖面资料。对于具有多个射孔层段的气井,应用生产测井资料,可以获得井底温度、压力和分层产量,包括气产量和水产量,主要用于了解分层产量贡献、评价分层储量动用情况、确定出水层位等(图E-1)。

通过产气剖面资料分析,由于层间储层非均质性的影响,层间产量差异大;出水气井只是部分产层出水,气井出水一般是一个层先见水,随着时间的推移,其他层逐渐出水(图E-1),未出水层仍产纯气,由此气水产自不同的小层,有利于气井携液。

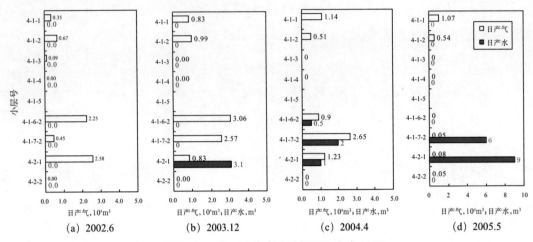

图E-1　S4-14井产气剖面测试成果图

4. 物质平衡分析

物质平衡方法是评价动态储量的重要手段之一。利用气藏关井测试获得的静压资料，依据定容气藏、水驱气藏、高压气藏和带补给气藏等气藏类型，应用相应的物质平衡分析方法，即可获得单井或气藏的动态储量，由物质平衡方程述可计算出原始的地层压力。对于水驱气藏利用物质平衡可以估算水侵量，评价水驱能量等。

动态储量是目前条件下的井控地质储量，是气井（气藏）稳产的基础，通过物质平衡方程与产能方程联立，可以进行生产动态预测。

5. 产量不稳定分析技术

产量不稳定分析技术是利用日常生产动态数据评价动态储量，估算气井表皮系数、评价裂缝半长等的一种新型的动态分析技术手段。主要包括常规的Arps和Fetkovich方法以及现代的Blasingame、A-G、NPI和流动物质平衡等方法。

常规的Arps和Fetkovich方法适用于定压条件、处于递减阶段的生产动态资料分析，获得的是当前开采条件下的可采储量，同时还可以判识递减类型，是指数递减、调和递减，还是双曲递减，并计算出递减率。

Blasingame、A-G、NPI和流动物质平衡等方法适用于变压力、变产量条件下生产动态分析，生产需要进入边界流控制状态，获得的主要参数为动态储量，同时还给出有效渗透率、表皮系数和供气面积等参数。

6. 数值模拟技术

数值模拟是一种综合描述技术，集静态研究与动态描述成果于一体，通过储量核算和历史拟合进行地质模型检验与修正，得到更为准确、可靠的动态模型，以此为基础进行开发动态指标预测与各类方案评价。

此外，还有温压系统和流体物性分析技术，主要包括温度系统、压力系统分析，流体组分、物性分析和PVT相态特征分析。

综合上述，依据气藏动态描述技术所利用的资料基础及评价结果的属性，可以将动态描述技术划分为三大类：

第一类是以短期或瞬态的动态资料为基础的动态分析技术，包括产能试井、不稳定试井和生产测井3种方法，主要用于评价气井产能，确定气藏与储层的特征参数，了解分层产量贡献，落实气井是否具有高产的潜力。

第二类是以长期生产动态测试资料为基础的动态分析技术，包括物质平衡和产量不稳定分析两种方法，主要用于确定气井或气藏的动态储量，评价、落实气井或气藏的稳产条件，分析、预测气井的长期生产动态特征。

第三类是数值模拟综合描述与动态预测技术，在综合动态分析成果、修正静态模型的基础上，综合评价气藏的开发潜力，并进行开发动态指标预测。

二、气藏动态描述参数

通过气藏动态描述，可以获取描述气藏生产动态特征的动态参数（表E-1）。依据动态参数的作用，可以将动态参数划分为六类。

1. 储层渗流特征参数

表征储层渗流特征的参数主要包括储层的渗透率以及表征双重介质渗流特征的窜流系数和储能比，主要通过不稳定试井获得。

2. 储层边界特征参数

特征参数包括不渗透边界，或井间分流边界以及复合模型内、外区边界等，主要通过不稳定试井解释获得，通过物质平衡分析和产量不稳定分析确定的动态储量，也可以给出等效泄气面积。

3. 工艺措施效果评价参数

评价工艺措施效果的参数主要包括表征气井完井效果的表皮系数以及描述压裂气井的水力压裂裂缝半长、裂缝导流能力及裂缝表皮系数，主要由不稳定试井获得，另外，产量不稳定分析方法也可以给出估算结果。

表E-1　气藏动态描述主要评价参数一览表

气藏描述技术	渗流特征参数		储层边界参数		工艺评价参数		气藏（井）参数					生产动态参数	
	K	ω/λ	L/R	A	S	X_f	p_i	T	q_{AOF}	q_i	G	$q\text{-}t$	$p\text{-}t$
产能试井									+				
不稳定试井	+	+	+		+	+	+	+			+		
生产测井										+		+	
物质平衡				+			+				+		
产量不稳定分析	+			+	+	+					+	+	+
数值模拟			+									+	+

注：K—渗透率；ω—储能比；λ—窜流系数；L—边界周长；R—复合地层内区半径；A—泄气面积；S—表皮系数；X_f—裂缝半长；p_i—原始地层压力；T—地层温度；q_{AOF}—绝对无阻流量；q_i—分层产量；G—动态储量；q—产量；p—压力；t—时间。

4. 气藏或气井参数

主要包括地层压力、地层温度，气井的绝对无阻流量以及单井及气藏的动态储量。温度压力主要通过地层测试获得，绝对无阻流量由产能试井获得，而动态储量由物质平衡分析或产量不稳定分析确定。

5. 生产动态参数

主要包括产量和压力，其中产量包含气产量、水产量、油产量和出砂量，压力包括井口油压、井口套压、井底流压和静压等。产量及油套压等生产动态参数主要通过生产计量获得，井底流压和静压通过生产测试获得，未来的生产动态参数可以通过数值模拟方法预测。

6. 流体参数

主要包括油、气、水的组分，流体性质及其PVT参数，主要通过井口或井底流体取样分析获得。

三、气藏动态描述技术的作用

气藏动态描述的主要目的与作用是准确确定储层特征参数、深化认识气藏动态特征、分析评价井间的连通性、动态修正气藏地质模型和科学评价储量动用状况，准确预测气藏开发动态，为气田开发技术政策的制定和科学开发气田提供技术支持。

1. 确定储层特征参数

各种动态描述方法均有其特定的分析对象和适用条件，解释成果也具有一定的局限性或多解性，只有在地质分析成果的基础上，综合应用各种动态描述技术，多种方法相互验证，才能更全面、更准确地确定各类动态参数，建立更加符合气藏实际的动态模型，满足准确认识气藏、科学开发气藏的工作需要。

不稳定试井对于储层参数和工艺评价参数的解释较为可靠，解释结果较为准确，利用生产动态数据进行产量不稳定分析时，储层渗透率、表皮系数或裂缝半长应参考借鉴试井解释的成果。

在开发评价的早期，主要利用干扰试井或脉冲试井评价储层的连通性；而在试采和开发阶段，主要利用邻井的产量—压力响应特征判识井间的连通性，评价井间是否存在干扰。

物质平衡和产量不稳定分析两种方法主要用于确定动态储量，区别在于物质平衡方法需要关井测压（静压），而产量不稳定分析不需要关井测压，直接利用生产动态监测资料即可进行动态分析，可以节约关井时间与测试费用。两种方法各有所长，由于采用资料基础不同，解释结果甚至会有很大差异，需要综合分析评价才能获得更为可靠的结果。当关井资料丰富（>3~5点）、测压结果可靠、采出程度较高（>10%）时，物质平衡方法计算的动态储量较为可靠，否则应采用产量不稳定分析解释成果。另一方面，由于静压测试时间一般都较短，对于低渗透致密气藏、非均质性较强的多层气藏，静压测试结果一般偏低，由此物质平衡方法计算的动态储量可能会偏小。

不稳定试井可以较为准确地认识断层、气水界面位置等边界特征，但对于供气区范围，产量不稳定分析充分利用了长期生产动态资料，能够更全面地反映供气区的总体特征，解释成果更为准确。

对于单井动态预测，数值试井、产量不稳定分析方法较为简单、可靠，但主要适用于单相气体渗流条件，一般用于对于典型区域进行分析。对于边底水较活跃的气藏、凝析气藏、复杂地质条件气藏，数值模拟技术能够更系统、全面地了解、分析、预测生产动态，包括水侵规律与出水动态。

数值模拟技术适用于完成气田范围的分析评价，以及不同方案、不同开发技术政策条件下的开发动态预测。

2.认识气藏动态特征

气藏动态描述技术可以用于准确认识气井或气藏产量、压力、流体及储层参数随时间的变化规律，搞清其变化的主要影响因素，以便为延长稳产期、制定有效的开发技术政策、提高开发效果提供依据。

气藏动态分析首要任务是认识气井的稳产水平，评价气藏的稳产条件；到开发中后期，了解产量递减情况，确定产量递减率，分析产量递减的主要影响因素。在单井分析的基础上，认识气藏中各井的产量变化特征与变化规律。

水侵对于气田开发的影响不可忽视，特别是非均匀水侵对于气井产能和气藏采收率影响很大，需要给予高度关注，因此需要分析出水动态、研究出水规律。首先要分析气藏的水体大小及水体能量，确定其驱替类型，其次要分析出水类型、出水时间、出水量及水气比变化以及气井的携液能力，判识是否存在井筒积液，最后在单井出水分析的基础上，依据出水井的位置和出水量大小，研究气藏的出水规律与影响因素，并预测出水量。

对于湿气或凝析气藏，还要分析产油动态，包括产油量和气油比的变化规律，分析是否存在反凝析或井筒积液，并预测产油量。

对于疏松砂岩气藏或胶结较弱的砂岩气藏，出砂也是影响气井生产得重要因素，需要分析气井出砂量、出砂条件及出砂规律等，并对未来出砂程度进行预测，确定不出砂或少出砂的技术对策。

地层压力是气藏衰竭开采的能量源泉，是气井高产稳产的保障，由此动态分析的另一项重要任务就是分析地层压力的变化规律。主要分析压力系统与压降动态，分析气藏范围内是否存在压降漏斗等，尽可能以合理的采气速度及合理的单井配产进行开采，使地层压力同步下降，实现气藏均衡开采，以便有效地避免边底水侵入的影响。

流体变化也属于动态分析的内容之一，特别是油气水组分与含量的变化。同时还要考虑生产过程中的储层变化，如应力敏感的影响以及措施作业对于产量、压力变化的影响等。

3.评价井间的连通性

井间连通性评价首先是地质评价，其次是动态分析。地质评价是指通过地震储层预测、小层对比和综合地质分析认识储层的连续性，储层连续分布是井间连通的基础；然后分析井间射孔层位的对应性；最后应用动态分析方法判识、确认井间的连通性。

井间连通性评价方法具体包括流体性质分析法、地层压力分析法、干扰试井法和生产动态分析法。

1）流体性质分析法

国内外油气田开发实例研究表明，油气藏内的流体特征可作为判识油气藏连通性的主要依据。在同一储集单元中，地层流体历经漫长的历史过程，完全可以消除不同成因的成分差异；反之，如果不属于同一储集单元，由于各种原因（烃源差异、烃在运移、保存过程中的生物降解作用等）造成的流体差异性将保存下来。基于此，流体特征的一致性是推断油气藏连通性的必要条件之一。

流体特征参数主要包括两个方面：一是流体的组成应基本相同；二是流体的物理性质（如密度、

黏度等）应基本一致。具体而言，地层水参数包括密度、总矿化度、水型、离子成分和pH值等，气体参数包括相对密度、组分含量，如硫化氢含量等，原油参数包括密度、凝固点、含蜡量等，此外还包括油气藏类型、生产气油比等参数，都可以作为储层连通性的判识指标。

当含气高度较大时，部分流体组分（如H_2S，CO_2）会存在重力分异，此时则不能用该指标的差异否定储层的连通性。

2）地层压力分析法

原始地层压力是气藏在地层原始状态下的能量表征，处于同一个水动力系统中的各处（井）地层压力是平衡的。在原始条件下，将各井测试的地层压力折算到同一基准面，如果折算压力相同或基本一致，则表明可能属于同一压力系统，是井间连通的必要条件。

地层压力的变化将伴随天然气开采的整个生产过程。当气藏投入开发后，如果井间连通，那么各井应始终处于同一压力系统内。压力可以互相传递，因此在一定时间后，气藏将处于动态平衡状态。如果储层相对均质、开采比较均衡，各井的压降会大致相同，即压降趋势一致。否则，如不同气藏单元属于不同的压力系统，就会具有不同的地层压力变化特征。因此，动态压降趋势一致也是井间连通的必要条件。

如果井间是连通的，当邻井进行开采时，则未开采井的压力会随邻井的开采而下降，即后期投入开采井的地层压力与早期生产井的地层压力下降趋势应基本一致。

3）井间干扰试井法

井间干扰试井一般是以一口井作为激动井，测试时通过改变激动井工作制度，造成地层压力的变化，形成干扰信号，同时在另一口井或数口观察井中通过高精度压力计记录由于激动井改变工作制度造成的压力变化。从观测井接收到的干扰信号的情况，可以判断激动井和观测井之间是否连通，同时根据接收到信号的时间和规律，可以计算井间的流动参数。

与脉冲试井相比，井间干扰试井是多井试井中比较简单的一种，现场应用也较多。

4）生产动态分析法

生产动态分析法是通过分析相邻井的生产动态特征判识井间连通的气藏工程分析方法。一是压力响应特征法，二是利用压降曲线分析井间干扰，三是产量不稳定分析法。

压力响应特征法：如邻井生产过程中产量发生变化，则该井的产量或压力会发生相应的变化，则表明井间连通；相邻气井，当一口井关井或降产时，在另一口井产量上升，或油套压升高；当邻井开井后，上述变化随之恢复。或者当一口井提产时，在另一口井产量下降，或油套压降低，反之亦然，这是井间连通的重要表现。对于储层物性好、井间距离较近时，响应特征明显，如果物性较差，或井距较远，有可能存在一定时间的滞后，低渗透致密气井难以应用这种方法。

应用物质平衡法进行动态储量计算时，平面连通性好的气藏，单井泄气范围大，单位压降采气量高，如压降曲线特征表现为两段式，且后期直线段下折，表明单位压降采气量减少，井控动态储量降低，则是井间干扰的一种直接表现，由此也可以间接判断井间的连通性。

Blasingame、A-G和NPI等产量不稳定分析技术也可以判识是否存在井间干扰。以Blasingame方法为例，如果后期曲线向左下方偏离典型曲线，则表明存在井间干扰。

4. 修正气藏静态模型

在静态地质模型的基础上，通过试井等动态描述技术，可以获得储层特征参数和工艺效果评价参数等，利用这些动态参数即可修正静态地质模型，形成概念模型。主要修正参数包括：渗透率、边界条件、表皮系数或裂缝半长。

静态地质模型渗透率参数取值主要应用测井解释结果，测井是利用岩性、物性的电性特征反应确定的，只是反映1m以内近井地带的储层特征，而供气区范围可以达到几百米甚至几千米，测井解释成果难以反映储层的平面非均质特征；相比而言，试井解释的渗透率是探测范围（泄气区）内的储层总体平均渗透性的综合反应，对于长期生产动态预测而言更具有代表性，由此需要利用试井解释渗透率修正以测井解释成果为依据建立的静态渗透率参数场。校正方法不是仅对单井的渗透率进行校正，而是以静态参数场变化趋势为基础，对于整个供气区进行修正，使供气区内平均渗透率与试井解释渗透率一致。然而，由于进行试井分析的井数十分有限，由此需要建立试井渗透率与测井渗透率的相关函数，或称校正方程，以此函数对静态模型的渗透率参数场进行修正。

地震解释或综合地质评价确定的断层边界或气水边界等，由于受资料品质的限制，难以做到十分精确，特别是对于小断层，或是物性边界更是难以识别，而试井解释可以更加准确地分析相关边界特征，以此为依据，结合静、动态资料可以进行边界的详细刻画。

表皮系数或裂缝半长可以从试井信息中准确获得，这些参数是静态方法无法获得的，以此作为静态模型中的井参数，表征气井的完井效果，与静态模型结合，方可准确预测未来生产动态。

在概念模型的基础上，利用长期生产动态分析获得的动态特征参数进一步修正，就可以得到更为准确的动态模型。此阶段主要修正参数包括：渗透率、边界特征。

不稳定试井资料是十分有限的，对于没有试井资料的井，如果具有足够的生产动态资料，也可以利用产量不稳定分析估算的渗透率替代试井渗透率，作为动态渗透率参数参与校正方程的建立，以此进一步修正渗透率参数场。

利用物质平衡和产量不稳定分析方法可以较为准确地确定动态储量，结合静态储量丰度即可获得单井供气面积。分析单井供气面积的分布特征，即可认识平面上井间连通性，评价目前井网对于储量的控制程度。

通过利用上述动态描述技术获得的动态参数修正静态地质模型，得到动态模型已经逐渐逼近气藏客观实际。数值模拟技术中历史拟合是对动态地质模型的进一步验证与评价，通过历史拟合检验，还会发现一些问题，需要进一步修正，主要修正的参数包括：水区参数、相对渗透率等。

通过气藏工程分析方法，主要对于气藏内部结构特征认识更加清楚，由于水区井数少，受动态资料限制，对于边、底水的认识还十分有限。利用水驱气藏物质平衡方法，可以估算水侵量、预测出水动态，但对于水侵方向，不同位置的水侵特征却无能为力。数值模拟技术则可以比较准确地认识各种复杂情况，如局部水侵、沿裂缝水侵和多层条件下的水侵等。由此依据单井生产动态数据，可以调整水体大小、水区渗透率和气水相对渗透率，使动态模型更接近气藏的客观实际。以此作为数值模拟的基础模型，以便进行开发生产动态预测，或是不同方案的优选。

5. 评价储量动用状况

天然气地质储量是气田开发的物质基础，是确保气田高产稳产的物质保障。利用静态资料可以估算天然气地质储量，但对于储量动用情况的评价则需要应用动态描述技术才能实现。储量动用程度是指动态储量与静态储量的比值，该比值越高，则表明储量动用程度越高，当储量动用程度值等于1时，表明井网对于储量的控制程度好，天然气地质储量全部得到有效动用。

储量动用程度包含平面动用程度和纵向动用程度两个方面。

对于连通性好的气藏，储量平面动用程度主要受井网控制程度影响。单井泄气面积之和等于含气面积，则表明目前井网对于储量控制程度好，储量平面动用程度高。对于均质或似均质储层，一般采用均匀井网；对于非均质储层，通常采用非均匀井网，高渗透区井距大，井网密度低，低渗区井距小。合理的井网部署，依据储层供气能力与气井产量的匹配关系进行确定，开采过程中，压力均衡下降，主力产区压力分布一致，不形成明显的压降漏斗。

对于连通性差的气藏，只有被钻井控制的气藏地质储量能够被动用，储量平面动用程度主要受钻井和气藏分布匹配关系影响。

对于多层气藏，由于层间非均质性的影响，分层储量动用会存在差异，应用数值模拟技术，结合产气剖面测试成果，评价储量在纵向上的动用程度。此外，射孔和改造程度的差异也会影响储量的纵向动用程度。

6. 预测气藏开发动态

气藏动态描述技术除了认识气藏动态特征、评价井间的连通性、确定储层特征参数、修正气藏地质模型、评价储量动用状况之外，另一项更加重要的任务是准确预测气藏未来的开发动态，为气田开发技术政策的制定和科学开发气田提供技术支持。

数值试井和产量不稳定分析具有单井开发指标预测功能，物质平衡方程与产能方程联立也可以进行开发指标预测，但这些方法只适用于均质储层、单相气体渗流条件，当存在气水两相或油气水三相渗流时不能采用此类方法。

数值模拟技术是进行生产动态预测的最有力工具，适用于各类复杂条件，如多相渗流、双重介质和复杂气水关系等。可以进行敏感性分析、气藏开发指标预测和方案优选等。

参考文献

[1] Russell D G，Goodrich J H，Perry G E，et al. Methods of Predicting Gas Well Performance[J]. Paper SPE 1242，1966.

[2] 陈颙. 地壳岩石的力学性能[M]. 北京：地震出版社，1988.

[3] Hall H N. Compressibility of Reservoir Rocks [J]. JPT，1953，5（1）：16-27.

[4] Fatt I，Davis D，H.Reduction in Permeability with Overburden Pressure [J]. JPT，1952，4（12）:34-41.

[5] Fatt I. Pore Volume Compressibilities of Sandstone Reservoirs Rocks [J]. AAPG，1958，42（8）:1924-1957.

[6] Jones S C.Two-Point Determinations of Permeability and PV vs Net Confining Stress[C]. SPE 15380: 235-241.

[7] Jose G. Fully Coupled Fluid-Flow/Geomechanics Simulation of Stress-Sensitive Reservoirs [C]. June 1997，SPE 38023.

[8] M Latchie A S，Hemstick R A，Joung L W，The Effective Compressibility of Reservoir Rock and Its Effect on Permeability [J]. JPT，1952，10（6）:49-51.

[9] A T 戈尔布诺夫. 异常油田开发[M]. 北京：石油工业出版社，1987.

[10] 刘建军，刘先贵. 有效压力对低渗透多孔介质孔隙度、渗透率的影响[J]. 地质力学学报，2001，7（1）：41-44.

[11] 阮敏.压敏效应对低渗透油田开发的影响[J]. 西安石油学院学报，2001，16（4）：40-43.

[12] 张新红，秦积舜. 低渗岩心物性参数与应力关系的试验研究[J]. 石油大学学报，自然科学版：2001，25（4）：56-57.

[13] 王秀娟，赵永胜，文武，等.低渗透储层应力敏感性与产能物性下限[J]. 石油与天然气地质，2003，24（3）：162-165.

[14] 朱中谦，工振彪，李汝勇，等.异常高压气藏岩石变形特征及其对开发的影响[J]. 天然气地球科学，2003，14（1）：60-64.

[15] 孙龙德，宋文杰，江同文.克拉2气田储层应力敏感性及其对产能影响的实验研究[J]. 中国科学D辑，2004，34（增刊Ⅰ）：134-142.

[16] 张琰，崔迎春.砂砾性低渗透气藏应力敏感性的试验研究[J]. 石油钻采工程，1999，21（6）：1-6.

[17] 张琰，崔迎春. 低渗气藏主要损害机理及保护方法的研究[J]. 地质与开发，2000，36（5）：76-78.

[18] 张琰，崔迎春. 低渗气藏应力敏感性及评价方法的研究[J]. 现代地质，2001，25（4）:453-457.

[19] 范学平，徐向荣.地应力对岩心渗透率伤害实验及机理分析[J]. 石油勘探与开发，2002，29（2）：117-119.

[20] 向阳，向丹，杜文博. 致密砂岩气藏应力敏感的全模拟试验研究[J]. 成都理工学院学报，2002，29（6）：617-619.

[21] 郝春山，李治平，杨满平，等.变形介质的变形机理及物性特征研究[J].西南石油学院学报，2003，25（4）：19-21.

[22] 阮敏.压敏效应对低渗透油田开发的影响[J].西安石油学院学报，2001，16（4）：40-43.

[23] Terzaghi K.Theoretical Soil Mechanics[M]. New York: Wiley，1943.

[24] Vaziri H H.Coupled Fluid Flow and Stress Analysis of Oil Sand Subject to Heating[J].JCPT，1988（5）：84-91.

[25] Fung L S K. Reservoir Simulation with a Control-Volume Finite—Element Method [C]. SPE 21224: 349-357.

[26] Tortike W S. A Framework for Multiphase Nonisothermal Fluid Flow in a Deforming Heavy Oil Reservoir [C]. SPE 16030.

[27] Marte Gutierrez. Fully Coupled Analysis of Reservoir Compaction and Subsidence [C]. SPE 28900:339-347.

[28] Chen H　Y，Teufel L W. Lee R L. Coupled Fluid Flow and Geomechanics in Reservoir Study—Theory and Governing Equations [C]. SPE 30752，1995:507-519.

[29] 兰林，康毅力，陈一健，等. 储层应力敏感性评价实验方法与评价指标探讨[J]. 钻井液与完井液，2005，22（5）：1-4.

[30] 秦积舜. 变围压条件下低渗砂岩储层渗透率变化规律研究[J]. 西安石油学院学报，2002，17

(4)：28-31.

[31] Biot M A，Willis D G. The Elastic Coefficients of The Theory of Consolidation [J]. ASME J Appl Mech, 1957（24）：594-601.

[32] Geertsma J. The Effect of Fluid Pressure Decline on Volumetric Changes of Porous Rocks [J]. Trans. AIME，1957，210：331-340.

[33] 李传亮. 多孔介质的双重有效应力[J]. 自然杂志，1999，25（1）：288-292.

[34] 李传亮. 多孔介质的有效应力及其应用研究[D]. 合肥：中国科技大学，2000.

[35] 李传亮. 多孔介质应力关系方程[J]. 应用基础与工程科学学报，1998，6（2）：145-148.

[36] 李培超，孔详言，李传亮. 地下各种压力之间关系式的修正[J]. 岩石力学与工程学报，2002，21（10）：1551-1553.

[37] Jones F O， Owens W W. A Laboratory Study of Low Permeability Gas Sands. SPE 7551，1980.

[38] Pedrosa. Transient Response in Stress— Sensitive Formations[C]. SPE 15115，1986.

[39] 罗瑞兰，程林松，彭建春，等. 低渗岩心确定渗透率随有效覆压变化关系的新方法[J]. 中国石油大学学报，2007，31（2）：87-90.